# 칼라

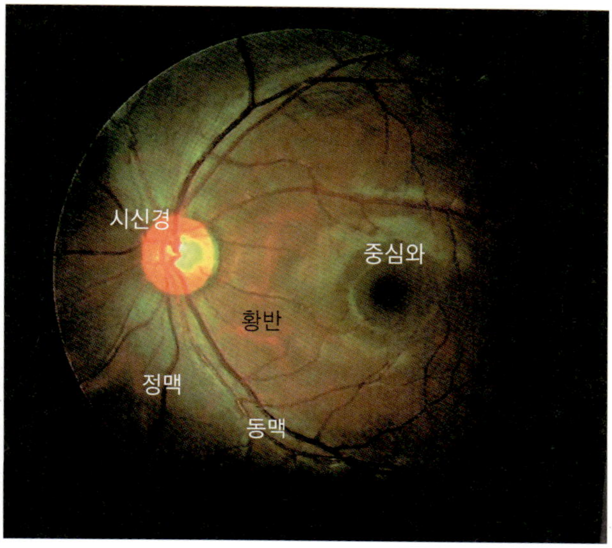


그림 1 정상안의 좌안 안저

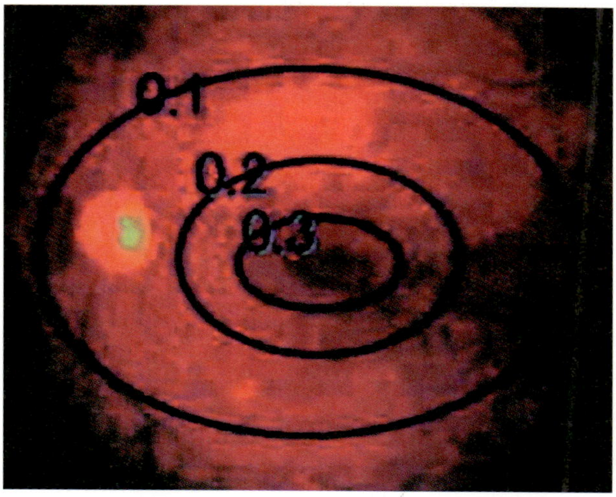


그림 2 정상안의 좌안 중심외시력

중심외 시력은 중심와로부터 멀어짐에 따라 저하하며, 0.1, 0.2, 0.3 시력에 해당하는 중심와 부위의 등시력 곡선을 나타냄.

# 칼라

1) 저시력자용 PV-16

2) 색종이와 색연필을 이용한 색각검사

그림 3 색각검사

# 칼라

**그림 4 대비감도와 글자체**

제일보기 쉬운 것은 어떤 것일까요? 교실의 칠판이나 화이트보드(white board)에서라면 어떨까요? 검은 바탕에 노란색 글자가 가장 보기 쉽지 않을까요? 고딕체는 명조체보다 보기 쉽지만 자획이 많아지면 글자를 읽기 어려울 수 있습니다.

# 칼라

그림 5 일상에서의 대비감도 사례

# 칼라

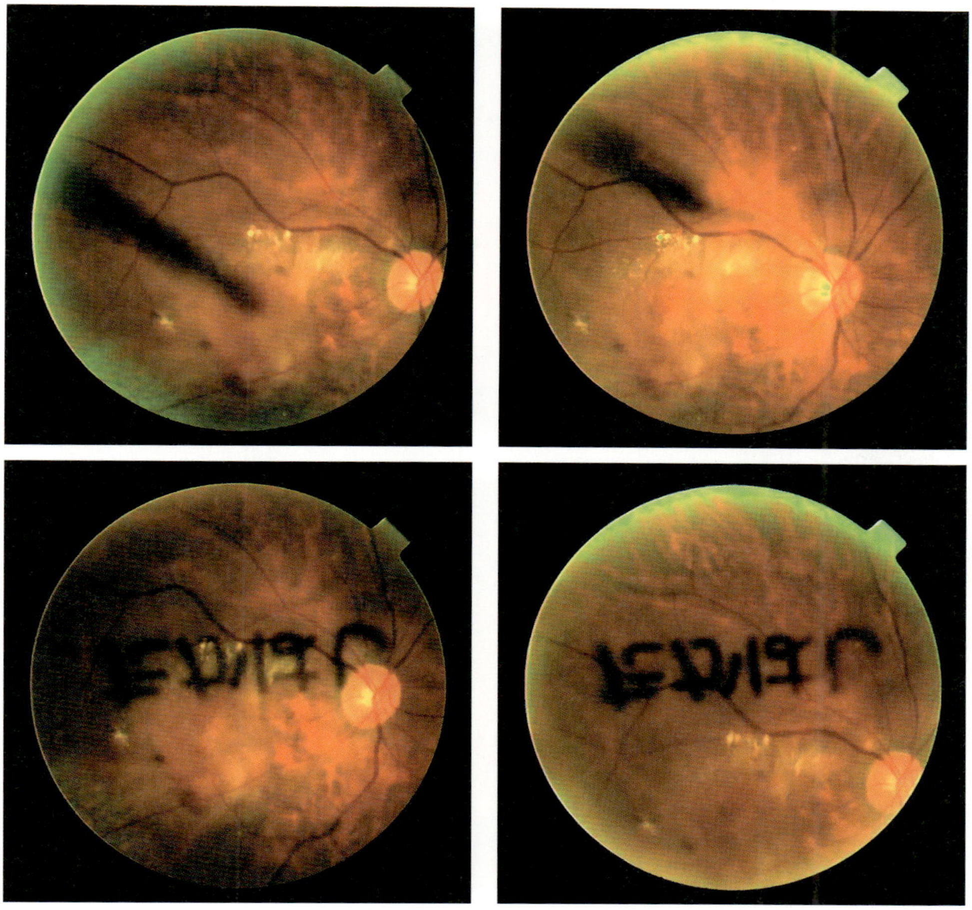

**그림 6 노년황반변성**

훈련전·후 안저카메라(TRC-NW5S)를 이용한 주시검사.

훈련 전에는 주시봉 끝의 빛과 「か」를 병소내 망막으로 보고있었으나 후련후에는 병소외의 망막으로 보는 것이 가능해졌다.

# 칼라

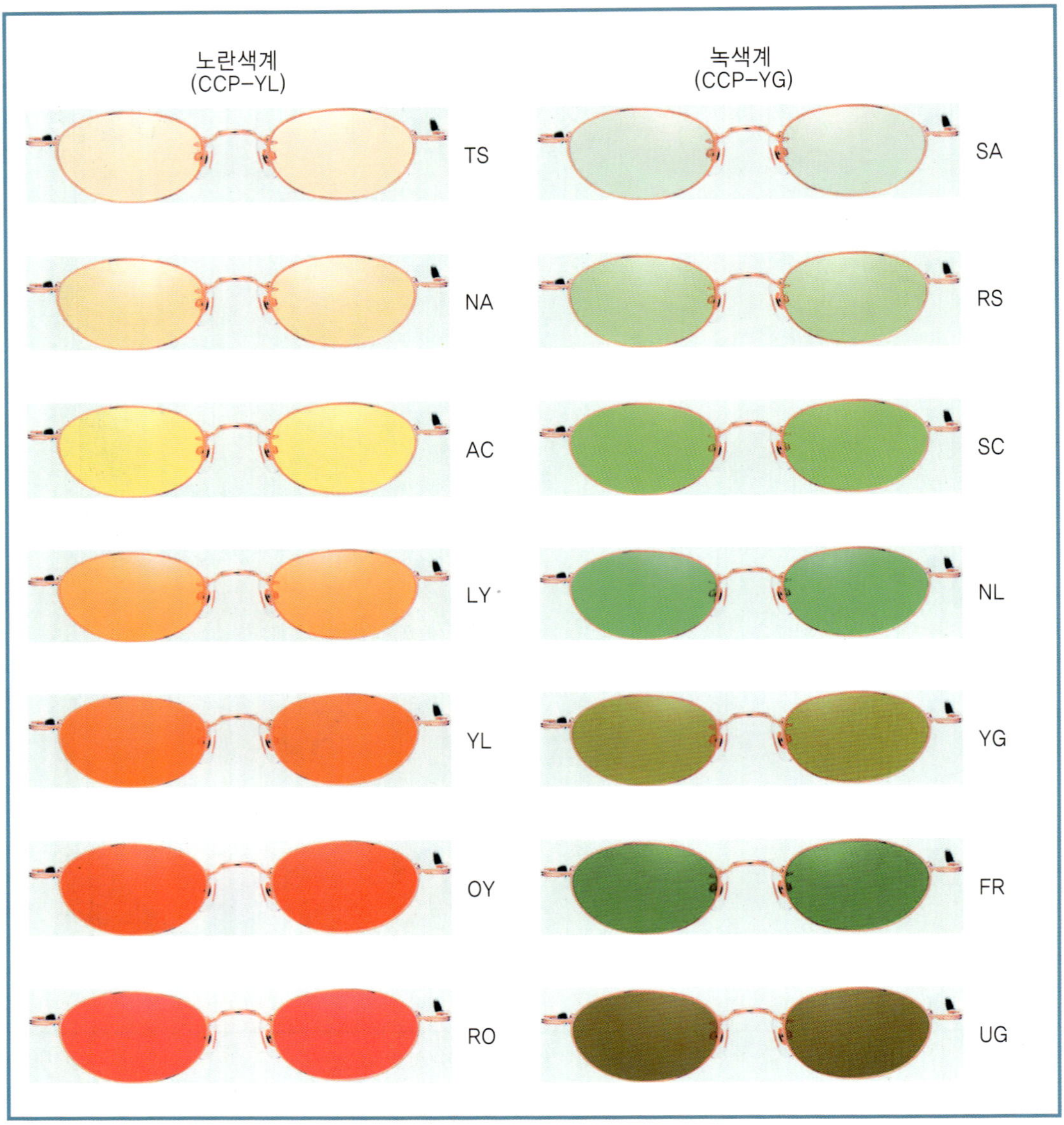


그림 7 평가에 이용되는 차광렌즈

# 칼라

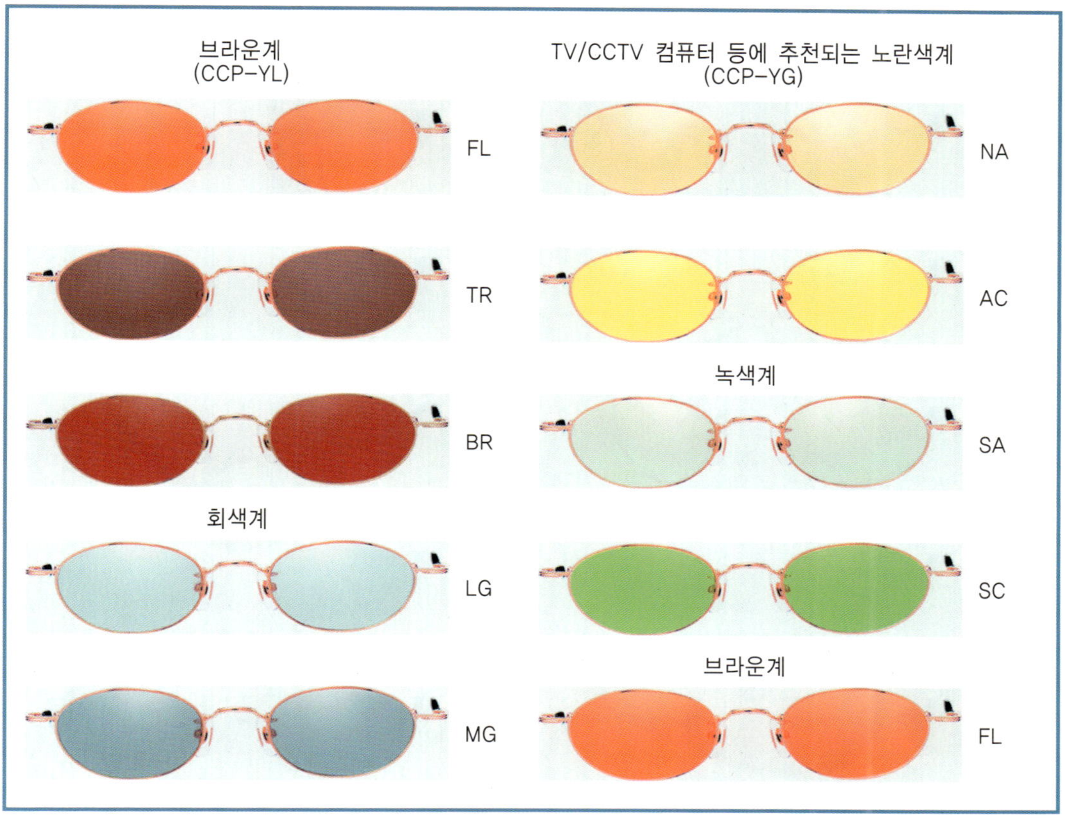

그림 8 간이분광기에 의한 차광렌즈의 특성

윗그림 : 차광안경을 사용하지 않았을 때

아랫그림 : 차광안경(CCP-YL)을 사용하였을 때

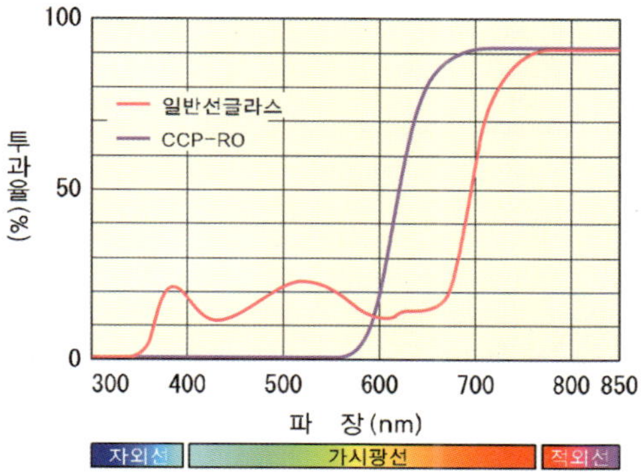


그림 9 자연의 색을 느끼게 하는 CCP효과

# 칼라

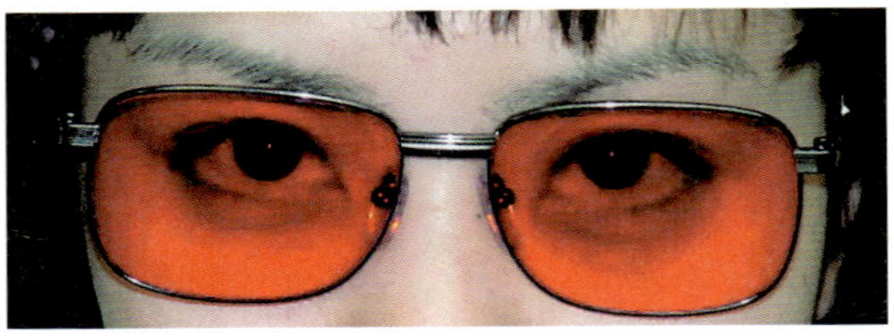

걸개식 안경

Clip-on식

프레임의 side-shield와 top-shield

**그림 10 차광안경**

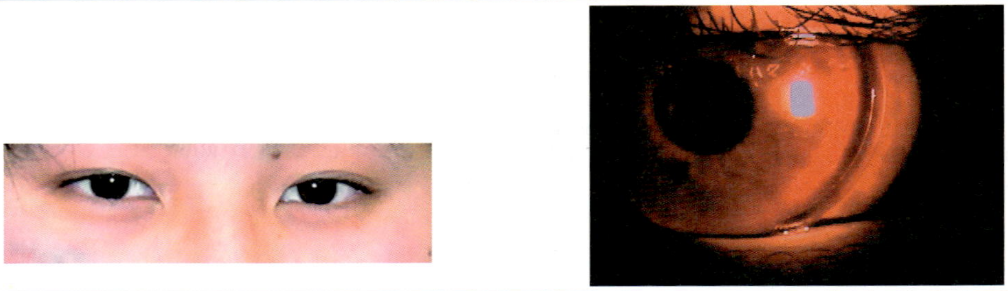

**그림 11 칼라콘택트렌즈**

양안에 칼라콘택트렌즈를 착용하고 있으나 외견상으로 구별할 수 없다.

# Low vision의 실제

## ロービジョンケアの実際

### 視覚障害者の QOL 向上のために

高橋 広 編 / 이혜정 · 엄정희 역 / 신경환 감수

도서출판 대학서림

# 역자 머리말

시각장애는 맹(blindness)과 low vision(저시각, 저시력)으로 분류될 수 있으며, '맹' 은 시각을 이용하여 일상생활을 할 수 없는 것이고, 'low vision' 은 교육이나 복지 분야에서 약시라고 불리우는 사회적 약시(교육적 약시)의 의미로 시각에 의해 일상생활이 불편한 것을 의미하며, 이것은 의학적 약시와 구별된다. 이와 같은 2가지 의미의 약시간의 혼란을 막기 위하여 'low vision' 이라는 공통 용어를 사용하게 되었으며, low vision을 이전에는 '저시력' 이라 하였지만, '저시각' 이란 새로운 용어를 사용한 것은 시력 및 시야장애 뿐만 아니라, 색각이상, 조절장애 등의 기능장애가 포함되기 때문이다.

전 세계적으로 매년 등록되는 시각장애자 중 저시각자의 수는 점점 증가 추세에 있으며 전 인구의 약 0.8% 정도로 알려져 있으나, 그 실태 파악은 정확하지 않은 실정이다. 다만, 노인 인구의 비가 높은 선진국에서 저시각 인구가 많다는 점을 고려해 볼 때, 노인 인구가 급증하고 있는 우리나라에서도 노인 저시각 인구가 멀지 않은 미래에 사회적 문제로 대두될 것으로 예측된다.

저시각 관리는 '보유시각을 활용해서 삶의 질(Quality of Life, QOL)의 향상을 목표로 하는 관리' 라고 정의되어 있다. 현대 의료에서는 안과의사, 간호사 뿐 아니라, 검안사, 시기능훈련사, 재활훈련사, 심리치료사, 사회복지사 등이 유기적으로 협력하여, 환자가 시각적 어려움을 호소한 시점으로부터 저시각관리가 도입되어야 한다. 이러한 저시각 관리는 안과 영역에서 점차로 고려하고 있으나, 실제로 실시하는 곳은 많지 않으며, 의료 종사자들조차 아직까지도 '저시각 관리' 의 존재를 모르는 사람이 많다.

따라서, 이 책은 저시각에 관심있는 모든 관계자 여러분의 지침서가 되고, 또한, 안경광학과의 교육과정에 새로이 저시각 관련 분야를 편성하는 학교들에 교재로 사용하기 위하여 번역되었다.

즉, 제 1장, 시각장애자의 삶의 질, 제 2장, 저시각 관리에 필요한 기초지식, 제 3장, 보조기구 선택에 의한 삶의 질과 시기능 향상, 제 4장 시각장애자의 삶의 질 향상을 위한 훈련과 지원, 제 5장, 시각장애자의 일상생활 지원, 제 6장, 시각장애자의 연령별 처치, 제 7장, 대표적인 질환과 대응, 제 8장, 시각장애가 있는 중복장애자에 대한 대응, 제 9장, 간호 및 개호에서 필요한 지원에 대한 연구 등 총 9장으로 구성되어 있으며, 한글 학술용어는 대한의학회 및 대한안과학회 출간 의학사전을 참조하였다.

이 책을 짧은 기간 동안에 하나의 교재로 편집하는 데는 여러 면에서 어려움이 많았다. 우리나라에서 아직도 미개척 분야인 저시각 관리를 발전시키는 데 이 책이 도움이 될 수 있길 기대하며 관심있는 모든 관계자분들께 폭넓게 사용되길 기대해 본다. 그러나 이 책은 일본에서 저술된 책이므로 일본식 용어와 제도 등 한국 실정에 맞지 않는 것들이 포함되어 있음을 이해해 주기 바란다.

끝으로, 이 책의 번역을 허락해 주신 저자 Takakashi Hiroshi 선생님, 바쁘신 와중에도 기꺼이 감수를 맡아주신 신경환 박사님 그리고 많은 도움을 주신 대학서림 임직원 여러분께 깊이 감사드린다.

2010년 7월

역자 일동

# 개정 2판 머리말

'Low vision(저시각)의 실제' 초판을 출간한지도 어느덧 4년이 지났다. 그간의 저시각 관리의 발전은 눈부실 정도이며, 안과 영역에서 점차로 저시각 관리에 대한 고려를 하고 있으나, 실제로 실시하고 있는 곳은 많지 않다. 넓은 의미로는 질환을 진단하거나 치료하는 것도 저시각 관리에 속하며, 진단 및 치료를 받은 후에는 어떻게 생활하고, 어떻게 공부하고, 어떻게 일을 하면 되는지를 문의하기 위하여 진찰을 받으러 오는 사람들이 증가하고 있다. 다시 말하면, 'second opinion'을 구하기 위하여 진찰을 받는 것이다. 저시각 관리는 최근 대학병원 등에 설치되어 있는 'second opinion' 외래의 생활지원을 위한 것이며, 안과의사의 역할이 매우 크고 중요하다. 또한, 시기능 훈련사나 간호사 등의 co-medical과 함께 저시각 관리를 전개시켜 나가는 것이 중요하다. 그러나, 타과의 의사, 간호사나 리허빌리테이션 전문직 중에는 아직까지도 '저시각 관리'의 존재를 모르는 사람이 많은 것도 사실이므로, 우선 의료내에서 적극적으로 연계가 이루어질 필요가 있고, 그 다음, 실제로 시각장애아(자)와 만나는 일이 많은 교육이나 복지 관계자에게도 저시각 관리를 계몽하고 교육해 나가는 것이 필요하다.

따라서, 제 2판에서는 어떻게 연계를 취해 나가야 할지를 주제로 구성하였다. 특히, 교육관계자와의 연계가 중요한 열쇠가 된다고 생각하여, 교육면에서의 지원에 충실하려 노력하였다. 현대는 개혁의 시대라고 일컬어지고 있으며, 이에 따라, 교육은 '특수교육'에서 '특별지원 교육'으로 바뀌어 개개의 'need'에 따른 교육을 해나가도록 하고 있다. 복지제도도 2003년까지는 조치제도였지만, 이 후는 지원비제도로 바뀌어 2006년 4월부터 장애자 자립지원법이 시행되었고, 그 결과, 장애자에게도 서비스에 따르는 경제적 부담이 요구되었다. 여기까지는 행정주도로 행해져 온 복지제도가 환자 주도의 것으로 바뀌어 가고 있는 것을 의미한다. 앞으로는 환자나 장애자 분들이 받을 서비스를 직접 선택할 것이다. 따라서 보다 나은 서비스나 케어가 요구되는 것은 당연한 일로 우리들도 보다 나은 것을 제공할 수 있도록 항상 연구를 게을리 하지 말아야 할 것이며, 보다 나은 QOL(삶의 질)의 향상을 위해서는 다직종간의 긴밀한 연계가 필요한 것은 자명한 사실이다. 이 연계도 단순한 정보를 전달하는 것인 '정보 연계'로부터 구체적인 생활을 지원하는 '행동 연계'로 발전시켜 나가야 할 것이다.

본서는 지원자를 위하여 쓰여진 것이지만, 초판은 많은 시각장애자 여러분께서도 읽어 주셨다. 이 제 2판도 또한 많은 분들께서 활용해 주시길 바란다. 우리들은 차별이 없는 세상에서 살아가기를 원하고 있다. 이를 위하여 본서가 쓸모가 있다면 우리에게는 기대 이상의 즐거움이 될 것이다.

2006년 봄

Takakashi Hiroshi(高橋 廣)

# 머리말

Low Vision Care(저시각관리)는 '보유시각을 최대한 활용해서 삶의 질(Quality of Life, QOL)의 향상을 목표로 하는 관리'라고 정의되고 있으며, life에는 '생명', '생활', '인생' 등의 의미가 있다. 그 첫 번째인 생명으로서 질(quality)을 향상시키는 것은 발전된 의학의 끊임없는 노력에 의하여 실용화될 것으로 기대한다. 그러나 현 시점에서는 이것이 불가능하기 때문에 그 두 번째 의미인 생활의 질을 향상시키기 위한 저시각관리가 주목받고 있으며 실행하게 되었다. 따라서 본 교재도 어떻게 하면 생활의 질이 향상될 수 있는가를 묻는 입문서의 성격을 띠고 있다.

필자는 1992년에 입원 중인 양안 실명 환자를 치료하는 과정에서 저시각관리를 알게 되었다. 당시 저시각관리는 단지 시각 보조기구의 선정이나 훈련으로 의료 외에 행하여지는 것이라고만 생각하고 있었다. 그러나 한 사람의 훈련사가 몇 번 돌보아 준 것 만으로도 그들이 실명을 받아들이고 희망적으로 살아가려고 하는 태도의 변화에 매우 놀라게 되었다. 그때까지 의료가 아무리 노력해도 할 수 없었던 일을 쉽게 할 수 있게 되었던 것이다. 그때의 훈련사가 Yamada Nobuya(山田信也)씨이다.

필자는 그와 함께 1996년부터 본격적으로 저시각 치료원을 산업 의과대학 병원 안과에 개설하였다. Yamada씨를 의료종사자로 받아들이는 것을 허락해 주신 분이 당시의 병원장인 Oosato Keiichi(大里敬一) 선생과 은사인 Akiya Shinobu(秋谷 忍) 선생(전 산업 의과대학 안과학 교수)이다. 두 분의 현명한 결단이 없었더라면 우리 의료 내에서 저시각관리의 실천은 불가능했을 것이다.

저시각관리의 실천 과정에서 Kawase Yoshikatsu(川瀨芳克)씨나 Kudo Shoichi(工藤正一)·Yoshiko(良子) 부부와도 알게 되었고, 시각장애자의 삶의 질을 향상시키기 위해서는 어떠한 관리가 필요한가를 의논하게 되었으며 그동안 여러 시각장애자와도 교류가 깊어져서 그들이 무엇을 바라고 있는지도 알게 되었다. 그 결과 저시각관리의 목적도 인생의 질 향상으로 넓혀 우리들의 활동 영역에는 의료, 교육, 복지 등의 영역 경계가 없어져 가고 있다.

이와 같은 경험에서 본 저서의 기본적인 생각은 다음과 같다.

시각장애자가 가진 능력을, 장애자 자신이 믿고 행하는 것으로 훌륭한 인생을 영위할 수 있게 하기 위해서는 시각장애자를 중심에 놓고 전문가들이 전문 지식을 사용하여 지원한다.

시각장애자가 자신이 선택한 목표가 이루어졌을 때의 기쁨이나 그들의 웃는 얼굴을 결코 잊지 않는다.

이것은 필자 등의 공통적인 생각이지만 저시각관리는 시각장애자의 요구(needs)에 따라서 역동적으로 변하는 유연성의 바람과 함께 앞으로도 시각장애자들과 함께 저시각관리를 추진하고자 한다.

마지막으로 필자 등이 저시각관리 과정에서 알게 되고 여러 가지의 일을 가르쳐 주신 많은 환자나 시각장애자 여러분께 진심으로 감사를 드린다. 또 이 책을 쓸 수 있는 계기를 마련해 주신 Kumamoto(熊本) 대학 교육학부 간호과 Hanada Daeko(花田妙子) 선생, 저시각관리의 응원단이 있는 의학서원의 Nozaki Hiroyuki(野崎弘幸)씨에게 마음 깊이 감사드린다.

2002년 5월

Takakashi Hiroshi(高橋 廣)

# 차례

# 차례

# 제1장 시각장애자와 삶의 질 (Quality of Life, QOL)

## A 시각장애자의 실태

일본 후생노동성은 5년마다 신체장애자의 샘플링조사를 실시하고 있다. 2001년 신체장애자(시각장애) 수첩소지자는 305,800명으로 이 중 시각장애아는 4,800명으로 나타났으며, Low vision care 대상자는 100만명 정도로 보고 있으나 그 실태는 정확하지 않다.

시각장애자의 원인 질환은 1990년 일본 실명예방협회 및 후생성 합동조사에서 당뇨병성 망막증, 녹내장 등의 순으로 나타났으나(그림 1-1), 2002년 신규 신체장애자 수첩교부자에서는 녹내장이 제 1위로 나타나 최근 의료 발전에 의하여 당뇨병성 망막증에 의한 실명은 감소하고 있다고 할 수 있다(그림 1-2).

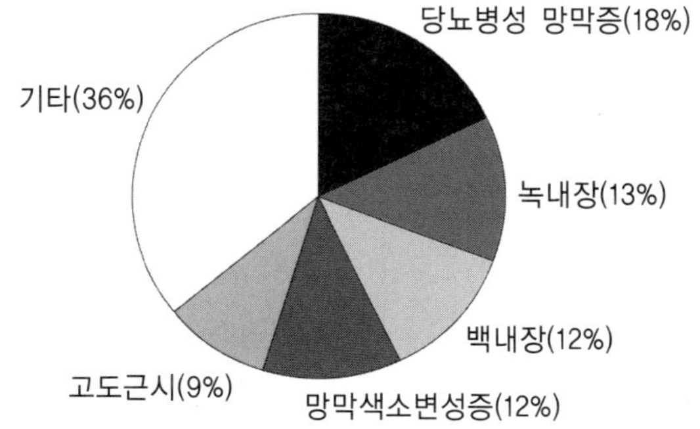


[그림 1-1] 시각장애자의 원인 질환(1990)

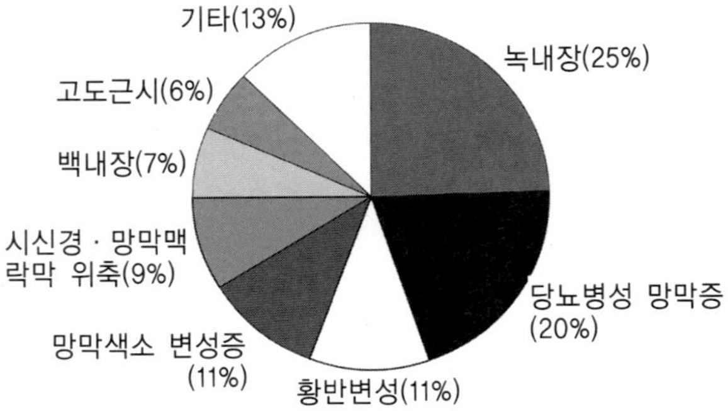


[그림 1-2] 시각장애자의 원인 질환(2002)

# B Low Vision Care(저시각관리)

안과를 방문하는 사람은 시각적 문제를 갖고 있으며 이것을 해결하는 것이 안과 의료기관의 사명이다. 최근의 안과 치료 특히 수술요법은 눈부시게 발달하여 실명자는 감소하고 있으나, 망막색소 변성증이나 유전성 시신경 위축 등 치료할 수 없는 질환도 여전히 많이 있고, 당뇨병성 망막증이나 녹내장 등은 치료하더라도 시기능이 회복될 수 없는 경우가 많은 것이 현실이다.

## 1. Low Visin Care(저시각관리)의 정의

시각장애는 맹(blindness)과 low vision으로 나눌 수 있다. '맹'은 시각을 사용하여 일상생활을 할 수 없는 것이고, 'low vision'은 교육이나 복지 분야에서 약시(partial sight)라고 불리우는 사회적 약시(교육적 약시)의 의미로 시각에 의해 일상생활이 불편한 것을 의미한다. 이것은 안과에서 말하는 사시성 약시나 부등시성 약시 등의 기질적 안질환이 없는 의학적 약시(amblyopia)와 구별된다. 이와 같이 2 가지 의미의 약시가 있어, 의료 및 교육 · 복지 간에 혼란이 생길 수 있으므로 최근에는 'low vision'이라는 공통용어를 사용하게 되었다.

기본적으로 세계보건기구(WHO)의 기준으로 맹은 우세안의 교정시력이 0.05 미만, 또는 이에 상응하는 시야장애(시야가 10° 이내)가 있는 경우이고, low vision은 0.05~0.3 미만이다. 한편 미국에서는 시력 0.1 이하를 맹이라 정의하고, 일본에서는 일반적으로 전혀 보이지 않는 상태(안과적 실명)로 안전수지(F.C.) 이하를 의미한다(최근에는 안전수지 대신 0.01을 사용하기도 한다).

따라서 WHO나 미국의 맹은 '사회적 실명'을 의미하며, 이것은 일본의 신체장애자 복지법의 1급 및 2급에 해당한다. 실명의 상대적 장애도를 수치화 하면, 최대 장애 즉 사망을 1.0으로 했을 때 0.624에 상당한다(표 1-1). 이것은 다른 장애에 비하여 일상생활에 상당히 큰 지장이 생기는 것을 염두에 둘 필요가 있다. 또한 망막색소변성증이나 녹내장 환자로 시력이 0.7이나 되어도 중심반경 10°(40 cm 떨어진 반경 7 cm의 원)의 구심성 시야협착 때문에 일상생활에서 어려움을 겪고 있는 사람들이 있다. 후생노동성에서도 이와 같은 시야장애의 영향을 고려하여 신체장애자 수첩이 1995년 4월에 개정되었으나, 그 개정 내용은 아직 불충분하다(표 1-2). 또한 일본어에는 '히라가나', '가타가나', 한자 및 알파벳이 혼재하고 있어 단일 문자로만 되어 있는 문장에 비하여 보다 나은 시력이 필요하다. 현재 일본에서는 안전수동(H.M.) 이상의 시력으로 안경을 착용해도 일상생활에 지장이 있거나, 곤란을 느끼는 사람을 low vision 자로 부르고 있으며, Low Vision을 이전에는 저시력이라고 하였지만 저시각이라고 번역해야 할 것이고, 시력장애나 시야장애는 말할 것도 없이 색각이상, 조절장애 등의 기능장애도 포함된다. 시각장애자의 보유시 기능을 최대한으로 활용하여 삶의 질 향상을 목표로 하는 관리(care)가 '저시각관리'이다.

**[표 1-1] 22 장애지표에서의 상대장애도 비교**

(Geneva meeting on disability weight)

| 지표명 | 평균 | 표준편차 | 지표명 | 평균 | 표준편차 |
|---|---|---|---|---|---|
| 사지마비 | 0.895 | 0.027 | 무릎이하 절단 | 0.281 | 0.059 |
| 인지증 | 0.762 | 0.071 | 협심증 | 0.223 | 0.057 |
| 고도의 편두통 | 0.738 | 0.146 | 류마티스 | 0.209 | 0.071 |
| 정신병 | 0.722 | 0.062 | 발기 부전 | 0.195 | 0.054 |
| 양측마비 | 0.671 | 0.080 | 요골골절에 의한 기부스 | 0.191 | 0.095 |
| 실명 | 0.624 | 0.060 | 불임증 | 0.136 | 0.058 |
| 우울병 | 0.619 | 0.079 | 고도의 빈혈 | 0.111 | 0.066 |
| 다운증후군 | 0.407 | 0.126 | 고도의 인두통 | 0.077 | 0.054 |
| 직장질루 | 0.373 | 0.102 | 수용성 설사 | 0.066 | 0.046 |
| 경도정신지체 | 0.361 | 0.148 | 지나치게 마르거나 비만 | 0.024 | 0.019 |
| 농아 | 0.333 | 0.099 | 안면 홍조 | 0.020 | 0.038 |

**[표 1-2] 신체 장애자 수첩 인정 기준**

| 급별 | 기준 |
|---|---|
| 1급 | 양안 시력(교정시력)의 합이 0.01 이하인 자. |
| 2급 | ① 양안 시력의 합이 0.02 이상~0.04 이하인 자.<br>② 양안의 시야가 각각 10° 이내이며, 양안 시야에 대하여 시능률에 의한 손실률이 95% 이상인 자. |
| 3급 | ① 양안 시력의 합이 0.05이상~0.08이하인 자.<br>② 양안 시야가 각각 10° 이내이고, 양안 시야에 대하여 시능률에 의한 손실률이 90% 이상인 자. |
| 4급 | ① 양안 시력의 합이 0.09이상~0.12 이하인 자.<br>② 양안 시야가 각각 10° 이내인 자. |
| 5급 | ① 양안 시력의 합이 0.13이상~0.2이하인 자.<br>② 양안 시야의 1/2 이상이 결손된 자. |
| 6급 | 한 눈의 시력이 0.02 이하, 다른 쪽 눈의 시력이 0.6 이하인 자로서, 양안 시력의 합이 0.2를 초과하는 자. |

1995년 4월 20일 개정

주의 1) 시야 10° 이내는 Goldmann 시야계의 Ⅰ/4에서, 손실률은 Ⅰ/2로 판단한다.

2) 3살 이하에서도 장애가 명백한 경우에는 인정할 수 있다.

3) 중복 장애의 경우는 우선, 지수표로 각각의 장애 등급을 지수로 바꾸고, 그들의 합계 지수를 중복 인정 등급으로 한다.

① 지수표

| 장애 급수 | 지 수 |
|---|---|
| 1급 | 18 |
| 2급 | 11 |
| 3급 | 7 |
| 4급 | 4 |
| 5급 | 2 |
| 6급 | 1 |
| 7급 | 0.5 |

② 중복 인정표

| 합계수 | 인정등급 |
|---|---|
| 18 이상 | 1급 |
| 11~17 | 2급 |
| 7~10 | 3급 |
| 4~6 | 4급 |
| 2~3 | 5급 |
| 1 | 6급 |

■ **약시의 분류**

의학적 약시 : 기능적 약시라고 한다. 영유아로부터 소아기의 시각발달이 굴절이상이나 사시 등의 원인으로 지연된 상태이며, 정상적인 교정시력을 얻을 수 없다. 조기 치료로 효과가 있으며 정상시력을 얻을 수 있다.

굴절성 약시 : 양안성이며, 시각발달에 장애가 되는 강한 굴절이상에 의하여 양호한 망막 상을 얻을 수 없어 시력발달이 늦은 것으로 교정안경을 착용해야 한다.

부등시성 약시 : 부등시는 양안의 굴절이상 도수가 현저하게 다른 것을 의미한다. 편안성으로 발생하기 쉬우며, 부등시에 의하여 굴절이상이 강한 쪽 눈은 선명한 망막 상을 얻을 수 없기 때문에 그 눈의 시력발달이 늦어진다.

교정안경을 상용함과 함께 필요하면 교정시력이 좋은 쪽 눈(건안)을 가리고 나쁜 쪽 눈(환안)을 적극적으로 사용하여 발달을 촉진하는 건안 차폐를 병용한다.

사시성 약시 : 편안성으로 발생되기 쉬우며, 편안성 또는 지속 사시로 인하여 사시가 아닌 주시안만을 사용하고 사시안이 사용되지 않음으로 그 시력발달이 늦어진 눈을 말한다.

형태각 차단 약시 : 한 눈의 백내장이나 안대 착용 등으로 한쪽 눈이 사용되지 않아 그 눈의 시력발달이 늦어진 눈을 말한다.

## 2 세계보건기구(WHO)의 국제 장애 분류

WHO는 1980년의 개념 '모델' ICIDH(International Classification of Impairments, Disabilities and Handicaps : ICIDH 1980)에서 장애를 질환(disease), 기능장애(impairment), 능력장애(disability) 및 사회적 불리(handicaps)로 분류하고 있다(표 1-3).

백내장을 예로 들면, 백내장 수술은 기술적인 발전이나 재질의 개량으로 안전한 수술이 되어 시력은 거의 1.0까지 회복되나, 수술로 수정체가 적출되어 눈은 조절력이 없는 상태가 된다. 즉 '기능장애'로 가까운 것을 볼 때에는 근용안경이 필요하게 된다. 백내장 수술 후에 교정시력이 0.5 이하로 되는 예도 있고, 시기능장애가 진행되면 책을 읽을 수 없다든가, 걷지 못할 수도 있다. 이 상태를 '능력장애'라 하고, 시력이 0.1 미만이 되면 일상생활에 매우 큰 지장을 주게 되어 이동이나 정보 처리가 어려워져 직업을 잃거나 좋아하는 음악회에도 혼자서 가지 못하기도 한다. 이와 같은 상태를 '사회적 불리'라 한다. 과거에는 '기능장애'까지를 의료가 책임지고, 그 후의 훈련은 교육이나 복지분야가 담당하였으나, 의료와 교육 및 복지간의 정보는 거의 교환되지 않는 실정이었다. 이 분야 간의 벽을 허물어 서로의 요구가 잘 통하는 상태로 만들어 함께 시각장애자에 대하여 노력하는 것이 저시각관리이다. 좁은 의미의 저시각관리는 '기능장애' 및 '능력장애'에 대한 관리를 의미하지만, 넓은 의미에서의 저시각관리는 'cure'에서 'care'를 포괄하는 것이므로 의료의 기본으로 안과의사가 자연스럽게 저시각관리를 하게 되기를 기대한다.

2000년 일본 저시각학회가 발족된 후 저시각에 대한 관심이 높아져 안과학회나 안과의사회에서도 저시각관리를 강력히 추진하고 있다(저시각관리 네트워크). 그 결과 각지에서 저시각 클리닉이 개설되었으나 이들의 대부분은 좁은 의미의 저시각관리(기능장애와 능력장애를 지원하기 위한 것)를 제공하고 있어 많은 환자나 시각장애자는 넓은 의미의 저시각관리(안질환 치료에서 사회적 불리까지 지원)를 요구하고 있다. 즉, 시각장애자는 생활을 지원하는 저시각관리를 원하고 있다.

**[표 1-3] 시각장애 분류와 대책**

| | 안질환 | 시기능장애자 | 시각적 능력장애 | 시각적 사회적불리 |
|---|---|---|---|---|
| 정의 | 시기의 병적 이상 | 시각 시스템의 기능저하 | 시기능장애에 의한 일상생활이나 사회생활에서의 부자유 | 시각 능력장애에서 받는 사회생활상의 불리 |
| 장애 부위 | 각막, 수정체, 초자체, 망막, 시신경, 뇌 | 시력, 시야, 양안시, 색각, 광각 | 읽기 쓰기, 보행, 일상생활 직업능력 | 신체적, 사회적, 경제적 자립, 고용 |
| 대책 | ← 의료(cure) → | | 저시력 관리 ←→ / ← 교육 · 복지(care) → | |

## 3 국제 생활기능 분류: 국제 장애분류 개정판(ICF 2001)

WHO는 장애자의 입장에서, ICIDH의 '기능장애'를 '신체구조 및 심신기능(body structue or function)', '능력장애'를 '활동(activity)', '사회적 불리'를 '참가(participation)'로 바꾸고, 다시 '활동 및 참가'로 통합하여 2001년 5월에 새로운 국제 장애분류(ICF)를 결정하였다(그림 1-3).

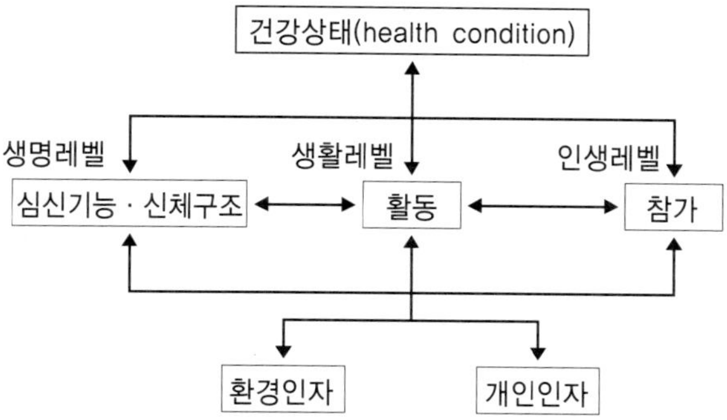


**[그림 1-3] 국제 생활분류 기능(국제 장애분류 개정판 ICF 2001)**

## 4 시각장애자의 대응

과거의 안과 재활(rehabilitation)은 '실명 선고 및 고지'를 한 후, 신속하게 사회적, 교육적 및 직업 재활 즉, 보행, 일상생활 및 직업훈련으로 연결시키는 것이었다(그림 1-4). 이런 경우 환자는 의료로부터 버림받았다고 잘못 생각하여, 심리상태가 '실망기', '부인기', '불안 · 혼란기', 해결하기 위한 '노력기'를 거쳐 '수용기'에 이르러서야 겨우 교육 · 복지 훈련을 시작하기 때문에 쓸데없이 허비하는 시간이 많았다. 이런 기간을 거쳐 시간이 많이 경과하면 시각장애 환자는 병원에서 재활 훈련을 받을 수 없었고, 안과 의료에서는 진단과 치료, 그 후의 훈련은 교육 및 복지에서 담당한다는 고정관념이 확립되어 있어 서로간의 연계가 거의 없는 실정이었다.

그러나 현재는 안과의사가 환자를 치료하는 중에 조기에 적절히 저시각관리를 시작해야 한다. 즉, 실명이 고지되기 이전이라도 안질환의 증상으로 시각적 곤란이 예상되거나 환자가 시각적 곤란을 호소하는 시점에서 저시각관리가 시작되어야 한다. 안과의사에 의한 이와 같은 관리를 일차 저시각관리(primary low vision care)라 한다. 안과의사는 진료 중에 안저검사에 사용되는 +20.00D 렌즈를 환자의 눈앞에 놓으면(그림 1-5), 때때로 환자가 '보인다! 보이고 있다!!'라고 환호하는 소리를 들은 경험이 있을 것이다. 이것으로부터 저시각관리가 시작되며, 시각적 보조기구나 관리가 필요하다고 판단되는 경우에는 안과의사와 함께 시기능 훈련사, 간호사, 의료사회복지사(medical social worker) 등에 의한 일차 저시각관리가 시작되어야 한다. 간호사 등이 일상생활의 지장 정도를 듣거나, 복지 혜택(service) 정보를 제공하거나, 간단한 보행 방법을 지도하는 것은 충분히 가능하다. 여기까지가 의료 내에서 할 수 있는 저시각관리이며(그림 1-6), 그 후 일상생활에서의 각종 보조기구의 사용 훈련은 일상생활 지도사, 보행 훈련사, 맹학교 교사나 직업 지도사에게 의뢰할 수 있다(실천적 저시각관리).

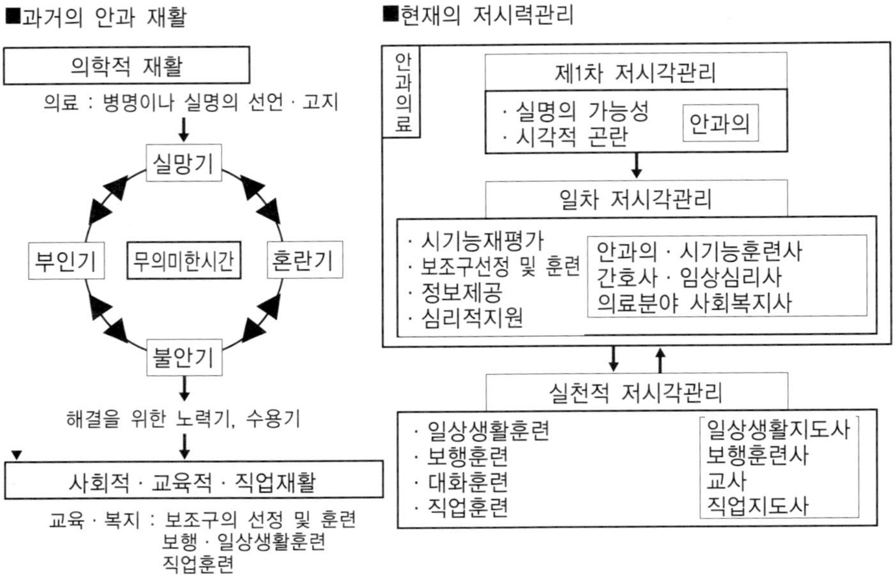


[그림 1-4] 과거의 안과 재활과 현재의 저시각관리

[그림 1-5] 안과진찰용 +20.00D 렌즈

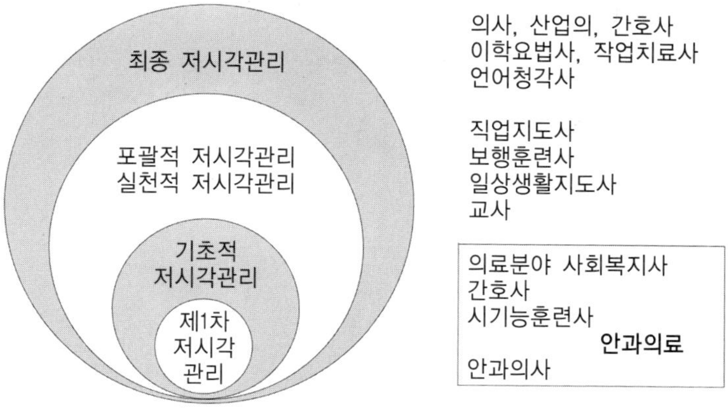


**[그림 1-6] 저시각관리**

이와 같은 저시각관리 체계(low vision care system)를 실시하면 종래의 안과 재활에서는 거의 불가능하다고 여겨졌던 업무의 연계가 80% 이상의 시각장애자에게 가능하게 된다. 그리고 급속하게 고령화가 진행되는 현대사회에서는 시각장애가 있는 중증 뇌기능장애나 지체부자유 등의 중복장애가 증가할 것으로 예상되므로 내과, 외과, 재활의학과 전문의 그리고 이학요법사, 작업치료사, 언어청각사 등과 협력하는 포괄적인 재활이 요구된다.

그러므로 시각영역에서도 보다 앞선 고도의 훈련(첨단적 저시각관리)이 필요하며, 시각장애자가 안고 있는 문제는 의료만으로는 결코 해결할 수 없으므로 의료이외의 시각장애자와 관계있는 교육 · 복지 관계자와의 적극적인 교류를 통하여 목표지향적인 광범위한 team approach를 행하면 시각장애자의 삶의 질이 비약적으로 향상될 수 있는 것으로 생각한다.

## C 의료분야에서 저시각관리 종사자

현대 의료에서는 의사가 진단 및 치료를 하고, 간호사가 진료를 보조하며 환자를 돌보는 것이 정상적인 형태이다. 여기에 약사, 의료기사 또는 시기능 훈련사가 한 팀으로 치료 및 진단이나 훈련 현장에서 함께 일하고, 최근에는 심리사나 사회복지사도 참여하고 있어 의료의 역할 분담이 발전되고 있다(그림 1-7). 저시각관리는 안과의사로부터 시작된다고 생각한다. 그것은 안과의사만이 안질환의 증상으로부터 실명이나 시각적 어려움을 예상할 수 있는 유일한 사람이기 때문이다. 따라서 환자가 시각적 어려움을 호소한 시점으로부터 저시각관리가 도입되어야 하며, 이때 간호사나 시기능 훈련사 등은 의사에 협조해야 함은 물론 진정한 '파트너'가 되어야 한다.

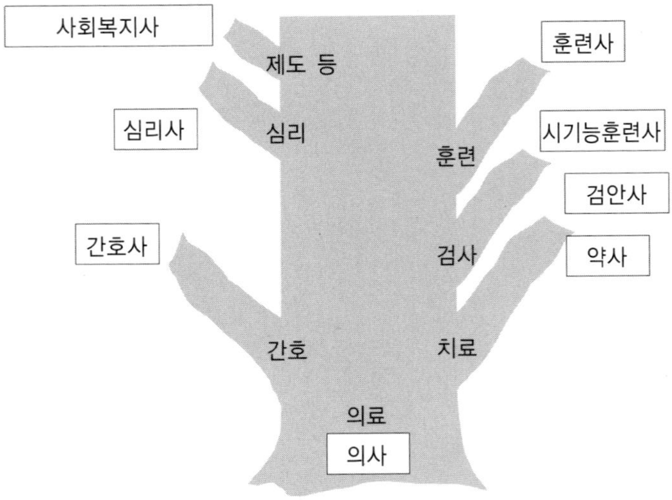


[그림 1-7] 의료의 역할 분담

## 1 '할 수 있는 활동'과 '하고 있는 활동'

WTO 국제 생활기능 분류(국제 장애 분류 개정판, ICF 2001)의 활동(activity)을 '능력'과 '실행상태' 즉, '할 수 있는 활동'과 '하고 있는 활동'으로 분류하면, 전자를 훈련사가 후자를 간호사 등이 담당한다. 정형외과나 신경과 영역의 재활에서는 임계경로법(CPM : Critical Path Method)이나 기능적 자립도 평가법(FIM : Functional Independence Measure) 등의 개념이 이미 도입되어 있어, 훈련사 및 간호사는 환자의 '하고 있는 활동'을 각자의 전문가적 입장에서 평가하고 있다. 저시각관리에서는 개개인의 '요구(need)'가 다르기 때문에 한마디로 논하기는 어려우나, 이러한 개념은 당연한 것이다. 시기능 훈련사나 훈련사는 저시각관리로 환자나 시각장애자의 '할 수 있는 활동'을 증가시켜 '하고 있는 활동'으로 연결해 나가야 한다.

한편, 안과에 근무하고 있는 간호사 등은 간호업무 중에서 '하고 있는 활동'을 파악하여

'할 수 있는 활동'을 증가해 나가는 노력을 하여야 하며, 양자는 연계되어야 한다. 간호사는 의사의 진료를 돕거나 사무업무 등으로 바쁘겠지만, 본래 '환자의 일상생활을 도와, 환자가 무엇을 할 수 있고 무엇을 할 수 없는 가를 관찰하여 현재 어떠한 도움이 필요한 가를 판단' 하도록 교육받고 있다. 따라서 문제의식이 높은 간호사라면 의사와 환자와의 대화나 진료실에서의 행동으로부터 상황을 관찰 · 평가하여 환자가 일상생활이나 학교생활에서 필요한 정보를 제공할 것이다. 즉, 간호사가 '하고 있는 활동'을 늘리기 위하여 필요한 정보를 제공하고, 훈련시설에 소개하여야 한다. 물론 간호사가 훈련할 수 있으면, 자신이 '할 수 있는 활동'을 늘려가는 것도 좋다. 그러나 '할 수 있는'데도 불구하고 '하지 않는' 것이라면 올바로 지도하여 '하고 있는 활동'을 늘려가야 할 임무가 간호업무에 속한다.

이러한 역할은 저시각 클리닉이 없는 안과시설에서 더욱 중요하며, 간호사는 시기능 훈련사와 함께 적극적인 자세로 임하여야 한다. 안과이외의 진료과에서도 간호사가 시각장애자를 관리하는 것이 가능하며, 오히려 적극적인 저시각관리자가 되어야 할 것이다.

## 2 저시각관리에서 'counselling'과 'coaching'

저시각관리에도 communication의 3C 즉, consulting, counselling 및 coaching이 있다. 질환의 진단 및 치료나 기능장애에서 이루어지는 것이 consulting으로, 전문적인 정보를 제공하여 문제해결 방법을 제시하거나, 진단, 치료, 예후, 예방, 설명, 동의 등이 이에 속한다. 그 후에 발생하는 심리적 문제가 표면화되는 능력장애나 사회적 불리에 대하여 전문적 지원이 필요하게 되는 저시각관리에서는 counselling이 주가 되며 과거에서 원인을 찾는 특징이 있으나, 가장 중요한 것은 마음을 보살피는 것이다. 한편, coaching은 '상대의 자발적인 행동을 촉구하는 communication의 기술'로, 질문, 경청, 승인, 및 제안의 4가지 기본적인 기술(skill)을 이용하여 상대방의 목표, 의욕, 능력 등을 이끌어내는 기술이다. 예를 들면 보행이 어려워진 시각장애자에게 지팡이를 사용하게 하는 것은 매우 대단한 일이다. 지팡이의 사용은 장애의 수용과도 복잡하게 연계되어 있어 시간이 걸린다. 이 때 counselling이 필요하다. 어쩔 수 없이 지팡이를 사용하기 위한 훈련을 위하여 입원하게 된 사람의 예를 들어보자.

환자는 3개월간의 훈련으로 병실에서 안과 외래로 지팡이를 사용하여 단독 보행으로 갈 수 있게 되었으나, 어느 날 병동의 복도에서 다른 시각장애자와 부딪혀 넘어지게 되었다. 환자는 훈련할 때에는 지팡이로 여기 저기 짚어 보았으나, 화장실이나 식당 등에 갈 때에는 지팡이를 사용하지 않았다. 아직 지팡이를 사용할 마음의 준비가 되지 않았던 것 같다. 왜 환자는 지팡이를 사용하지 않았을까? 여기에 counselling이나 coaching이 필요하다.

또 다른 예를 들어 보자. 안과에서 훈련을 통하여 확대경이나 단안경을 이용하여 문자를 능숙하게 읽을 수 있는 시각장애아가 있었다. 그러나 그는 학교에서는 이런 것들을 사용하지 않고, 집에서 숙제할 때만 확대경을 이용한다. 왜 이 학생은 수업 중 확대경이나 단안경을 사용하기를 꺼릴까? 그의 내성적인 성격을 외향적으로 바꾸어 주는 것이 counselling이나 coaching 이다. 교실에서도 확대경을 사용하도록 하려면 어떻게 하면 좋을까?를 함께 생각해 보는 자세가 중요하다.

## 3 '하고 있는 활동'에서 '하는 활동'으로의 전개

'할 수 있는 활동'과 '하고 있는 활동'을 '하는 활동'으로 만드는 것이 안과의사를 포함한 의료 종사자는 물론 가족 등 모든 관계자들에게 가장 중요하며, 그들의 counselling이나 coaching 기술이 필요하다. 저시각관리의 대상인 환자의 경우, 그들 자신이 어떻게 하면 좋을지 전혀 지식이나 기능이 없는 사람이 대부분이다. 따라서 장애를 이겨내는 방법을 모르는 환자에게 아무리 coaching을 해도 그것은 효과가 없으므로 우선, 할 수 없게 된 항목 하나 하나를 할 수 있게 되도록 하는 훈련이 필요하다. 훈련을 통해 그것을 할 수 있게 됨으로써 점차 자신감이 붙게 되면 '하고 있는 일'이 하나씩 늘어간다. 이와 같은 저시각관리의 과정에서 중요한 것이 counselling이며, 일종의 마음의 관리라고 할 수 있다. 그러나 counselling은 그 나름대로의 경험이나 전문적 지식이 없으면 성립되지 않는다.

한편, coaching은 '할 수 있는' 것을 '하지 않는' 환자 자신 속에서 해답을 찾아내는 것으로 전문성의 유무는 중요하지 않으나, 저시각관리에 관한 전문적 지식이 적은 간호사 등은 일상생활의 관점에서 coaching 기술을 먼저 습득해야 할 것이다.

의료 현장에서 실천사항을 관찰 · 평가 하는 것은 간호사, 사회에서는 복지사, 일반적으로 학교에서는 교사의 역할이다. 그러나 교사라도 맹학교나 약시학급 담당교사는 '할 수 있는 활동'을 늘리도록 요구받고 있다. 중요한 것은 '하고 있는 활동'을 늘리는 것이며, 이를 위해서 훈련자와 각 사례별 연계가 불가피하다. 또한 의사, 간호사, 훈련사, 교사, 복지사, 자원봉사자 및 가족을 포함한 모든 사람들이 환자나 시각장애자가 자신들의 의지로 '하는 활동'으로 이끌어가는 것이다.

## 4 저시각관리에 있어서의 안과의 역할

저시각관리는 의사 즉, 안과의사가 우선 co-medical의 모범으로 적극적으로 임할 필요가 있다. 저시각관리는 '어렵다'고 특별한 이유없이 싫어하는 안과의사가 많은 것 같으나, 이것은 옳지 않다. 의사, 간호사, 훈련사 등 의료 종사자라면 누구라도 환자의 모습이나 상태를 보고 아무것도 느끼지 않는 사람은 없을 것이다. 불행하게도 보이지 않게 되어 불안해진 환자의 모습을 보고 아무것도 느끼지 않는 안과의사, 시기능훈련사, 간호사 등은 없을 것이다. 이와 같이 저시각관리의 기원은 '의학의 마음'이다. 안과의사가 조용히 마음의 손을 내밀면, 그것으로 저시각관리는 시작된다. 이 때문에도 안과의사는 당연히 저시각관리를 배울 필요가 있다. 특히 유전성 질환에 대해서는 확정 진단을 내린 안과 주치의가 저시각관리를 도입하는 것이 성공의 열쇄가 된다.

# D 저시각관리와 삶의 질

시각장애자가 보유하고 있는 시기능을 최대한 활용하여 삶의 질의 향상을 지향하는 것이 저시각관리이며, 저시각관리와 삶의 질은 삶의 단계(life stage)마다 공통 과제가 있다. 시각장애가 있더라도 어떻게 하면 활기찬 생활을 할 수 있는지, 시각장애자가 일상생활에서 안고 있는 문제를 어떻게 해결할 것인지를 구체적으로 연구하게 되면 삶의 질이 높아진다.

삶의 질을 높이기 위한 시작으로는 '여기가 문제'라고 '문제 지향적'으로 생각하기 보다는 그 사람이 진실로 필요한 것을 획득하려면 '어떻게 하면 좋은가'라는 '목적 지향적'으로 생각하는 것이 중요하므로 시각장애자의 의도에 따라 관계를 유지해 나가는 것이 도와주는 쪽의 역할이다.

삶의 질을 높이기 위한 저시각관리는 단계적으로 행하는 것이 아니라 병행적 · 기능적으로 실시한다. 단계적 방법에서는 생리적 · 기계적인 면을 중시하기 때문에 확대경(loupe)이나 단안경을 맞추는 것이 우선이 되기 쉽다. 즉, 실제로 본인이 보고 싶어 하는 것을 보이는 것이 아니고 '이 확대경을 사용할 수 있게 되면 그 다음의 것을 사용하자'라는 방법을 취하는 경향이 있다. 본인이 '지금 보고 싶은 것을 보기' 위해 필요한 것을 점차로 제공하는 방법이 바람직하나 단계적 방법에서는 훈련시간이 길어져 본인의 의도에 따르지 못하게 되는 경우가 있으므로 '탈단계화'를 지향하는 것이 더 좋을 수 있다.

또한 삶의 질을 높이기 위한 저시각관리는 가급적 일상생활에 기초를 둔 훈련을 하는 것이 중요하다. 재활센터나 안과에 훈련을 받으러 가는 것이 아니라 일상생활 중에서 간단히 훈련할 수 있는 방법으로 언제, 어디서나 시행해 보는 것이 중요하다.

## 1 삶의 질을 높이기 위한 방법

삶의 질을 높이기 위한 가장 중요한 것은 자신의 시야 중 어디를 사용할 수 있나? 자신의 시력으로 어떤 거리가 보기 쉬운가? 색 대비(color contrast)를 얼마나 식별할 수 있나? 등의 '자신이 보는 상태'를 아는 것이 중요하다. 그 다음에 중요한 것은 자신의 요구에 맞는 광학적 보조기구의 선택이다.

교정만으로 가능한지, 보조기구를 사용하여야 하는지, 조명장치를 이용하여 대비를 변화시켜야 하는지, 밝기를 변화시켜야 하는지 등의 물리적 환경을 정리한 후, 본인의 눈을 사용하기 위하여 눈의 기능을 높이기 위한 안구운동 훈련을 할 필요가 있다. 안구운동 훈련을 규칙적으로 하게 되면 자신의 시야, 시력, 대비 등을 이해할 수 있게 되어 보다 구체적으로 삶의 질을 높이는 것과 연결된다. 그 밖에 사회자원의 활용으로 학교나 직업 훈련원의 선택, 의료현장에서 어떠한 관리를 받는지, 복지자원은 어떻게 활용하는지 등이 있다. 이러한 것들을 잘 조합하여 저시각관리를 행하면 시력장애자의 삶의 질을 높일 수 있다.

## 2 삶의 단계에 맞는 훈련 방법

시각장애자의 삶의 질을 높이기 위해서는 각 삶의 단계에서 공통 과제와 그렇지 않은 것을 명백히 구별한 후 문제를 해결해 나가는 것이다. 자신에게 제일 쉬운 방법을 선택함으로서 훈련에 대한 의욕을 높이고 동시에 삶의 질을 높일 수 있도록 하는 것이 중요하다.

삶의 질을 높인 구체적인 예를 소개한다.

### [사례 1] 차광안경으로 잘 보게 된 여아

**병명 : 추체이상증(퇴행위축)**

망막이상증(retinal dystrophy)이 있는 초등학교 6학년 여학생의 사례로 시력이 양안 모두 0.2 밖에 나오지 않았다. 수업 중 필기하는 것이 매우 어렵고, 화학 실험시간에 화학 변화를 알 수 없었다. 처음에는 3.5배의 휴대용 확대경과 4배의 단안경을 처방하였으나 환자는 가능하면 안경으로 교정해 주기를 희망하였다. 대비를 올리면 시력이 나올 가능성도 있고, 일상생활에서는 명확하게 색을 판단할 수 있으므로 차광안경의 CCP400SA를 처방하였더니 시력이 0.7로 향상되었다.

이와 같이 환자가 보조기구를 "사용하고 싶지 않다"라고 했을 때 그것을 받아들여 여러 가지 노력을 시도해 보는 것이 중요하다.

### [사례 2] 콘택트렌즈가 인생을 바꾼 남자 중학생의 경우; 굴절교정이 저시각관리의 기본

**병명 : 망막색소변성증**

이 학생은 3세경 야맹증이 나타나 망막색소변성증이라 진단받았다. 환자의 어머니가 의료 상담을 받은 후 저시각관리를 하기 위하여 환자가 13세 때 함께 방문하였다. 환자의 시력은 OD = 0.01(0.01), OS = 0.03(0.9)으로, 지금까지 안과검사에서는 0.1 밖에 나오지 않아 자신의 눈에 대하여 자포자기에 빠진 것 같았으며, 망막색소변성증에 의한 눈부심이 나타났으나 남들과 다르게 보이고 싶지 않아 차광안경 착용을 거부하였다.

따라서 갈색의 칼라 콘택트렌즈를 권하였다. 콘택트렌즈는 각막에 밀착하기 때문에 광학적으로 우수하며 시야가 넓어진다. 또한 상 · 하 · 좌 · 우로부터의 눈부심에도 효과가 있고 무엇보다 외관상 표시가 나지 않는다. 이 콘택트렌즈를 착용함으로써 아직 시력을 잃지 않았다는 자신감을 회복할 수 있었고 자신의 인생관에 영향을 미칠 수 있었다고 훗날 환자는 회고하였다. 굴절교정의 필요성과 적절한 안경처방의 중요성을 새삼 강하게 느끼게 되었다. 그는 시험을 보고 최고의 고등학교에 입학하였다. 이러한 시험을 통한 성취감은 장애자에 있어 보다 큰 자신감의 회복으로 이어진다. 그 후에도 보행, 특히 야간 보행훈련, 시야협착에 대한 안구운동 훈련과 루페의 사용을 훈련하였다. 대학진학 상담을 통해 유럽, 미국 등

선진국에서의 시각장애자의 직업상황을 알고 싶다는 요청으로 재미 시기능 훈련사와 시각장애 유학생을 소개하게 되었다. 현재 그의 시력은 0.5이며, 시야협착이 서서히 진행되고 있으나, 대학생이 되어 부모 슬하를 떠나 혼자 생활하고 있다. 또한, 꿈이었던 축구부에 들어가 적극적인 학생생활을 보내며 청춘을 즐기고 있다.

**[사례 3] 장벽없는 건축(barrier free)을 직업으로 한 건축회사의 영업부장**

**병명 : 망막색소변성증**

망막색소변성증에 의하여 시야가 10° 이내, 시력이 0.1이 되어, 일을 계속할 수 있을까?에 대한 문제를 상담하러 왔다. 장벽없는 건축과 시각장애자의 불편한 점을 잘 알고 있는 점을 이용하라고 권유하였더니, 회사와 타협하여 그 후로도 장벽없는 건축 담당자로 열심히 일할 수 있었다. 이 환자의 경우 시야는 좁지만 휴대용 확대경 5배를 처방하여 일상생활을 그런대로 잘 할 수 있었다. 환자가 상담을 원하였을 때, '그 시력으로 일하는 것은 무리다'라고 말하지 않고 장애를 역으로 삼아 발상을 전환하였더니, 현재의 일의 연장선상에서 다음 일을 생각할 수 있었던 것이다. 이것은 삶의 질을 생각하는 의미에서도 중요한 것이라고 생각된다.

삶의 질에서의 life에는 '생명', '생활' 및 '인생'의 의미가 있다. '생명의 질' 향상은 의학, '생활의 질'은 저시각관리에 달려 있으며, '인생의 질'을 높이려면 많은 직종의 사람들과의 광범위한 'team approach'에 의한 저시각관리가 필요하다.

# 제2장 저시각관리에 필요한 기초 지식

## A 눈의 구조와 기능

### 1 눈의 구조

눈의 구조는 3개의 막인 외막(각막, 공막), 중막(포도막 : 홍채, 모양체, 맥락막), 내막(망막)으로 구성되어 있다(그림 2-1, 2). 눈의 내용물로는 방수, 수정체 및 유리체가 있고, 빛은 주로 각막과 수정체에서 굴절되어 망막에 결상되고 망막에 도달된 빛을 시세포(추체와 간체)가 수용하여 추체는 시력 및 색각을, 간체는 광각을 담당하는데 추체는 약 700만개, 간체는 약 1억 3천만 개가 있다(그림 2-3, 4, 5). 그 후, 광자극은 이극세포에서 망막신경절세포로 전해지고, 망막신경절세포의 축색돌기(시신경)에 의해서 안구 밖으로 나가 시교차를 거쳐 외측슬상체에서(synaps 형성), 시방선, 후두엽의 제 1차 시각영역에 도달한다(그림 2-6).

시각은 2개의 경로 즉, ① 두정소엽(parietal lobule)으로 향하는 배측로계(공간시), ② 하측두엽(inferior temporal lobe) 연합영역으로 향하는 복측로계(형태시나 색각)로 나누어 전두엽에서 인식된다. 이와 같은 시각은 눈 전기생리학의 발전으로 망막기능은 망막전위도(electro-retinogram : ERG), 망막 상피세포의 기능은 안전위도(electro-oculogram : EOG), 망막에서 후두엽까지의 기능은 시유발전위(visual evoked potential : VEP)로 검사할 수 있으며, VEP에는 광자극인 flash-VEP와 바둑판 모양 자극인 pattern-VEP가 있다. 또한 인지 단계의 검사에는 사상관련전위(event-related potential ; ERP)가 있다.

- 굴절은 광선의 진로가 매질의 경계에서 바뀌는 것을 말하며, 굴절력의 단위는 Diopter(D) 즉, 초점거리(m)의 역수로 나타낸다. 1.00D는 초점거리 1 m, 2.00D는 초점거리 50 cm 렌즈의 굴절력을 나타내며, 볼록렌즈는 (+), 오목렌즈는 (-) 부호를 붙인다. 정적굴절상태에서 각막의 굴절력은 약 43.00D, 수정체는 약 19.00D, 안구 전체의 굴절력은 약 59.00D 정도이다.

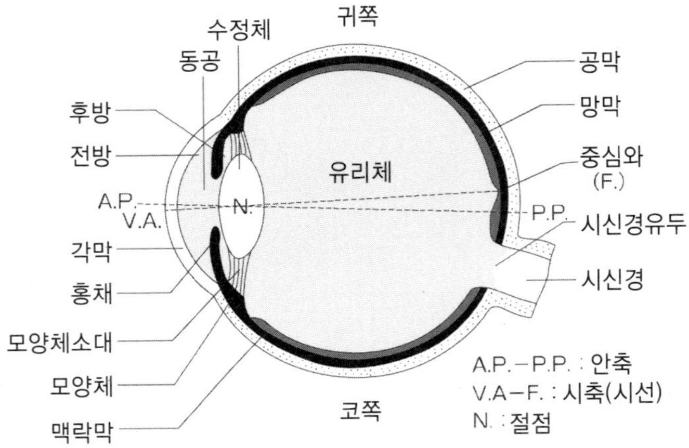


[그림 2-1] 시각기의 구성과 안구의 평면도

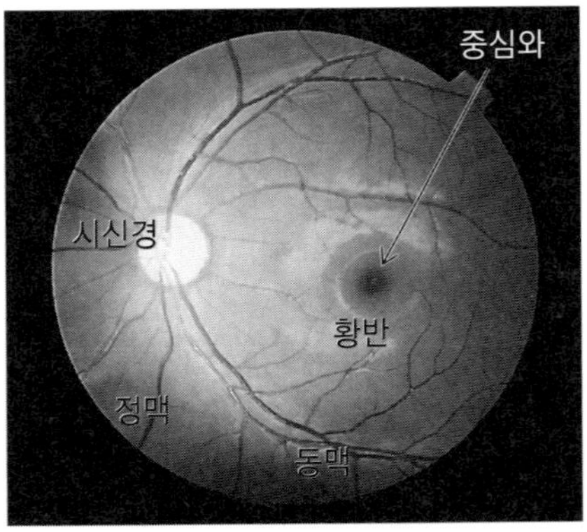


[그림 2-2] 안저(왼쪽 눈)

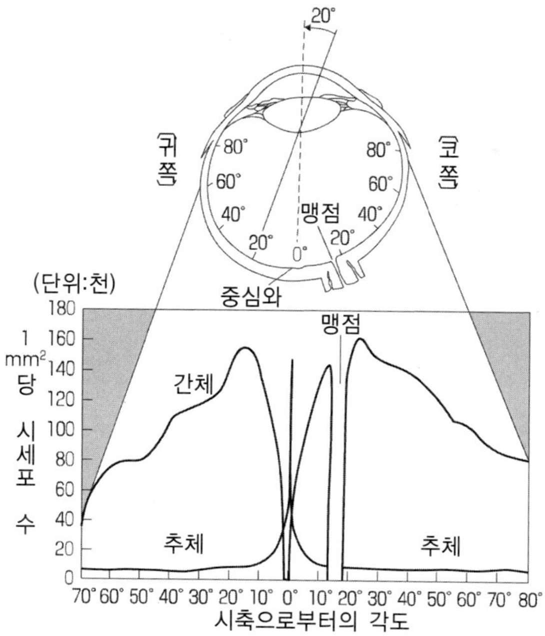


**[그림 2-3] 시세포의 분포: 망막의 수평 단면에서 추체와 간체의 분포(왼쪽 눈)**

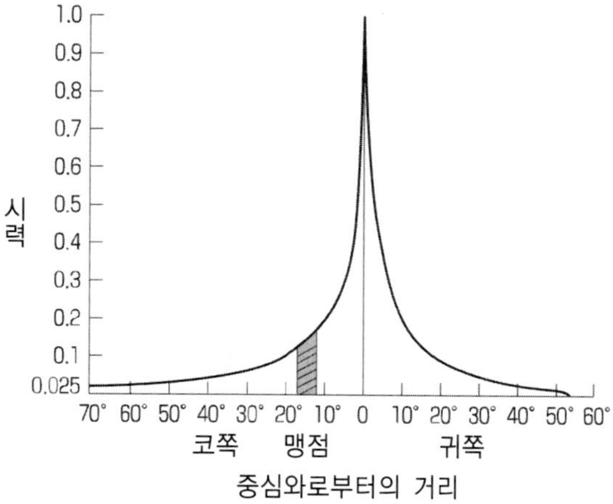


**[그림 2-4] 망막의 부위와 시력**

중심와(0°)에서 멀어짐에 따라서 시력은 급격히 저하된다(5° 벗어나면 시력이 약 0.3, 10°에서는 약 0.2).

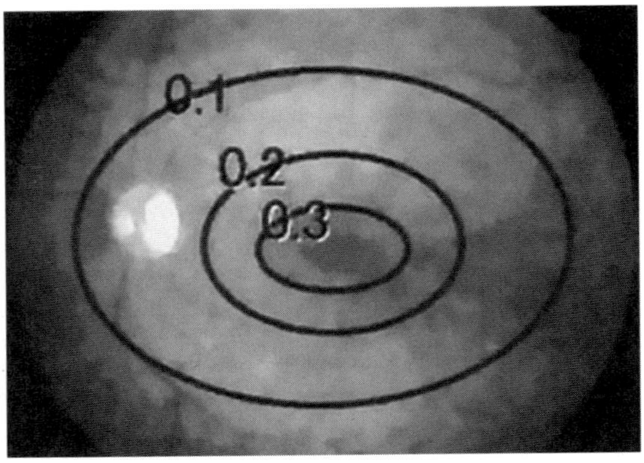


**[그림 2-5] 좌안의 중심외시력(정상안)**

중심외시력은 중심와로부터 멀어짐에 따라 저하하며, 타원은 0.1, 0.2, 0.3의 시력에 대응하는 망막상의 부위를 이은 등시력곡선

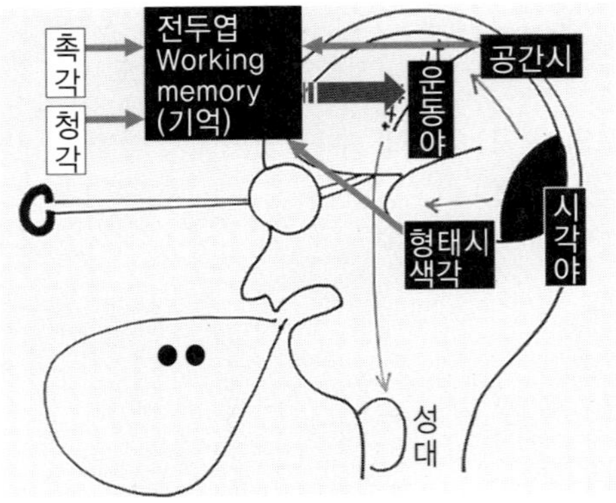


**[그림 2-6] 지각으로부터 행동**

## 2 시각의 발달

일상생활에서 외계로부터의 정보는 약 80% 이상이 시각을 통하여 얻어지며 이러한 시각은 출생 때부터 갖고 있는 감각이 아니라 경험이나 훈련을 통하여 발달한다. 신생아는 어머니의 얼굴이 분명히 보이지 않으나 서서히 발달하여 6세 전후에 시각은 완성된다. 따라서 의학적 약시의 치료는 초등학교 때까지 계속되기도 하고 안구 자체도 20세 정도까지는 계속 성장한다.

최근 연구에 의하면, 신생아의 시력은 0.01, 생후 1개월에는 0.02, 3개월에는 0.1, 6개월에는 0.2, 3세에는 거의 1.0 시력에 도달된다고 한다. 이와 같이 시각은 출생 후부터 발달하여 3개월 ~ 3세가 시각발달에서 가장 중요한 시기라고 생각되기 때문에 3세 어린이의 검진에서 시력검사를 실시하는 것은 그 의미가 크다.

## 3 [본다]의 의미

[본다]의 사전적 의미는 매우 다양하다.

본다(見) : 생리적 기능의 [본다]라는 표현으로 알맞으며, 수용이라는 말로 나타낼 수 있다.

본다(視) : 주의하여 보는 방법. 부분으로 나누어가며 보는 방법이며, 분석이라는 말로 나타낼 수 있다.

본다(眺) : 전체로 해서 보는 방법. 종합이라는 말로 나타낼 수 있다.

본다(診) : 조사한다는 요소와, 즉시적인 판단의 의미가 있다.

본다(看) : 장기간에 걸쳐 계속해서 지켜본다는 의미의 보는 방법이며, 간호라는 말로 바꿀 수 있다.

본다(望) : 현재에서 미래를 보는 방법이며, 예견이라는 말에 해당된다.

본다(省) : 과거를 보는 방법으로 내성이라는 말에 해당된다.

본다(察) : 하나를 들어서 열을 안다와 같은 방법으로 보는 것. 통찰이라는 말에 해당된다.

본다(証) : 실증적으로 보는 방법. 다른 말로 나타내면 증명이 해당된다.

본다(觀) : 위에 제시된 9개의 보는 방법을 통합한 의미의 보는 방법으로 직관이라는 말에 해당된다.

위에서 視와 眺, 診과 看, 望과 省, 察과 証은 각각 서로 보완하는 관계에 있다. 위에 설명한 [본다] 중에서 어떠한 의미로 사용하고 있는지 생각해 보자.

## 4 시력 1.0의 의미

시력표에서 1.0 란돌트 고리를 가리켰을 때 ㉠ 안구에 이상이 없고 ㉡ 시신경이 정상이며 ㉢ 후두엽(제 1차 시각영역 Ⅵ) 정상 ㉣ 인식을 관장하는 연합영역 정상(Ⅵ→하두정소엽으로 향하는 배측로계 : 공간시, Ⅵ→하측두엽의 연합영역으로 향하는 복측로계 : 형태시 및 색각), ㉤ 전두엽에서 조합 ㉥ 운동중추의 정상 운동기; 성대가 정상으로 작용하여, 란돌트 고리의 뚫린 방향을 말하게 된다. 이와 같이 시력 1.0은 감각기(수용기), 중추, 운동기 등 모든 것이 정상적으로 기능하고 있음을 의미하고 있다(그림 2-6 참조).

그러나 어딘가 한 군데라도 상태가 나쁘다면 일반적인 시력검사를 할 수 없다. 이것은 수용기에 질환이 있거나 중추인 후두엽이 장애를 받아도 마찬가지이다. 눈에서 후두엽까지 정상이며 제 1차 시각영역에 상이 결상되어 있어도 인식을 담당하는 연합영역이 장애를 받는다면 마찬가지로 시력검사는 불가능하다. 또한, 보고 있어도 시표를 인식하지 못하면 단순히 시력검사를 할 수 없는 것으로 결정되어 버린다. 그러나 어머니나 가족의 관찰은 예리하여 "잘 모르지만, 무엇인가 보고 있는 것 같은 느낌이 든다", "때때로 눈맞춤이 되는 것 같다", "할아버지가 유심히 무엇인가를 열심히 보고 있는 것 같은데…" 등을 호소하는 경우가 있다. 이러한 경우는 환자가 보고 있을 가능성이 있지만, 검사자가 아이들, 고령자, 또는 장애자로부터 발신되는 신호를 알지 못하는 경우라고 할 수 있다.

필자의 진찰실에는 큰 TV가 있어 어린이들이 매우 좋아하는 프로그램을 보여주고 있다. 때때로 시력검사를 할 수 없는 어린이가 안경을 쓰고 열심히 프로그램을 보고 있다가 안경을 벗기면 이유도 없이 이리 저리 두리번거리는 것을 볼 수 있다. 그러면 필자는 환아의 어머니에게 "환아가 안경을 쓰면 TV를 볼 수 있다."고 말을 해 준다. 시력은 측정하지 못하지만 안경의 효과는 가족들의 설문조사에서도 이미 확인된 바가 있다. 안경으로 세계를 넓히는 것이 안과의사의 의무라면 장애자에 있어서도 마찬가지이며 시각장애자의 저시각관리의 첫걸음은 굴절교정이라는 것에 이의를 제기하는 사람은 없을 것이라 생각한다.

현재 사건관련전위(Event Related Potential, ERP) 등의 전기생리학 검사에서 인지 레벨까지 규명이 진행되어 있으나 역시 관찰을 능가하는 것은 없다고 생각한다. 아이들, 고령자, 또는 장애자가 나타내는 신호를 느끼고 이해할 수 있는 것은 아이를 기를 때나, 보호자에게 있어 큰 기쁨이고 또한 힘을 내게 하는 원동력이 된다. 의학 교육의 목적 중 하나는 이와 같은 감성을 기르는 것이고, 이것은 교육 및 복지분야에서도 마찬가지라고 생각한다.

# B 시각장애 검사

시각장애는 시력저하, 시야장애, 눈부심, 색각이상, 복시 등으로 분류할 수 있다. 이 장에서는 이들의 평가 및 검사에 대하여 저시각관리의 입장에서 설명하고자 한다.

저시각관리에서 중요한 것은 시력, 시야 등의 의학적 검사 자료와 일상생활과의 간격을 어떻게 좁히느냐가 문제이다. 즉, 기능적 시각(functional vision)의 평가를 어떻게 하느냐이다. 따라서 우리들은 일상생활을 파악하기 위하여 우선 일상생활 평가표를 활용하여 시기능검사를 하고 있다. 이들 시기능검사는 일상생활에서 보이는 상태를 평가하는 것이므로 양안부터 검사한 후, 단안 검사를 하며, 우세안(dominant eye)을 확인해 놓는다. 또한 검사할 때에 검사거리를 측정해야 하므로 측정 자를 항상 준비하고 있어야 한다.

## 1 일상생활 상황

시각장애자에게는 일반적인 병력(history)을 듣는 것 외에 일상생활에서 불편한 점에 대하여 구체적으로 묻는 것이 중요하다. 즉, 학교, 직장, 또는 가정에서의 상태를 알고 그 시각 환경을 파악한 후 그것을 개선할 필요가 있다. 그러나 질문이 많으면 시간이 오래 걸려 안과 진료에 지장을 주므로 일상생활 평가표를 이용하는 것이 좋은 방법이다(표 2-1). 일상생활 평가표는 여러 종류가 있으며, 소아용이나 망막색소변성증용도 있다.

**[표 2-1] 일상생활 평가표**

년 월 일

## 점 검 표

병명 :

시력 : R :

L :

시야 :

등급 직업 :

| | |
|---|---|
| 1. 실내나 잘 알고 있는 곳은 걸을 수 있습니다. | ① 예 ② 때때로 ③ 아니오 ④ 기타( ) |
| 2. 야외나 익숙하지 않은 곳을 걸을 수 있습니까? | ① 예 ② 때때로 ③ 아니오 ④ 기타( ) |
| 3. 방 저쪽 끝의 사람 얼굴을 알 수 있습니까? | ① 예 ② 때때로 ③ 아니오 ④ 기타( ) |
| 4. 길 건너편 사람의 얼굴을 알 수 있습니까? | ① 예 ② 때때로 ③ 아니오 ④ 기타( ) |
| 5. T.V를 볼 수 있습니까? | ① 예 ② 때때로 ③ 아니오 ④ 기타( ) |
| 6. 영화관에서 영화를 볼 수 있습니까? | ① 예 ② 때때로 ③ 아니오 ④ 기타( ) |
| 7. 신문을 읽을 수 있습니까? | ① 예 ② 때때로 ③ 아니오 ④ 기타( ) |
| 8. 우편물을 읽을 수 있습니까? | ① 예 ② 때때로 ③ 아니오 ④ 기타( ) |
| 9. 편지를 쓰거나 자신이 쓴 편지를 읽을 수 있습니까? | ① 예 ② 때때로 ③ 아니오 ④ 기타( ) |
| 10. 요리를 할 수 있습니까? | ① 예 ② 때때로 ③ 아니오 ④ 기타( ) |
| 11. 비누질을 할 수 있습니까? | ① 예 ② 때때로 ③ 아니오 ④ 기타( ) |
| 12. 색을 알 수 있습니까? | ① 예 ② 때때로 ③ 아니오 ④ 기타( ) |
| 13. 먹는 것을 살 수 있습니까? | ① 예 ② 때때로 ③ 아니오 ④ 기타( ) |
| 14. 의류를 살 수 있습니까? | ① 예 ② 때때로 ③ 아니오 ④ 기타( ) |
| 15. 약의 라벨(label)을 읽을 수 있습니까? | ① 예 ② 때때로 ③ 아니오 ④ 기타( ) |
| 16. 자신이 그날 입을 옷을 고를 수 있습니까? | ① 예 ② 때때로 ③ 아니오 ④ 기타( ) |
| 17. 옥외에서 눈이 부십니까? | ① 예 ② 때때로 ③ 아니오 ④ 기타( ) |
| 18. 실내에서도 눈이 부십니까? | ① 예 ② 때때로 ③ 아니오 ④ 기타( ) |
| 19. T.V나 컴퓨터를 보기 어렵습니까? | ① 예 ② 때때로 ③ 아니오 ④ 기타( ) |

# 2 시력저하와 검사

저시각자는 근접해서 사물을 보거나 보조기구를 사용하여 시력을 보완하는 경우가 많으므로, 이 일상시를 측정하는 것이 시기능평가나 그 후의 지도에 필요하다.

시력검사를 할 때 검사자는 저시각자의 반응을 기다릴 수 있는 여유가 요구된다. 일반 시력검사 보다 시간을 들여 느긋한 분위기에서 행하는 것이 중요하며, 검사자 자신이 시뮬레이션 안경 등에 의한 유사 저시각 상태에서 시력검사를 체험해 보는 것이 저시각자를 이해하는 데 효과가 있다.

## 1 시력

시력은 대상을 어느 정도 자세히 구별할 수 있는지의 능력을 나타내는 것으로 식별할 수 있는 역치를 나타내는 것이다. 시력측정법은 시표에 의해 다음 4가지로 분류되며, 그 중에서 최소분리시력(해상력)을 시력으로 하는 것이 일반적이고, 최소가독시력이 일상시에 가까운 척도이다(그림 2-7).

① 최소가시력 : 어떤 하나의 점 또는 선이 지각 되었을 때의 역치. 점시력 등

② 최소분리시력 : 2개의 점 또는 선을 분리하여 구별할 수 있는 역치로 일반적인 시력의 개념. 란돌트 고리 등

③ 최소가독시력 : 도형이나 문자를 판독할 수 있는 최소 시각. 그림 시력 등

④ 최소판별시력 : 2개의 선분의 어긋남을 인식 할 수 있는 역치. 부척시력으로 알려져 있다.

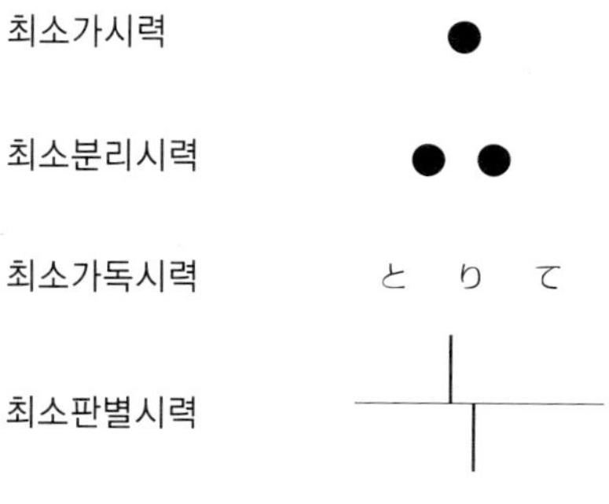


[그림 2-7] 시력

## 2 검사실의 조도

시력검사를 할 때 우선 검사실의 환경을 확인해야 한다. 망막색소변성증의 경우 실내 조도가 낮으면 시력이 저하된다. 표준 검사조건에서 시력표의 휘도는 500 ± 150(rlx)이고, 시표의 대비 비는 85% 이상이 되어야 하며, 실내 조도는 50 lux 이상으로 시표의 휘도보다 낮아야 된다.

또한 시력표는 1.0 시표의 높이가 피검사자 눈높이가 되도록 설치해야 한다.

■ rlx(래드룩스)

어떤 면에서 발산하는 광속을 나타내는 광속발산도의 단위로 100% 반사율의 면을 1 lux로 비추면 그 면의 광속발산도는 1 rlx이다.

## 3 시력검사는 먼저 양안시력을 측정하고 원거리시력이나 근거리시력 외에 중간거리시력도 측정해야 한다.

시력검사는 원거리시력(검사거리 5 m)과 근거리시력(검사거리 33 cm) 외에, 컴퓨터 등을 보기 위한 중간거리시력을 측정하는 것이 중요하다. 먼저 양안시력검사부터 하고 난 후에 단안시력을 측정한다. 저시각자는 눈떨림증을 동반하는 경우가 많고 특히 잠복성 눈떨림이 있는 경우에 한 눈을 가리면 시력이 저하되므로 양안개방시력계를 사용한다. 간이 측정법으로 양안개방상태에서 한 눈에 강한 (+)구면렌즈를 넣고 다른 쪽 눈의 시력을 측정하는 방법이 있다. 이때 가입하는 (+)구면렌즈는 그 눈의 시력을 충분히 저하시키기 위한 것이므로 피검안의 시력보다 낮아야 한다.

## 4 '한글자 시력'의 중요성

시야가 좁은 경우, 글자가 가득찬 시력표(병렬 시력표)로는 시표를 알 수 없고, 한글자 시력표(단독시표)로도 5 m 앞에서 제시하는 방법으로는 시표를 보지 못할 가능성이 높다. 피검사자의 눈앞에 시표를 제시하고 우선 피검사자의 시야 내에 한글자 시표가 놓이게 한 후 서서히 거리를 멀리 하는 방법으로 검사한다. 일반검사에서 시력이 0.02인 환자를 주의 깊게 피검사자의 시야를 고려하여 측정하였더니 시력이 0.3이 나온 경험이 있다. 저시각자가 아니라도 주의력이 산만한 어린이, 고령자나 장애자에게는 한글자 시력표를 이용하였을 때, 일반 시력표를 이용하였을 때보다 시력이 높게 나오는 경우가 많다.

## 5 시력은 교정시력을 의미한다.

시력에는 나안시력과 교정시력이 있는데 시력의 평가는 교정시력으로 하므로, 단순히 시력이라 하였을 경우에는 교정시력을 의미한다. O.D : 0.1(1.0×S-3.00D)와 같이 기록해 놓으면, 이것으로 피검사자의 교정시력과 사용한 교정렌즈의 종류 및 나안시력을 알 수 있다.

## 6 중심시력과 중심외시력

시력이 0.1 이하인 경우 망막 중심와로 주시하고 있는지 의문이 생긴다. 망막의 중심와는 가장 감도가 높으며 이 중심와로 보았을 때의 시력을 중심시력이라 하며, 일반적으로 시력이라 할 때는 중심시력을 의미한다. 펜라이트(pen light)를 보게 하여 동공의 중앙에 빛의 반사가 있는지를 확인한다('주시검사' 참조). 중앙에 있으면 중심주시이고, 중앙에서 벗어나 있으면 중심외주시(편심주시)로 이때의 시력을 중심외시력이라 한다. 중심와로부터 멀어짐에 따라 시력은 급속히 저하된다(그림 2-4 및 2-5). 소아 저시각자의 경우는 자연스럽게 중심외주시를 하는 어린이를 볼 수 있지만, 노인황반변성이 있는 고령자의 경우는 훈련을 하여도 중심외주시를 할 수 있게 만들기가 매우 어렵다.

## 7 시력의 표시법

### (1) 소수시력

식별할 수 있는 최소시각의 역수로 나타낸 것이 소수시력이며 국제 표준으로 되어 있는 표시법이다(그림 2-8).

V.A = 1/Q [Q : 시각 (분)]

### (2) 분수시력

스넬렌(Snellen) 방식이라고도 하며 구미에서 주로 사용하고 있다. 분자에는 검사거리, 분모에는 검사에 사용한 시표의 번호 즉, 시력 1.0인 사람이 식별할 수 있는 거리로 나타낸다. 예를 들면. 시력 20/40은 시력 1.0인 사람이 40 feet 거리에서 보이는 시표가 20 feet 거리에서 식별되는 것을 의미하며 이는 소수 시력 0.5에 해당된다.

### (3) 대수시력

소수시력을 상용대수로 변환한 값이 대수시력이다. 소수시력은 순서 척도이며 시력의 정밀도 순으로 되어 있으나 각 시력의 간격이 일정하지 않기 때문에 평균과 표준편차를 계산할 수 없다. 시력을 통계내는 경우는 소수시력을 대수로 하여 평균과 표준편차를 계산한 후에 역변환하여 소수시력으로 바꾸거나 또는 log MAR시력을 사용한다.

### (4) log MAR시력과 log MAR시력표

log MAR는 최소분리시력 즉, 식별할 수 있는 최소 시각(minimum angle of resolution)의 대수라는 의미이며 이것에 의하여 표시된 시력이 log MAR시력이다. 소수시력은 다음 식으로 환산된다.

$$\log MAR = \log (1/VA)$$

소수시력에서 환산된 log MAR의 값도 대수시력과 마찬가지로 간격 척도에 가깝기 때문에 평균과 표준편차를 구할 수 있다.

log MAR 시력표는 0.1과 1.0의 사이를 $1\sqrt[10]{10}$ 의 간격으로 시표를 작성한 새로운 시력표이다. 시표 간격과 줄 간격이 동일하게 만들어졌기 때문에, 시표의 배치는 역삼각형이 되며 시표가 작아질수록 간격도 줄어든다. 이 시력표에서 시표의 시각은 등비급수, 그 대수는 등차수열로 되어있다. 즉, 이 시력표에 의한 log MAR값은 각 시력값이 동일한 간격 척도로 되어 있기 때문에 평균과 표준편차를 계산하거나 시력의 변화를 정량적으로 평가할 수 있다. 따라서 소수시력을 환산한 log MAR값과 log MAR 시력표에 의해 측정된 log MAR값은 엄밀하게는 다르다. 소수시력, 시각, 대수시력, 및 log MAR 시력을 비교해 놓았다(표 2-2). 여기서 중요한 것은 소수시력에서는 0.1과 0.2 사이와 시력 0.9와 1.0 사이가 동일한 간격이 아니라는 것이며, 시력 0.3이면 시력 1.0의 50% 정도가 보이고 0.5인 경우에는 70% 정도가 보인다는 것을 알 수 있다(그림 2-9). 이 점을 많은 사람들이 오해하고 있으며, 이것을 이해할 수 있다면 일상생활에서 필요한 시력(교실에서 필요한 시력)은 원거리시력과 근거리시력 모두 0.5라는 것을 이해할 수 있다.

[표 2-2] 소수시력, 대수시력 및 log MAR

| 소수시력 | 시각 | 대수시력 | Log MAR |
|---|---|---|---|
| 0.1 | 10.0 | −1.00 | 1.00 |
| 0.2 | 5.0 | −0.70 | 0.70 |
| 0.3 | 3.3 | −0.52 | 0.52 |
| 0.4 | 2.5 | −0.40 | 0.40 |
| 0.5 | 2.0 | −0.30 | 0.30 |
| 0.6 | 1.7 | −0.22 | 0.22 |
| 0.7 | 1.4 | −0.15 | 0.15 |
| 0.8 | 1.3 | −0.10 | 0.10 |
| 0.9 | 1.1 | 0.05 | 0.05 |
| 1.0 | 1.0 | 0.00 | 0.00 |
| 2.0 | 0.5 | 0.30 | −0.30 |

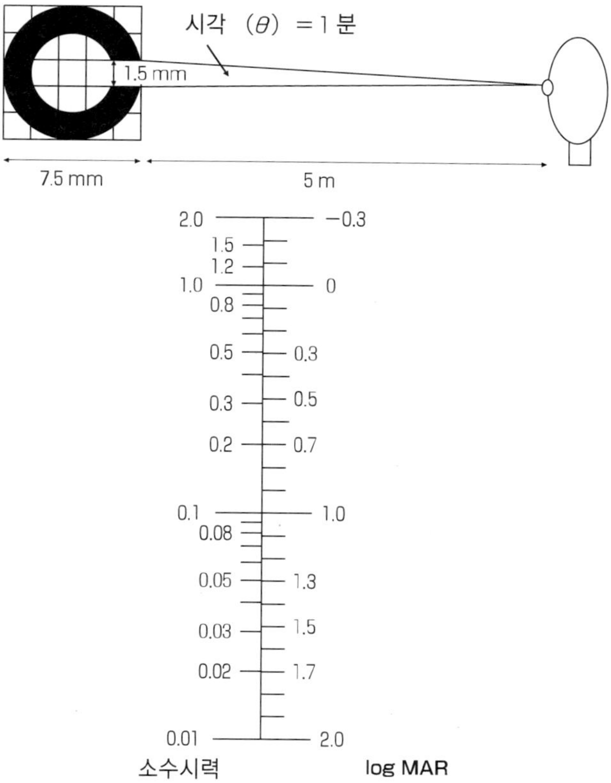


[그림 2-9] 소수시력과 대수시력(log MAR)

### (5) 최대가시력

최소가독시력표(최대가시력)는 근거리 시력표를 가장 보기 쉬운 거리에 놓았을 때 판별할 수 있는 최소의 시표이며 그 때의 시거리를 함께 기재한다. 본래의 시력값은 아니지만, 근접시에 의하여 어느 정도까지 식별할 수 있는지를 알 수 있으며 교육 및 복지분야에서 자주 사용한다.

예) NRV = Max 0.3/5 cm, NLV = (Max 0.5/10 cm S + 10.00D)

### (6) 보조기구를 사용한 시력검사

보조기구를 사용한 시력도 반드시 측정해야 한다. 시력을 알 수 있을 뿐만 아니라 계산으로 얻어지는 이론값과 비교하면 보조기구가 적절히 사용되고 있는지의 여부를 추정할 수 있다. 또한 얼굴을 돌리거나 곁눈질을 하여 가장 보기 쉬운 위치에서 시력을 측정 하는 것도 의미가 있다. 일반검사 조건에 부가하여 실시하고 그것을 기재한다.

## 8 시력표와 독서차트

일반적인 원거리 시력표 외에 log MAR 시력표나 EDTRS 차트가 사용된다(그림 2-10).

### (1) 근거리 시력표

란돌트고리 근거리 한글자 시표 등을 사용하여 검사한다.

### (2) 대비시력표

시표와 배경의 대비를 바꾸는 시력표를 대비시력표라 하며 그것으로 측정한 시력이 대비시력이다.

### (3) 독서차트

국립 신체장애자 재활 센터에서 제작한 것은 일상생활에서 읽고 쓰기 능력을 검사하고자 하는 것이며, 신문의 글자를 이용하여 어느 정도까지 읽을 수 있는가를 조사하여 확대경 등의 광학적 보조기구의 배율을 추정하는 것이다(그림 2-11). 또한 log MAR 시표를 고려한 Minnesota 독서차트, MNREAD-J도 사용되고 있다.

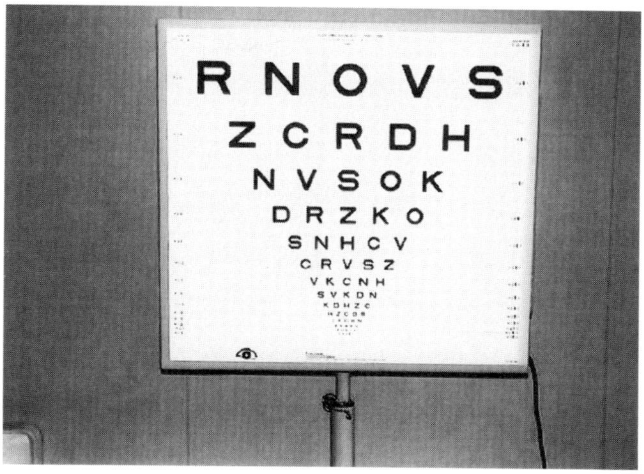


[그림 2-10] EDTRS 차트

[그림 2-11] 근거리용 독서 차트

## 9 특수 시력검사

### (1) 줄무늬 시력과 주시선호(Preferential looking : PL)법/Teller acuity cards(그림 2-12)

줄무늬 시력은 판별할 수 있는 줄무늬의 폭을 시각으로 환산한 것으로 줄무늬의 경계가 명료한 것(구형파)과 윤곽이 흐린 것(정현파)이 있다. 구형파 시표에는 PL법의 시표나 Teller acuity cards가 있고 정현파 시표는 주파수의 변조전달함수 MTF(modulation transfer function) 측정에 사용되고 있다(contrast 항 참조).

PL법에는 무늬가 없는 시표보다는 줄무늬 모양의 시표를 무조건 반사적으로 선택하는 것을 이용하여 실시하는 Forced choice preferential looking(FPL)법과 옳은 답에 대하여 장난감을 보이는 것과 같은 보상을 주는 Operant preferential looking(OPL)법이 있다. 전자가 생후 수개월까지의 영아에 정확하다면 후자는 그 이후의 유아에 사용된다. 또한 손가락으로 가리키는 것을 할 수 있는 어린이라면 줄무늬 모양 시표를 손가락으로 가리키게 하는 것으로 검사가 가능하다. 그러나 최근에는 Teller acuity cards가 간편하고 실시하기 쉽다는 이유로 많이 사용되고 있으며 특히 어리거나 시각장애가 있는 지적장애자에게 유용한 검사이다. 카드는 0.32 c/cm에서 38 c/cm까지 0.5 옥타브 간격으로 만들어진 15매의 카드와 전혀 줄무늬가 없는 회색 카드 1매의 총16장으로 구성되어 있다. 2개의 공간 주파수의 비가 2일 때 1 옥타브의 차이가 있다고 한다. 예를 들면 38 c/cm의 카드와 19 c/cm의 카드에는 1 옥타브 차이가 있다. 일반적으로 1~1.5 옥타브 이상의 차이가 있는 때에는 시력에 차이가 있다고 판정한다.

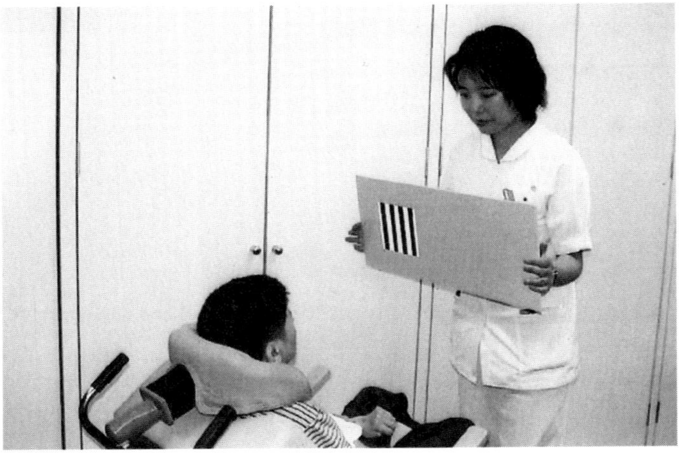

[그림 2-12] Teller acuity card를 사용하는 검사 광경

또한 줄무늬 시표를 직접 안구에 입사시키는 Rodenstock interferometer(Rodenstock USA. Inc), Lambds 100(Heine Optotechnik)도 저시각자에게 사용할 수 있으며, Teller acuity carads는 현재 개정판이 사용되고 있다.

#### (2) 시운동성 눈떨림(Opto-Kinetic nystagmus ; OKN)을 이용한 타각적 시력검사

줄무늬 모양이 눈앞에서 움직일 때 눈떨림이 유발되는 것을 이용한 시력검사이다. 줄무늬 모양이 그려진 눈떨림 드럼(drum)을 눈앞에서 돌려서 눈떨림이 유발된 최소 줄무늬 폭과 시거리로부터 시력을 환산한다.

#### (3) 동체시력검사

움직이고 있는 물체를 식별하는 능력을 동체시력이라고 한다. 원거리에서 근거리로 다가오는 시표로 측정한 동체시력을 kinetic visual acuity(KVA, 동체시력)라고 하며, 좌 · 우로 움직이는 시표로 측정한 동체시력을 dynamic visual acuity(DVA)라 한다.

물체가 다가오는 속도 및 승차 시에 물체에 다가가는 속도를 연구한 결과, '속도가 빠를수록 동체시력(KVA)은 낮아지고 시야도 좁아진다'는 사실을 밝혀냈다. 즉, 운전 중에 도로 표시를 어느 위치에서 볼 수 있는가의 능력을 알 수 있다.

한편, 구미에서 많이 연구된 동체시력(DVA)은 시표까지의 거리가 일정하므로 근접성 폭주나 조절과는 무관하며 활동성 안구운동이나 충동성 안구운동의 영향을 받는다. 시각장애를 가진 사람에 대한 2 종류의 동체시력검사는 일상생활 중에서의 장면을 반영한 것으로 유용한 검사이다. 또한 나이의 증가와 함께 정지시력보다 동체시력의 저하가 더 현저하며 동체시력검사는 고령자의 운전 적성검사에 도움이 되는 것이 인정되어 일본에서는 1998년 10월부터 '고령자 적성 강습회'에서 실시하고 있다.

## 3 굴절이상과 검사

눈의 굴절은 정시, 근시, 원시 및 난시로 분류되며 정시를 제외한 나머지를 굴절이상(비정시)이라 총칭한다. 정시는 수정체가 정적굴절상태일 때 눈 안으로 들어온 평행광선이 망막에 초점을 맺는 굴절상태이다(그림 2-13). 원거리 물체를 볼 때에는 조절없이 뚜렷한 상이 망막에 맺혀지지만 근거리 물체를 볼 때에는 조절을 해야만 선명한 상이 망막에 결상된

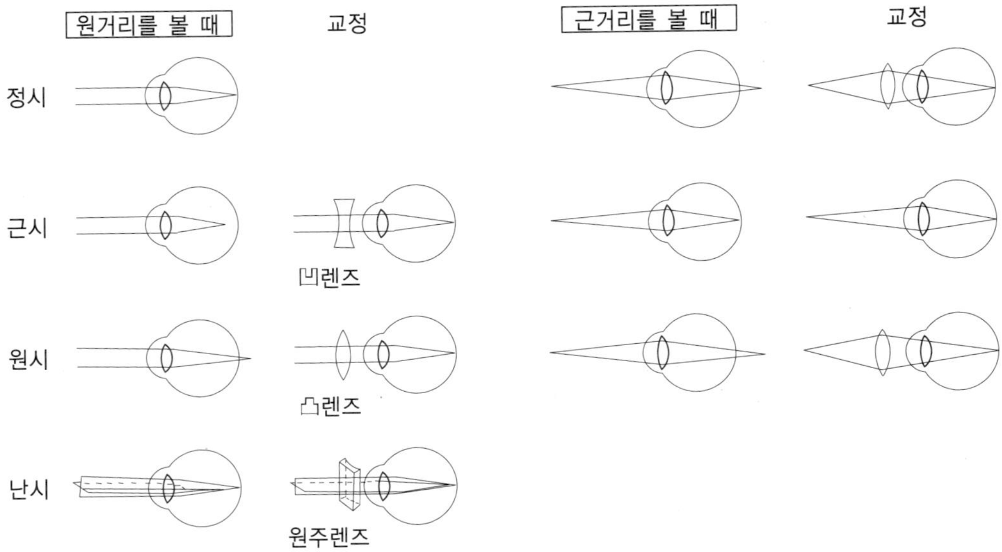


**[그림 2-13] 굴절과 교정**

다. 그러므로 물체와 눈 사이의 거리가 가까울수록 강한 조절이 필요하게 된다.

원칙적으로 굴절이상을 교정(정시화)한 후 약시렌즈를 사용한다. 약시렌즈의 배율은 정시를 기준으로 표시되어 있으므로 굴절이상 미교정인 상태에서 약시렌즈를 사용하는 경우의 확대율 표시는 실제 배율과 달라지게 된다.

## 1 굴절이상

### (1) 원시

망막 후방에 초점을 맺는 굴절상태로 원방시는 정적굴절상태에서 망막에 선명한 상이 결상되지 않고 초점이 흐린 상(blurred image)이 된다. 원시의 정도만큼 조절을 더 해야만 선명한 상이 망막에 맺혀진다. 근거리 물체를 볼 때에는 원거리 물체를 볼 때보다 다시 더 강한 조절을 해야만 명료한 망막 상을 맺을 수 있으므로 조절력으로 보충을 할 수 없을 때는 초점이 맞지 않는 흐린 망막 상이 된다. 이와 같이 원시는 조절없이는 멀리도 가까이도 초점이 맞지 않으므로 뚜렷이 보려면 항상 조절이 필요하고 근거리를 볼수록 더 강한 조절력이 필요한 눈이다. 원시를 교정하기 위해서는 (+)구면렌즈를 사용한다.

### (2) 근시

근시는 망막 앞에 초점을 맺는 굴절상태로 원거리에 있는 물체가 망막에 선명한 상을 맺는 것은 구조상 불가능하며 초점이 흐린 상으로 망막에 맺혀지지만, 근시의 굴절력에 대응하는 거리에 있는 물체는 조절없이 선명한 상이 맺혀진다. 그보다 더 가까운 거리의 물체를 보기 위해서는 조절력을 가할 필요가 있다. 교정은 (−)구면렌즈를 사용한다.

### (3) 난시

난시는 각막이나 수정체가 균일한 구면이 아니기 때문에 한 점에 초점을 맺지 못하고 상이 일그러진 상태로, 토릭렌즈에 의하여 교정이 가능한 정난시와 각막 질환 등으로 굴절면이 불규칙하게 되어 토릭렌즈로는 교정할 수 없는 부정난시로 분류된다. 정난시는 근시성 난시, 원시성 난시 및 혼합성 난시로 분류되고, (−)원주렌즈의 교정 축이 180±15°인 직난시, 90± 15°인 도난시와 그 외 사난시로 분류되며, 근시성 난시는 (−)원주렌즈로, 원시성 난시는 (+)원주렌즈로 교정한다. 그러나 약시렌즈로는 난시를 교정할 수 없으므로 양호한 확대 상을 얻기 위해서는 우선 안경이나 콘택트렌즈로 난시를 교정하는 것이 필요하다.

## 2 굴절검사

굴절검사는 매우 중요하며 굴절교정이 저시각관리의 기본으로 적절한 교정을 하지 않아서 망막에 초점을 맺지 못하면 흐린 상을 아무리 확대하여도 흐림을 크게 할 뿐이라는 것을 알아야 한다. 검사를 할 때는 조절개입을 방지하는 것이 중요하며 그것을 위하여 운무법(+렌즈 가입) 또는 조절마비제를 점안한다.

굴절검사는 피검사자의 응답없이 검사가 진행되는 타각적 굴절검사법(검영법, 자동굴절계)과 피검사자에게 보이는 상태를 들으면서 검사를 진행시키는 자각적 굴절검사법(렌즈교환법)으로 분류된다.

검영법(retinoscopy)은 검영기와 판부렌즈를 이용하는 검사로 어느 정도의 숙련이 필요하지만, 어린이나 장애자의 경우 피검사자의 자세에 맞추어 검사를 할 수 있다는 장점이 있다(그림 2-14). 최근의 자동굴절계(auto refractometry)는 휴대용인 것도 있고, 조작이 간편하여 널리 사용되고 있으나 기계 내부에 있는 시표를 보게하면 굴절력이 근시쪽(− 방향)으로 더 측정되는 결과가 나온다.

렌즈 교환법은 검안렌즈(trial lens)로 교정시력을 측정하고 가장 좋은 시력이 나오는 렌

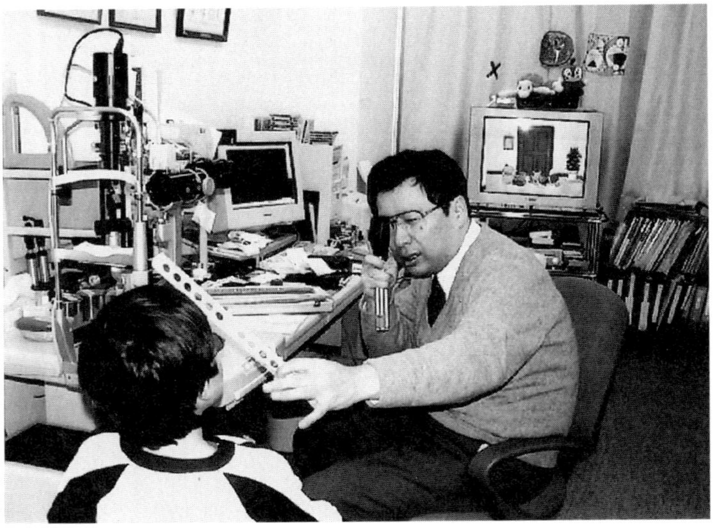

[그림 2-14] 검영법에 의한 타각적 굴절검사

즈의 굴절력 중에서 가장 약한 −렌즈 또는 가장 강한 +렌즈의 굴절력을 그 눈의 교정굴절력으로 한다. 잔여 조절로 인한 과교정이 되는 경우도 있다.

### 3 굴절이상 교정에 있어서의 유의점

굴절이상의 교정이 필요한 경우, 타각적 굴절검사에서 얻어진 측정값을 기준으로 자각적으로 최적의 교정굴절력값을 선택하는 것이 중요하다. 특히 저시각자나 응답을 신뢰할 수 있는 성인은 자각적으로 보이는 상태를 중요시할 필요가 있다. 그러나 약시나 사시 치료의 경우 영유아, 장애아 등 응답이 곤란한 경우에는 타각적으로 측정된 굴절력을 기준으로 교정굴절력을 정한다.

## 4 조절기능

조절기능은 모양체와 수정체의 작용이다. 가까운 거리에 있는 물체를 볼 때에는 모양체의 수축으로 모양체소대가 이완되어 수정체가 자신의 탄성으로 두꺼워진다. 즉, 수정체가 두꺼운 (+)렌즈가 되어 굴절력이 증가하므로 빛을 강하게 굴절시켜 망막에 초점을 맺게 된다. 근거리를 볼 때에는 조절이 작용하고 원거리를 볼 때는 조절이 이완된다. 눈을 쉬게 하기 위하여 멀리 본다는 것은 조절이 이완되는 것을 의미한다.

조절력은 연령과 함께 저하되는데 이것을 노시 또는 노안이라고 한다. 예를 들면 조절력은 20세에는 10 cm의 거리(조절력 10D)까지 가까이 하여 볼 수 있으나, 50세가 되면 50 cm(조절력 2D)로 멀리하지 않으면 선명한 상을 볼 수 없게 된다.

상의 배율은 상의 크기를 물체의 크기로 나누는 것이며(y'/y), 렌즈에서 상까지의 거리를 렌즈에서 물체까지의 거리로 나누는 것으로도 표현 할 수 있다(s'/s). 그러므로 50세인 사람에게 보이는 문자의 크기는 20세에 비하여 1/5로 작아지게 되어 보기 어려워지고 피로해지기 쉬워 안정피로의 원인이 된다. 이것은 작업(독서)거리에 맞는 안경을 사용하면 좋아진다. 조절력은 연령에 따라 저하되며 근용안경을 처방할 때는 조절력의 1/2 ~ 1/3은 예비 조절력으로 남겨둔다.

## 5 시야이상과 검사

정보처리면에서 시야를 생각해보면, 중심시야(식별시야와 유효시야)와 주변시야(유도시야와 보조시야)로 분류할 수 있다. 식별시야는 시력이나 색각에 우수한 중심 3°이내의 시야이며, 그 주위의 약 20°를 유효시야라 한다(그림 2-15). 이 부위는 특정 정보를 순간적으로 인식할 수 있고 안구운동만으로 정보를 얻을 수 있으나, 이 범위를 초과하면 머리나 신체를 움직여야 할 필요가 있다. 주변부의 유도시야는 사물의 유무를 알 수 있는 정도의 해상력과 방향 감각에 영향을 준다. 그리고 가장 주변부인 보조시야는 넓고 빠르게 움직이는 것에 반응하고 주시운동을 유도한다.

일반적으로 20 ~ 40° 시야가 남아 있으면 자연적으로 시각 정보처리가 되는 경우가 많지만, 10 ~ 20°로 협착되면 주변시야가 없어지기 때문에 의식적으로 안구운동을 할 필요가 생기며 이때부터 안구운동 훈련을 적극적으로 시작할 필요가 있다. 또한 10° 이내로 시야협착이 진행되면 주변시야에서 얻어지는 정보가 완전히 단절되어 안구운동 하는 것을 잊어버리는 일이 많아 일상생활이 매우 불편하게 된다. 이와 같이 시야검사는 안구운동이나 중심외주시 훈련의 필요성을 알 수 있게 하는 중요한 검사이다. 녹내장이나 망막색소변성증 환자에게서 구심성 시야협착이 진행되어 중심시야가 10°(40 cm 거리에서 반경 7 cm의 원, 6 m 거리에서 반경 1 m의 원) 이내가 되면 보행이나 독서를 할 수 없게 된다. 황반변성, 당뇨병

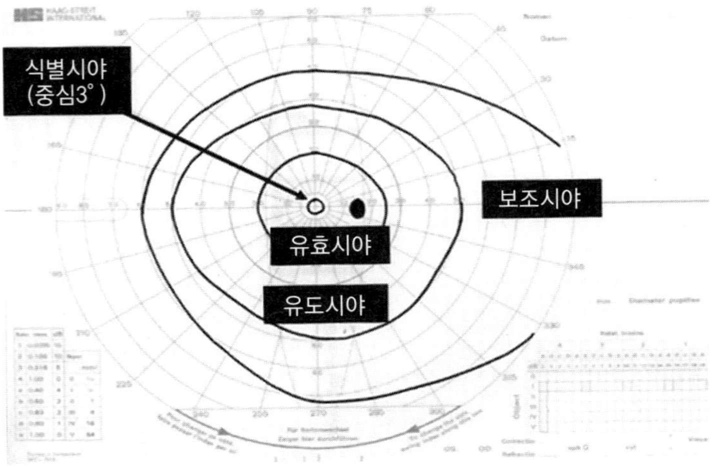


[그림 2-15] 정보처리면에서 본 시야 부위

성 망막증이나 시신경 위축이 있어 중심암점이 생기면 보행은 비교적 가능하지만 읽고 쓰기가 매우 어려워진다.

구미에서의 실명 원인 제 1위는 노인황반변성이며, 읽고 쓰기가 큰 문제가 된다. 이 경우, 중심외주시 훈련이 필요하지만 고령자에게는 이 훈련이 매우 어렵다. 시야장애자에 대한 훈련은 활용할 수 있는 자기의 보유시야를 자각하는 것부터 시작하며, 이때 주변시야의 존재 여부가 일상생활을 영위할 수 있는지의 열쇄가 된다. 중심시야가 반경 10° 정도로 협착되어 있어도 아래쪽이나 귀쪽의 주변시야가 있으면 보행은 가능하다. 또한 중심시야를 어느 정도 보유하고 있는지를 파악하는 것은 시각 보조기구의 결정에도 중요한 정보를 제공한다. 반경 10° 이내의 시야협착에서는 확대경을 움직이는 것 보다는 문자 등을 움직일 수 있는 확대독서기 쪽이 편하게 읽을 수 있는 경우가 많다. 이와 같이 보유시야로부터 보조기구 사용을 고려한다. 반맹, 특히 왼쪽 동명성 반맹에서는 독서가 곤란한 경우가 있어, 반측무시 등 시각 인지장애에도 중요한 검사이다.

### (1) 주변 시야검사

- Goldmann 시야검사 : 기본적인 시야검사이며 신체장애자수첩 인정에 사용된다.
- Föster 검사 : 일상시 상태에서의 시야검사법

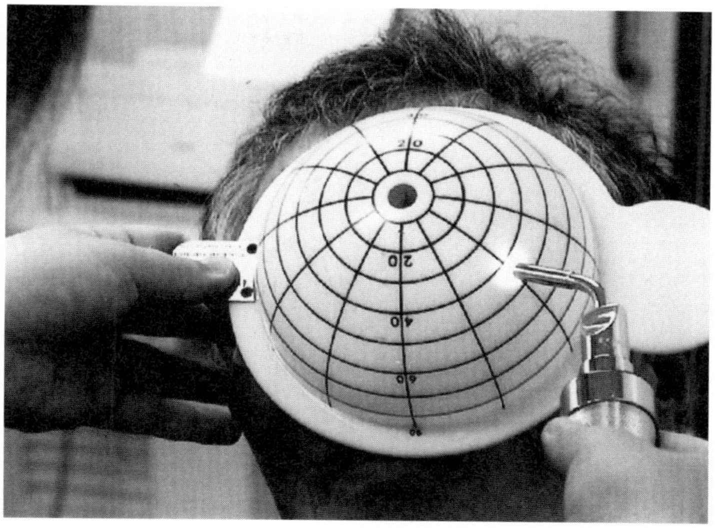

[그림 2-16] Krimsky eye cup perimeter

### (2) 중심시야 검사

- Amsler chart 검사 : 일상시 상태에서의 시야검사법
- Tangent screen 검사 : 일상시 상태에서의 중심시야 검사이며 중심시야가 크고 암점이나 보유시야가 좁을 때 알아내기 쉽다.
- Humphery 정적 시야검사 : 저시각자에게는 어렵고 일상시 상태에서는 하기 힘든 검사로 망막 감도를 검사할 때 사용한다.

### (3) Krimsky eye cup perimeter에 의한 검사(그림 2-16)

직경 12 cm의 반구형의 시야계로 피검사자 눈 위를 덮은 중앙의 구멍을 통하여 피검사자의 눈을 주시시키면서 검안경의 spot light를 사용하여 검사한다. 이 시야계는 피검사자의 자세 등에 맞추어 검사를 할 수 있고, 휠체어 또는 침대에서도 할 수 있다.

### (4) 대면법에 의한 시야검사

소아나 지적장애자의 시야검사는 매우 어려워서 주시 목표나 시표에 character 상품, color ball, 소리 나지 않는 장난감 등을 이용한다. 검사자와 피검사자와의 시야를 비교하는 시야검사로 대략적인 시야의 범위를 아는 것이 중요하다.

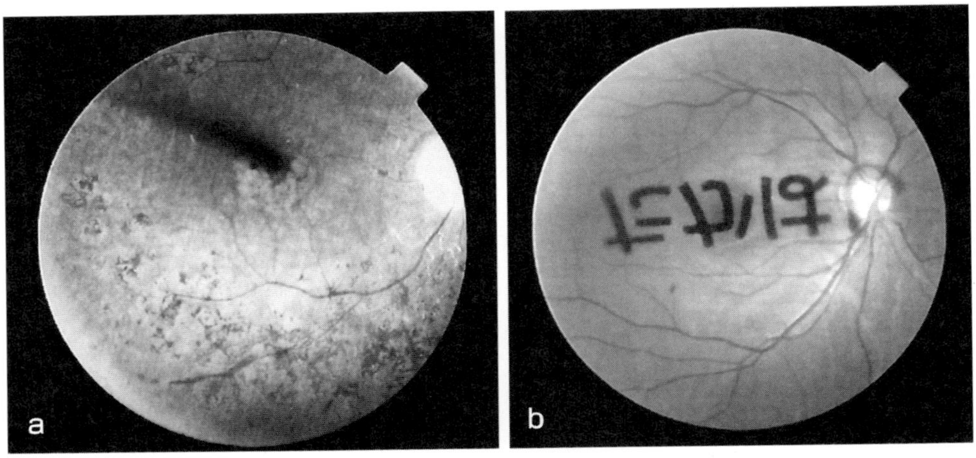

**[그림 2-17] 무산동 안저카메라에 의한 주시검사**

점멸하는 주시봉(a)과 문자 시표(b)를 보고 있다.

## 6 주시검사

우선, 펜라이트로 중심주시 여부를 보고, visuscope나 검안경으로 주시점이 어느 망막 부위에 있는지를 관찰한다. 최근에는 scanning laser opthalmoscope(SLO)나, 적외선 무산동 안저카메라(TRC-NW5S)로도 주시점을 관찰할 수 있고 훈련에도 응용하고 있다. 안저를 직접 관찰하는 검사의 장점은 망막이 보유하는 기능을 발견하는 것이다(그림 2-17). 예를 들면 중심와로 빛을 느끼는 것이 가능해도 그 범위가 좁아서 사용하기 어려우면 주변에 있는 도상 시야를 이용하는데 이것은 중심와로 보는 것을 잊어버린 경우에도 사용될 수 있다. 즉, 상이 제대로 맺은 망막에 빛을 입사시켜 그 부위를 의식화시키고 이 부위에 대응하는 시야에 목표물을 넣는 훈련을 한다. 또한 노인황반변성 등에서는 훈련을 하기 전에는 병소로 주시봉 끝의 빛이나 문자를 필사적으로 보려고 하므로 망막에 제대로 맺혀있는 상을 자각하지 못한다(그림 2-18). 이 경우, 상이 제대로 맺힌 망막에 빛을 비추어, 그것을 지각할 수 있도록 훈련한다. 그 후에 문자를 제시하고 문자를 읽을 수 있도록 훈련한다. 또한 주시점의 위치를 알면 어느 정도 시력을 예상할 수 있다. 망막에 문자를 투영할 때는 SLO나 TRC-NW5S 등 특수한 검사기기가 필요하지만, 빛을 자각시키는 데는 펜라이트, visuscope

훈련전 훈련후

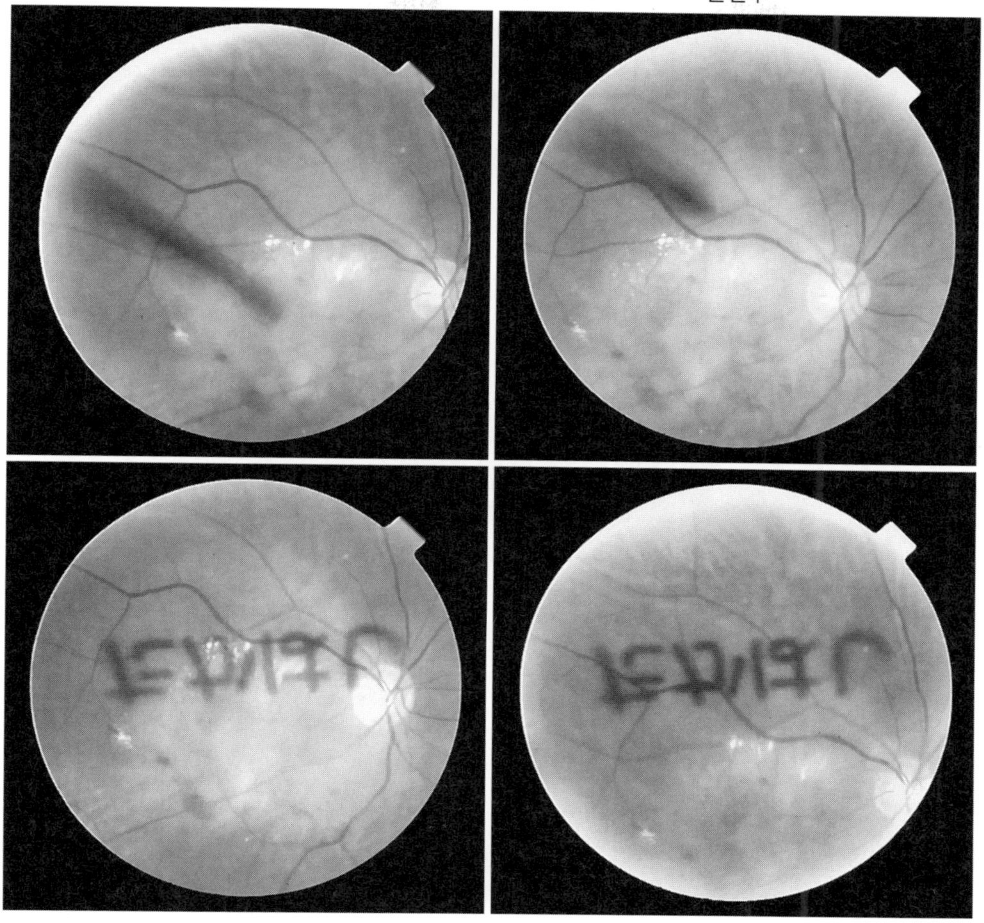

**[그림 2-18] 노인황반변성**

훈련전 : 주시점은 병소 안에 있고 문자를 읽을 수 없다.
훈련후 : 빛이나 문자를 인지할 수 있으나, 이 위치는 0.1 정도이며,
따라서, 0.5 ÷ 0.1 = 5배 정도의 보조기구가 필요하다.

또는 검안경으로도 충분히 가능하다. 이때의 각막반사상을 가족에게 보여 기억시키고 그 상을 재현할 수 있도록 가정에서의 훈련을 지시한다(그림 2-19). 또한 이 책에서 소개하고 있는 중심외주시 훈련을 하면 중심외주시가 가능하게 된다.

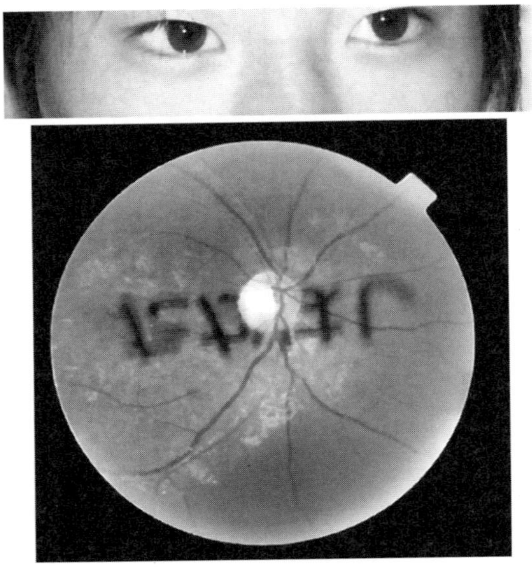

[그림 2-19] 각막반사상과 주시검사

## 7 대비감도

대비는 휘도계를 사용하여 contrast(%) = (최대휘도-최소휘도)/(최대휘도+최소휘도) × 100으로 측정하며, 임상에서는 MTF를 측정하여 공간주파수 특성을 알 수 있다. 즉 공간주파수는 빛의 강도를 정현파 모양으로 변화시켜서 그려진 줄무늬 모양의 폭을 말하며, 빛의 휘도 변화량을 작게 하면 대비가 낮아져서, 줄무늬 모양을 인식할 수 없게 된다. 이 줄무늬 모양을 인지할 수 있는 최소 대비를 대비역치라 하며 그 역수를 대비감도라 한다. 대비감도 곡선은 눈의 포괄적인 기능을 나타내는 것이므로, X축은 공간주파수로 물체의 크기를, Y축은 대비감도로 선명도를 의미한다(그림 2-20). 따라서 시력은 높은 대비 · 고주파수의 검출 한계라고도 정의된다. 이러한 의미에서 다음 3가지를 염두에 두고 생각하는 것이 중요하다.

① 대비의 증감은 가시역에 물체를 가져오는 것을 의미한다.

② 확대한다는 것은 물체를 X축에서 왼쪽방향으로 이동하는 것이다.

③ 조명을 밝게하는 것은 대비감도 곡선을 상승시켜 가시역을 확대하는 것을 의미한다.

구체적으로는 얼굴의 표정, 내려가는 계단, 비, 안개, 눈, 야간시에서 낮은 대비가 문제가 되며, 우유를 컵에 따를 때나 커피를 검은 커피 잔에 따를 때, 복사된 문자가 흐려서 보기 어려운 때에도 대비가 문제가 된다. 이와 같이 일상생활에서는 대비를 생각하여 보기 쉬운 시각적 환경을 만들 필요가 있다. 따라서 어느 주파수가 보기 어려운가를 찾아내는 것은 매우 중요하다. 고주파역의 감도 저하는 시력이 좋음에도 불구하고 책 보는 것이 어려울 것으로 예측되므로 보다 밝은 조명이 필요하게 된다. 중간역의 감도 저하는 보행(도로 표식이나 계단)이나 동작에 지장을 초래하고, 저주파역의 저하는 건물이나 인물 등 보다 큰 것의 인식에 지장을 초래한다고 알려져 있다.

검사기기에는 그림 2-21의 Vision contrast test system(VCTS, Vistech Co.) 외에도 CBV-1000E(VECTOR Vision), Multivision contrast tester(MCT 8000, Vistech Co.) 등이 있다.

또한 색을 이용하여 대비를 올려서 보기 쉽게 할 수도 있다. 색에는 색상, 명도 및 채도의 3 요소가 있으며 대비를 이용하여 보기 쉽게 할 때는 명도, 채도, 그리고 색상 순으로 고려한다(그림 2-22). 예를 들면 시각장애자에게는 백 · 흑반전(명도대비), 선명한 색(채도대비), 보색(색상대비)을 고려하여 보기 쉽게 할 수 있다는 것을 검사할 때 설명하는 것이 필요하다. 그림 2-23은 1999년 New York에서 개최된 국제 저시각 학회에서, 계단에 백색 테이프를 붙여서 시각장애자를 배려한 것이다.

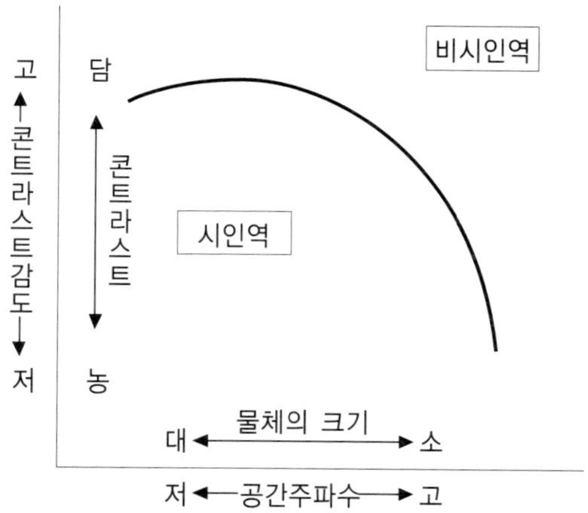


**[그림 2-20] 대비감도 곡선**

X축은 공간주파수로 물체의 크기를, Y축은 대비감도로 선명도를 나타낸다.
시력은 높은 대비 · 고주파수의 검출 한계이며, 대비를 좋게 한다는 것은 확대하거나 조명을 고려하여 물체를 가시역에 넣는 것이다.

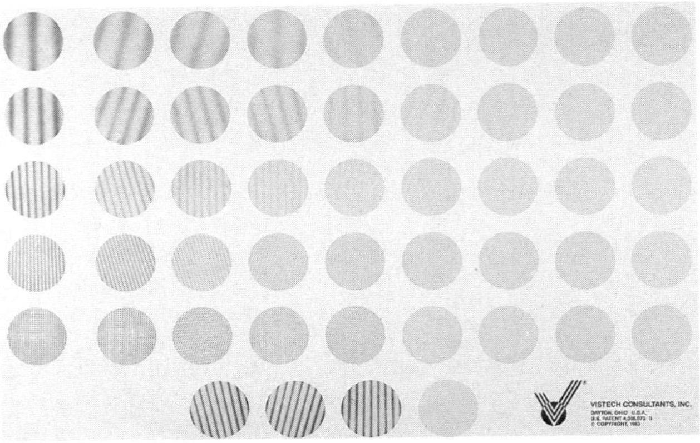

[그림 2-21] Vision contrast test system

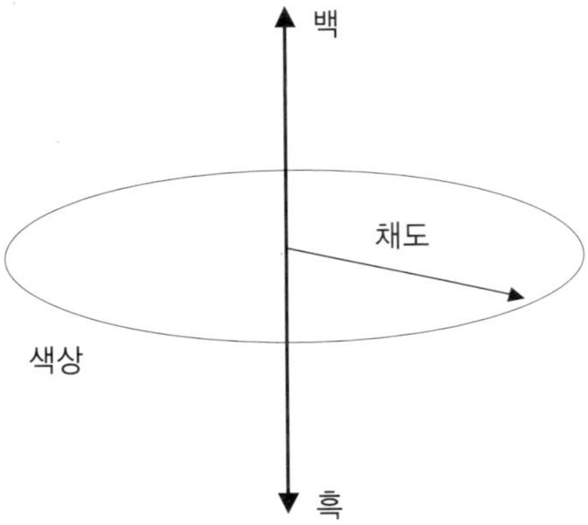


[그림 2-22] 색 대비

대비를 이용하여 보기 쉽게 할 때는 명도, 채도, 색상의 순으로 고려한다.

[그림 2-23] 1999년 국제 저시각 학회에서의 연구

## 8 눈부심(glare) 검사

눈부심은 눈 안에 입사한 빛이 산란하여 상의 대비를 저하시켜 보이지 않게 되거나, 불쾌감을 느끼게 하는 현상을 말한다. 시표 휘도가 5,000~10,000 rlx 이상이 되면 눈부심 때문에 시력은 저하된다. 눈부심은 ① 각막질환 ② 백내장 ③ 망막, 특히 황반병변 등으로 발생하는 것으로 알려져 있으나 녹내장 등으로도 발생하며 주의 깊은 문진을 하면 거의 모든 안질환에서 일어날 수 있다. 눈부심 검사는 시표와 광원을 내장한 Multivision contrast tester(MCT 8000, Vistech Co.), 광원이 시표의 양쪽에 있는 CSV-1000HGT(Vector Vision)나, 광원의 컵(cup)을 눈에 대는 Brightness acuity test(BAT, Mentor) 등이 있다.

## 9 색각이상과 검사

색은 망막의 추체에 의하여 수용되며, 망막 중심부의 추체 밀도가 가장 높은 부위에서 색의 식별능력이 가장 좋다. 추체에는 적추체, 녹추체, 청추체의 3종류가 있으며, 색과 시야의 관계는 추체와 간체의 분포에 따라 황색과 청색은 넓고 적색과 녹색은 좁다. 시야에서 설명한 식별시야와 유효시야는 대체로 3색형 색각, 유도시야는 2색형 색각, 그리고 보조시야는 명암만을 느낀다고 한다(그림 2-24). 정상안에게 색감각을 주는 스펙트럼은 400 nm의 보라색으로부터 760 nm의 적색까지이며 그 중 약 165개의 색상을 구별 할 수 있다고 한다.

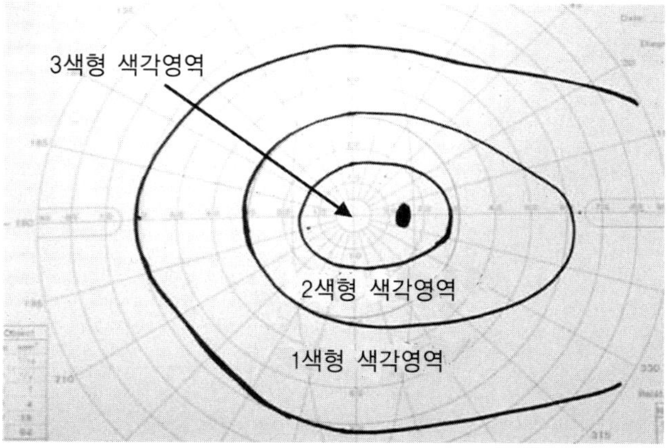


**[그림 2-24] 색각과 시야**
시야의 중심은 3색형 색각영역이며, 그 주변으로 갈수록 2색형 색각영역, 명암만을 느끼는 1색형 색각영역이 된다.

## 1 색각이상

### (1) 선천성 색각이상

① 일색형 색각(전색맹)

추체가 결여되어 있든지 또는 발육 부전으로 기능상 간체의 단계에서 정지했기 때문에 생긴다. 색각은 완전히 결여되고 색광은 그 밝기에 따라 백, 흑 및 각종 회색으로만 느낄 수 있을 뿐으로 눈부심, 안구진탕, 중심암점이나 주맹(낮에 안보이는) 등이 나타난다.

② 2색형 색각

- 제 1 색각이상(적색맹 : 제 1 색맹) : 적추체의 이상으로, 적색과 그 보색인 청록색에 대한 감각이 저해되어 있다.
- 제 2 색각이상(녹색맹 : 제 2 색맹) : 녹추체의 이상으로, 녹색과 그 보색인 적자색에 대한 감각이 저해되어 있다.
- 제 3 색각이상(청색맹 : 제 3 색맹) : 청추체의 이상으로, 청색과 그 보색인 황색에 대한 감각이 저해되어 있다.

③ 3색형 색각(이상3색형 색각 : 색약)

적색과 녹색에 대한 감수성이 쇠약한 것으로, 적색약(제 1 색약)과 녹색약(제 2 색약)이 있으며 적녹색맹과 적녹색약을 총칭하여 적녹이상이라 하고 가장 많다. 일본인에서는 남성의 약 4.5%, 여성의 약 0.2%가 색각 이상자로 제 2 색약이 가장 많고 제 2 색맹, 제 1 색맹, 제 1 색약 순이다. 적녹이상은 반성 열성유전이며 건강한 여성(보인자)을 통해 남성에 나타나는 경우가 많다.

### (2) 후천성 색각이상

추체기능에 장애가 있는 질환으로 일반적으로 시신경 질환에서는 적 · 녹의 감수성이, 망맥락막 질환에서는 청 · 황의 감수성이 조기에 저해되기 쉽다고 알려져 있다. 또한 각막혼탁이나 백내장에서도 색각장애(청색이 어둡고, 녹색과 구별되기 어려움)가 보여지는 경우가 있다.

## 2 색각검사

색각검사를 하는 경우도 보유시력이나 보유시야를 염두에 두고 검사하여야 한다. 즉, 보유시력이 0.1 ~ 0.2 이상이 안 되면 색각검사표는 사용 할 수 없으므로 이 이하의 시력은 색상배열(panel D-15)이나 색광검사(lantern test나 anomaloscope)를 실시하나, panel D-15는 강도 색각이상자와 그 외를 구별 검출하는 것이 주목적이다. 시각을 2°(추체)에서 10°(추체 및 간체)로 넓히면 색을 구별하는 정도는 약 2.5배 이상 증가한다고 알려져 있으며, 큰 panel D-15가 Quantitative color vision test PV-16(precision vision)으로 발매되고 있다. 또한 일상생활에서는 색종이 등으로 검사해 보는 것도 좋은 방법이다. 검사기기의 크기와 검사거리를 잊지 말고 기록해 놓는 것은 피검사자의 보유시야도 추측 할 수 있으므로 중요하다.

## 3 검사의 종류

### (1) 색맹검사표(가성동색표)

- Ishihara식 : 색맹과 색약을 구별할 수 있다.
- 표준 색각 : 선천용과 후천용이 있다.
- 동경의대식 : 색각이상의 종류와 정도가 결정된다.

### (2) 색상 배열(panel D-15)

- 색각이 정상인지 이상인지의 여부와 만약 이상이면 그 종류가 무엇인지 알 수 있다.

### (3) 색광검사

- lantern test : 교통안전을 위하여, 직업 적성 시험용으로 고안된 검사.
- anomaloscope : 시각이 정상인지 이상인지의 여부와 만약 이상이면 그 종류와 정도를 정할 수 있는 장치.

## 4 학교에서의 색각검사

일본의 경우 초등학교 4학년생을 대상으로 검사되었으나 그 검사의 실시방법에 관하여 문제점이 지적되어 2003년도부터 폐지되었다.

## 5 직장에서의 색각검사

대부분의 직장 건강검진에서는 색맹검사표가 사용되나 이상 유무만 알 수 있으며 그 정도에 관한 검사는 이루어지고 있지 않는 실정이다. 문제가 되는 것은 고도로 분류되는 사례이며, 현장에서의 상황을 반영한 검사를 실시한 후 실제 직장에서 지장이 생기는지의 여부를 확인하는 것이 바람직하다. 회사의 많은 업무 중의 일부에 적합하지 않다는 이유로 입사 자체를 거부당하는 것은 부당한 일이다. 고도 색각이상자에 부적당한 직종이나 업무로 다음의 예를 들 수 있다.

① 교통 운수 관계의 일 : 원거리, 고속 이동 중, 우천, 역광의 경우에도 신호를 순간적으로 보고 구별할 필요가 있는 경우. 특히 항공기 · 열차 · 선박의 직업 운전기사.

② 정밀한 색 맞춤이 필요한 직업 : color 인쇄, 도장, 염색, 색 맞추는 작업 등.

③ 기타 : 의사의 경우 피부과나 조직 병리를 전문으로 하거나 컴퓨터 관련 업무에서 색을 취급하는 분야에 관련된 업무.

망막색소변성증이 진행된 사례에서도 선명한 색은 식별 가능하기도 하므로 한마디로 '색의 식별은 무리'라고 결정하는 것은 피해야 한다. 이와 같은 상황에 비추어 일본의 후생노동성은 노동안전위생법에 기초한 입사 전 · 후의 건강진단 항목에 의무사항으로 되어 있는 색각검사를 2001년 10월부터 폐지하였다.

## 10 양안시기능과 복시

뇌졸중 등으로 안구운동 장애가 생겨 복시를 호소하는 경우가 있다. 원칙적으로는 발병 6개월이면 자연 치유될 가능성이 있으므로 수술을 하지 않고 복시를 감소시키는 방향으로 머리나 얼굴의 위치로 보정하는 경우가 많다.

양안시기능은 다음 세단계로 성립된다.

① 동시시 : 양안에 각각 맺힌 상을 동시에 지각하는 기능

② 융합 : 좌우의 상을 합쳐 하나의 상으로 인식하여 단일시하는 대뇌 시각령의 정신작용

③ 입체시 : 외계 물체의 원근감각

융합이 되지 않으면 복시나 혼란시를 호소하지만 그러는 동안에 억제가 생겨 단안시 상태가 된다. 돌연 외상이나 그 외의 일로 편안이 된 경우, 한 눈만을 사용하는 생활 훈련을 하면 일상생활은 편해진다. 자세히 관찰하면 자연스럽게 얼굴을 약간 이상이 있는 눈(환안) 쪽으로 회전시켜 단안으로 본다. 시력이나 시야장애가 진행되면, 간헐성사시가 항상화되는 경우가 있으며, 대부분 복시는 호소하지 않고 편안으로 본다.

검사방법으로는 대형약시경(synoptophore), Bagolini striated glass test, Titmus fly test, Worth 4 dots test 등 많은 사시 및 약시 검사가 있으며, 연필시험이나 구슬꿰기 등의 일상에 따르는 검사도 유용하다.

## 11 눈의 전기생리 검사

안과에서 하는 전기생리검사에는 망막전위도(Electro-retinogram, ERG), 안전위도(Electro-oculogram, EOG), 시유발전위(Visual evoked potential, VEP) 등이 있으며, 검사를 받는 사람이 응답할 필요가 없는 타각적인 검사인 것이 특징이다. 특히 망막전위도 및 시유발전위 검사는 목적에 따라 수면검사가 가능하며, 영유아나 응답을 할 수 없는 사람도 검사가 가능하다.

### 1 망막전위도

빛을 조사하였을 때 망막의 전기반응을 기록한 것으로, 망막질환의 진단, 각막이나 수정체 등의 혼탁으로 안저를 관찰하는 것이 곤란한 경우에 망막의 기능을 검사하는 것이 목적이다. 특히 야맹증의 진단이나 경과 관찰에 반드시 필요한 검사이다.

그림 2-25는 정상파형의 한 예로, 충분한 산동과 암순응 상태에서 백색 섬광에 의하여 기록된 것이다. 파형의 성분은 a파, b파 및 op파(진동소파)가 있으며, 추체와 간체의 반응

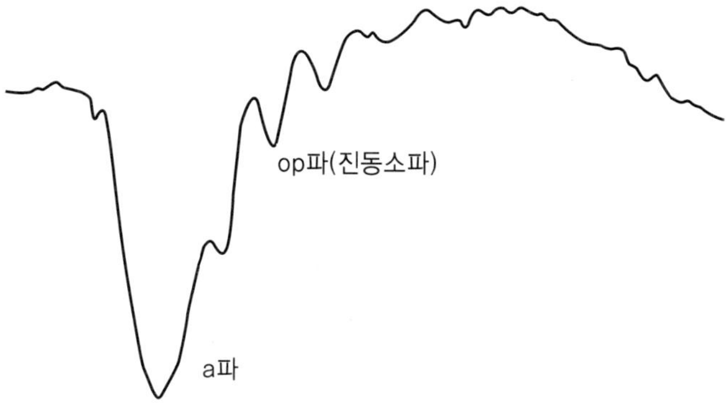


[그림 2-25] 암순응 상태에서 백색 섬광에 의하여 기록된 ERG 정상파형

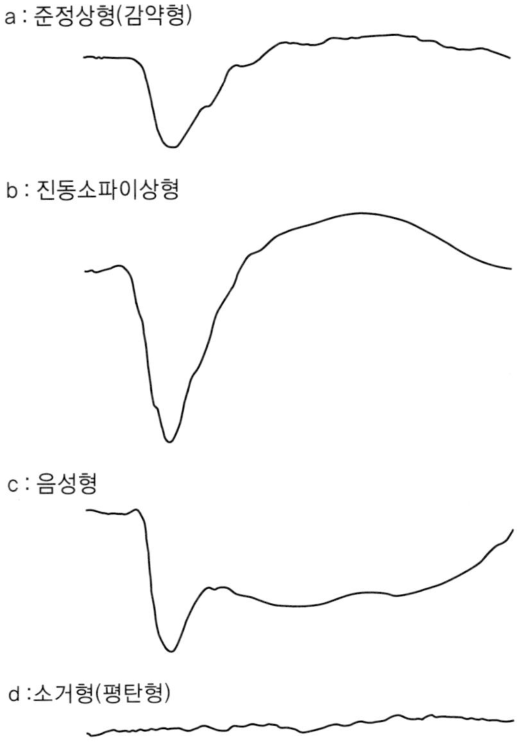


**[그림 2-26] ERG의 각종 이상파형**

이 혼합되어 기록되는 가장 일반적인 방법이다.

그림 2-26은 이상파형의 한 예로, (a)는 준정상(감약)형 : 모든 성분의 진폭이 약해진 경우로 포도막염 등이 이에 속한다. (b)는 진동소파 이상형 : 파형이 현저히 감약 또는 소거된 경우로 망막의 순환장애, 당뇨병성 망막증 등에서 볼 수 있다. (c)는 음성형 : b파의 진폭이 a파 보다 작아 기준선까지 이르지 못하는 경우로 선천성 정지성 야맹증이나 망막박리 등에서 볼 수 있다. (d)는 소거형(평탄형) : 모든 성분이 기록되지 않고 평탄화 된 것으로, 망막색소변성증, 망막전박리 등에서 관찰된다.

앞에서 설명한 ERG 파형에는 추체 및 간체 양쪽의 반응이 포함되어 있으므로, 추체계의 질환인지 또는 간체계의 질환인지 감별 진단의 구별이 어려운 단점이 있다. 최근에는 비교적 간편하게 추체와 간체의 반응을 분리하여 기록할 수 있다(그림 2-27 a,b). 추체이상증(퇴행위축)의 경우, 간체는 정상 반응을 보이는 반면 추체 ERG나 추체가 반응을 보이는 30 Hz 점멸 ERG에 반응을 보이지 않고 파형이 평탄하므로 추체 장애를 확인할 수 있다(그림

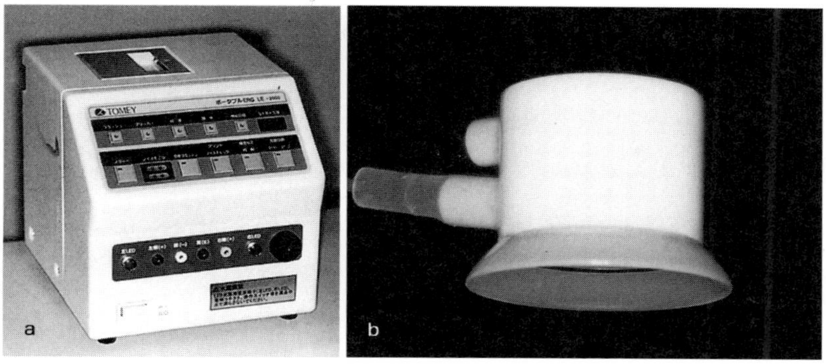


**[그림 2-27] 분리기록이 되는 ERG 검사장치(a)와 발광부에 내장된 각막 전극(b)**

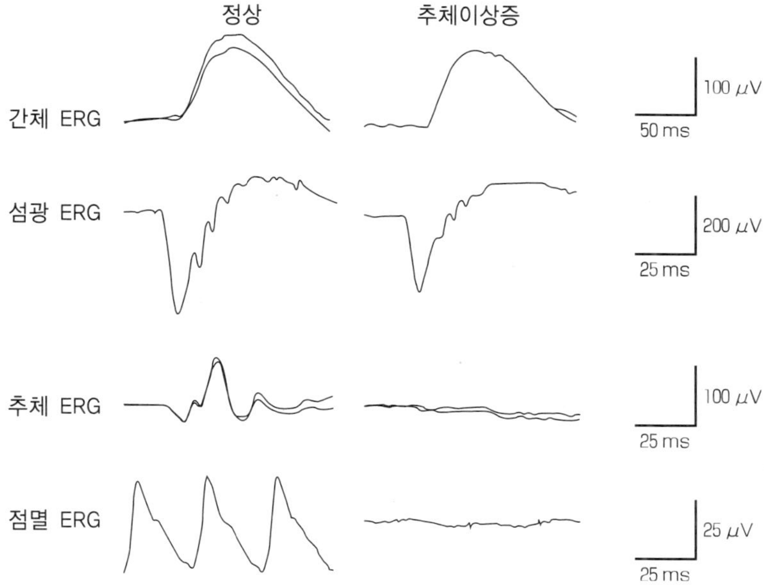


**[그림 2-28] 추체 디스트로피에서 분리 기록된 ERG 파형의 예**

2-28). 그림 2-29와 같이 간체 ERG가 평탄화되어 있고 추체 ERG와 점멸 ERG에서 진폭은 저하되어 있으나 반응이 인지되는 경우로 망막색소변성증의 예이다.

ERG는 비교적 간편하여 자주 사용되는 검사이나, 정확한 결과를 얻으려면 산동, 암순응 상태 등 몇 가지 주의할 점들이 있다. 그림 2-30은 모두 다 정상인의 ERG 파형이다. 그림 2-30a는 소거형으로 안구를 강하게 상전하고 전극이 각막에서 떨어진 상태에서, 그림 2-30b는 안구를 반 정도 상전하고 전극과 각막이 약간 어긋난 상태에서 기록된 것으로 기선이 오른쪽으로 치우치거나 음성형으로 생각되는 파형으로도 나타난다. 또한 그림 2-30c는 각막 상에 전극이 있는 상태에서의 기록으로 원래의 정상파형이다. 이와 같이 각막과 전극 위치에 따라 기록되는 파형이 변화한다. 영유아나 장애자를 검사하는 경우에는 특히 주의가 필요하며 숙련된 검사자가 보다 신중하게 검사하는 것이 중요하다.

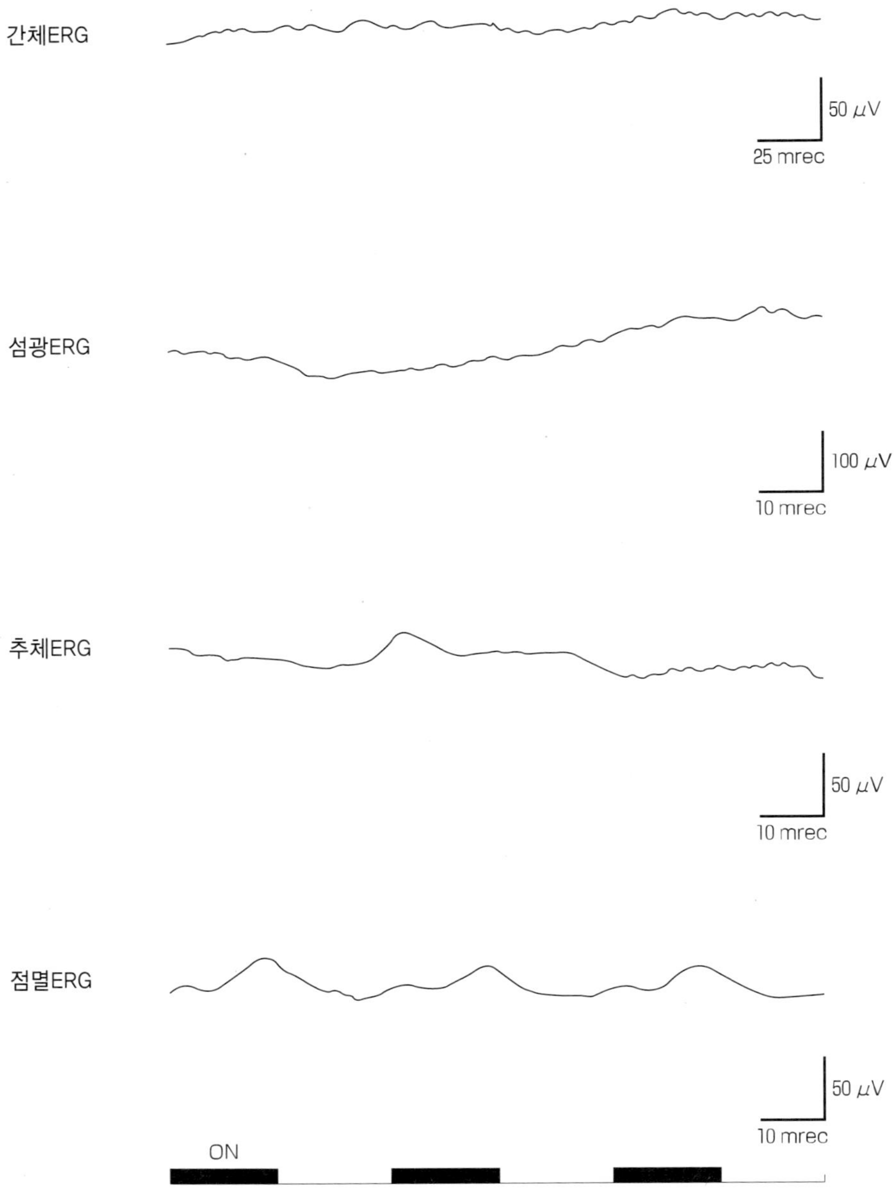


[그림 2-29] 망막색소변성증에서 분리 기록된 ERG 파형의 예

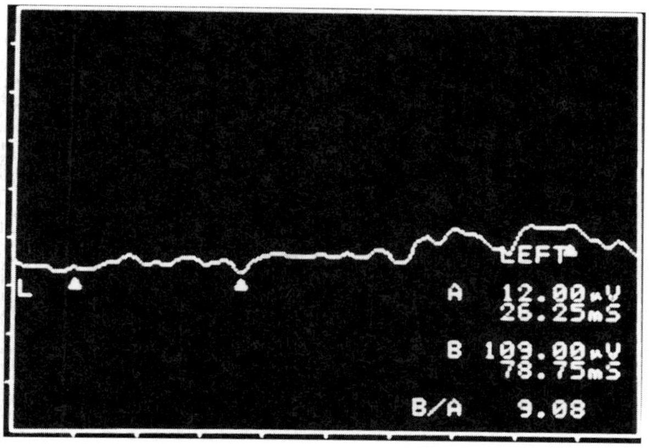


a. 안구를 강하게 상전한 상태에서 기록된 정상인의 섬광ERG 파형

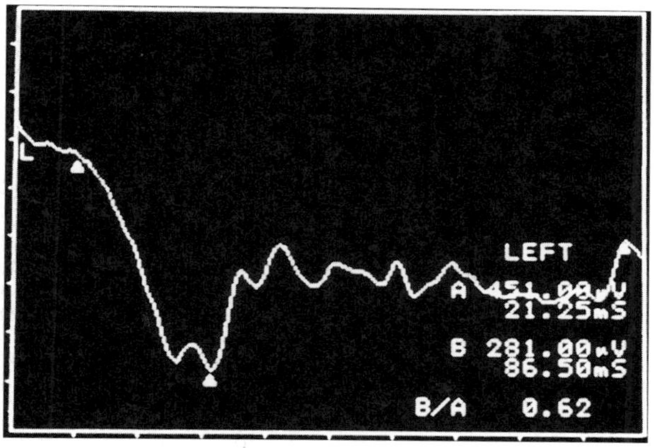


b. 안구를 반쯤 상전한 상태에서 기록된 정상인의 섬광ERG 파형

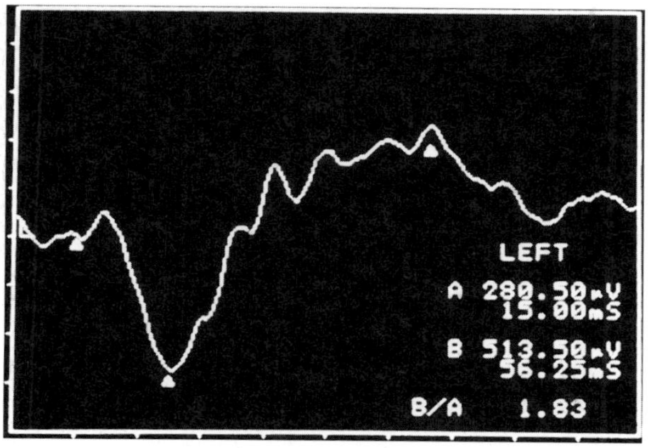


c. 각막에 전극을 댄 정상위치에서 기록된 정상인의 섬광ERG 파형

[그림 2-30] 정상인에서 각막전극의 위치와 ERG 파형

## 2 안전위도(EOG)

안구 정지전위를 이용하여 안구운동을 기록한 것으로 망막이나 맥락막의 기능검사 또는 안구운동의 평가를 목적으로 한다. 전자는 암순응 및 명순응 상태에서 일정 폭의 안구운동으로 망막 및 맥락막의 질환을 검사하고, 후자는 추종운동 및 충동성 안구운동을 검사하는 것이다. 특히 눈떨림을 기록한 것을 전기안진도(ENG) 라고 하며 검사할 때는 피검사자의 협력이 필요하다.

## 3 시유발전위(VEP)

섬광(flash)이나 패턴(pattern) 시각 자극으로 유발되는 활동전위의 시각령에서 기록한 것으로 망막으로부터 대뇌 시각령까지의 전달기능을 검사한다. 시신경 위축 등의 시신경질환 외에 기능성약시의 치료 후 경과 판정, 심인성 시각장애검사 등에 사용된다. 또한 망막전위도와 함께 조합하여 시로 전체의 타각적검사를 하는 데 사용된다.

검사할 때는 의식 수준이나 주의 집중에 유의할 필요가 있다. 패턴 자극을 사용하는 경우, 주시점을 계속 보면서 패턴의 변화를 의식하는 것이 중요하다. 그림 2-31은 패턴 · 리버설(pattern · reversal) 자극을 사용한 시유발전위 검사 결과이다. 위의 2파형은 주시가 되었을 때의 반응으로 시유발전위 검사 평가에서 중요한 $P_{100}$ 파형이 얻어진 데 반하여, 아래의

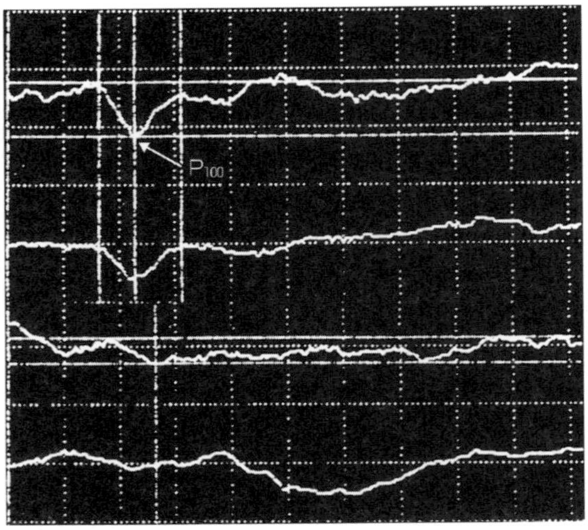


[그림 2-31] 7세 남아(수두증, 시신경 위축, 우측 간헐성 외사시 지적장애)의 패턴 · 리버설(pattern · reversal) 자극을 사용한 시유발전위의 검사결과

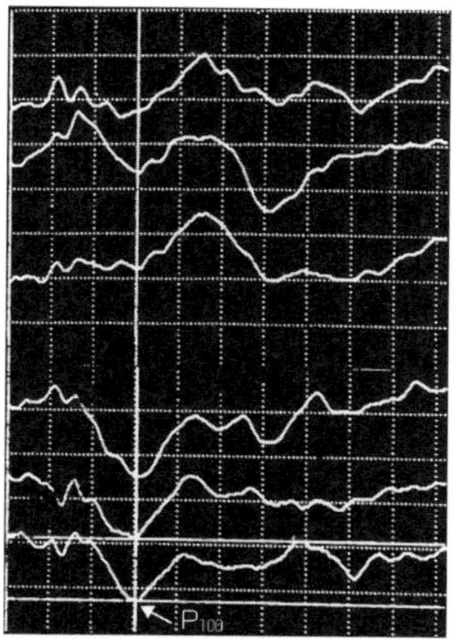


[그림 2-32] 안과이상을 보이지 않는 3세 여아의 수면상태에서 섬광자극을 사용한 시유발전위 검사결과

2파형은 주시가 불량하였을 때의 반응으로 $P_{100}$ 파형이 보이지 않는다. 섬광자극을 사용하여 수면상태에서 검사하는 것도 가능하다. 수면의 깊이로 반응이 변하기 때문에 뇌파 등에 의하여 수면의 깊이를 모니터하는 것이 중요하다.

그림 2-32는 섬광자극을 사용하여 수면상태에서 실시한 시유발전위 검사결과로, 위의 3파형은 중등도에서 깊은 수면상태에서 기록된 것에 반하여, 아래 3파형은 얕은 수면상태에서 기록된 것이다. 이 경우, $P_{100}$ 파형이 나타나는 시간이 지체되나 반응이 보이며 재현성이 양호하다.

## C 교육 및 복지 관점에서 보는 시기능 평가

### 1 평가 목적

저시각자에 대한 교육 및 복지 지원은 치료에 의한 기능 회복에 한계가 있다는 것을 알리는 의사의 '실명 고지'로부터 시작된다고 생각되어 왔으나 최근에는 반드시 의사의 '실명 고지'는 필요하지 않으며, 본인이나 가족이 장애를 받아들이고(장애수용 : acceptance of disability), 새롭게 사는 방법이나 가치관으로 생활하여 사람답게 사는 권리를 획득 또는 회복(전인간적 복권)할 수 있도록 저시각관리가 진행되고 있다. 장애가 있는 상태에서 자기 자신답게 사는 것이 인정되고, 자기결정 및 선택이 가능하며, 가정이나 사회 속에서 자신의 역할을 수행할 수 있는 즉, '불편한 일은 있어도 불행하지는 않다'는 일상생활을 할 수 있도록 지원하는 것이 교육 및 복지의 목적이다. 다시 말하면, 저시각자의 정신적인 충격이나 혼란 등을 최소화하고, 자기 자신답게 사는 방법이나 가치관에 동기가 되도록 하는 심리적 관리, 보다 쾌적한 시환경 확보를 위한 시각적 관리, 보유시기능이나 시각이외의 감각을 활용하여 생활, 학습 등의 사회 적응을 보장하는 사회적응 훈련 등을 실시한다. 또한 저시각자를 둘러싼 환경에 대하여 가정이나 지역사회의 수용을 보장하기 위한 가족 관리, 지역사회 관리, 환경을 정비하기 위한 장애물 없는 생활환경, 보편적 설계의 추진, 편견이나 사회적인 불이익을 경감하기 위한 인권적 접근, 복지나 법의 제도를 정리하는 법 · 제도적 접근 등을 실시한다.

그러므로 저시각자와 환경의 양측에 호소하면서 구조적이고 종합적인 관리를 실현해 나가는 것이 교육 및 복지의 역할이다. 교육 및 복지에서의 시기능평가는 이와 같은 관리 중의 일부를 실시할 때도 효과적이만, 관리를 보다 논리적으로 진행시킬 때 더욱 중추적 역할을 할 수 있다.

## 2 시기능평가의 활용 방법

안과검사는 안질환의 예방 및 발견, 치료 방침의 확립, 치료 효과 등을 객관적으로 파악하는 것이 목적이나, 교육 및 복지 현장에서는 저시각자가 일상생활에서 직면하는 과제를 적절히 이해하고 해결방법을 검토하기 위한 하나의 방법으로 시기능평가를 실시한다. 예를 들면 '독서하는 데 시간이 오래 걸린다'라는 과제가 있다면, 그 해결을 위한 목표지향적(goal-oriented) 접근 방식이 중시되지만 그 달성 방법에는 여러 가지가 있다. 독서를 예로 들면, 문자가 큰 책을 이용하는 방법, 점자를 사용하는 방법, 또는 컴퓨터를 이용한 확대독서기 등을 사용하는 방법 등이 있으며, 저시각자에게 보이는 방법이나 생활 등을 고려한 후 어떤 해결방법이 좋은가를 검토할 때는 시거리를 일상생활에 가까운 상황이나 과제로 파악할 필요가 있다.

다음에 교육 및 복지 분야에서 시기능평가를 어떻게 활용하고 있는가를 나타내었다.

### 1 보이는 상태의 변화를 평가하여 의학적 관리의 필요성을 점검하는 루트

실명 고지를 받은 사람 중에는 치료를 단념하여 안과 진찰을 중단하는 경우가 있다. 그러나 시기능을 유지하거나, 새로운 안질환을 예방하려면 정기적으로 의료기관의 진찰을 받아야 한다. 교육기관이나 복지시설에서 정기적으로 보이는 상태를 평가하여 시각관리에 대한 의식을 높이고, 보이는 상태에 변화가 생길 때 즉시 안과에서 진찰을 받는다면 시기능 저하의 진행이나 새로운 안질환 예방에 도움이 될 수 있을 것이다. 또한 보이는 상태나 보기 힘든 상태를 날짜나 시간에 따라 기록해 놓으면 의료적 관리에도 도움이 될 수 있다.

### 2 보이는 상태나 보기 힘든 것을 이해 · 자각 · 전달하는 루트

교육 및 복지에서는 저시각자 자신의 보이는 상태나 보기 힘든 상태가 환경의 변화에 따라 어떻게 변하는가? 또는 어떻게 하면 보기 쉽게 되는가?를 이해 · 자각하고, 자신이 연구하거나 또는 주위 사람에게 도움을 구할 수 있도록 지원한다. 자신의 보이는 상태나 보기 힘든 상태를 자각하고, 연구, 환경 정비 등에 의하여 생활기능이 확보된다는 것을 이해하면, 이후의 교육 및 복지를 예상할 수 있으므로 장애의 수용도 그만큼 쉬워진다. 시기능평가는 자신은 어느 정도 볼 수 있고, 환경을 바꾸면 어느 정도 보기 쉬어지는가를 구체적 그리고 객관적으로 나타낼 때 효과적인 루트가 된다.

### 3 교육 및 복지 방침을 검토하거나 당사자가 자기 결정의 증거(evidence)를 얻는 루트

목표달성 지향의 교육 및 복지를 수행할 때, 저시각자의 시기능 상태나 요구 등에 따라 시각을 활용하는 것만으로는 해결이 곤란한 경우도 있다. 예를 들면 패턴이 정해져 있는 주산 검정은 점자를 이용하고 기타 시험은 확대문자를 사용하는 등 확대문자와 점자를 병용하는 경우도 있으며, 또한 보행할 때 주간에는 시각을 활용하고, 저녁 이후에는 흰 지팡이를 사용하는 경우도 있다.

시기능평가는 어떤 경우에 시각을 활용하며, 어떤 경우에 그 이외의 방법을 사용하느냐라는 방침을 검토할 때 효과적인 루트가 된다.

그리고, 평가결과는 교육 및 복지 방침을 결정하는 자료가 되기도 하고, 당사자에게는 자신이 받고 싶은 교육 및 복지의 결정 또는 선택을 위한 '증거'로서의 역할을 한다.

### 4 보조기구의 피팅이나 적절한 환경을 정비하기 위한 루트

약시렌즈, 단안경, 확대독서기, 차광안경 등의 보조기구를 피팅하거나, 조명, 채광, 배색 등을 고려한 환경을 정비할 때는 당사자가 좋아하는 것을 물어보는 것이 중요하다. 그러나 좋아하는 것이 명확하지 않거나 바뀌기 쉬워 조건을 결정하기 어려운 경우도 있다. 시기능평가는 보조기구나 환경정비 효과를 객관화할 때도 효과적인 루트가 된다.

### 5 행동을 이해하기 위한 루트

무엇인가를 볼 때 얼굴을 기울이거나 어떤 물건의 뒤나 그림자에 멈추어 서있는 등 저시각자는 이상한 행동을 보이는 일이 있다. 특히 지적장애를 함께 갖고 있는 저시각아동 중에는 언제나 자고 있거나, 밝은 빛 쪽을 향하여 손을 흔들거나, 작은 구멍을 들여다보는 것을 매우 좋아하는 경우가 있어 왜 그러한 행동을 하는지 의미를 모르는 일이 적지 않다. 그러나 이상하게 보이는 행동도 자세히 관찰해 보면 의미가 있고 적응을 하기 위한 행동인 경우가 많다. 시기능평가는 행동의 의미를 찾을 때도 효과적인 루트이다.

예를 들면 산책을 할 때 언제나 머리를 아래쪽으로 향하고 있는 지적장애가 있는 어린이에게 모자와 선글라스를 주었더니 앞을 향하여 걷는다면, 눈부심이 그 행동의 원인이었음을 알 수 있으며 다른 활동을 할 때에도 눈부심에 대한 배려가 필요하다는 것을 알 수 있다.

## 3 시기능평가의 기본적인 생각 방법

Mehr씨 등은 저시각자를 평가할 때, 시기능을 표준화한 조건과 환경을 변화시키는 수정조건의 2가지 관점에서 평가할 필요가 있다고 하였다. 표준화한 조건의 시기능이란 안과검사에서 사용되고 있는 표준검사(standardized test)를 의미하며, 수정조건(modified condition)에서의 시기능이란, 예를 들면 서로 다른 조명 하에서 시력을 측정하는 경우와 같이, 최적의 상황을 명백하게 하거나 개개의 상황 하에서의 성능을 알고자 할 때 유용하다. 즉, 수정조건에서의 시기능평가란 환경과 시기능의 상호작용을 정량적으로 측정하는 것이라고 할 수 있으며, Mehr씨 등은 저시각자를 다룰 때에는 환경을 변화시킨 조건에서 시기능을 측정할 필요가 있다고 주장하였다.

시기능은 환경에 따라 변화한다. 교육 및 복지 지원에서는 시기능을 최대한 활용할 수 있는 환경을 만드는 것이 필요하다. 그러므로 시기능평가는 아래의 3가지 관점으로부터 접근할 필요가 있다.

(1) 잠재적인 시기능 분석 : 최적인 조건에서 어느 정도의 시기능을 갖고 있는가?

(2) 시환경에 의한 영향 분석 : 어떤 과제에 직면하는 경우에 시기능을 최대한 발휘할 수 있는가?(어떤 환경에서 시기능이 어느 정도 제한 및 제약을 받는가?)

(3) 과제 달성에 필요한 시기능 분석 : 어떤 과제를 시각적인 면으로만 달성하는 경우에 어떠한 시기능을 필요로 하는가?

## 4 시기능평가의 실제

안과검사에서 일반적으로 사용되고 있는 시력검사에서는, 높은 대비시표를 사용하여 밝은 조명에서는 분해능이, 시야검사에서는 광점의 감도분포가 측정된다. 그러나 일상생활과 관련이 있을 경우에는 서로 다른 대비 조명하에서 시표의 분해능이나 감도 등의 시기능이 어떻게 변화하는 가를 살펴볼 필요가 있다. 안과검사에서 안질환을 발견하려면 동일한 시환경에서 개개인을 비교할 필요가 있으나 교육 및 복지분야에서는 그 사람의 시기능을 최대로 발휘할 수 있는 시환경을 특정짓는 것이 중요하다. 그렇게 함으로써 보다 효과적으로 활동할 수 있는 환경을 정비하거나 적절한 보조기구, 트레이닝 등을 선택할 수 있다.

평가결과는 보다 적절한 생활이나 학습환경을 형성하기 위하여 활용된다. 예를 들면 시력이 가장 높아지는 것은 조도가 100 lux 정도이므로, 현재 교실의 조도가 800 lux 정도라고 가정하면 눈부심 장애(glare disability) 때문에 시력이 70% 정도로 저하되므로 차광커튼(curtain)을 고려할 수 있다. 또한 0.02 정도의 시력으로 어머니에게 안겨있는 거리라면 머리카락이나 눈은 인지 할 수 있으며, 30 cm 거리에서 흰 접시 위에 직경 7 mm 정도의 검정콩알을 볼 수 있다면 시력은 0.01 정도, 시력이 0.1 정도이면 200 m까지 가까이 접근하여야 사람의 모습을 발견할 것 등등. 이것들은 구체적인 지원을 생각할 때의 단서로 이용될 수 있다(그림 2-33). 아래에 주된 평가의 예를 열거하였다.

● 시력을 알고 싶다.

시대상의 크기와 시거리를 알고 있을 때

추정시력 = 시거리(cm) ÷ [3438 × 시대상의 크기(cm)]

예 : 100 ÷ (3438 × 3) = 0.0096 ≒ 0.01 추정시력 : 0.01

● 필요한 시대상의 크기를 알고 싶다

시거리와 시력을 알고 있을 때

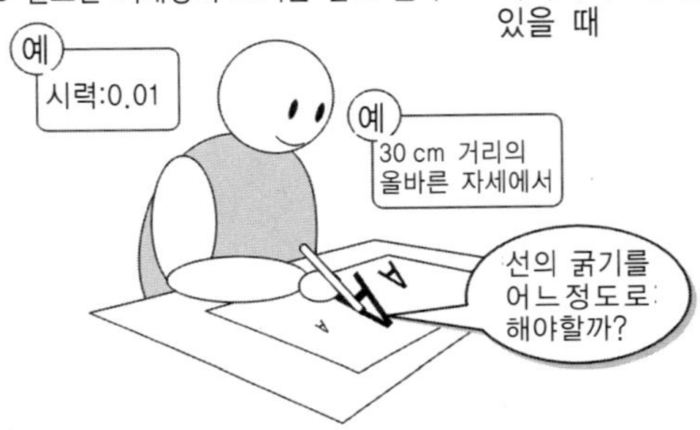


추정시대상의 크기 = 시거리(cm) ÷ (3438 × 시력)

예 : 30 ÷ (3438 × 0.01) = 0.87 ≒ 0.9 선의 굵기 : 0.9 cm

● 필요한 시거리를 알고 싶다.

시대상의 크기와 시력을 알고 있을 때

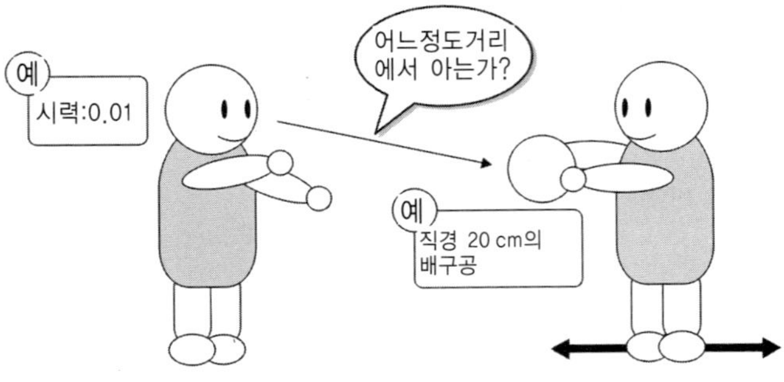


추정시거리 = 3438 × 시대상의 크기(cm) × 시력

예 : 3438 × 20 × 0.01 = 687.6 ≒ 688 cm ≒ 6.9 m 시거리 : 6.9 m

**[그림 2-33] 교육 및 복지의 관점에서 시기능평가법**

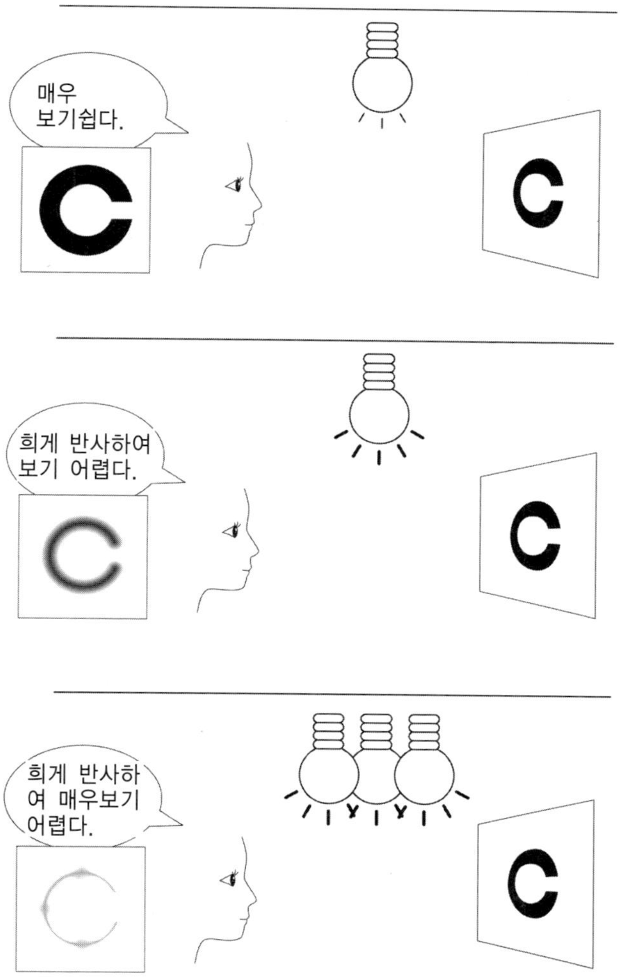


[그림 2-34] 조명에 따른 시력변화 점검

## 1 조명 변화에 따른 시력 점검

저시각자의 보이는 상태는 조명에 의하여 좌우되는 일이 많으므로 조도를 변화시켜 시력을 평가한다(그림 2-34). 조광장치가 있는 경우에는 연속적으로 변화시켜서, 없는 경우에는 조명의 유무, 책상 등의 유무, 커튼의 상태 등을 변화시켜 시력을 측정한다. 이 평가결과로 시력을 최대한으로 발휘할 수 있는 조명 수준을 명확하게 하고, 환경 정비, 보조기구 등의 지원 내용을 결정한다. 또한 실외 및 실내를 비교하여 차광안경 등의 필요성을 검토한다.

[그림 2-35] 일반 란돌트고리 시표와 백 · 흑 반전시표

### 2 백 · 흑 반전에 따른 시력 점검

눈부심을 호소하는 저시각자 중에는 백 · 흑 반전을 선호하는 사람도 있으므로 컴퓨터 등을 이용하여 백 · 흑 반전시표를 작성하여 일반 시표에 의한 시력과 비교해 본다(그림 2-35). 이 평가결과로부터 어느 쪽이 보기 쉬운가를 수량화 할 수 있으며, 눈부심의 스크리닝에도 활용이 가능하다. 만일 백 · 흑 반전 쪽이 유의하게 시력이 좋으면, 조명이나 선글라스 등에 의한 시력변화를 점검할 필요가 있다.

### 3 배색 또는 대비 변화에 따른 시력 점검

눈부심을 호소하는 저시각자 중에는 질이 좋은 종이에 인쇄된 것을 볼 때 눈이 부셔 보기 어렵다고 하는 사람들이 있다. 이들은 표백하지 않은 재생지나 반사가 적은 색지에 인쇄된 것을 선호하므로 질이 다른 여러 종류의 종이에 시표를 복사하거나, 컴퓨터로 여러 배색을 인쇄하여 시력을 측정한다. 이 결과로부터 보기 쉬운 배색이나 대비를 객관화 할 수 있다.

### 4 흑색 typoscope 또는 cover의 효과를 점검

서적 등과 같이 백 · 흑 반전이나 배색 또는 대비의 변경이 곤란한 경우, 무반사의 검은 플라스틱 판 등을 오려 만든 typoscope 등이 효과적인 경우가 있다. 이 효과를 알아보려면 시표 주위를 반사가 적은 검은 종이나 플라스틱판으로 차단하고 일반적인 조건에서의 시력과 비교한다(그림 2-36 및 2-37). 이 평가방법은 백 · 흑 반전과 마찬가지로 눈부심의 스크리닝에도 활용이 가능하다.

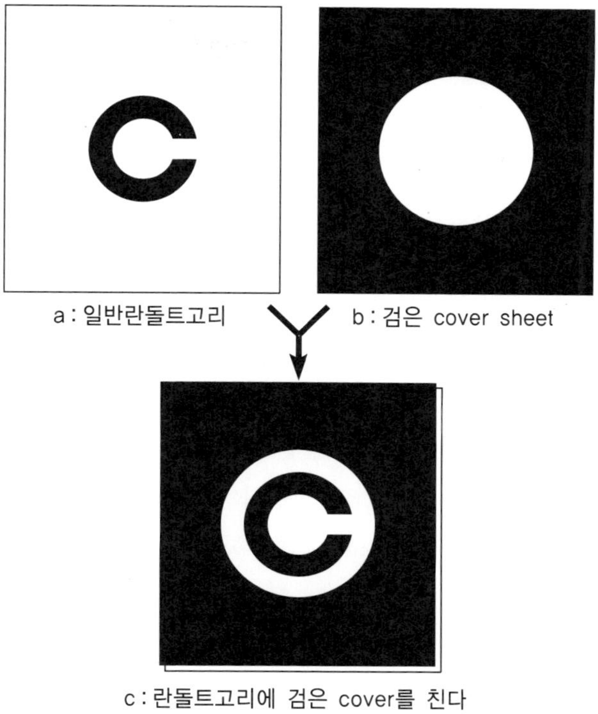


[그림 2-36] 검은 cover의 효과

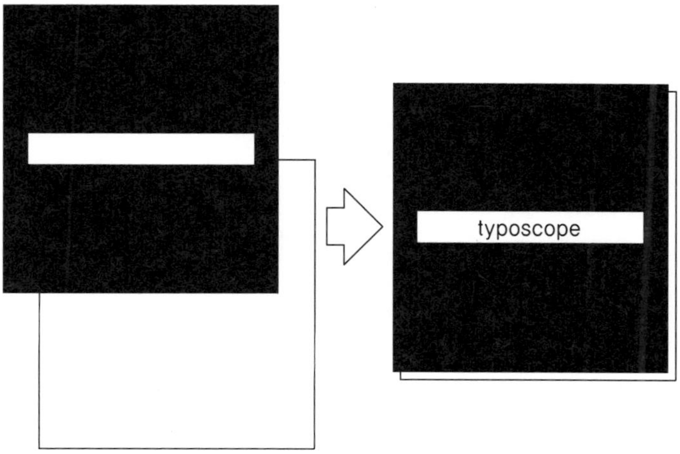


[그림 2-37] 검은 typoscope의 효과

## 5 시거리의 변화에 따른 시력 점검

저시각자 중에는 안경 등으로 굴절교정이 완전히 되어있지 않은 경우가 있다. 이런 경우는 5 m 원거리시력과 30 cm 근거리시력을 비교하는 것만으로 굴절교정의 문제를 발견할 수 있으며, 데이터가 있으면 안과 진찰의 필요성을 구체적으로 설명하는 것이 가능하다. 또한 시거리 조절이 숙련된 사람과 그렇지 않은 사람도 있다. 이와 같은 사례를 발견하려면 시표 크기에 따라 시거리를 적절히 조절할 수 있는가를 평가한다. 예를 들면 30 cm 근거리시력이 0.1인 사람은 근거리시표의 0.2를 15 cm 거리에서 인지할 수 있을 것이다. 그러나 평가를 해보면, 이론과 실제가 달라 이론적으로 가능한 시거리를 조절할 수 없는 경우도 있다. 이러한 경우, 시거리 조절이 곤란한 이유를 굴절교정이나 근점 한계 등의 가능성을 포함하여 종합적으로 검토하고 안과의사와 협력하여 적절하게 대처하여야 한다. 이 평가 결과는 인지할 수 있는 시거리 범위를 측정하기 위하여 활용한다.

## 6 최소가독시력표 점검

시력검사는 망막의 분해능을 나타낸다. 굴절이상 등이 없다면, 이 분해능으로 어느 정도의 작은 시표를 인지할 수 있는지를 이론적으로 계산하는 것이 가능하다. 따라서 실제 학습이나 생활장면에서는 앞으로의 여러 가지 조건까지 포함시켜 인지할 수 있는 최소의 시표 크기와 그 때의 시거리를 측정하는 시도가 주로 저시각아동의 교육영역에서 이루어져 왔다. 이것이 최대가시력이라 불리우는 개념이다.

30 cm 시거리에서 측정하는 근거리시력표를 이용하여 시거리에 따라 인지할 수 있는 최소의 시표(최소가독시력표)와 그 때의 시거리를 기록할 수 있다. 최소가독시력표와 그 때의 시거리를 알면, 어느 정도의 작은 문자나 도형 등이 식별 가능한 가를 예측할 수 있다. 일반학교에서는 교재 확대 등의 배려를 크게 기대할 수 없으나, 작은 문자나 도형 등의 읽고 쓰기를 할 필요가 있으므로 그러한 과제를 잘 다루는 데 필요한 최소가독시력표가 경험적으로 논의되어 왔다.

또한 최대가시력이라는 개념은 여러 가지 오해를 불러 일으켰음으로 비판도 적지 않았다. 예를 들면 측정 방법이 명확하지 않다거나, 용어나 정의가 부적절하다거나, 시력의 개념에 혼란을 가져왔다거나 또는 최소가독시력표만으로 판독 가능한 문자 크기 등을 예측하는 것은 곤란하다는 등의 비판이 있어 측정방법과 적절한 용어의 확립이 필요하다. 특히 최적의

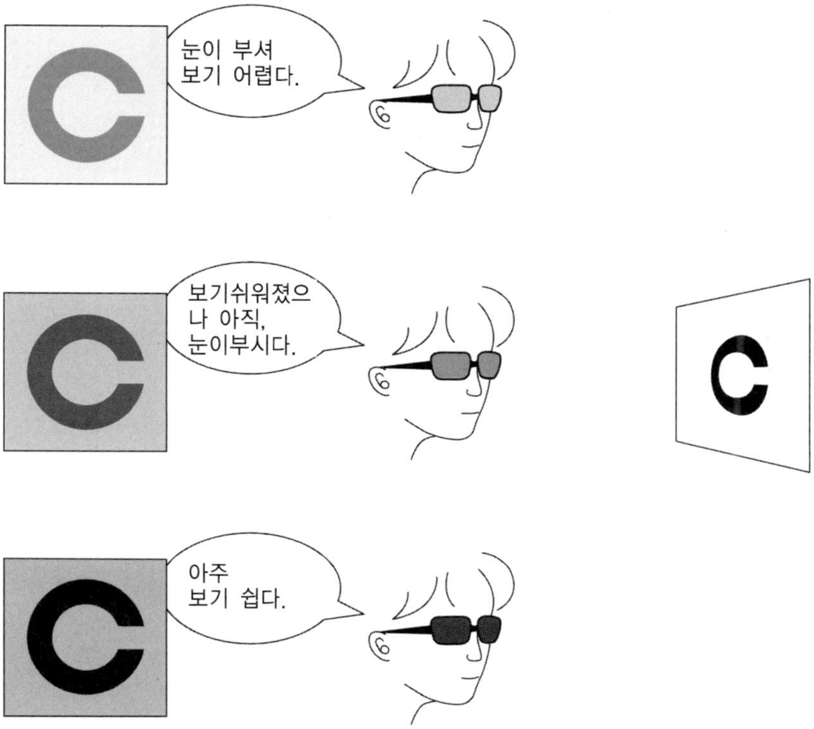


[그림 2-38] 보조기구의 효과

문자 크기를 예측할 경우 앞으로 설명할 독서효율을 이용한 평가방법 등과 함께 고려하여 판단할 필요가 있다.

## 7 보조기구를 이용할 때의 시력 점검

약시렌즈, 단안경, 차광안경 등의 보조기구의 효과를 조사할 때에는 시력을 지표로 사용하는 경우가 있다(그림 2-38). 학교 교육 즉, 초, 중, 고등학교의 교실수업에서는 0.5 ~ 0.6 정도의 시력이 있으면 학습에는 지장이 없으나, 0.3 미만이면 지장이 있었다고 알려져 있다. 그 때문에 0.5 ~ 0.6 정도의 시력을 얻을 수 있는 보조기구를 선택하는 것이 좋다.

**Note 최대가시력은 무엇을 측정하기 위한 것인가?**

눈은 수정체의 두께를 변화시켜 시거리가 다른 주시물체에 초점을 맞추는 기능을 갖고 있다. 그러나 주시물체가 눈에 너무 가까워지면 초점을 맞출 수 없다. 이것이 조절기능의 근점한계이

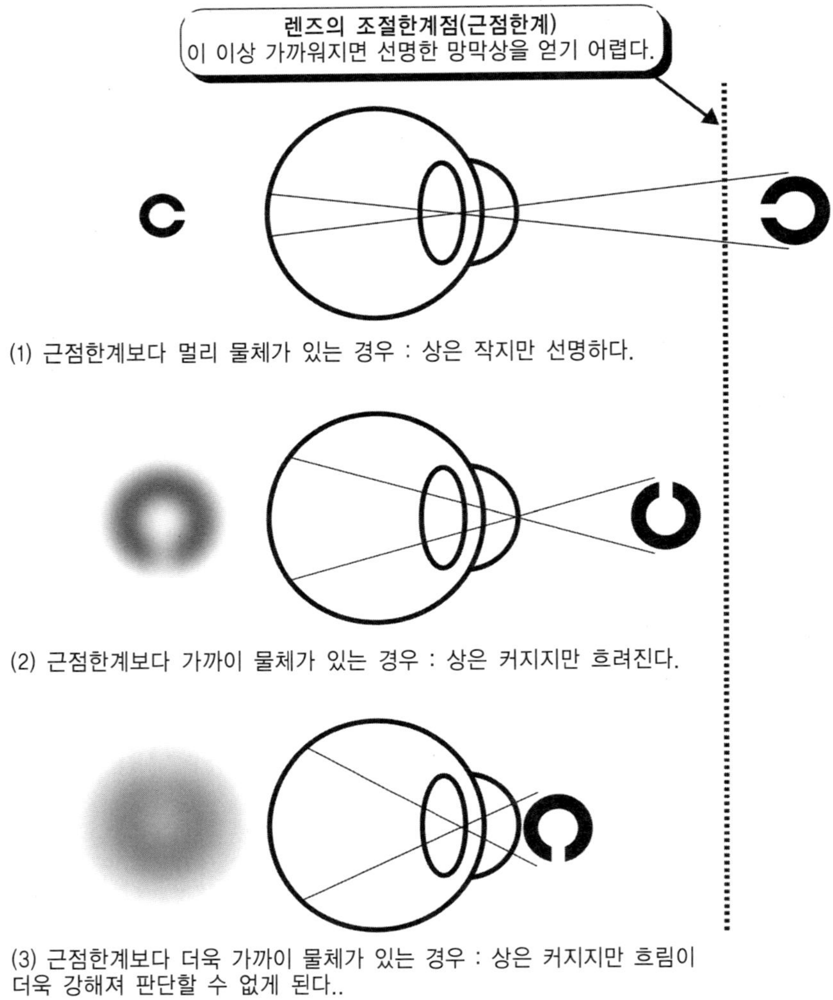


**[그림 2-39] 근점한계 보다 가까워졌을 때 망막상의 확대와 흐림**

며, 일반적으로 나이가 어릴수록 눈에 가까워진다. 최대가시력을 측정할 때 사람에 따라서는 시표를 2～3 cm까지 가까이 하는 경우가 있다. 그러나 아무리 나이가 어려도 2～3 cm 거리에서 초점을 맞추기는 어렵다. 근점한계보다 가까이 하면 어떻게 될까? 이것을 그림 2-39에 나타내었다. 근점한계까지 주시물체는 초점이 맞는 선명한 상을 만들며, 가까워질수록 망막상은 커진다. 그러나 근점한계보다 가까워지면 주시물체의 상은 커지지만, 초점을 맞출 수 없기 때문에 망막상은 점점 희미해진다. 즉, 망막상을 확대할 것인가? 또는 흐림(blur)을 적게할 것인가?의 딜레마(dilemma) 상태가 된다. 서로 대립되는 2 선택의 타협을 이루는 점이 최대가시력이다. 단, 시거리 조절방법, 지시, 습관 등의 영향을 받기 쉬우므로 주의가 필요하다.

## 8 문자를 사용하여 시야를 점검

저시각자에게 보기 쉬운 교과서나 자료 등의 독서 교재를 제공할 때 문제가 되는 것이 문자 크기이다. 문자를 크게 하면 하나 하나의 문자는 읽기 쉬워지는 반면, 단어나 글 전체를 이해하는 것이 어려워진다. 그러나 시력이 나쁜 경우, 문자를 작게 하면 고정할 수 없게 된다. 따라서 서로 대립되는 2 선택 중 타협을 이루는 가장 적당한 문자 크기를 선택하는 것이 중요한 과제가 되며, 그 결정의 과학적 근거로 시야검사 결과가 중요한 의미를 갖게 된다. 그러나 일반적인 시야검사로 문자를 읽을 수 있는 범위를 직접 정하는 것은 곤란하며, 독서와 직접 관계가 깊은 문자를 시표로 하는 유효시야의 평가가 중요하다.

이러한 문제의식에서 작성된 것이 '저시각용 정적 문자처리 유효시야 평가시스템'이며, 어느 정도 크기의 문자가 어느 부위에서 인지 가능한가?를 평가할 수 있다(그림 2-40). 이 시스템은 컴퓨터 소프트웨어로 제공되고 있다(http://www.bfp.rcast.u-tokyo.ac.jp/nakanoy/vfield.html). 이것으로 독서에 이용할 수 있는 기능적인 시야를 직접적으로 알 수 있다.

화면에 순간적으로 제시되는 문자나 숫자를 읽어 맞추는 게임(game) 감각으로 저시각자의 평가가 가능하다. 특히 발달 단계에 있는 어린이의 문자 서비스를 추정할 때 효과적이라고 알려져 있다.

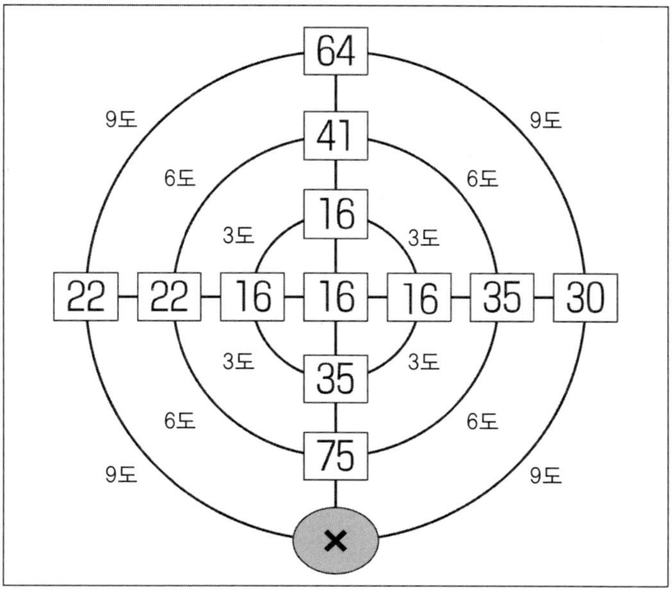


□안의 숫자는, 그 시야위치에서 읽기 위하여 필요한 문자의 크기를 나타낸다.

**[그림 2-40] 정적 문자처리 유효시야 평가 결과**

## 9 독서의 기준이 되는 문자 크기의 평가(M 시스템)

미국에서는 문자 크기를 표현하는 방법으로 metric system(M 시스템)을 이용하는 경우가 있다. 이것으로 기준이 되는 문자 크기를 정하고, 그 기준과의 관계로 개개의 문자 크기를 표시하는 방법이다. 기준인 1 M의 문자 크기는 1 m 거리에서 시각이 5'이 되는 크기의 문자로 정의된다. 1 m 거리에서 시각 5'에 대응하는 주시물체의 크기는 1.5 mm이며, 이것은 신문의 작은 문자 크기에 해당한다. 이 크기의 문자를 읽을 수 있으면 문제없이 독서를 할 수 있다고 판단할 수 있다.

즉, 1 M의 문자 크기는 저시각의 훈련이나 보조기구 선정에서 당면 목표가 될 수 있는 문자 크기라 할 수 있다. M 시스템에서는 1 M을 기준으로 하고, 2배 크기의 문자는 2M으로 표시하며, 문자 크기를 포인트(point)나 mm로 표시하는 것보다 알기 쉽다는 장점이 있다. 말하자면, 포인트로 표시되어 있는 경우, 신문의 문자 크기와 비교하기 위해서는 신문의 문자 크기가 몇 포인트인지를 암기해 두어야 한다. 또한 M 시스템으로 문자 크기를 표시하면, 신문을 읽기 위하여 필요한 보조기구의 배율을 직감적으로 알 수 있는 장점도 있다. 예를 들면 4 M의 문자를 읽을 수 있는 사람이 신문 즉, 1 M의 문자를 읽고 싶은 경우에는 4 배율의 보조기구를 준비하면 된다는 것을 알 수 있다.

## 10 독서 차트(MNREAD)

최근 Minnesota 대학에서 신뢰성이 높은 독서검사표가 개발되었다. 이것이 Minnesota Low Vision Reading Test(MNREAD) 이며 MNREAD acuity charts라고도 한다. 이 검사표는 세밀하게 조사된 의미가 있는 문자를 인쇄한 것이다. 이 차트를 사용하면 ① 최대 독서속도(문자 크기가 최적인 경우에 읽을 수 있는 최대 속도) ② 임계 문자 크기(최대 독서속도로 읽을 수 있는 최소의 문자 크기) ③ 독서 시력(읽을 수 있는 한도의 문자 크기)을 평가할 수 있다.

또한 '백색 바탕에 흑색 문자'와 '흑색 바탕에 백색 문자'가 준비되어 있어 백 · 흑 반전효과도 평가할 수 있으며, 일본어 판(http://www.twcu.ac.jp/~k-oda/MNREAD-J/)도 있다(그림 2-41). 이 차트를 사용하면, 독서에 적합한 문자 크기나 백 · 흑 반전의 필요성에 대하여 평가할 수 있고 보조기구를 선정할 때에도 매우 효과적인 수단이 된다.

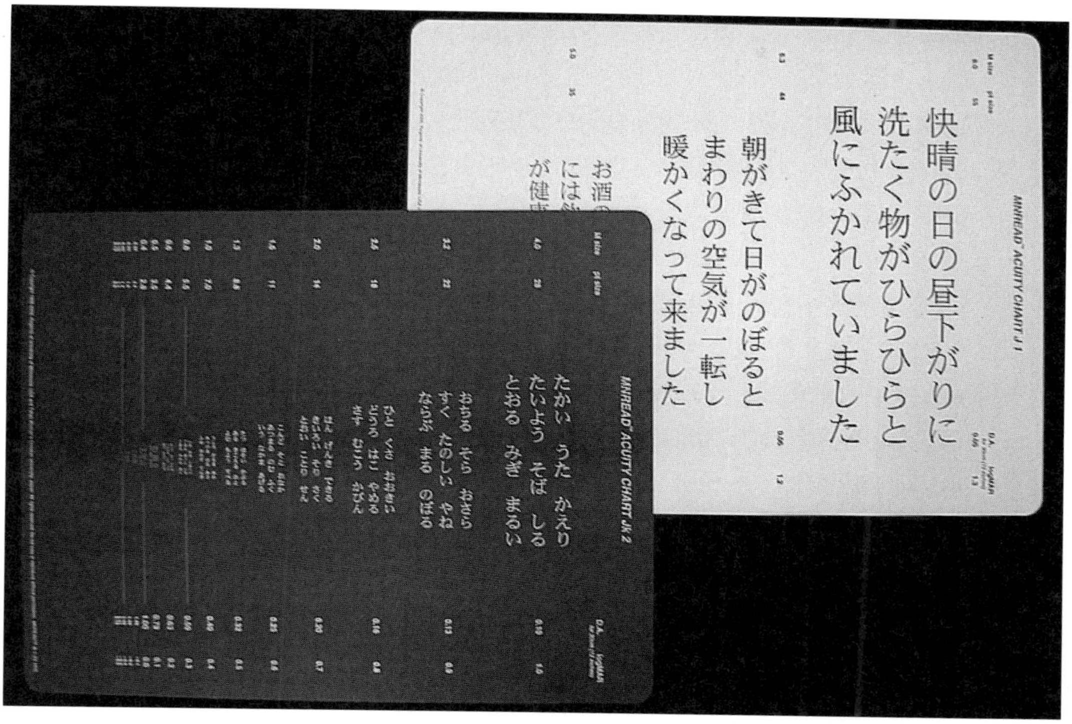


[그림 2-41] MNREAD-J/JK Acuity charts

**Note 언어로 대화가 곤란한 사람의 시기능평가**

최근, 장애의 중증, 중복화 및 다양화가 진행된다고 알려져 있으며, 사회복지 시설이나 특수교육 학교 등에서도 복수 장애를 갖고 있는 중증 중복장애자의 비율이 증가하고 있다. 누워만 있는 상태로 자력으로는 활동할 수 없는 경우도 있어 생명을 유지하거나 안전을 확보하는 것이 의료의 주 관심사가 되는 경우도 많다고 한다. 특히 지적장애나 중증의 지체부자유를 함께 갖는 경우, 어떤 결정이나 선택을 위한 반응이 확실하지 않기 때문에 보이고 있는지 아닌지를 알 수 없게 되는 경우가 적지 않다고 한다. 예를 들면 아래와 같은 행동을 나타내는 사람을 어떻게 이해하면 좋을까?

**[사례 1] 낮에는 항상 잠만 자고 있다. 생활 리듬이 바뀐 것일까?**

중도 장애가 있는 지체부자유의 Y 어린이는 학교에서 항상 잠을 자고 있다. 생활 리듬이 바뀌어 학교에서 졸고 있는 것이라 생각되어 어머니에게 물어보니, 밤에는 분명히 잔다고 한다. 장애가 중하니 할 수 없는 것일까?

**[사례 2] 귀가시간이 되면 항상 운다. 왜 그럴까?**

휠체어를 타고 있는 S 어린이는 항상 귀가시간이 되면 울상이 되고 기분이 나빠진다. 복도를 지나 학교버스를 향할 때의 소동은 최고조에 달한다. 학교가 너무 좋아 집으로 돌아가는 것이 싫은 것일까?

**[사례 3] 보이고 있는 데도 찾지 못하는 것일까?**

안구진탕이 있는 지체부자유의 A 어린이는 문자를 읽거나 쓸 수도 있고 잘 보이고 있는 것 같이 보인다. 그러나 때때로 읽기에서 건너뛰거나, 가까이 있는 선생님을 발견하지 못하여 울상을 짓기도 한다. 보이고 있는 데 찾지 못하는 것일까?

**[사례 4] 작은 구멍을 들여다보는 것을 좋아한다. 이상한 버릇인가?**

다운증후군의 N 어린이는 시계나 허리띠 등의 작은 구멍을 들여다보는 이상한 버릇이 있다. 선생님의 시계를 빼앗아서 구멍을 뚫어지게 들여다보곤 한다. 도대체 무엇이 재미있는 것일까? 어린이의 마음에 가까워지려고 같은 행동을 해보았으나 N 어린이가 무엇을 즐기고 있는지 이해할 수 없었다.

---

교육 및 재활의 시기능평가에서는 이와 같은 행동의 의미를 이해하고 적절한 지원으로 연계해 나갈 필요가 있다. 사례 1에서는 노출된 형광등에 눈이 부셔서 눈을 감고 있었던 것이 원인이며, 형광등을 가리개로 가리고 간접조명으로 바꾸는 것으로 해결할 수 있었던 사례이다. 사례 2는 학교버스로 향하는 복도가 컴컴한 것이 무서웠던 것이 원인이며, 조명을 밝게 하는 것으로 해결할 수 있었던 사례이다. 사례 3은 시야장애가 원인임을 알고 제시방법을

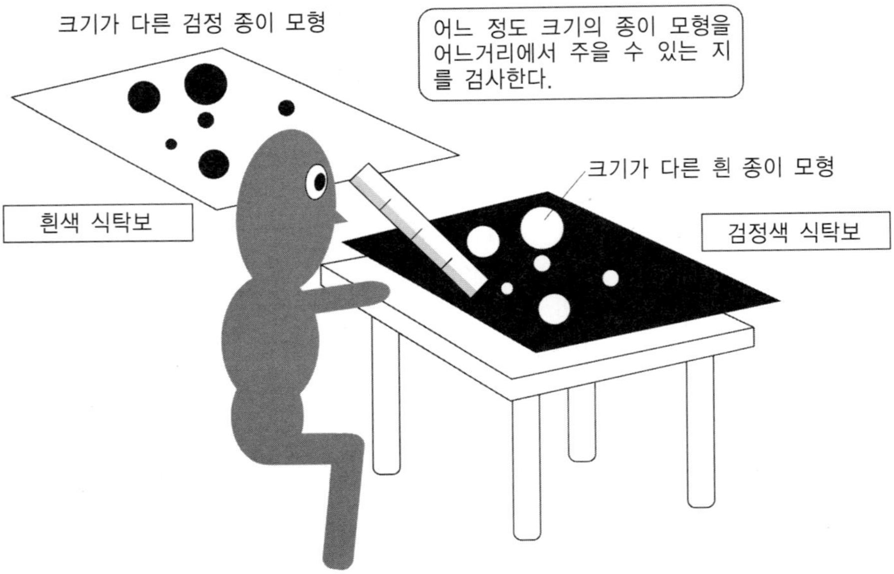


[그림 2-42] 종이 줍기 게임을 통한 시야 평가

연구한 것으로 해결할 수 있었던 사례이다. 사례 4는 작은 구멍을 핀홀(pin hole)로 활용하였음을 알고, 그가 보고 싶은 거리에 초점을 맞춘 안경을 착용하게 함으로써 해결할 수 있었던 사례이다.

이들의 행동 의미를 시각관리(vision care)의 관점에서 규명하기 위하여, 중복장애인의 행동 레파토리(repertory)가 되는 시기능 검사 과제를 연구하거나 안심하고 평가받을 수 있는 환경을 만드는 것이 필요하다. 그림 2-42에는 작은 종이를 주울 수 있는 게임을 통하여 시력을 평가한 예를 나타내었다. 백 · 흑 반전 조건과 비교하여 눈부심 장애의 가능성에 대해서도 점검할 수 있다.

# D 유전의 기초지식과 카운슬링

## 1 유전의 기초지식

여기서는 망막색소변성에 대하여 다룰 것이나, 다른 질환에서도 유전형식의 원칙은 같다고 할 수 있다. 그러나 다른 질환의 경우에는 질환명만으로 유전형식이 정해져 있는 것 즉, 반드시 유전성이라고 할 수 없는 것도 있으므로 모두 망막색소변성과 같은 것이 아니라는 것을 이해하는 것이 필요하다.

망막색소변성의 유전형식으로는 ① 상염색체 우성유전 ② 상염색체 열성유전 ③ X 연관성 열성유전의 3가지가 가장 빈도가 높고 중요하다. 유전성 질환의 유전형식으로서는 앞에서 열거한 것 이외에 ④ X 연관성 우성유전 ⑤ Y 연관성 유전 ⑥ 미토콘도리아(mitochondria) 유전 ⑦ 2 유전자성 유전 ⑧ 다인자 유전 등이 있다. 그러나 실제로 ①, ② 및 ③이 대부분이며, ③, ④ 및 ⑤는 성염색체와 관련된 반성유전이다. 반성유전의 대부분은 ③에 기인하므로, ③을 일반적으로 반성유전이라 하기도 한다. 의학적으로는 X 연관성 유전이라고 하여야 하나 환자 및 가족의 입장에서는 성에 관계하는 유전형식이라는 것이 보다 알기 쉬울 것이라고 생각한다.

망막색소변성에서 중요한 것은 가족력이 없고 유전형식을 판정할 수 없는 '단독성'인 경우가 반 이상으로 발병한다는 것이다. 단독성이란 유전형식이 따로 존재하는 것이 아니고, ①,

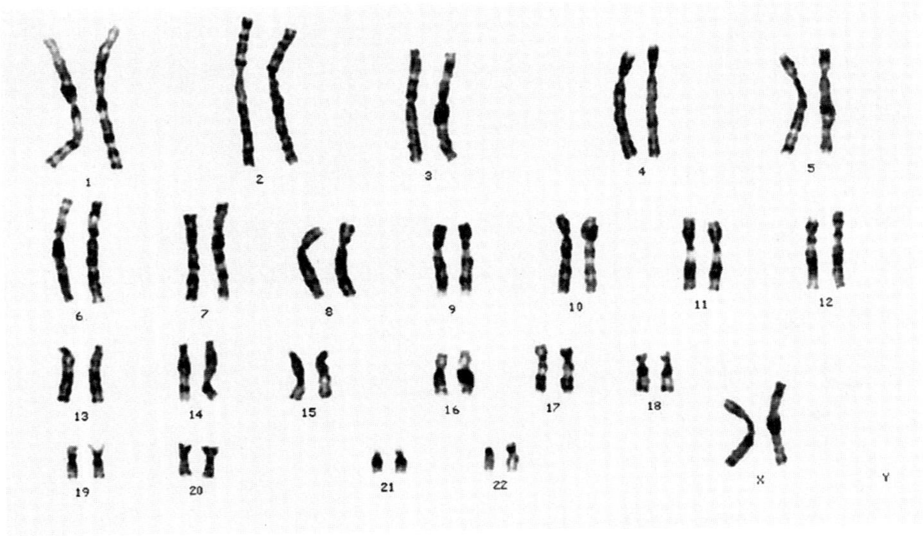


[그림 2-43] 정상 여성 핵형

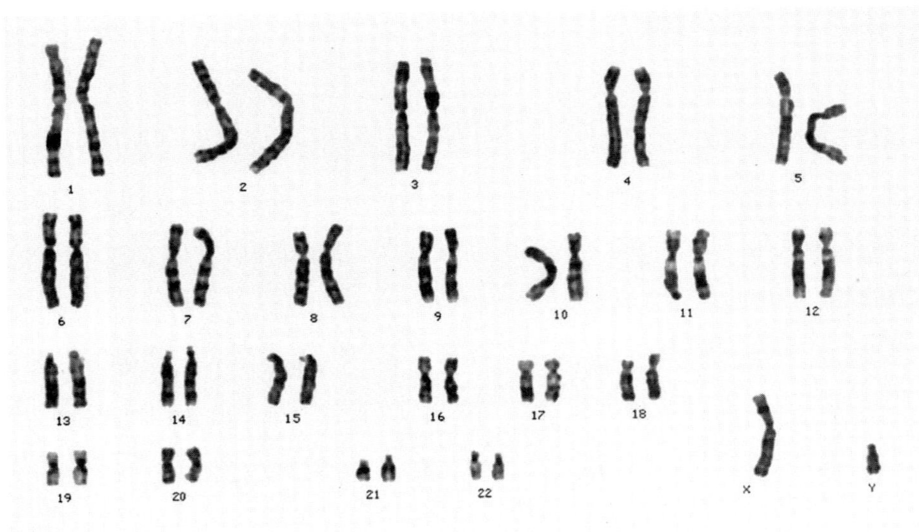


[그림 2-44] 정상 남성 핵형

② 및 ③ 중 어느 것인가에 기인하는 것이 대부분이다. '대부분'이라고 한 것은 원인이 되는 유전자가 발견되지 않고 망막색소변성과 동일한 증상을 보여 망막색소변성으로 진단되나, 사실은 자기항체가 원인이 되는 예도 발견되었기 때문이다.

환자나 일반 사람에게 염색체, 유전자, DNA 등 유전과 관련된 것을 설명하기는 쉽지 않다. DNA는 4 종류의 염기라는 기호가 배열되어 있는 것이며, 그 배열 중 기능을 갖고 있는 부분을 유전자라 한다. 사람의 유전 정보의 1 세트는 23쌍의 염색체로 존재한다. 염색체는 세포의 핵에 존재하며 일반적으로는 서로 붙어 있으나, 세포 분열 때에는 그것이 풀리므로 하나하나를 관찰할 수 있다. 그것을 순서대로 늘어놓은 것을 핵형이라 한다.

그림 2-43에 정상 여성, 그림 2-44에 정상 남성의 핵형을 나타내었다. 그림에서 1～22번까지의 염색체가 2개씩 쌍으로 세포가 존재하며, 이들을 성별과 관계없는 상염색체라 한다. 여성에서는 이들 이외에 X 염색체가 2개, 남성에서는 X 염색체 1개, Y 염색체가 1개 존재한다.

이 그림의 핵형에서 보이듯이, 대부분은 체세포로 공통이고, 정자나 난자 등의 생식세포에는 1～22번까지의 상염색체 1개씩과 X 또는 Y 성염색체가 1개씩으로 구성되어 있다. 생식세포가 형성될 때는 한 쌍의 상동염색체가 각각의 세포로 나뉘어 들어간다. 특정 기능을 갖는 유전자는 염색체의 특정 장소에 있다. 예를 들면 망막색소변성의 원인 유전자의 하나인 로돕신(rhodopsin) 유전자는 제 3번 염색체의 3q22.1에 존재한다(3 이하는 염색체 내의 위치를 나타내는 번지를 의미한다.). 인간게놈프로젝트(Human Genome Project)에서 4종류의 염기(아데닌, 구아닌, 시토신, 티민)의 배열 구조는 모두 알려져 있으나, 어디에 기능하는 유전자가 있고 각각 어떤 기능을 갖고 있는가는 아직 연구 중에 있다.

지금까지 망막색소변성의 원인 유전자로 29 종류가 발견되었으나 아직도 알려지지 않은 것이 많이 있다. 상염색체에 위치하는 유전자는 부모로부터 하나씩 물려받는 것으로 체세포에는 2개가 존재한다. 상염색체 우성유전질환의 경우, 하나의 유전자에는 변화가 일어났으나 다른 하나는 정상이다. 즉, 변화를 일으킨 유전자 쪽이 강한 것을 우성이라 한다. 그러나 열성유전이라면 이와 같은 경우에는 발병하지 않는다. 즉, 열성유전의 경우는 변화를 일으

유전자형이 헤테로 접합일 때 :
· 이상형질이 나타나면 우성
· 나타나지 않으면 열성
· 즉, 변이 유전자가 강한지 또는 약한지에 달려있다.

○ : 정상유전자 ● : 이상유전자

| 구분 | ○○ | ○● | ●● |
|---|---|---|---|
| 열성 유전 | 정상 | 정상 | 이상 |
| 우성 유전 | 정상 | 이상 | 이상 |

[그림 2-45] 우성유전과 열성유전

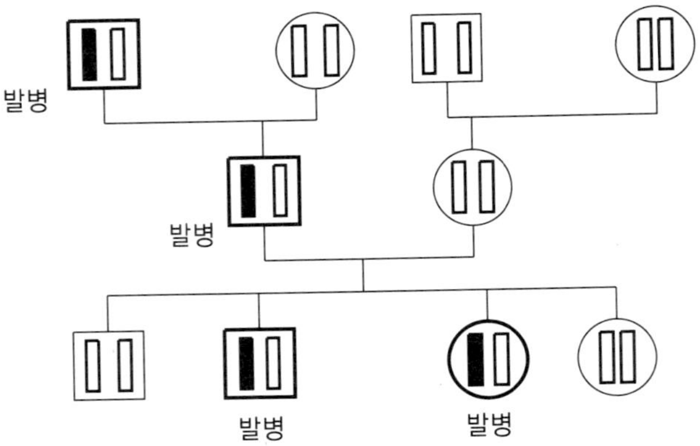


- 이상형질의 발현과 전달은 성에 의한 영향을 받지 않는다.
- 환자의 이상형질이 자식에게 전달될 확률은 50%
- 이상형질은 모든 세대에 나타난다.

[그림 2-46] 상염색체 우성유전

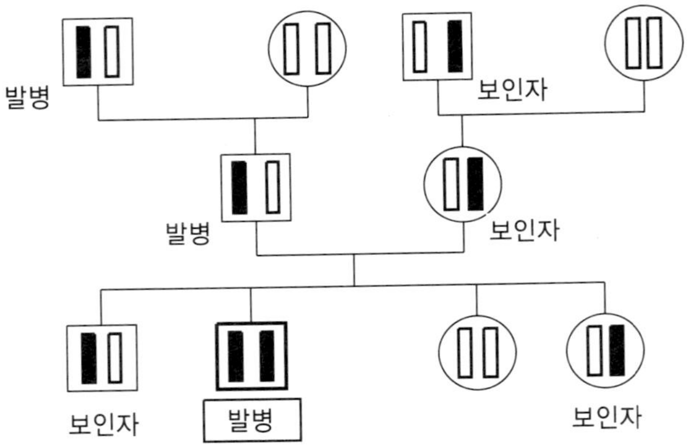


- 이상형질의 발현과 전달은 성에 의한 영향을 받지 않는다.
- 환자의 양친은 변이의 헤테로 접합체
- 환자의 형제가 발증할 확률은 1/4

[그림 2-47] 상염색체 열성유전

킨 유전자 2개가 모두 모였을 때만 발병하게 된다(그림 2-45). 그림 2-46에는 상염색체 우성유전의 특징을, 그림 2-47 및 2-48에는 상염색체 열성유전의 특징을 나타내었다.

가족력이 없는 단독성인 사례에 대하여 생각해 보자(그림 2-49). 여성이라면, X 연관성은 고려하지 않아도 되므로 상염색체 우성유전과 상염색체 열성유전에 대해서만 생각하면 된다. 그러나 남성이라면(그림 2-50), X 연관성도 고려하여야 한다.

우선, 상염색체 우성유전의 경우를 생각해 보자. 상염색체 우성유전에 의한 질환은 하나의 유전자 변화에 의하여 일어나는 것이므로 돌연변이에 의하여 발병한다. 즉, 부모가 모두 유전자 이상이 없어도, 그 자식의 세대에서 돌연변이(환자)가 일어난 경우이다(그림 2-49). 이 경우, 가족력은 없으나 환자의 자식 세대에는 50%의 확률로 유전될 수 있다(그림 2-50).

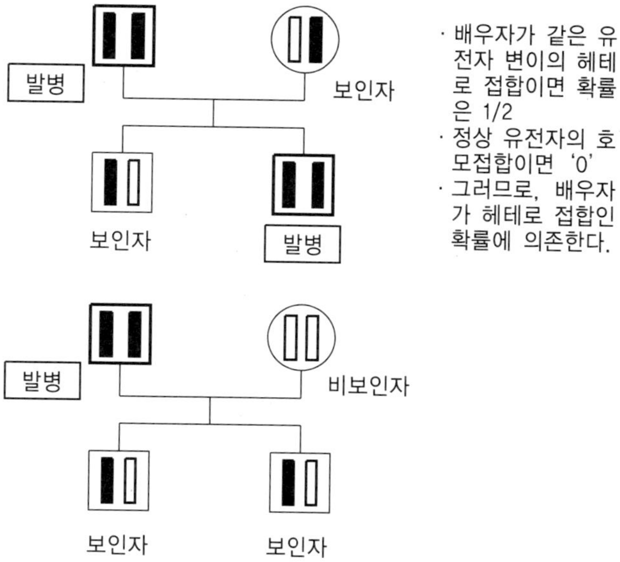


**[그림 2-48] 상염색체 열성유전 질환의 발병 확률**

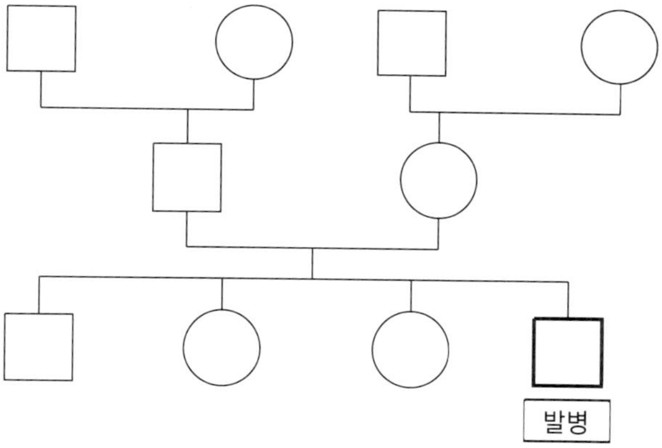


**[그림 2-49] 단독성 예**

다음 상염색체 열성유전의 경우를 생각해 보자. 이 경우, 환자의 부모가 모두 변이유전자를 헤테로(hetero) 접합성으로 갖고 있다. 그러므로 이 환자에게 형제가 있으면, 25%의 확률로 동일한 질환이 유전될 수 있다(그림 2-51). 그렇다면 환자가 아이를 낳으면 어떻게 될까(그림 2-51)? 환자의 배우자가 변이유전자의 보인자인 경우에는 50%의 확률로 그 아이들에게 발병될 수 있다(그림 2-48). 따라서 근친결혼이 아닌 이상 그 아이들에게 동일한 질환이 발병될 확률은, 일반 집단 중에서 이 유전자의 변이를 갖는 보인자(carrier)의 빈도에 의

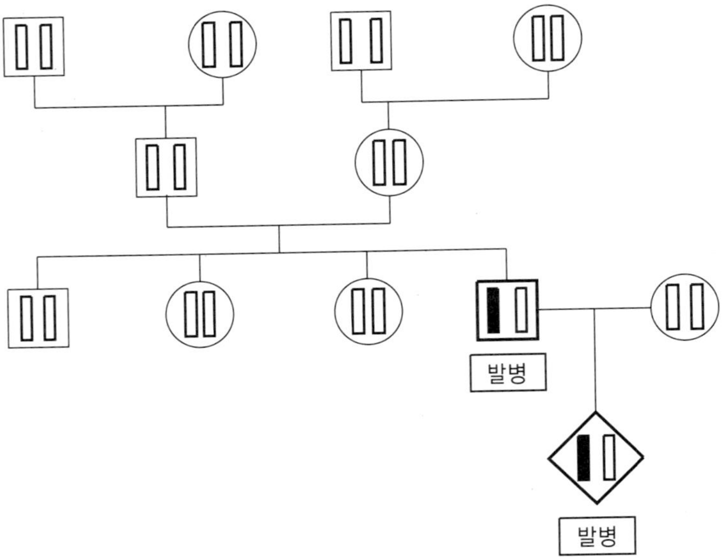


[그림 2-50] 돌연변이에 의한 상염색체 우성유전의 단독성 예

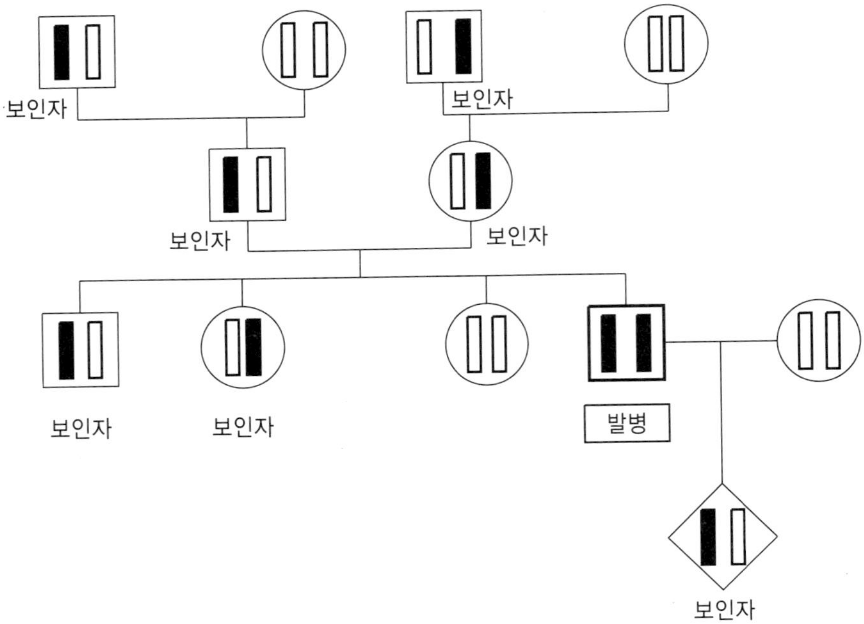


[그림 2-51] 상염색체 열성유전에 의한 단독성 예

존한다. 어떤 유전자의 변이에 의한 상염색체 열성유전성 질환의 환자 빈도가 1/10,000 이라면 보인자의 빈도는 1/50 이므로, 이 경우 그 아이들에게 동일한 질환이 발병될 확률은

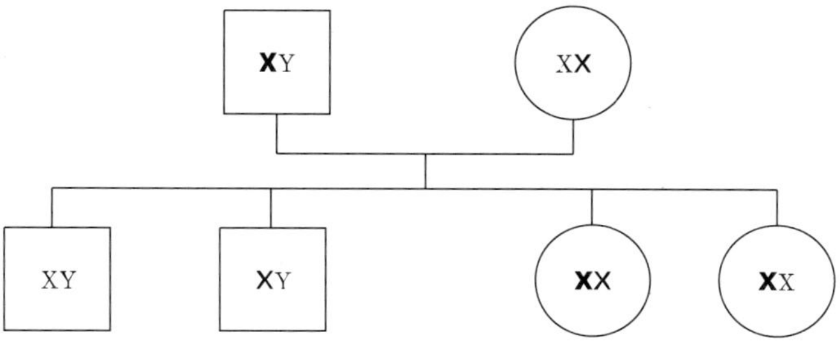


· Y염색체는 아버지에서 아들에게
· 아버지의 X염색체는 반드시 딸에게
· 아들의 X염색체는 반드시 어머니로부터 온다.

[그림 2-52] 성염색체 유전

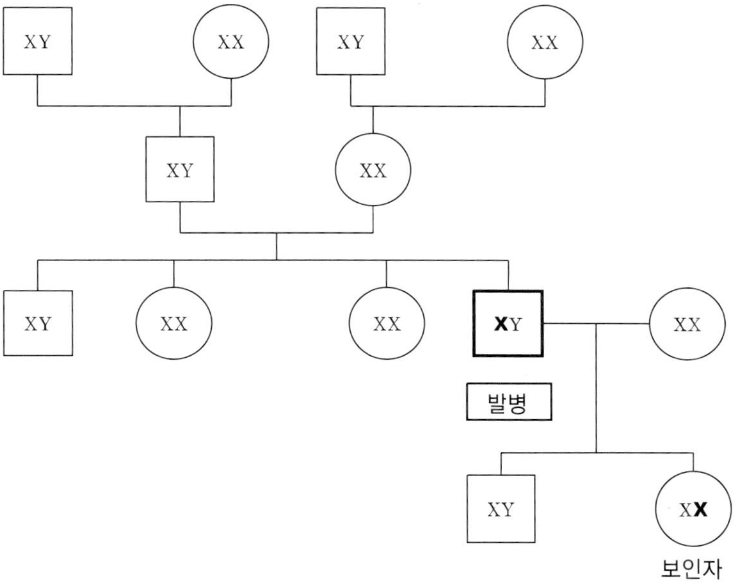


[그림 2-53] 돌연변이에 의한 X 연관성 유전성 질환 발병 예

1/100이 된다. 망막색소변성의 환자 빈도는 높게 예측해도 1/3,000이나, 1개의 상염색체 열성유전의 원인 유전자에서 '몇 분의 1 이상이다'라고 단언할 수 있는 것이 아니므로 상염색체 열성유전성의 망막색소변성으로 환자의 아이들에게 발병될 확률은 환자가 근친결혼을 하지 않는 한 1% 미만이 된다. 이것은 망막색소변성만이 아니고 상염색체 열성유전성 질환의 대부분에 해당된다고 할 수 있다.

마지막으로, X 연관성의 경우에 대해서도 생각해 보자. 그 전에 성염색체의 유전 방법을 정리하였다(그림 2-52). 남성 환자는 단 하나의 X 염색체 유전자에 변이가 있으면 발병한다. 이것은 상염색체 우성유전의 경우와 마찬가지로 그 세대에서의 돌연변이에 의한 경우도

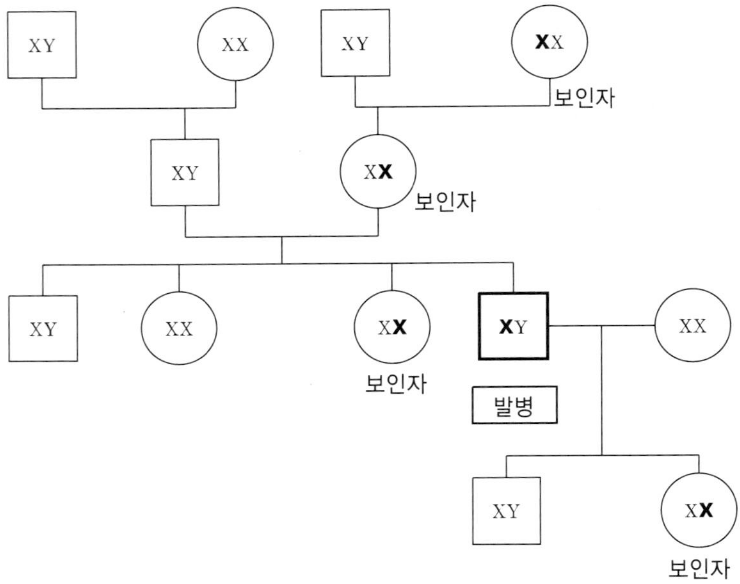


**[그림 2-54] X 연관성 열성유전**

있고(그림 2-53), 어머니로부터 유전되는 경우도 있다(그림 2-54).

그러나 어느 경우라도 남성으로부터 그 아들에게 X 염색체는 전달되지 않으며, 딸에게는 반드시 유전되나 딸은 정상 X 염색체 유전자도 갖고 있기 때문에 보인자는 되어도 발병은 되지 않는다. 따라서 환자가 남성인 경우는 그 아이들에게 발병되는 일은 없다(그림 2-54). 또한 X 연관성 유전이 명백한 가계는 현실적으로 소수이다. 이와 같이 가족력이 없는 단독성 예의 경우, 그것이 상염색체 우성유전인지 상염색체 열성유전인지 또는 X 연관성인지에 따라 환자의 아이들에게 발병될 확률은 크게 달라지게 된다(표 2-2).

환자가 망막색소변성의 진단을 받을 때에는 유전성 질환이라는 것을 알려주는 경우가 많다. 그러나 단독성 예의 망막색소변성의 경우는 가족력이 없기 때문에 환자가 그것을 이해하기는 매우 어렵다고 생각된다. '실명한다' 또는 '치료법이 없다' 등의 고지가 이루어지고 이해할 수 없는 '유전한다'라는 정보는 환자를 절망의 늪으로 밀어낼 수 있으며, 가족 등과 상의하는 것을 망설일 가능성이 있다. 또한 대부분의 환자들은 정확하게 그것을 이해할 수 있는 기회도 갖지 못한 채 필요 이상의 걱정을 하게 된다.

**[표 2-3] 망막색소변성 단독성 예에서 그 아이들에게 발병될 확률**

- 열성유전자이면, 1% 이하
- X연관성이면, 0%
- 우성유전(돌연변이이면 50%)
- 유전형식이 확실하지 않은 경우, 경험적으로 10% 정도

앞에서 설명한 바와 같이, 상염색체 우성유전이외의 경우는 거의 현실적으로 유전하지 않으며 상염색체 우성유전일 가능성도 높지 않다(약 20%). '망막색소변성 = 유전 질환 = 반드시 유전한다'는 공식은 오해의 소지가 있으므로, 우선 이것을 이해하는 것부터 시작할 필요가 있다.

## 2 유전 카운슬링(counselling)이란?

임상에서 진료를 할 때에는 시간적인 여유가 없어 망막색소변성의 진단 고지는 앞에서 설명한 바와 같이 이루어질 것으로 생각된다. 유전 카운슬링이란 카운슬링 마인드를 갖고 유전 의학정보를 제공하는 것으로 환자의 자율적 자기 결정을 지원하는 것이다. 따라서 어느 정도 시간을 갖고 질환이나 유전을 이해하도록 하는 것이 반드시 필요하다. 망막색소변성의 환자의 경우에 대하여 간단하게 설명하겠다.

질환의 개요에 대하여 설명하고, 환자의 병력과 가족력을 듣고 가계도를 작성한다. 유전형식에 의하여 혈연자에게 발병될 확률을 추정한다. 유전자 진단, 발병 전 진단 및 조기 진단의 방법과 의의에 대하여 설명한다. 여러 가지 서포터(supporter) 체제에 대한 정보 제공도 중요하며, 저시각관리, 환우회 및 공적 보조 소개 등이 포함된다. 현재 진행 중인 연구에 대해서도 설명하고 장래의 전망에 대해서도 이해시킨다. 망막색소변성의 진단을 받은 사람들 중 유전 카운슬링을 받은 경험이 없는 사람이 95% 이상으로 알려져 있으므로, 앞으로 유전 카운슬링 체제를 성실히 지키는 것이 바람직하다.

## 3 유전자 진단

망막색소변성의 약 반을 차지하는 단독성 예의 경우, 유전형식을 알 수 있는 방법이 없다. 혈연자의 정보를 상세하게 검색하여 발견되는 경우도 있으나, 그렇게 되면 단독성 예가 되지 않는다. 이 경우, 환자의 아이들에게 동일한 질환이 발병될 확률은 경험적인 수치로 나타낼 수 밖에 없으며, 약 10% 정도로 알려져 있다. 망막색소변성 환자의 원인 유전자가 무엇인가를 분명히 알아낼 수 있다면, 원인 유전자에 의한 유전 형식이 정해져 있으므로 그 원인이 발견될 가능성이 있다. 만일 상염색체 열성유전자에 의한 것이라면 그 아이들에게 유전될 걱정을 하지 않아도 될 것이다.

또한 앞으로의 재생 치료 및 유전자 치료를 위해서는 원인 유전자가 분명한 것이 전제가 되므로 유전자 진단의 정보가 도움이 될 것으로 예상된다. 이제까지의 유전자 진단 연구는 새로운 유전자가 발견되면 그것에 집중하여 많은 환자를 조사하는 것이었다. 그러나 이런 식으로는 환자 개개인의 진료를 목표로 하는 임상적인 유전자 진단이 되지 않는다.

최근, 한 대학병원에서는 환자 개개인을 대상으로 현재까지 발견된 망막색소변성의 원인 유전자 종류를 모두 효율적으로 탐색하는 시스템을 개발하여, 실제로 임상에 이용하고 있다. 아직 검출률이 매우 높다고 할 수는 없으나, 보다 많은 정보를 feedback할 수 있을 것으로 기대된다.

환자에게서 원인 유전자가 발견되면 동일한 유전자 변이를 혈연자가 물려 받았는지 여부를 명확히 조사하는 것이 가능하다. 즉, 발병 전 진단이 가능하게 된다. 상염색체성 열성이라는 것을 알 수 있다면, 환자의 아이들에게 발병될 확률은 현실적으로 고려할 필요가 없게 되나, 상염색체 우성유전이라면 50%의 확률이 된다. 이것은 유전자를 조사함으로써 명백히 알 수 있다. 망막색소변성 연구는 계속 진행되어 왔으나 아직 치료법 및 예방법에 대해서는 확립이 되어있지 않은 질환이다.

미래에 질환의 발병이 명백해질 경우의 정신적 부담, 인생 설계나 일상생활에서의 대처법에 대하여는 검사를 하기 전에 미리 충분히 준비해 놓을 필요가 있다. 결과가 음성일 것을 기대하면서 양성일 때의 일을 생각하지 않고 발병 전 진단을 받으려 하는 사람이 많으나 이것은 대단히 위험한 일이다. 그러나 인생 설계를 진지하게 생각하고자 하는 사람에게 발병 전 진단을 통하여 선택할 여지가 존재한다는 것은 대단히 의미있는 일이라고 생각된다. 충

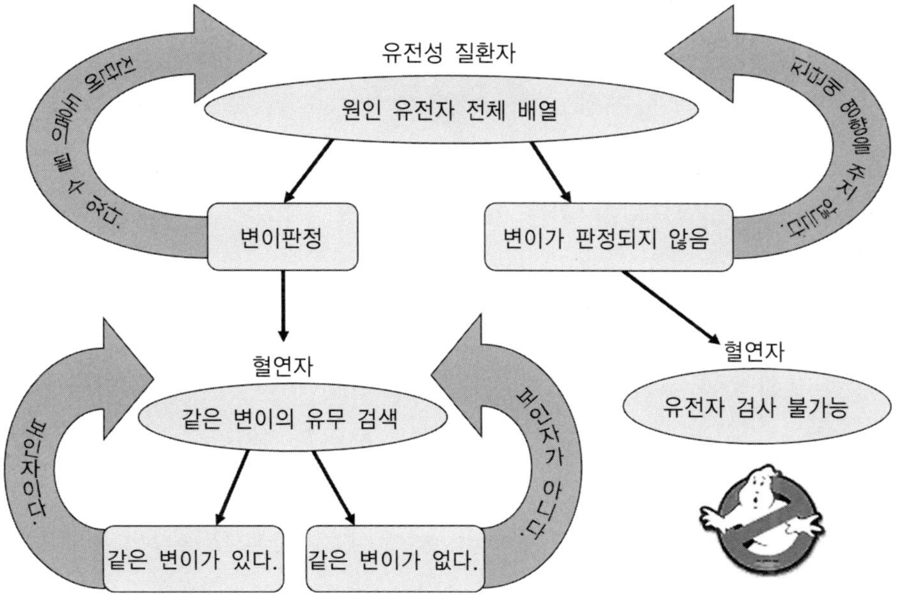


**[그림 2-55] 유전자 진단의 흐름**

분한 유전 카운슬링은 검사 전과 후의 follow-up을 통하여 더욱 중요해 진다. 환자 자신에 대하여 원인 유전자를 발견할 수 없다면 혈연자에 대해서 유전자 검사를 할 수 없다(그림 2-55). 어떤 유전자를 조사할 것인가를 알 수 없기 때문이다. 따라서 이 경우, 유전자 검사를 하기 전과 같은 상태가 되며, 단독성 환자의 자식이라면 그들에게 발병될 확률은 경험적으로 10% 정도가 된다.

안저검사나 ERG에 의하여 자각증상이 전혀 없는 상태에서 조기진단을 하는 것이 가능해졌다. 단, 유전자검사에 의한 발병 전 진단과는 달리, 검사결과가 정상이었다 하더라도 정기적인 검사가 필요하다(단, 35세 정도까지 전혀 이상이 없다면 괜찮다고 알려져 있다.). 그러나 조기에 질환이 발견되면, 유전자 진단의 발병 전 진단 경우와 유사한 문제가 발생하므로 검사를 받기 전에 충분한 유전 카운슬링이 필요하다고 생각된다.

# E 특수교육에서 특별지원 교육으로

## 1 특수교육에서 특별지원 교육으로

최근, 교육분야에서는 장애가 있는 학생들의 교육에 변화가 일어나고 있다. 이제까지는 '장애의 정도 등에 따라 특별한 교육의 장에서 실시되고 있던 특수 교육'에서 '장애가 있는 학생 개개인의 요구에 따라 적절한 교육적 지원을 하는 특별지원 교육'으로의 전환을 꾀하는 커다란 교육개혁이 이루어지고 있다.

저시각자의 교육을 살펴보면, 지금까지 대부분의 보호자들은 그 교육의 장을 어디로 해야 하는가?에 대하여 고민하는 경우가 많았다. 시력의 정도에 의한 취학기준은 있으나, 개개인의 보이는 상태가 각양각색이고, 동일한 안질환이나 시력을 갖는 저시각자라 하더라도 실제로는 시력의 수치 등으로 획일적으로 판단할 수 없기 때문이다. 또한 환경, 교재, 학습형태 등의 요인에 의하여 매우 곤란한 장면이 예상되기도 하고, 교사 개개인의 배려나 친구의 협력을 얻어 충분히 학습에 참가할 수도 있으므로 초등학교 6년간, 중학교 및 고등학교 각 3년간의 기본적 교육을 어디서 받게 하면 좋은가?에 대한 의료 및 교육 전문가라 할지라도 판단에 어려움이 많았다.

특별지원 교육으로의 전환은 이러한 개개인의 교육적 요구에 주목하여, 처음으로 장애가 생긴 것이 아니라 저시각자의 시점에서, 각자가 진실로 필요로 하는 지원을 파악하여 그것에 대응할 수 있는 교육을 실현해 나가고자 하는 이념에 기반을 둔다.

## 2 취학기준의 개정 취지

특별교육 지원으로의 전환에 앞서 2002년에 장애가 있는 학생들의 취학기준 '학교 교육법 시행령 22조 3항'의 일부 개정이 이루어졌다(표 2-4). 이 표에는 시각장애의 정도와 교육조치가 나타나있다. 이에 의하면, 양안의 시력이 대체로 0.3 미만인 자, 또는 시력이외의 고도의 시기능장애가 있는 자 중 확대경 등을 사용하여도 일반적 문자나 도형 등의 시각에

[표 2-4] 시각장애와 교육조치

| 시각장애의 정도 | 교육조치 |
|---|---|
| 양안의 시력이 대체로 0.3 미만인 자, 또는 시력이외에 고도의 시기능장애가 있는 자 중 확대경 등의 사용에 의해서도 일반 문자, 도형 등의 시각에 의한 인식이 심히 곤란한 정도의 자 | 맹학교 |
| 확대경 등의 사용에 의해서도 일반 문자, 도형 등의 시각에 의한 인식이 곤란한 정도의 자 | 약시 특수학교 |
| 확대경 등의 사용에 의해서도 일반 문자, 도형 등의 시각에 의한 인식이 곤란한 정도의 자로, 일반학급에 대체로 참가할 수 있으나, 일부 특별한 지도를 필요로 하는 자 | 학급(약시)에 의한 지도 |

의한 인식이 불가능 또는 현저히 곤란한 정도의 자는 맹학교로의 취학이 적합하다고 되어 있다.

개정에 즈음하여, 이제까지 장래의 점자 사용의 가능성이나 0.1의 기준이 삭제되고, 시력 등의 수치가 완화되었을 뿐 아니라, '곤란한 정도의 자'라는 표현이 들어가 있다. 이것이 특별지원 교육을 지향하여, '개개인의 교육적 요구'를 산정한 표현이다. 같은 시력이라 하더라도 개개인의 보이는 상태가 다르다. 저시력이라도 확대경 등을 사용하여 일반학급에서 학습에 참가할 수 있는 저시각아동도 있다. 여기서는 개개인이 어떠한 학습상의 곤란이 있는지, 그 곤란에 따라 필요한 교육조치를 해나간다는 이념이 근간이 된다. 저시각아동의 취학에 있어서는 이러한 배경을 이해하고, '개개인이 가질 수 있는 힘을 최대한 신장시키려면, 어떠한 교육의 장이 좋은지?'라는 관점에서 검토해 나갈 필요가 있다.

## 3 저시각아동의 교육의 장

현행제도에서 시각장애 교육을 전문적으로 하는 장으로는 맹학교와 약시 특수학급이 있다. 또한 초등 및 중학교의 일반학급에 재적하면서, 일부 전문적인 지도를 받는 '일반학급에 의한 지도'라는 제도도 있다. 이러한 특수교육의 제도도 특별지원 교육으로의 이행을 위하여, 여러 가지 각도에서 심의가 이루어지고 있다. 2005년 12월 8일 '특별지원 교육을 추진하기 위한 제도의 자세'에 대한 중앙교육 심의회의 회신에서는 '맹,농 및 양호학교는 특별지원학교(가칭)로, 특수학급은 특별지원교실(가칭)이라는 제도적인 개혁의 방향이 나타나 있으나, 아직 명확한 계획은 수립되지 않았다'라고 하였다. 그러나 2002년의 학교교육법 시행령의 일부 개정에 의하여, 취학 기준상에서는 맹학교 등으로의 취학이 적합한 장애상태일지라도 초등 및 중학교에서 적절한 교육을 받을 수 있는 특별한 사정이 있다고 교육위원회가 판단하는 경우에는 '인정취학자'로 초등 및 중학교에 입학할 수 있게 되었다. 따라서 중앙교육심의회의 회신을 받아 특수학급이나 일반학급에 의한 지도는 한층 탄력적인 취급이 인정되었다.

이와 같이, 특별지원 교육을 향한 교육개혁은 착실히 진행되어 현행법 속에서 가능한 부분은 적극적으로 개혁이 이루어지고 있다. 교육분야에서의 저시각관리는 학교나 교육위원회와 상의하여 지금까지는 어려웠던 것이 실현이 가능해지는 일도 있다. 중요한 것은 저시각아동 개개인의 요구를 정확하게 파악하는 것이다. 학교 선택이나 지원에 관해서는 시각장애에 관한 실태 파악뿐 아니라, 저시각아동의 전인적인 발달 정도나 특성 등도 크게 영향을 미친다. 어른들의 속단이나 생각이 아니라 실지로 어린이 개개인이 필요로 하는 환경 하에서 적절한 지원을 받고 각자가 가질 수 있는 힘을 최대한 발휘할 수 있도록 관계기관과의 연계를 긴밀히 하여 취학상담을 진행시킬 필요가 있다. 이를 위해서 각각의 교육의 장을 견학하는 것은 물론 체험입학, 1일 입학 등의 서비스를 하고 있다. 몇 군데의 교육의 장에서 저시각아동이 1일간 실제로 학교생활을 체험해 보는 등 구체적인 시뮬레이션을 해보는 것이 본인이나 보호자에게 도움이 될 뿐 아니라, 교육기관에서도 저시각아동을 이해하는 것으로 이어진다.

이제부터 저시각아동의 교육의 장에 대하여 그 교육 내용의 특징을 간단히 설명하고자 한다.

## 1 맹학교

저시각부터 전맹까지의 아동 학생이 대상이다. 시각장애를 배려한 시설설비 및 교재교구가 갖추어져 있어 시각장애아를 위한 교육과정을 편성하여 개개인의 교육적 요구에 따라 개별지도계획에 바탕을 둔 전문적인 교육을 실시하고 있다.

최근에는 지역의 초등 및 중학교와의 교류 학습이나 공동학습도 적극적으로 하고 있다.

또한 중앙교육심의회 회신에 따르면, 앞으로는 맹학교도 특수지원 학교가 되는 법개정이 이루어질 것이나, 맹학교로서의 기능은 없어지지 않는다. 오히려 중복 장애를 갖고 있는 학생에게도 충분한 대응을 할 수 있게 될 것이다.

## 2 특수학급

초등 및 중학교 내에 있는 저시각아동을 위한 학급이다. 약시학급에서는 확대경이나 확대 교재의 활용 방법 등을 배우고 그것들을 활용하여 일반학급에서 수업을 받는다. 세심한 배려가 필요한 교과는 약시학급에서 교과의 개별지도를 받을 수 있다.

## 3 일반학급에서의 지도

일반학급에서의 지도는 간단히 말하면, 일반학급에 재학하면서 맹학교나 약시학급의 서비스를 받는 시스템이다.

저시각아동은 지역의 초등 및 중학교의 일반학급에 입학하여 평상시에는 일반학급에서 수업을 받고, 주 1～2회 정도 약시학급 또는 맹학교에 출석하여 확대경이나 확대 교재의 활용 방법을 배운다. 저시각아동의 요구에 따라 교과 학습의 보충지도를 받거나 지역의 초등 및 중학교에서 순회지도를 받을 수 있는 경우도 있다.

## 4 일반학급

저시각아동이나 보호자의 의향에 따라, 특수학급이나 일반학급에서 지도를 받지 않고, 초등 및 중학교의 일반학급에서 특별한 지도없이 학습하는 경우가 있다. 특히 맹학교 등의 취학이 적합하다고 판단되는 시력이 있는 자 등의 경우에는 제도상의 '인정취학자'가 될 수 있다.

## 5 인정취학자

학교 교육법 시행령의 일부 개정에 의하여 취학 기준상으로는 맹학교 등에 취학이 적합한 장애 상태라도 초등 및 중학교에서 적절한 교육을 받을 수 있는 특별한 사정이 있다고 교육위원회가 판단하는 경우에는 인정취학자로 초등 및 중학교에 입학할 수 있도록 되어 있다.

기본적으로는 앞에서 설명한 4)의 형태로 되는 것이나, 실제로는 3)과 같은 맹학교의 일반학급에 의한 지도 및 교육 상담을 계속해서 받거나 약시학급이나 자원봉사자 등의 지원을 받거나 하는 사례가 많다. 교재 확대 및 점자 교재에 대해서도 가능한 부분은 맹학교용 교과서를 무료로 지급받을 수 있도록 되어 있다.

### 6 특별지원 교실

특별지원 교육의 추진에 수반하여 특수학급이나 일반학급에 의한 지도를 앞으로는 모든 학생들이 일반학급에 적을 두고 필요한 시간만 다니는 특별지원 교실로 전환될 예정이나, 당분간은 특수학급과 일반학급에 의한 지도 제도를 탄력적으로 활용하는 것으로 대응한다.

## 4 기타 지원 서비스

### 1 확대교과서 및 점자교과서의 사용에 대하여

저시각아동을 위한 교재로 확대교과서 및 점자교과서가 있다. 현재 맹학교용 검정교과서 중 각각 1개 회사에 대하여 초등 및 중학교용의 검정교과서를 원본으로 한 확대교과서와 점자교과서가 출판되어 있다.

예전에는 확대교과서가 맹학교용으로 일반학급에 재적하는 학생들에게는 무료 지급이 되지 않았으나, 2003년부터는 무료 지급 신청이 가능해졌다. 또한 2004년 5월부터 점자교과서에 대해서도 확대교과서와 마찬가지로 초등 및 중학교 일반학급에 재적하는 학생들에게 무료 지급하게 되어 있다.

다른 장애와 비교하여 저시각아동의 수가 적기 때문에 이러한 제도를 확실하게 주지시키기는 어려우나, 확실하게 제도화되어 있기 때문에 활용하고 싶은 경우는 교육위원회의 교과서 담당자에게 문의하면 된다.

### 2 고등학교 단계에서의 학교간의 연계

초등 및 중학교 단계에서의 지원은 좋아지고 있으나, 고등학교 지원에 대해서는 이제 막 시작하는 단계이다. 그러나 대부분의 맹학교에 고등부가 있고, 맹학교가 고등학교에 재적하고 있는 저시각 학생을 지원하기 위하여 고등학교와 연계하여 맹학교 학생이 고등학교 수업을 받을 수 있게 하거나 교육상담이나 교재에 관한 정보 제공, 대여 등을 실천하는 사례 보고가 많아지고 있다.

맹학교는 지역의 시각장애 교육의 전문적인 지원을 하는 센터로서의 기능이 요구되고 있다. 어려움이 있을 때에는 상담을 시도해보면 좋을 것이다.

## 5 개별 교육지원 계획의 활용

맹학교에서의 저시각관리 내용에 대한 학습지도 요령은 학생 개개인의 장애에 의한 곤란을 개선함에 있어 '개별지도 계획'을 작성하여 지도해 나간다. 개별지도 계획은 본인 및 보호자의 희망을 기초로 작성한다. 저시각관리에 관계되는 지도가 본인이나 보호자의 의향에 따라 구체적으로 진행되기 위해서는 개별지도 계획에 그 내용이 충분히 반영되어 있는가를 확인하면서 진행해가는 것이 효과적이다.

또한 장애가 있는 학생들이 교육분야만이 아니라 그 외의 전문기관과의 연계도 강화하여 적극적으로 지원을 받을 수 있도록 맹, 농 및 양호학교에서는 2005년도 중에 개별(교육) 지원계획을 작성하도록 되어 있다.

시각장애교육에서 의료와 교육의 연계는 필수 불가결한 것이며, 그 연계를 깊게 하기 위한 루트로 맹,농 및 양호학교에서는 개별지원 계획을 작성하기 시작하고 있으므로, 정보를 공유화하고 연계 기록으로 이 개별지원 계획을 활용한다.

# F 진단서의 기초지식

의사의 진단서는 매우 중요한 것이며, 그것에 의하여 한 사람의 인생이 좌우되는 일이 충분히 있을 수 있다는 것을 의사 자신이 자각하여야 한다. 이것은 일방적으로 환자나 장애자에게 유리하게 작성해야 한다는 것이 아니라 의학적 사실을 공정하고 정확하게 기록하여야 한다는 의미이다.

## 1 신체장애자 수첩용 진단서

신체장애자 수첩의 인정 기준이나 주의사항은 표 1-2를 참고한다. 여기서는 인정을 판단하는 사람의 기본자세에 대하여 소개하고자 한다.

신체장애자 수첩의 취득은 본인의 자유의사에 의한 신청에서부터 시작된다. 따라서 신체장애자 수첩의 취득이 본인에게 유리하지 않으면 의미가 없어진다. 예를 들면 시각장애자의 취직은 현실적으로 매우 어려우나, 신체장애자 T.O.로 취직하려면 장애자 수첩을 취득하여야 한다. 공무원이라도 지방자치제에 따라 5급 이상 또는 4급 이상 등 등급 조건이 다르므로 직접 문의해 볼 필요가 있다. 5급 정도의 장애라면 '장애가 있어도 용기를 내어 일해야 한다.'라는 말을 듣기 쉬우나, 2급 이상이면 중증 장애로 취급되어 취업이 어려울 것이라고 생각되기 쉽다. 또한 신규채용에서는 불리하게 작용하는 일도 있고, 이미 일을 하고 있는 사람의 경우라도 '역시, 이 일은 장애자에게 무리이다.'라고 생각하는 상사나 동료들도 있을 것이다. 따라서 직장에는 특별히 이를 고지할 의무는 없으나, 연말정산 등에서 혜택을 받으려면 회사에는 자연히 알려지게 될 것이다. 만일, 연말정산을 하지 않고 확정 신고를 한다면 회사에는 알려지지 않을 수 있다. 그러나 장애자 수첩의 소지 여부가 일을 잘 할 수 있는지 없는지를 결정하는 것이라, 열심히 노력하며 일하는 모습을 보이고 있는지가 문제가 된다.

20세 전에는 친권자인 부모가 장애자 수첩의 신청을 판단하는 경우가 많으나 성인이 된 후 본인의 의사와 다를 수 있으므로, 장애자 수첩을 소지하였을 때의 장,단점을 충분히 상의한 후 신청하여야 한다.

3세 미만 어린이의 경우, 명백한 무안구, 소안구, 안구로, 아벨리노 각막이상증 등이 양안에 있으면 인정이 가능하나, 시력이나 시야 이상에 의한 인정이 필요한 저시각아동은 이러한 검사에 대한 신뢰성이 부족하므로 3세 이상이 되지 않으면 인정을 받지 못한다. 또한 검사가 곤란한 지적장애가 있는 시각장애아의 인정은 시력이 여간해서는 나오지 않으므로 더욱 곤란하다. 이러한 경우, '지적 장애를 나타내는 요육수첩을 갖고 있으면 신체장애자 수첩은 필요 없다'라고 생각하는 의사도 있으나, 이 생각은 옳지 않다. 신체장애자 수첩과 요육수첩은 전혀 다른 별개의 제도에 의한 것이므로, 존재하는 신체장애는 정확히 신체장애자 수첩에 의하여 인정되어야 한다. 즉, 시각장애아(자)로 공적 지원을 받고자 하는 경우(예를 들면 보장구로서의 교정안경)에는 시각장애자로서의 신체장애자 수첩이 필요하게 된다. 검사가 어려운 경우에는 Teller acuity cards 등으로 시력검사를 반복하고 일상생활을 관찰하여 시력을 결정한다. 최종적으로 장애를 인정받기 위하여 담당자의 면접에 의하여 결정되는 일도 있다.

시력장애 센터 등의 시설에 입소할 때에는 신체장애자 수첩이 필요하나 맹학교 등의 학교에 입학할 때에는 수첩 유무는 관계가 없다. 그러나 각종의 보장구나 일상생활 용구 신청

등 공적인 지원에는 수첩이 필요하다. 청각장애 2급으로 보청기가 지급되었어도, 약시안경이나 확대독서기를 지급받기 위해서는 시각장애자 수첩이 필요하다. 물론, 청각장애와 시각장애가 중복된 경우에는 중복장애 등급으로 결정되며, 교정시력의 기록이 없으면 교정안경의 신청은 어렵게 된다.

**점검 포인트**

1) 신체장애자 수첩에는 장점과 단점이 있다.
2) 3세 미만의 인정은 어렵다.
3) 신체장애자 수첩과 요육수첩은 별개의 것이다.
4) 시설에 입소하려면 신체장애자 수첩이 필요하다.
5) 시설 입소 중에는 보장구 신청은 가능하나, 일상생활 용구는 신청할 수 없다.
6) 등급에 따라 받을 수 있는 복지서비스, 보장구, 일상생활 용구 등은 다르다.
7) 중복장애로 인정되면, 등급이 올라가는 일도 있다.

## 2 연금용 진단서

연금제도는 대단히 이해하기 어려운 제도이다. 1 단계는 기초연금이, 2 단계는 보수 비례연금이 해당되며(그림 2-56), 연금제도의 체계를 그림 2-57에 나타내었다. 자영업자는 1 단계 기초연금에 해당되나, 봉급생활자는 2 단계 후생연금, 공무원에게는 3 단계 직역연금까지 해당된다. 장애연금의 인정 기준은 표 2-5와 같으며, 이에 의하여 인정된다. 신체장애자 수첩 2급이면 연금도 당연히 2급이라고 생각하기 쉬우나, 전혀 다른 기준을 적용하므로 주의를 요한다. 특히 신체장애자 수첩에는 골드만 시야계(Goldmann perimeter)의 1/4 시표로 10° 이내로 협착되어 있는 것이 중증 인정에서의 필수 조건이며, 연금에서는 더욱 엄격하여 5° 이내의 구심성협착이 2급 인정에 필요하다. 그러나 1 및 2급에 해당되지 않아도 후생연금에는 3급이나 장애 수당금 제도가 있다.

2006년도의 장애 등급과 연금액을 표 2-6에 나타내었다. 장애 기초연금은 노령 기초연금의 만기 수급액(40년 분)이 지급되나, 후생연금 가입자에게는 장애 후생연금의 2 단계가 여기에 더해진다. 따라서 최초 진단 날짜가 중요하다.

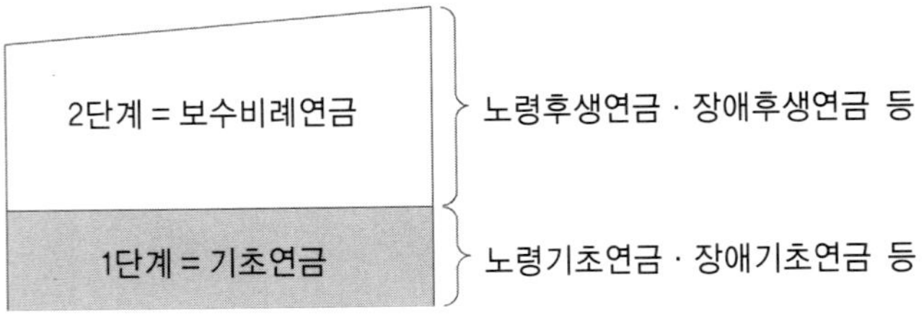


[그림 2-56] 공적 연금제도

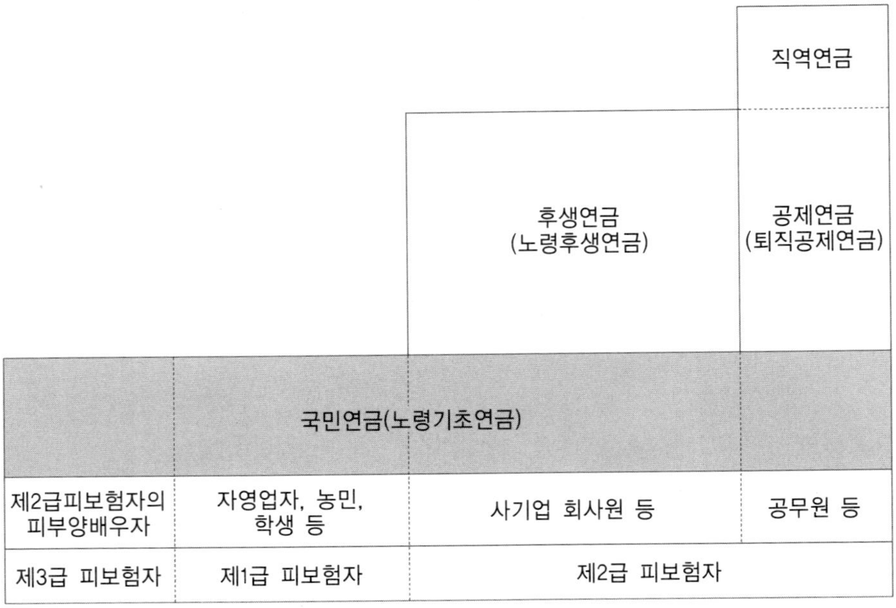


[그림 2-57] 연금제도 체계

망막색소변성증은 처음으로 진단받는 날이 초진일 되나, 당뇨병성 망막증에서는 당뇨병으로 처음 진단받은 날이 초진일이 된다. 초진일에 재직 중이었다면, 장애 후생연금 대상이 된다. 상병의 발생 년,월,일은 외상 등과 같이 명확하게 날짜를 인정할 수 있으면 좋지만, 일반적으로는 초진일의 3~4 개월 전으로 추정된다. 그러나 망막색소변성증에서는 어렸을 때 야맹의 기억이 있어도 정확한 날짜를 기억하지 못하므로 '불상' 또는 '불명'으로 된다. 초진일로부터 1년 6개월이 경과하면 연금을 청구할 수 있다. 표 2-6에서와 같이, '시각을 이용하여 일상생활을 할 수 없다.' 또는 '시각을 이용하여 노동을 할 수 없다.'로 기록하고 치료 후의 경과는 '악화된다'라고 정확히 기록할 필요가 있다.

참고로 국민연금 제 1급 피보험자(그림 2-58), 20세 이전과 이후 발병의 후생연금 및 국

**[표 2-5] 인정 기준**

| 령 별 표 | | 장애의 정도 | 장애 사항 |
|---|---|---|---|
| 국민연금 | | 1급 | 양안시력의 합이 0.04 이하인 자 |
| 국민연금 | | 2급 | 양안시력의 합이 0.05 이상 0.08 이하인 자 |
| | | | 신체기능의 장애가 전술한 각 호와 동일한 정도로 인정받은 상태에 있거나, 일상생활이 현저한 제한을 받거나, 또는 일상생활에 현저한 제한을 필요로 하는 정도의 자 |
| 후생연금 | 1 | 3급 | 양안시력이 0.1 이하로 감소된 자 |
| | 2 | 장애 수당 | 양안시력이 0.6 이하로 감소된 자 |
| | | | 단안의 시력이 0.1 이하로 감소된 자 |
| | | | 양안의 눈꺼풀에 현저한 결손이 있는 자 |
| | | | 양안 중 단안의 시야가 1/2 이상 결손된 자 또는 양안의 시야가 10° 이내인 자 |
| | | | 양안의 조절기능 및 폭주기능에 현저한 장애가 있는 자 |

**[표 2-6] 장애등급과 연금액(2006년도)**

| 등급 | 1급 | 2급 | 3급 | 기타 |
|---|---|---|---|---|
| 후생연금 | 장애 후생연금<br>(노령후생연금상당액 X 1.25)<br>배우자<br>가급연금(Y227,900) | 장애 후생연금<br>(노령후생연금상당액)<br>배우자<br>가급연금(Y227,900) | 장애 후생연금<br>(노령후생연금<br>상당액으로 약<br>Y600,000)<br>배우자 가급연금(없음) | 장애수당금[1]<br>(노령후생연금의 2배로<br>최저보장 약<br>Y1,200,000)<br>배우자 가급연금(없음) |
| 국민연금 | 장애기초연금<br>(Y990,100)<br>자식에 대한<br>가산금[2] | 장애기초연금<br>(Y792,100)<br>자식에 대한<br>가산금[2] | 없음<br>없음 | 없음<br>없음 |
| 장애표 | 일상생활에 타인의 도움을 필요로 하는 정도.<br>활동의 범위가 침대 주변이나 병상 실내에 한함. | 반드시 타인의 도움은 필요하지 않으나, 일상생활이 곤란하여 노동으로 수입을 취할 수 없는 정도.<br>활동범위는 병동 내나 주택 내에 한함 | 노동이 현저히 제한을 받거나, 노동에 현저한 제한을 필요로 하는 정도.<br>'상병이 낫지 않는 자'에 있어서도 마찬가지임. | '상병이 나은 자'이나 노동에 제한을 받든가 또는 노동에 제한을 필요로 하는 정도 |

주 : 1) 장애수당 : 일시금이며, 증상이 치유 또는 고정되어 장애가 남은 자가 대상. 한 번 청구하면 질환이 진행되어도 재청구되지 않음.

2) 가산대상의 자식 : 첫째 Y227,900, 둘째 Y227,900, 셋째 이후에 대해 Y75,900

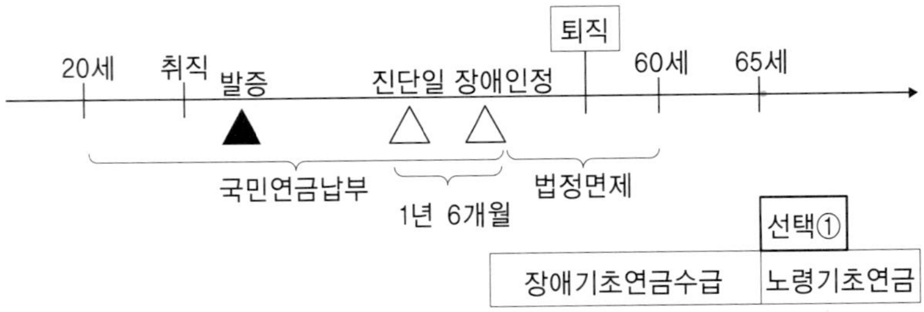


[그림 2-58] 국민연금 제 1급 피보험자

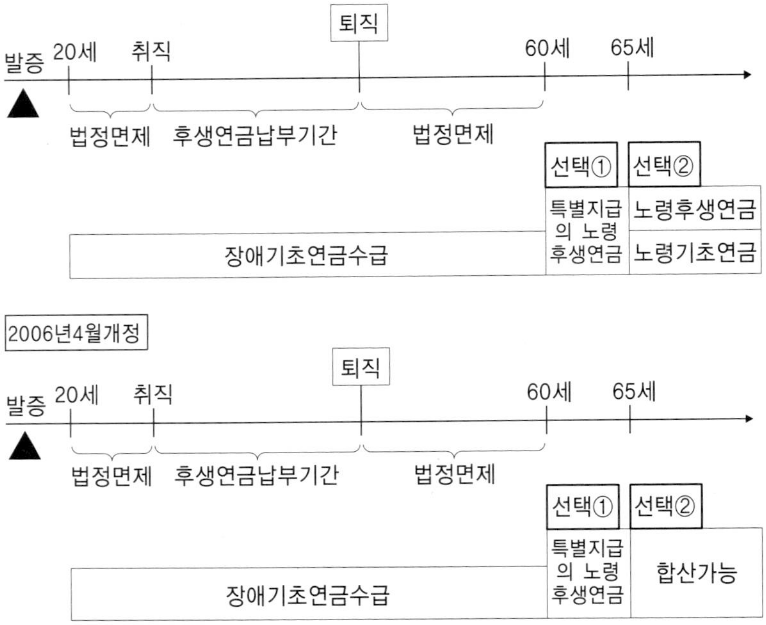


[그림 2-59] 20세 이전 발병의 후생연금 및 국민연금 제 2급 피보험자

민연금 제 2급 피보험자(그림 2-59 및 2-60)를 예시해 놓았다.

60세 때의 연금 수급자는 연금의 선불(특별지급의 노령 후생연금)을 선택할 수 있으므로, 60세가 될 때까지 연금의 수급권을 취할 필요가 있다. 그리고 65세가 되면 장애연금 또는 노령연금을 반드시 선택하도록 되어 있으나, 장애가 있어도 일을 하였다면 그것이 평가되도록 제도가 개정되어 2006년 4월 이후에는 장애 기초연금과 노령 후생연금 등의 합산이 인정받게 되었다(그림 2-61).

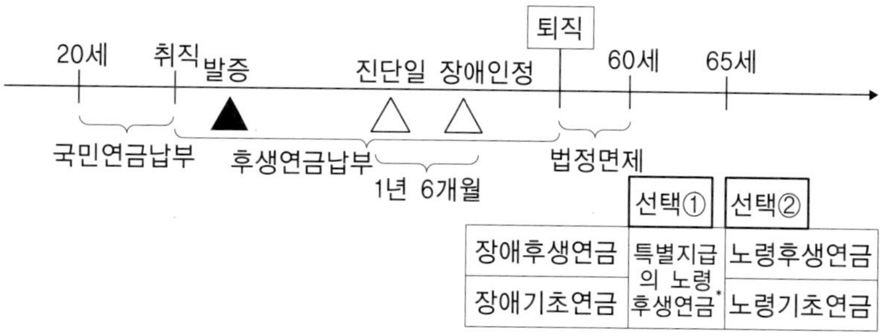


2006년 4월 개정

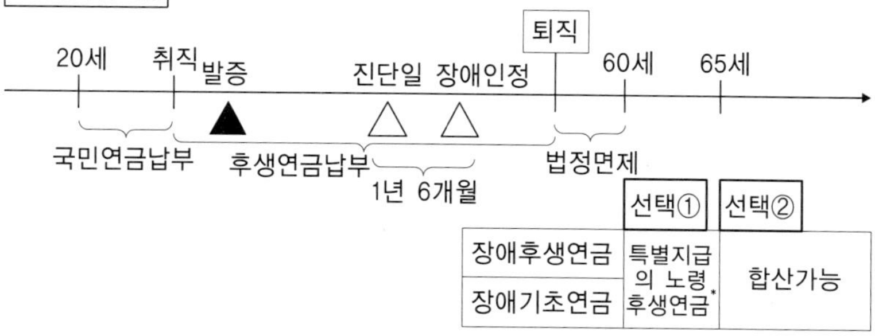


**[그림 2-60] 20세 이후 발병의 후생연금 및 국민연금 제 2급 피보험자**

| 연금의 종류 | 노령후생연금 | 장애후생연금 | 유족후생연금 |
|---|---|---|---|
| 노령기초연금 | ○ | × | ○ |
| 장애기초연금 | ◎ | ○ | ◎ |
| 유족기초연금 | × | × | ○ |

○는 개정전 제도에서도 합산가능
◎는 개정후 제도에 의해 합산가능
×는 합산이 되지 않음
65세 부터는 합산이 가능하나 65미만은 가능하지 않음

**[그림 2-61] 연금의 합산**

**점검 포인트**

1) 국민연금에는 1급과 2급, 후생연금에는 1～3급의 장애 등급에 해당되는 것이 지급 조건임
2) 후생연금 가입자는 3급 보다 가벼운 장애로 일시금을 받을 수 있는 경우가 많음.
3) 20세 이전 발병 또는 취직 후 발병인가에 따라 수급할 수 있는 연금이 다름.
4) 장애 기초연금은 장애 등급에 따라, 장애 후생연금은 가입기간 등 복수의 요소에 의하

여 연금액이 정해짐.

5) 초진일이 중요하며, 그로부터 1년 6개월 후에 연금을 신청할 수 있음.
6) 보험료를 체납하고 있으면, 수급이 안되는 경우도 있음.
7) 자식이나 배우자를 부양하고 있으면 장애연금에 가산이 붙음.
8) 60세까지 장애연금을 신청해 놓으면, 연금의 전도가 가능해 짐.
9) 2006년 4월부터 합산이 가능해짐.

보다 상세한 사항은 사회보험 담당자에게 문의한다.

## 3 기타 진단서

### 1 병의 요양이나 상병 수당 진단서

병의 치료나 요양을 위하여 휴직하는 일이 많기 때문에 진단서를 작성하는 일이 많아진다. 망막색소변성증 등 치유될 수 없는 질환의 요양진단서는 작성하기 어려우나, 최근 진단서에 '안질환의 요양(재활 포함)이 필요함'이라고 기재하면 요양이 인정되어, 저시각관리를 위한 훈련을 받고 있는 사람도 있다.

### 2 개호보험 진단서

65세 이상의 국민은 필요에 따라 개호지원을 받을 수 있다. 당뇨병성 망막증이 있는 경우는 40세 이상이면 인정이 가능하다. 그러나 조사 항목 82개 중 시각에 관한 것은 하나 밖에 없기 때문에, 전체적으로 보면 개호지원의 필요성이 부족하게 된다. 이 때문에 시각장애 단독으로 개호보험의 적용을 얻기는 매우 어려운 현실이다. 시각장애자의 대부분은 배려만 된다면 자신의 의복을 입고 벗거나 식사 등을 할 수 있고 자택 등에서의 이동도 가능하다. 그러나 타인의 도움 없이 공공 교통시설을 이용하는 것은 불가능하므로 지원이 필요하다. 이와 같이 기재하여 지원이 필요하다고 인정된 사람도 있다.

### 3 장애자 자립지원 진단서

2006년 4월부터 장애자 자립지원법이 시행되어 공적지원을 얻기 위해서는 그 장애 정도

구분의 인정을 받을 필요가 있다. 의사의 의견서가 중요하며 시각장애에 대한 배려는 특이사항으로 개호보험과 마찬가지로 기재한다.

## 4 특별 장애자 수당 진단서

특별장애자 수당은 일상생활에서 항상 특별한 도움을 필요로 하는 20세 이상의 재택 중증 중복장애자에 대하여 2003년 4월부터 월 Y26,260 이 지급되고 있다. 대상은 '특별장애자 수당장애 등급표'에 규정되어 있으며, 양안 시력의 합이 0.04 이하인 자, 양쪽 귀의 청력이 100 dB 이상인 자 등 엄격하게 규정되어 있다. 그러나 유감스럽게도 이 표에는 시야에 관한 기준이 없다. 따라서 청각장애 2급과 시야 협착 5° 이내의 2급 맹농자는 중복장애자로 1급의 연금을 수급할 수 있으나, 시력 인정이 아니기 때문에 특별장애 수당에는 해당되지 않는다. 조속한 시일 내에, 시야장애가 이 제도에 반영될 것을 기대한다.

# 제3장 보조기구의 선택에 의한 삶의 질과 시기능의 향상

저시각관리의 가장 기본은 굴절교정이라고 해도 과언이 아니다. 저시각관리의 대원칙은 선명한 상을 보조기구로 확대하는 것이므로 흐린 상을 아무리 크게 하여도 흐림을 크게 할 뿐이라는 것을 알아야 한다. 차광안경이나 비광학적 보조기구도 시기능을 향상시키는 유익한 도구이며 의안도 중요한 저시각 보조기구이다. 무엇보다 중요한 것은 시각장애자가 이러한 보조기구를 사용할 기분이 들 수 있도록 해야 한다는 것이다.

## A 교정안경과 콘택트렌즈

### 1 교정안경의 목적

교정안경의 목적은 굴절이상을 교정하고 선명한 망막 상을 만드는 것이다. 눈을 카메라로 비유한다면 망막은 필름에 해당된다. 근시, 원시, 난시 등 굴절이상이 있으면 선명한 망막 상을 얻는 것이 어려워 초점이 흐린 사진과 같이 된다. 무리한 조절을 가하거나 눈을 가늘게 뜨는 일 없이 양호한 망막 상을 얻을 수 있도록 굴절이상을 보정하는 것이 교정렌즈이며 그 목적으로 착용하여 정시와 같은 굴절상태로 만드는 것이 교정안경이다. 최근에 성인을 대상으로 하는 굴절교정수술을 제외하면, 교정안경이나 콘택트렌즈가 굴절이상을 교정하는 방법이다.

성인의 경우는 선명한 망막 상을 얻는 것이 목적이지만, 영유아의 경우는 그 목적에 부가하여 시력의 발달을 촉진하는 목적도 있다. 시력은 생후부터 발달하여 3 ~ 4세에 1.0 정도에 도달한다. 이러한 시력의 발달을 위해서는 양호한 망막 상이 반드시 필요하다. 고도의 굴절이상에 의해 시력발달이 늦어진다고 생각될 경우에는 치료 목적으로도 교정안경이 필요하다.

약시렌즈의 사용에서도 굴절이상이 적절히 교정되어 있어야 한다. 초점조절 형식의 약시렌즈는 어느 정도의 원시나 근시가 보정되며, 이 경우 실제 확대율은 표시 배율과 다를 수 있다. 그러나 난시로 인한 상의 왜곡은 약시렌즈로는 보정할 수가 없기 때문에 난시 미교정 상태로 약시렌즈를 사용하면 왜곡이 있는 상을 그대로 확대하는 것이 되므로 교정안경으로 적절히 교정해 놓는 것이 필요하다.

## 2 렌즈굴절력 선택시의 유의사항

교정안경렌즈 굴절력을 선택할 때는 피검사자의 사용 목적에 맞는 것을 충분히 검토하고 자각적인 만족을 얻는 것으로 하여야 한다. 저시각아동에게 기능성 약시의 관여가 추정되는 경우에는 타각적 굴절력값에 기초한 교정안경을 착용하도록 하는 경우가 있으나, 일반적으로는 자각적 굴절력값을 중요시하여야 한다. 예를 들면 고도 근시의 저시각자가 완전 교정안경을 착용하면 원거리를 보는 것은 개선되지만 대상에 접근하여 볼 때에는 강한 조절이 필요하게 된다. 또한 휴대식 확대경 등의 약시렌즈는 교정안경의 (-) 렌즈와 서로 상쇄되기 때문에 그것을 보완할 수 있는 강한 굴절력의 렌즈가 필요하게 된다. 이 경우 특히 원거리를 보는 것을 중요시하는 것이라면 완전 교정안경이 필요하지만 그렇지 않다면 중간거리를 볼 수 있는 저교정 안경으로 하는 것이 근거리를 보는 것이 편해져서 휴대식 확대경도 저배율로 하여 사용하는 것이 좋다.

조절력 부족을 보충하여 근거리를 보기 쉽게 하는 근용안경에 상을 확대하여 보기 쉽게 하는 약시렌즈를 병용할 것인가는 저시각자의 편리에 의하여 선택하며, 병용하는 경우는 근용안경도 광학계의 일부로 생각한다.

근용안경으로는 일반적인 읽기 · 쓰기가 가능하고, 때때로 약시렌즈가 필요한 경우는 병용이 편리하다. 약시렌즈를 상용하는 경우에는 근용안경은 병용하지 않는 것이 일반적이며,

원용 교정안경을 착용하거나 또는 나안상태에서 약시렌즈를 사용한다. 확대독서기를 사용하는 경우, 작업거리에 맞는 근용안경을 사용하는 일이 있다. 정시안에 +8.00D 안경을 착용하면, 전방 12.5 cm 거리는 조절없이 초첨을 맺을 수 있다. 이 경우 안경은 고도 볼록렌즈, 근용안경과 약시렌즈의 병용, 또는 특수한 근용안경이라고도 할 수 있다.

근용안경에 확대용 렌즈를 부가하는 워크 루페(work loupe)도 넓은 의미로는 병용의 예가 된다.

## 3 콘택트렌즈의 목적과 장점

콘택트렌즈는 하드와 소프트(hard & soft) 콘택트렌즈가 있다. 굴절이상의 교정에는 하드 콘택트렌즈가 더 적합하며, 특히 각막 왜곡에 의한 난시 교정에 좋으나 착용감은 소프트 콘택트렌즈가 더 좋다. 소프트 콘택트렌즈는 오염되기 쉬워 세척이나 보관 등의 관리를 철저히 해야 하므로 매일 혹은 정기적으로 새로운 렌즈로 교환하는 disposable contact lens (일회용콘택트렌즈)가 사용하기 편리하다.

저시각자에게 콘택트렌즈가 자주 처방되므로 렌즈의 삽입 및 제거 방법이나 렌즈의 관리에 대한 충분한 교육이 이루어져야 한다.

**[콘택트렌즈의 장점]**

1) 원추각막, 각막 질환에 의한 부정 난시, 고도의 각막 난시 등을 교정한다.
2) 부등시의 교정 : 양안 굴절력이 2.00 D 이상 차이가 나는 것을 부등시라 하며, 교정하면 좌 · 우 망막 상의 크기가 다른 부등상시가 될 수 있다. 축성인지 굴절성인지에 따라 다르나 일반적으로 안경에 비해 콘택트렌즈 교정 쪽이 그 차이가 적어진다.
3) 고도 근시 · 원시의 교정 : 고도의 안경 교정렌즈는 주변부의 수차가 크고, 상의 왜곡을 피할 수 없다. 그러나 콘택트렌즈는 각막에 놓여 있고, 눈의 움직임에 따라서 함께 움직이기 때문에 상의 왜곡은 적어진다.
4) 눈부심의 경감 : 백자증, 무홍채, 망막색소변성증, 추체 및 간체 디스트로피 등으로 눈부심이 강할 때에는 칼라 콘택트렌즈를 사용하여 증상을 경감시킬 수 있다. 안경에 비하여 외견상 눈에 띄지 않을 뿐 아니라 각막을 가리기 때문에 보다 완전한 차광을 할

수 있다. 그러나 동공 부분도 착색되어 있는 렌즈는 정식으로 인가되어 있지 않으므로 이것을 사용할 때에는 의사의 지시에 따른 충분한 주의가 필요하다. 홍채 결손 등의 경우에는 홍채가 부착되어 있는 콘택트렌즈로 마찬가지 효과를 기대할 수 있다.

# B 광학적 보조기구

각종 렌즈를 사용하는 보조기구를 광학적 보조기구라 하며 망막 상을 확대하는 약시렌즈와 눈 안으로 들어가는 광량이나 파장을 조절하는 렌즈로 분류된다. 또 프리즘이나 (−) 렌즈 등을 사용하여 시야를 확대하는 것도 있다. 확대독서기는 이것에 포함시키는 경우도 있고 화면의 확대라 해서 달리 분류하는 경우도 있다.

## 1 약시렌즈의 정의와 분류

렌즈를 사용하여 외계의 물체, 문자 등의 망막 상을 확대하는 보조기구를 총칭하여 약시렌즈, 약시안경(넓은 의미), 또는 확대경(loupe)이라고 한다. 약시렌즈는 사용하는 방법에 따라 다음과 같이 분류된다.

### 1 물체와의 거리에 따른 분류

(1) 근용 약시렌즈 : 신문 등 가까운 거리에 있는 물체를 확대하는 약시렌즈로 종류도 다양하며 널리 활용되고 있다.

(2) 원용 약시렌즈 : 손이 닿지 않는 거리, 즉 비교적 가까운 중간거리에서 먼 거리에 있는 물체를 확대하는 렌즈로 종류가 한정되어 있다.

(3) 원·근 양용 약시렌즈 : 원용 약시렌즈에 부속 약시렌즈를 장착하여 근용으로 사용하는 것, 매우 짧은 거리에서 무한대까지의 광범위한 거리에 초점을 맞출 수 있는 것, 원용 교정안경에 고도의 (+)렌즈를 붙여서 근용 약시렌즈로 사용하는 것 등이 있다.

## 2 사용 방법에 의한 분류

(1) 휴대식 : 손에 들고 사용한다.

(2) 안경식(목에 거는 안경) : 안경으로 되어 있기 때문에 두 손을 사용할 수 있는 것이 특징이다.

(3) 탁상식 : 신문 등 물체 위에 놓고 사용한다.

**Note 망막 상의 확대법**

- 상대적 문자 확대법(relative size magnification) : 문자 그 자체를 크게 하여 망막 상을 크게 하는 방법이며 확대본이나 확대 복사 등을 예로 들 수 있다.
- 상대적 거리 확대법(relative distance magnification) : 물체를 눈에 가까이 하여 망막 상을 크게 한다. 확대경이 이에 해당된다.
- 각도 확대법(angular magnification) : 단안경을 사용하여 눈으로의 입사각을 크게 하여 망막 상을 확대한다.
- 투사 확대법(projection magnification) : 프로젝트로 슬라이드(slide)를 스크린에 투영하거나 확대독서기를 사용하는 방법이다.

이상의 방법을 단독 또는 조합하여 상을 확대한다.

## 3 약시렌즈의 배율을 구하는 방법

(1) 문자의 읽고 · 쓰기나 물체의 식별 등 작업에 필요한 시력과 교정시력의 비로부터 배율을 계산한다.

표 3-1 및 표 3-2는 필요로 하는 시력의 목표이다. 예를 들면 필요한 시력이 0.5인데, 교정시력이 0.1인 경우는,

$$0.5 \div 0.1 = 5$$

로 계산하여, 5배의 확대가 필요하다고 판단한다. 신표준 근점시력표 등의 근거리 시력표도 이용할 수 있다. 이 방법으로 시력측정을 하는 경우는 굴절이상의 교정뿐 아니라 조절력의 보정도 고려할 필요가 있으며, 올바른 검사거리에서 시력을 측정하는 것이 중요하다. 정확히 측정된 시력을 바탕으로 위의 방법에 따라 필요한 배율을 계산한다. 단, 확대경의 배율

[표 3-1] 읽기에 필요한 시력

| 인쇄물 | 활자 크기 | 히라가나를 읽을 수 있는 시력 | 한자를 읽을 수 있는 시력 |
|---|---|---|---|
| 교과서 | 3호 | 0.1 | 0.2 |
| | 5호 | 0.2 | 0.3 |
| 신문 · 일반 서적 | 9 포인트 | 0.3 | 0.4 |
| | 8 포인트 | 0.4 | 0.4~0.5 |
| 사전 | 6 포인트 | 0.5 | 0.6 |

[표 3-2] 요구 달성에 필요한 시력의 목표

| 목적 | | 필요한 시력 |
|---|---|---|
| 근거리 | 신문의 본문을 읽음 | 0.5~0.7 |
| | 문고 책을 읽음 | 0.4~0.5 |
| | 단행본을 읽음 | 0.4 |
| | 신문의 표제를 읽음 | 0.1~0.2 |
| 원거리 | 학교 칠판 글씨를 맨 뒤에서 읽음 | 0.7 |
| | 학교 칠판 글씨를 맨 앞에서 읽음 | 0.3 |
| | 자동차 운전 | 0.7 |

을 선택할 때에는 조절력의 보정도 고려한다. 고령자가 근용안경(노안경)과 병용하는 경우는 그 도수와 확대경을 사용하는 위치를 고려하여 배율을 선택한다. 최종적인 배율 결정에 있어서는 실제로 사용하고 있는 서류나 서적 등의 보이는 상태를 확인하고 일상생활에서 평가하는 것이 중요하다.

### (2) 독서차트를 이용하는 방법

국립재활센터에서 작성한 근거리용 독서차트(그림 2-11)를 이용하여 필요로 하는 근용 약시렌즈의 배율을 구할 수 있다. Minnesota 독서차트 MNREAD-J나 약시안경 시험렌즈세트에 부착되어 있는 독서차트도 마찬가지로 이용할 수 있다.

이상의 방법은 굴절이상이 없거나 안경 등에 의하여 교정되어 있는 것이 전제이다. 미교정의 굴절이상이 있는 경우 등의 배율 계산은 부록을 참조한다.

# 2 대표적 약시렌즈

## 1 휴대식 확대경(근용) (그림 3-1)

루페라고 불리는 것으로 휴대성이 뛰어나고 여러 장면에서 손쉽게 사용할 수 있으며 저배율에서 고배율까지 여러 가지 종류가 있다. 저시각자가 연습하여 익숙해지면 매우 편리하게 사용할 수 있다.

### (1) 휴대식 확대경의 선택

렌즈를 통하여 볼 수 있는 시야, 배율, 작업거리 등의 조건을 고려하여 최적의 것을 찾는다. 일반적으로 배율이 높아지면 시야는 좁아지고 작업거리는 짧아진다.

조명 유무, 렌즈의 크기나 형태도 함께 검토한다. 작업거리가 짧아지고 시야가 어두워지기 쉬운 경우에는 조명이 붙어 있는 것이 유리하다. 렌즈의 크기나 모양은 저시각자의 사용 방법을 고려하여 선택한다. 눈 앞에 렌즈를 대는 경우는 렌즈를 통하여 한 번에 볼 수 있는 시야는 비교적 넓지만, 렌즈를 눈에서 떨어뜨려서 사용할 때는 상대적으로 좁아진다. 그러므로 이 경우에는 다소 큰 렌즈를 선택의 대상에 포함시킨다.

미교정 굴절이상은 렌즈를 사용하는 위치나 배율에 관계된다. 렌즈를 눈 앞에 대는 경우는 미교정의 근시가 있으면 그만큼 배율이 낮은 확대경으로 필요한 확대 효과를 얻을 수 있으나, 원시에서는 배율이 높은 것이 필요하게 된다. 한편, 렌즈를 눈에서 충분히 떨어뜨려 사용할 경우에는 그 관계는 역으로 된다. 또한 이 경우, 굴절이상의 정도에 따라 확대상이 선명하게 보이는 거리가 달라진다. 이런 점들을 고려하여 확대경의 선택을 진행하며 확대경의 디자인도 중요하다. 실제 현장에서 활용할 때는 저시각자가 심리적으로 받아들일 수 있는 것이 필요하다.

### (2) 휴대식 확대경의 지도

휴대식 확대경에는 렌즈의 앞뒤 표시가 있는 것과 없는 것이 있다. 표시가 있는 렌즈는, 렌즈를 눈 앞에 대거나 또는 물체를 가까이 접근시켜 사용하는 가에 따라 렌즈의 방향이 역전되므로 저시각자가 사용하는 방법에 따라 지도할 필요가 있다. 또한 확대율, 시야 등 렌즈의 성능을 충분히 발휘하려면 굴절이상과의 관련을 고려하여 적절한 렌즈의 위치를 지도하는 것이 필요하다. 보기 쉬운 위치에서 사용하는 것이 아니라, 저시각자의 굴절이상을 바

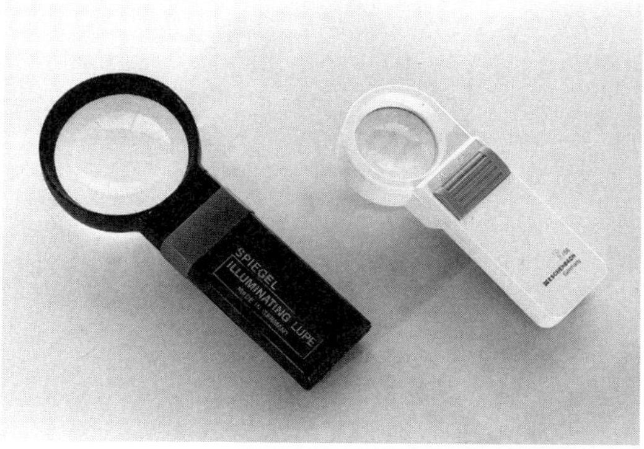


[그림 3-1] 휴대식 확대경

[그림 3-2] 역단안경법에 의한 근용 확대

탕으로 어느 위치에서 사용할 것인가를 지도한다. 단, 실제로 사용할 때에는 본인이 사용하기 쉬운 위치도 충분히 고려한다.

일반적으로 눈 앞에 렌즈를 갖다 대는 것은 렌즈를 통하여 볼 수 있는 시야가 넓어져 유리하다. 렌즈를 눈 앞에 대어 편하게 보게하고 물체를 천천히 접근시켜 초점이 맞는 위치를 찾게 한다. 이 때 휴대식 확대경의 도수와 미교정 굴절이상을 고려하여 초점이 맞는 위치를 예측해 놓고 그것과 크게 어긋날 때는 올바르다고 생각되는 위치로 유도한다. 초점이 맞는 위치가 확인되면, 그 거리를 유지하여 읽도록 지도한다. 미교정 굴절이상이 있는 경우, 확대율이 낮아지는 경우가 있으나, 이에 대해서는 교정안경을 착용하거나, 높은 배율의 렌즈를 선택하는 것으로 대응한다. 휴대식 확대경을 눈에서 떨어뜨려 사용하는 것을 좋아하는 경우는 그것에 맞춰준다.

미교정 원시가 있는 경우에는 오히려 적응하기 쉬운 경우도 있다. 익숙하지 못하거나 손이 떨리는 등의 이유로 눈 앞에 대고 있지 못 할 때에는 물체 가까운 위치에 렌즈를 유지시킨다. 특히 손이 떨리는 경우는 손가락을 뻗쳐 물체에 대면, 떨림을 누르고 렌즈와 물체와의 거리를 일정하게 유지하는 효과도 있다. 또한 시야가 좁은 경우는 구경이 큰 확대경부터 시작하면 지도하기 쉽다. 이와 같은 지도를 거쳐, 최종적으로 저시각자가 사용하기 쉬운 위치를 선택한다. 또한 시거리가 지정되어 있는 확대경의 경우는 그것을 참고로 한다.

### Note 단안경의 특수한 이용 방법

역단안경법에 의한 근용 확대법이다. 일반적인 방법이 아니고 얻어지는 시야도 좁기 때문에 권장하고 싶은 방법은 아니나, 단안경의 활용법으로 알고 있으면 편리하다.

단안경을 역방향으로 하여, 접안렌즈를 지면 등의 대상을 향하게 하고, 대물렌즈 쪽에서 확대상을 보는 방법이다(그림 3-2). 접안렌즈부를 지면에서 약간 뜨게 하여 확대상을 단안경으로부터 떨어진 위치에서 본다. 눈에 대는 고무를 접으면 지면과의 거리를 조정하기 쉬워지며 동시에 조명도 확보된다.

## 2 탁상식 확대경(근용, 그림 3-3)

이 확대경은 읽고 싶은 대상 위에 놓고 사용한다. 렌즈 아래에 필기 용구를 넣을 수 있도록 제작되어 있는 것도 있다. 사용법이 간단하여 소아나 고령자도 사용하기 쉬운 것이 특징이다. 주로 저배율이지만 고배율 또는 조명이 달린 것도 있다. 시력이 비교적 양호한 경우에는 이 형식의 렌즈만으로 해결되는 경우가 많으며 특히 작은 활자나 획 수가 많은 글자를 보는 경우에만 불편한 사례에서 매우 효과적이다.

이와 같이 편리한 약시렌즈지만, 굴절이상과의 관계를 간과하면 잘못 지도할 위험성이 있다.

### ■ 굴절이상과 탁상식 확대경

정시안에서는 약하게 조절하면 망막에 초점을 맺으나 미교정된 굴절이상에서는 주의가 필요하다. 근시안을 교정하지 않은 경우에 경도 근시이면 조절없이도 양호한 확대상을 얻을

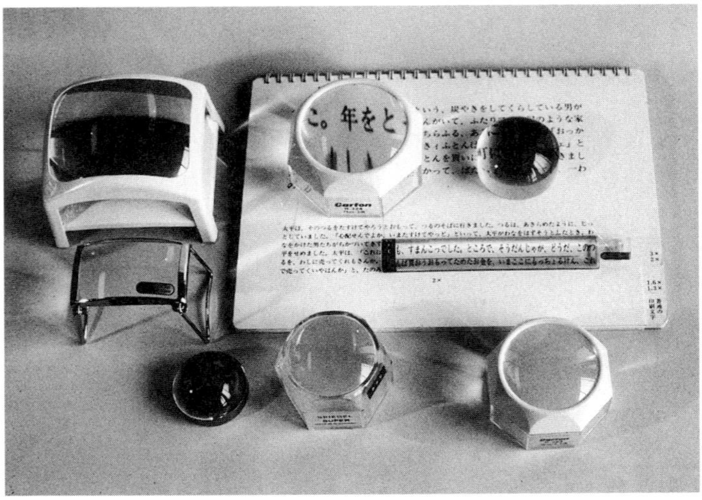

[그림 3-3] 탁상식 확대경

수 있으나, 고도 근시의 경우에는 교정하지 않으면 어는 시거리에서 보더라도 초점이 맞지 않아 양호한 상이 얻어지지 않는다. 이것은 미교정의 고도 근시에게는 스탠드가 너무 길기 때문이다. 억지로 초점이 맞는 상을 얻으려면, 스탠드의 길이를 짧게 하여 물체 위에 놓든가, 스탠드의 안쪽으로 물체를 놓아야 한다. 이 경우에는 탁상식 확대경이 적당하지 않으므로 적당한 교정안경을 착용하거나, 최대가시력이 양호한 경우에는 접근시로 망막상을 크게 하여 보거나, 휴대식 확대경을 사용하는 등의 방법으로 대체한다.

원시안에서는 조절이 필요하다. 미교정 고도 원시나 무수정체안 등으로 조절을 할 수 없는 경우에는 탁상식 확대경을 물체 위에 놓으면 초점이 맞는 확대상을 얻을 수 없으나, 약간 렌즈를 들어 올리면 양호한 상을 얻을 수 있는 위치가 있다. 스탠드의 길이가 짧기 때문에 렌즈를 들어 올림으로 물체와의 거리가 길어져 출사하는 광선이 발산광선에서 평행광선 그리고 수렴광선으로 변하기 때문이다. 교정안경이나 근용안경을 착용하여 일반적인 사용방법으로 하거나 휴대식 확대경으로의 변경을 대체 방법으로 검토한다.

탁상식 확대경 아래에 손가락을 넣어서 사용하는 등 잘못된 방법으로 사용할 때는 미교정 굴절이상이나 조절력 부족을 고려하여 올바른 방법을 지도한다. 렌즈의 광축 방향에서 볼 때에는 왜곡이 적은 양질의 상을 얻을 수 있기 때문에 자주 엎드린 자세가 되기 쉽다. 이렇게 하면 사용자의 손 밑이 자신의 그림자 때문에 어두워져 적절한 조명을 얻기 어려워진다. 이런 경우에는 독서대를 병용하거나 조명이 달린 렌즈를 선택한다(그림 3-4).

확대렌즈는 저시각용으로 전문회사에서 나오는 여러 종류 외에도 문구회사에서 나오는 것도 있으며, 유사한 것으로 광섬유 확대경이 있다. 또한 단안경에 근용의 attachment를 부착하면 탁상 확대경이 된다. 이 경우의 배율은 '단안경의 배율 X 근용 배율'이 되어 높은

[그림 3-4] 조명이 달린 탁상식 확대경

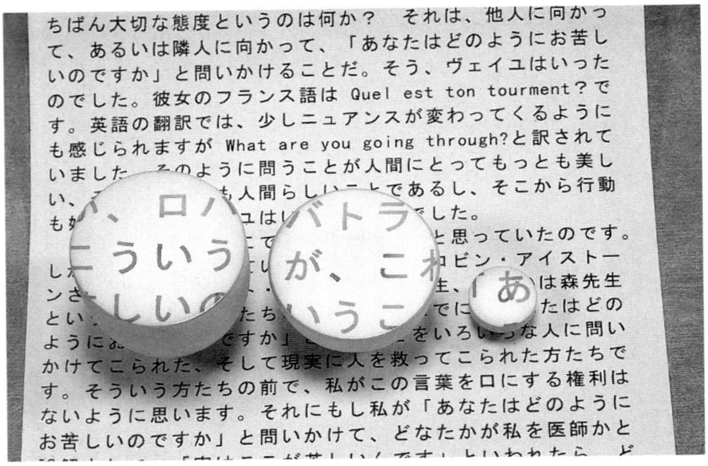


[그림 3-5] 광섬유 확대경

배율이 얻어지나, 렌즈를 통하여 볼 수 있는 시야가 좁아진다.

## 3 광섬유 확대경(그림 3-5)

광섬유의 한쪽 끝을 가늘게 조인 것이다. 즉, 섬유의 단면적이 좁은 끝에서 얻은 상을 다른 쪽 넓은 끝에서 표시하여 확대 효과를 내고, 역으로 넓은 끝을 보려는 대상에 대면 축소된 상을 좁은 끝에서 얻을 수 있다. 시력이 비교적 양호하고 시야가 협착되어 있는 경우에 시도한다.

선명한 상을 얻기 위해서는 한쪽 끝을 대상에 밀착시켜야 한다.

렌즈의 단면에 얻어진 확대 상 또는 축소 상을 보기 쉬운 위치에서 볼 수 있어 초점거리 등을 고려할 필요가 없는 간편한 렌즈라는 장점이 있으나, 고배율의 렌즈가 없고, 보기 쉬운 큰 렌즈는 약간 무겁고, 정면에서 보지 않으면 밝은 상을 얻기 어렵다는 단점도 있다.

## 4 좁은 의미의 약시안경(근용, 원용 및 원근 양용, 그림 3-6)

좁은 의미의 약시안경은 안경테에 전용 확대렌즈를 삽입한 '거는 안경식'의 형태를 의미한다. 확대 렌즈는 하나 또는 여러 개 렌즈의 조합으로 구성되어 있다. 사용방법에 대한 지도는 각 시험렌즈에 들어 있는 취급설명서를 이해하고 연습해야 한다.

약시안경의 최대 장점은 두 손이 비어 있기 때문에 손을 사용할 수 있다는 것이다. 대부

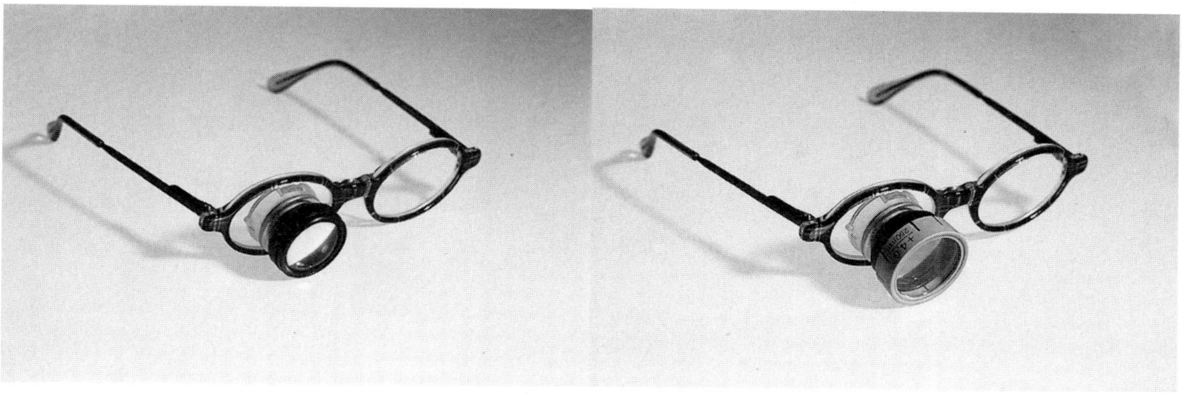

**[그림 3-6] 약시안경(안경식)**
a : 근용 캡이 부착되어 있지 않은 것 b : 근용 캡이 부착되어 있는 것

분의 약시렌즈는 손으로 드는 형태로 두 손을 사용하기가 곤란하며, 일반적으로 한 눈에 사용하는데 비교적 낮은 배율에서는 양안시도 가능하다. 이것을 사용하기 위해서는 올바른 시거리를 유지할 필요가 있다. 특히 고배율 렌즈라면 렌즈의 초점심도가 얕아져 보려는 대상과의 거리가 조금만 어긋나도 상이 흐려지게 된다.

약시안경에는 근용을 중심으로 여러 가지 형태와 배율의 렌즈가 있다. 일반적으로 고배율이 되면 렌즈와 대상과의 작업거리는 짧아지나, 렌즈에 따라서는 이 작업거리를 일정하게 유지하면서 배율을 선택할 수 있다.

근용렌즈에는 전용렌즈가 준비되어 있는 형태와 원용렌즈에 근용 캡(cap)을 부착하는 방법이 있다. 근용 캡을 부착한 원용렌즈 형태는 단안경으로 갈릴레이식과 케플러식이 있다. 이것은 물체를 원용에 근용 캡이 부착된 렌즈의 초점거리에 놓기 때문에 작업거리는 원용렌즈와 근용 캡의 초점거리를 합한 것이 되므로 일반적으로 길어지고, 렌즈를 통한 시야는 좁아지므로 목적에 따라 선택한다.

약시안경은 비교적 가격이 비싸고, 가공할 수 있는 안경원이 부족하며, 렌즈가 크게 튀어나와 외관에 대한 심리적 부담감이 생기는 등으로 인해 사용이 감소되고 있으나, 확대독서기 등의 보급에 의해 쉽게 고배율을 얻을 수 있으므로 한정된 곳에서는 유용한 보조기구이다.

## 5 고도의 (+)렌즈 안경(근용, 그림 3-7)

고도의 (+)렌즈를 삽입한 안경으로 휴대식 확대경과 동일한 효과가 있는 간단한 근용 확

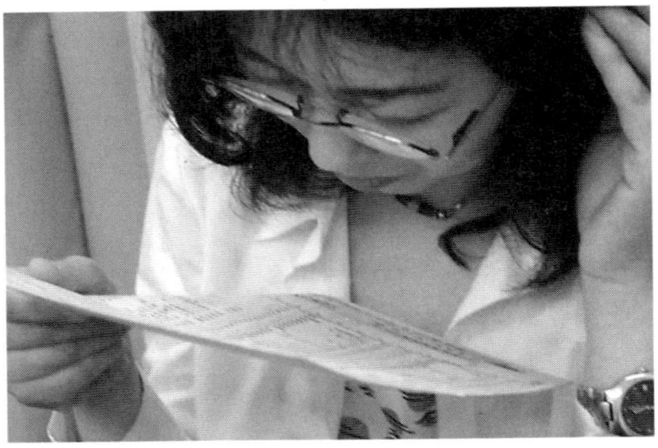

[그림 3-7] 고도의 (+)렌즈 안경

[그림 3-8] 단안경

대경이며, 외래 환자용의 검안렌즈 셋트로 사용할 수 있다. 사용할 때 적절한 시거리를 지도할 필요가 있으나, 새로운 기기의 사용 방법 습득이 곤란한 고령자의 경우에도 비교적 적응이 쉬우며 시야가 넓고 양안시가 가능하며 외견상 부담감이 적다는 장점이 있다.

교정안경 또는 근용안경에 (+)렌즈를 붙여서 근용 확대렌즈로 사용하는 경우도 있고 양안시를 고려하여 프리즘을 넣은 것도 있다. 어떤 종류라도 간편한 것이 특징이지만 배율이 높아지면 시거리가 짧아지므로 자세나 조명을 배려하는 것이 필요하다.

## 6 단안경(손으로 들고 보는 형식 또는 안경식)(근용, 원용 및 원근 양용 ; 그림 3-8)

망원경을 말하며 초점 조절식 약시안경이라고 한다. 한 눈으로 사용하기 때문에 렌즈통이 하나로 되어 있으며, 이 모양 때문에 단안경이라 불리운다. 원용 약시렌즈의 대표적인 것으로 근용으로 사용할 수 있는 것도 있다. 대부분은 휴대용으로 한 손으로 사용하지만, 소형은 안경테에 부착하여 안경식으로 사용하는 것도 가능하다.

가장 많이 사용되는 것은 6 ~ 8배 정도의 배율이다. 10배 이상의 배율도 있으나 시야가 좁고 조금만 흔들려도 대상이 크게 움직이고 본체가 크고 무겁기 때문에 실용성이 낮다. 비교적 시력이 양호한 경우에는 시야가 넓고 초점심도가 깊으며 가볍고 소형이기 때문에 눈에 크게 띄지 않는다는 점에서 3배 정도의 저배율이 선택된다.

유사한 것으로 오페라 안경이 있다. 대부분은 저배율이고 시야가 좁으며, 조작이 용이하고 쉽게 구할 수 있으므로 시력장애가 가벼운 경우에 유용하며, 쌍안경을 선호하는 경우도 있다.

### (1) 단안경의 선택

물체를 보는 데 필요한 시력과 교정시력으로 배율이 계산된다. 실제로는 거기에 미교정 굴절이상을 고려한다. 가장 잘 사용되고 있는 단안경의 배율은 6～8배 이다. 10배 이상이 되면, 손떨림에 영향을 미칠 수 있고, 시야가 좁기 때문에 사용하기 어려워진다. 4배 이하의 단안경은 비교적 시력이 좋은 저시각자나 또는 안경식으로 하는 경우로 한정되어 있다. 실용성을 생각하는 경우에는 이러한 영향도 고려하여 배율을 선택한다.

### (2) 단안경의 사용 지도

단안경의 사용법을 지도할 때는 단안경 조작 방법, 보려는 대상을 잡는 법, 초점을 맞추는 방법, 추적하는(tracing)법 등을 구체적으로 지도하여야 한다. 단안경은 한 손으로 사용하는 것이 기본이다. 엄지와 검지 손가락으로 사용자 앞부분을 잡고, 나머지 손가락으로 앞쪽 경통을 회전시킨다. 사용 초기는 익숙하지 않아 양손으로 조작하는 것도 괜찮으나 나중에는 한 손으로 조작할 수 있도록 연습한다. 손떨림이 보이는 경우는 단안경을 잡은 팔꿈치를 책상 등에 대거나 다른 손으로 단안경을 잡은 손의 손목을 잡는다. 아이포인트(eye-point)의 위치를 정확하게 위치시키기 위하여 접안렌즈부의 눈에 대는 고무를 안경을 착용하지 않을 때에는 펴고 안경을 착용하고 그 위에 단안경을 사용하는 경우는 이것을 접어서 사용하는 것이 원칙이다.

대상을 잡을 때에는 우선 대상 방향으로 시선을 맞추고 그 쪽으로 단안경의 방향을 일치시킨다. 단안경의 시야는 좁고 거리감도 다르기 때문에 단안경을 들여다 보면서 대상을 찾는 것은 곤란하다. 칠판 등을 볼 때에는 우선 칠판 끝을 발견하고 그것으로부터 추적하는 것도 좋은 방법이다.

또한 직접 먼 거리의 대상을 보려고 하지 말고 도중에 있는 단서를 더듬어 가는 것도 중요하다. 훈련에는 훈련용 레이저 포인트를 이용하는 것이 편리하다. 이것을 단안경의 앞쪽 끝에 붙일 수 있어 단안경이 어느 위치를 보고 있는지를 훈련자가 확인할 수 있다. 대상을 잡았으면 다음에 초점을 맞춘다. 대상을 향하여 단안경을 들고 경통을 늘이면서 초점이 맞는 위치에서 정지시킨다.

초점이 맞는가?는 다음 사항으로 평가한다.

우선, 훈련자가 검안렌즈 등으로 사용자의 굴절이상과 거의 같은 굴절이상을 만들어 단안경으로 대상을 관찰하여 초점이 맞는 위치를 기록 또는 기억해 놓는다. 다음에 저시각자에

[그림 3-9] (-)렌즈에 의한 시야 확대

게 맞추도록 하고 그 위치가 자신의 위치와 일치하는 지를 확인한다. 조절력 등으로 완전하게 일치되지는 않을 것이다.

다음에, 단안경의 경통의 위치를 여러 가지로 바꾼 상태에서 저시각자에게 건네고, 초점을 맞추도록 하여 돌려받는다. 결과의 재현성을 보고 평가한다. 마지막으로 단안경을 사용하여 시력검사를 해 본다. 기대한 시력이 얻어지면 초점이 맞는 것으로 생각한다.

## 3 시야확대를 위한 광학적 보조기구

### 1 오목렌즈(그림 3-9)

-4.00 D 전후의 렌즈를 사용한다. 가볍게 손을 뻗은 위치에서 (-)렌즈를 통해 주위를 관찰한다. 상은 축소되지만 한 번에 넓은 범위를 볼 수 있다. 렌즈의 위치를 조절하여 보유시야를 충분히 살리는 위치를 찾는다. 실내 배치 등 전체를 파악할 때, 책상 위 또는 주위의 물건을 찾을 때 사용한다. 비교적 시력이 좋은 시야협착의 사례에 시도해 본다.

[그림 3-10] 프리즘법에 의한 시야확대

[그림 3-11] 광섬유 확대경에 의한 시야확대

## 2 역단안경법

단안경을 일반 방향과 반대 방향으로 사용한다. 효과와 대상은 (-)렌즈와 같다.

## 3 프리즘법(그림 3-10)

구심성 시야협착이나 반맹의 사례에서 시도한다. 약간의 시선 이동으로 시야결손부가 유효시야 내에 비쳐질 수 있도록 막 프리즘을 붙여 시야확대의 효과를 노린 것으로 실제 사용에서는 공간 파악 훈련이 필요하다.

### 4 광섬유 확대경(그림 3-11)

앞에서 설명한 바와 같이 넓은 끝 쪽에 물체를 놓아서 넓은 끝으로 본 상을 좁은 끝 쪽에 표시할 수 있다. 시력이 좋은 시야협착의 사례에 효과적인 것으로 알려져 있다.

## 4 약시렌즈 사용법 지도시의 유의사항

우선 저시각자의 렌즈 사용에 대한 요구를 정확하게 알아내는 것이 필요하며, 몇 가지의 요구가 있을 경우에는 필요성이나 조작의 난이도를 고려하여 우선 순위를 정한다. 한 눈으로 사용하는 약시렌즈에서는 사용할 눈을 정할 필요가 있다. 양안을 개방하여 사용하는 경우에도 주로 사용하는 눈에 맞추어서 지도한다. 다음에 작업공간에 맞는 렌즈의 조합을 생각한다. 같은 6 배율이라 하더라도 휴대식 확대경만을 눈앞에 놓고 본다면 작업거리는 약 4 cm가 되고 여기에 1 배율의 근용 캡(4.00D)을 부착한다면 시야는 좁아지지만 작업거리는 25 cm가 된다.

보조기구의 선택에서는 대상자의 의욕, 나이, 경험, 생활환경 등을 고려하여야 한다. 본인이 조작할 수 있고 심리적으로도 받아들일 수 있는 약시렌즈를 선택하는 것이 무엇보다 중요하다. 심리적으로 받아들일 수 없는 것을 무리하게 지도하는 것은 고통을 강요하는 것이다.

약시렌즈의 사용 연습과 함께 시환경을 정비한다. 즉, 독서대, 조명 등을 적당한 거리에 놓고 보기 쉬운 환경을 만든다. 힘들여 노력해서 보는 것이 아니라 가급적 편하게 볼 수 있도록 한다.

약시렌즈는 충분히 연습한 후에 보는 상태가 개선되고 실용적인 것을 확인한 후에 결정한다. 가능하다면 약시렌즈를 빌려주고 실제로 일상생활에서 사용하게 하여 실용성을 평가하는 것이 최선이다. 저시각자가 약시렌즈 사용의 효과와 한계를 받아들인 후에 그 약시렌즈를 처방하거나 구입하도록 하는 것이 좋다.

# C 차광안경

## 1 차광안경이란?

대부분의 안질환은 눈부심(photophobia)을 동반한다. 이 눈부심의 경감을 목적으로 만들어진 것이 차광안경이다. 차광안경은 400 nm 이하의 자외선이나 눈부심의 원인이 되는 500 nm 이하의 빛을 차단한다. 이러한 단파장은 진동수가 짧고 에너지양은 커서 실험용 쥐의 망막에 입사시켜 실험한 결과 망막변성이 생긴다고 알려져 있다. 차광안경은 이것을 차단하는 것이므로 눈을 보호한다는 점에서 효과가 있다고 한다. 또한 선글라스(sunglass)가 특정 파장을 차단하는 것에 비하여 차광안경은 단파장 영역만을 차단하는 것이므로 광량의 감소는 그다지 크지 않기 때문에 광량 조정에도 효과가 있다. 따라서 예전부터 차광안경은 망막색소변성증 환자의 암순응을 용이하게 하기 위해서 사용되어 왔으며, 최근에는 그 외에도 다른 안질환 환자의 눈부심을 경감시킬 목적으로 사용되고 있다.

2005년 4월부터 선천성 무홍채, 백자증, 추체 및 간체 디스트로피 등에도 차광안경이 보장구로 인정되었다.

## 2 차광안경이 도움이 되는 안질환

각막 질환, 무홍채, 백내장(백내장 수술 후), 녹내장, 시신경 질환, 망막 질환(망막색소변성증, 추체 및 간체 디스트로피, 당뇨망막증), 백자증, VDT 증후군(Techno-stress증), 머리타박상 후에 발생한 눈피로증 등 많은 안질환에 차광안경을 사용하면 눈이 부드럽고 편해진다.

## 3 차광안경 선정 기준

차광안경 처방은 간단한 것 같으면서도 어렵다. 처방을 할 때는 눈부심 경감과 대비향상을 염두에 두어야 하기 때문이며, 원래는 실내·외에서의 휘도(cd/m ; 눈에 입사하는 빛의 양)가 중요하다. 우리가 물체를 본다는 것은 물체에 닿았다가 나오는 반사광선에 의해서 물체의 형태를 인식하게 되며, 결의 대비 기울기(gradient)에 의하여 인지되는 것이다. 즉, 바탕과 그림의 대비 기울기에 의하여 모양이나 색을 이해할 수 있으므로 대상자의 눈에 어떤 반사광을 입사시키느냐는 본인의 일상생활을 고려하여 정한다. 즉, 그 빛을 차광안경이라는 보장구를 사용하여 어떻게 조절(control)하느냐가 중요하다. 그러나 일반적으로 휘도를 계측하기 보다는 쉬운 지표인 조도(lux)를 사용한다.

일반적으로 건강한 눈은 $10^{-2} \sim 10^{5}$ lux의 광량에 대응하는데 저시각자는 $10^{2} \sim 10^{3}$ lux의 좁은 범위를 선호하고 $10^{2}$ lux 이하이면 어둡게, $10^{3}$ lux 이상이면 눈부시게 느낀다.

대응할 수 있는 영역은 각각의 안질환과 시야 상황에 따라 달라진다. 추체의 기능이 양호하면 높은 파장영역에서, 간체 기능이 양호하면 낮은 파장영역에서 shift 한다는 점에 유의하여 차광안경을 선택할 필요가 있다.

저시각자에게 적절한 차광안경을 선정해 주려면 적절한 평가와 선정을 위한 기준을 어디에 두는가가 중요하다.

일반적으로 문진이나 진료는 실내에서 이루어진다. 그 때에 대상자에게 눈부심을 느끼는지를 묻거나 천정의 형광등, 확대독서기(CCTV) 등의 화면을 보고 눈부심 요인을 찾는다. 실내에서 눈부심을 느끼는 경우에는 나중에 설명할 2 계열보다 진한색의 차광안경을 실외용으로 한다. 만약 실내에서 눈부심을 느끼지 않는다면 실외로 나가서 평가한다. 눈부심의 평가는 본인 자신의 일상생활 환경에서 이루어져야 하며 본인의 주관적 평가를 중요시 한다.

실제 평가의 기준은 다음과 같이 이루어진다(칼라삽화 참조).

필자의 경우에는 동해 광학의 CCP-YL과 CCP-YG의 2 계열로 평가한다. CCP-YL 계열은 400 TS → 400 NA → 400 AC → CCP-LY → CCP-YL → CCP-OY → CCP-RO로, CCP-YG 계열은 400 SA → 400 RS → 400 SC → 400 NL → CCP-YG → 400 FR → CCP-UG의 순으로 고려한다. 그 외 400 FL → 400 TR → CCP-BR의 계열과 400 LG → 400 MG의 계열이 있다.

대부분의 저시각자들은 CCP-YL과 CCP-YG의 계열 중에서 적합한 차광안경을 선택할 수 있다. 실외에서는 CCP-YL과 CCP-YG가 적절한데 만약 실내에서 약간의 눈부심이 남아 있다면 실내용으로도 좋을 것이다. 그러나 장시간의 CCTV 이용, TV 시청 등의 요구가 있다면, YL계의 400 NA→400 AC, YG계의 400 SA→400 SC 또는 400 FL에서 선택하면 본인 자신이 사용하기 쉬운 것을 고를 수 있다.

그러나 이들 계열로 눈부심이 경감되지 않으면 어떻게 할까? 무홍채증이나 백자증 같은 경우에는 실외에서 CCP-RO로도 눈부심이 남아 있는 경우가 있다. 이 경우 오버글라스로 눈부심을 경감시킬 수 있는지 검토해 본 후, 칼라 콘택트렌즈를 고려한다. 칼라 콘택트렌즈는 장애의 정도가 자신이 렌즈를 삽입하고 제거할 수 있는 사람에 한정되며, 황색~갈색 근처에서 눈부심을 완전히 제거할 수 있다. 실내에서 지내는 시간이 많은 경우에는 황색이, 실외에서의 활동이 많은 경우에는 갈색이 적합하다. 또한 칼라 콘택트렌즈는 착색 색소가 녹아 내리는 경우도 있으므로(눈에 유해한 물질은 없으나 장시간 사용하면 약간의 영향을 미칠지도 모른다. 안정성에 대해서는 찬반 양론이 있다), 그에 대한 정보도 제공한 후에 본인 자신이 선택하도록 하는 것이 중요하다.

마지막으로, 안경은 큰 안경테에 편광렌즈로 하고 clip-on 형태의 차광안경을 사용하는 방법이다. 편광안경의 각도에 대해서는 본인이 좋은 상태로 피팅하고 눈 앞에서 어느 정도의 눈부심을 경감해 놓고 차광안경을 합친다. 여기에서도 CCP-YL, CCP-GL부터 시작하는 것이 중요하다.

## 4 눈부심과 선명함의 구별

차광안경을 선정할 때 객관적으로 적합한 차광안경을 제시하여도 눈부심이 경감되지 않는다고 호소하는 사람들이 있다.

차광안경이 맞지 않으면 눈을 가늘게 뜨거나 축동하므로 외부에서 보아도 눈부심이 경감되지 않는다는 것을 알 수 있다. 그러나 차광안경이 맞아도 눈부심을 호소하는 경우가 있다. 이러한 현상은 왜 생기게 되는 것일까? 눈부심과 선명함(clearness 또는 sharpness)과의 차이는 무엇일까? 이것은 대비가 좋아졌기 때문에 이제까지 흐리게 보이던 것이 선명하게 눈으로 들어오는 데서 생긴다. 이 때문에 대비 향상에 의해 결 기울기가 변하여 눈부심을 호소하는 것이다. 특히 짙은 선글라스를 사용하는 경우에 많이 보이는 현상이다.

선글라스는 반사광의 모든 파장을 50 ~ 70% 감소시켜 눈부심을 제거한다. 즉, 반사광 전체의 광량을 감소시켜 눈부심을 제거하지만, 차광안경은 빛을 선택적으로 차단하여 대비를 향상시키는데 그 차이가 있다. 이런 의미에서 시감각에서는 '분명하게 보이는 것'과 '눈부신 것'은 동의어가 된다.

## 5 기타 방법

일상생활의 환경에는 여러 가지 측면들이 있다. 예를 들면 조도나 휘도 등은 하루 생활 중에서 광범위하게 역동적으로 변한다.

모든 조건에 맞는 차광안경을 효과적으로 사용하기 위해서는 우선 저시각자의 생활양식을 아는 것으로부터 시작해야 한다. 예를 들면 유치원생, 농부, 어부 등은 실외에서, 사무직 직장인들은 실내에서의 활동이 주가 되므로 우선 대상자 생활환경의 중요성에 따라 문제를 해결한다.

조명에 관해서도 형광등을 사용할 때, 전구의 와트(Watt) 수를 낮추거나, 조명의 높이를 낮추거나 높이는 것에 따라 차광안경의 선정도 달라진다. 또한 창문의 위치나 책상의 코팅 등 고려할 사항이 많다. 이에 대한 것은 다른 장을 참고로 한다.

# D 비광학적 보조기구

조명이나 대비를 충분히 고려해야 한다. 예를 들면 휴대식 확대경은 일반적으로 초점거리가 짧고 빛이 충분히 눈에 들어가지 않으므로 조명기구를 사용하여 대비를 증가시키는 것이 중요하다. 조명이 부착된 확대경을 선호하는 것은 이런 이유에서이다. 독서대를 사용하면 편한 자세로 읽을 수 있기 때문에 오랜 시간 학습이 가능하게 된다. 그러나 조명장치는 열이 발생하므로 주의해야 한다. 상세한 것은 '제 4장 D의 조명법'을 참고한다.

저시각자에게 대비는 중요하며 그 기본은 명도 차이를 만들고 채도를 올린 후 색상을 생각하는 것이다. 간단한 것이지만 계단에 흰색 테이프를 붙이는 것만으로도 계단을 오르내리는 것이 편해진다거나 색의 대비나 조명으로 실내에서의 안내를 가능하게 한다.

읽고 쓰기도 확대본이나 큰 활자본이 늘어나고 있지만 확대독서기, 복사기의 확대 기능, 흑백 반전 기능 등은 매우 편리하다. 검은색 종이 위에 흰색 볼펜으로 쓰게 되면 자신이 문자를 쓸 수 있고 또 확인할 수도 있으므로 저시각자는 기뻐한다. 또한, typoscope(reading slit, 줄이 그어진 plate)나 색자(color ruler)의 사용도 효과가 있다. 읽고 쓰기, 확대독서기, 녹음 테이프 등에 대해서는 제5장 및 제6장을 참고한다.

시각장애자를 대상으로 한 일상생활용품에는 점자형의 타이프라이터(typewriter), 맹인용 녹음기, 맹인용 KAN 타이프라이터, 맹인용 체온계, 맹인용 체중계, 맹인용 저울, 맹인용 시계, 음성 전자 탁자, 전자 조리기, 점자 책, 확대독서기, 맹인용 타임스위치, 보행시간 연장 신호기용 소형 송신기, 시각장애자용 활자 읽기 장치, 컴퓨터 등이 있다. 또한 시각장애 및 청각장애의 중증 중복장애자(각각의 장애가 2급 이상)에게는 점자 디스플레이도 인정되고 있다. 시각장애자를 대상으로 한 보장구에는 맹인용 안전지팡이(백장), 의안, 안경(교정안경, 차광안경, 콘택트렌즈, 및 색안경), 점자기 등이 있고 일상생활용품과 마찬가지로 신체장애자 수첩을 제시하면 소유할 수 있다(장애의 종류, 등급, 물건 등에 따라서 지급 조건에 차이가 있으므로 주의한다). 시각장애자의 흰색 지팡이에도 여러 가지 종류가 있으며 체격에 따라 표준 길이가 있는 것을 모르는 사람도 있으므로 선택할 때에는 주의한다. 또한 약시안경 외의 안경 제공에 관해서는 2001년 6월부터 갱생 상담소의 판정이 필요없게 되었다(약시안경도 의사의 소견서로 판정된다).

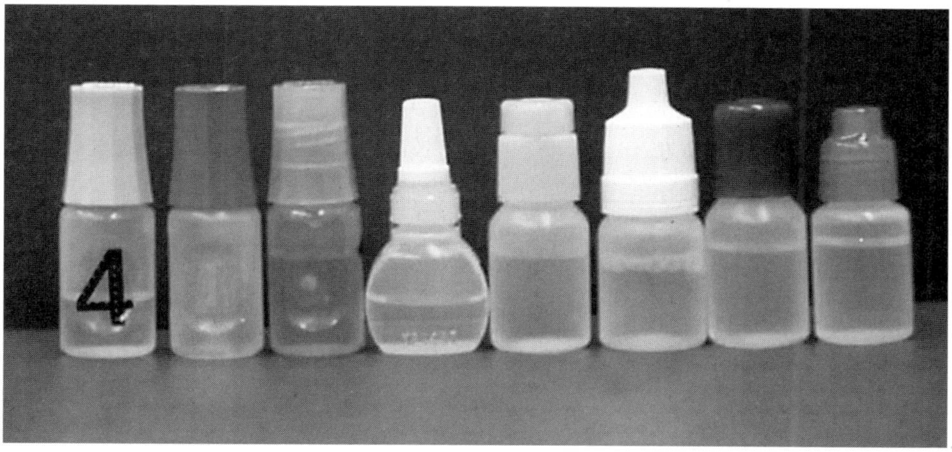


[그림 3-12] 점안약의 국제 규격 디자인

점안약 병의 뚜껑이나 샴푸 등에도 국제 규격 디자인이 증가하고 있다(그림 3-12). 최근 주목되고 보급해 나가고 있는 안내견도 유용한 수단이다. 필요한 경우 전국 안내견 협회에 연락하면 된다.

이상과 같이 비광학적 보조기구의 종류는 매우 많고 발전되어 매년 새로운 것이 많이 출시되므로 장애자용 기기 전시회를 방문하거나, 기기 회사의 취급 설명서를 보거나 직접 연락을 해보면 도움이 될 것이다. 또 IH(전자 유도 가열)라는 최신 조리기 등은 취급 회사에 문의해 보면 된다.

## E 확대독서기

확대독서기(closed-circuit television: CCTV)는 저시각자의 커뮤니케이션에 반드시 필요하다. 확대독서기 위에 올려놓을 수 있으면 읽고 쓰기가 가능하다. 그 사람의 보이는 상태에 맞추어 확대하거나, TV나 액정 화면의 틀을 가이드로 해서 요령있게 사용하면 일상생활에서 여러 가지 사용이 가능해진다. 예를 들면 읽기, 쓰기, 칠하기, 자르기, 인각(나무, 돌, 금, 옥 등에 새기는 것)을 깎기, 납땜하기, 손톱 자르기, 도기에 그림을 그리기 등등. 이것은 카메라 부분과 받침대 사이에 공간이 있음으로 가능하다.

또한 확대독서기는 스캐너 형식으로 되어 있는 것이 있어 기본적으로 읽는 것밖에 되지 않는다. 그러나 떨어뜨려서 볼 수 있기 때문에 코드를 길게 하면, 시야협착, 특히 구심성 협착인 사람이 사물을 보는 데 대단히 편리한 도구이다. 최근, 전자확대경이라 불리우는 손바닥만한 크기의 확대독서기, 휴대용 확대독서기 등도 만들어지게 되었다. 손바닥만한 크기의 형태는 읽는 것만을 중심으로 만들어진 것이나, 휴대용 확대독서기는 쓰는 것도 일부 가능한 것이 있다. 본인이 하고 싶은 작업에 맞추어 확대독서기를 선택할 필요성이 높아지고 있다. 확대독서기는 일부 쓸 수 있는 것도 있으나 일반적으로 읽기위한 기기라는 인식이 있다(그림 3-13). 쓰기방법을 익힘으로서 예를 들면 은행에서 금액을 적는 것이 어려워도 용지를 집에 가지고 와 집에서 써 넣으면, 다른 사람에게 알게 하지 않고도 쓸 수 있다는 장점이 있으며, 본인이 조작하거나, 소형 카메라나 컴퓨터에 연결할 수도 있어 본래의 직장으로 복귀할 때도 반드시 필요한 도구이다.

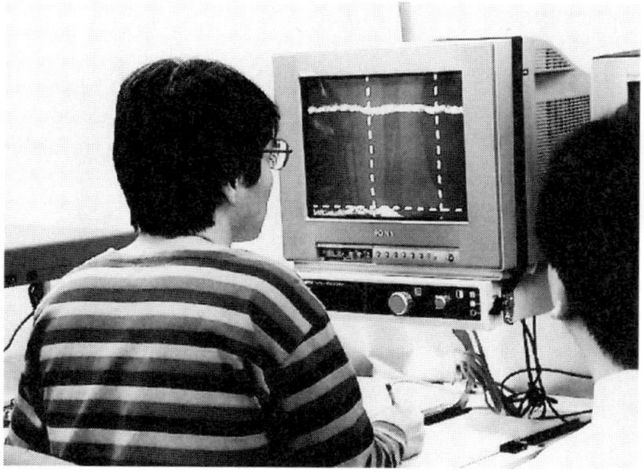

[그림 3-13] 확대독서기

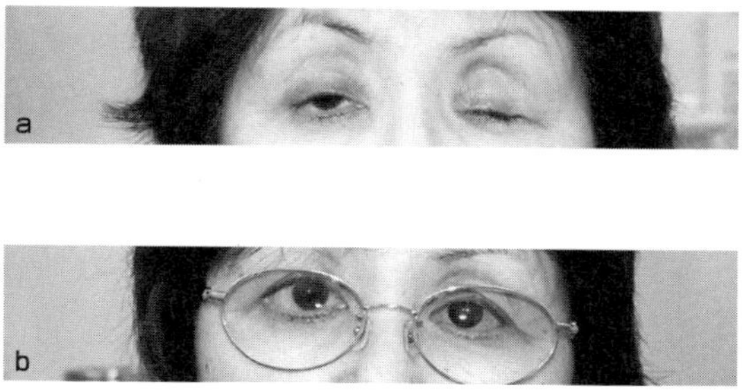


[그림 3-14] 의안의 장착

## F 의안(ocular prosthesis)

의안은 신체장애자 수첩의 보장구이며 저시각관리에 매우 유용하다. 예를 들면 오른쪽 눈은 속발성 녹내장, 왼쪽 눈은 망막박리로 실명하여 안와가 다소 함몰되어 있고 오른쪽 눈의 시력이 0.1이고 시야장애도 있는 45세 여성이 있다(그림 3-14). 이 여성의 저시각관리는 우선 장애자 수첩 2급에 해당되므로 장애자 수첩의 신청을 권하고 읽고 쓰기용의 휴대식 확대경의 사용을 권하였다. 그러나 확대경을 적극적으로 사용하는 것 같지 않아서 대화를 한 결과 자신의 외양에 신경이 쓰여서 거의 집에만 있다는 것을 알았다. 그녀의 최대 고민은 눈이 함몰되어 있다는 것이었다. 따라서 의안을 제작하여 장착하게 하였더니, 매사에 적극적으로 되었고 확대경도 사용하고 외출도 하게 되었다. 이와 같이 의안도 저시각 특히 심리적으로 위축되어 있는 경우에 매우 중요한 역할을 한다.

또한 영유아의 소안구 등에서 광각의 유무가 불분명한 경우, 안과의사는 안와의 발육을 중요시하여 의안의 장착을 권한다. 그러나 볼 가능성이 있는데 의안을 장착한다는 것은 가능성을 포기하는 것 같이 생각하여 망설이는 부모들이 있다. 특히 양안의 장애에서는 매우 심각하게 받아들인다. 이때는 우선 투명 의안으로 시도하여 안와의 발달을 촉진하면서 시반응을 관찰한다. 또한 의안을 장착하는 것이 그 아이에게 정신적 부담이 어느 정도인가도 고려하여 최종적으로 결단을 내린다.

■ 의안의 종류

제작방법에 따라 기성품과 주문 제작(대상자의 결막낭에 맞추어서 제작하는 것)으로 분류되며, 일반적으로 의안이 유리 재질로 만들어졌던 때의 이름을 따라 얇은 것을 single(단일), 두꺼운 것을 double(이중)이라고 한다. 한편, 신체장애자 복지법에서는 일반적으로 일반의안과 특수의안으로 분류하여, 기성품이 일반의안이고 기타의 것이 특수의안을 의미한다. 특수의안에는 가동성 의안(안구 적출 후 가동성 안대를 사용할 때의 의안), 콘택트 의안(안구가 잔존하고 있는 경우에 사용하는 얇은 의안), 외장 의안(epithese 라고 불리는 안검달린 의안)이 있다. 그 외에 수술 직후에 결막낭의 유착 방지를 주 목적으로 사용하는 투명한 유창 의안, 각막 제공자용의 안은행(eye bank)용 의안, X선 검사용 의안 등이 있다. 이들의 소재는 합성수지이며 대부분이 PMMA(Polymethyl methacrylate)이다. 유리 재질의 의안을 의료용으로 제작하고 있는 회사는 일본 내에는 없으며, 의안은 신체장애자 수첩에 의한 보장구이므로 다른 것과 마찬가지로 신청할 수 있다.

# 제4장 시각장애자의 삶의 질 향상을 위한 훈련과 지원

시각장애자를 위한 훈련과 지원의 기본은 장애자의 시기능을 아는 것에서부터 시작되며, 보유 시기능을 어떻게 활용하는가가 주요 관건이다. 중심외주시(편심 주시) 훈련이나 안구 운동 훈련은 결코 간단한 것이 아니다. 더욱이, 시각이외의 감각기를 일깨우는 것은 매우 어려운 일인지도 모른다. 본인의 꾸준한 노력과 주위의 격려로 힘든 훈련을 극복할 수 있다. 재활치료는 결코 쉬운 일은 아니며, 어려움의 극복없이 할 수 있는 훈련은 능력을 향상시킬 수 없다. 힘들고 괴로워도 즐거운 훈련이라는 마음가짐으로 임하면 기능을 최대한으로 사용할 수 있게 된다.

'할 수 있는 ADL(activities of daily living : 일상생활 활동 · 동작)'로부터 '하고 있는 ADL'을 늘리고 '하는 ADL'로 전개해 나가야 할 것이다.

## A 중심외주시 훈련

### 1 중심외주시

추체세포는 황반부 특히 중심와에 집중적으로 분포되어 있으므로 이 부위를 사용하여 보려는 대상을 명확히 주시(중심주시)하는 것은 자연스러운 일이며, 이 황반부에 황반변성 등과 같은 장애가 생기면 시력이 나오지 않을 뿐 아니라 시야중심에 암점이 생긴다. 또한 시신경 위축이나 녹내장 등 시신경 질환에서도 중심암점이나 주변중심암점(paracentral scotoma)이 생긴다. 따라서 시신경 장애가 생기면 보고 싶은 것이 보이지 않는다. 그러나 많은 중심암점에서는 병소(암점)의 근접부에 분명히 보이는 부분을 보유한다. 이 부위를 사용하여 시물체를 인지하는 것을 중심외주시라 하며, 그 훈련을 중심외주시 훈련이라 한다.

## 2 중심외주시 훈련

눈은 망막의 중심와로 시물체를 주시하려는 습성이 있기 때문에 양안의 시력이나 시야가 같은 정도인 경우에는 중심외주시 훈련 자체가 곤란하다. 따라서 이 주시 훈련의 대상자는 양안의 시력이나 시야장애의 차이가 현저하거나 한 눈만 사용하고 있는 사람들이다. 이러한 경우에도 장애가 있는 중심와로 시물체를 주시하려는 기능이 남아 있어 어떻게 하든 중심와로 보려고 하기 때문에 중심외주시의 획득은 어렵고 나이가 들수록 곤란하다.

그러면 어느 정도의 중심암점이 있는 경우 훈련이 가능할까? Goldmann 시야계의 Ⅰ-2, Ⅰ-3의 중심암점(비교암점)에서 보이지 않는다고 하는 경우 즉, 암점의 깊이가 얕고, 시력이 비교적 보유되고 있는 경우에는 중심외주시가 잘 되지 않으며, Goldmann 시야계의 Ⅰ-4 보다 깊은 암점이 있고 그 암점의 범위가 넓은 경우 중심외주시 훈련이 효과적이다. 일반적으로 중심 5°를 넘는 암점이 생기면 '문자가 없어진다'는 표현을 자주 하게 되고, 10° 이상의 암점이 생기면 중심외에서 보이는 것을 인지하기 쉽다고 한다.

중심주시의 경우, 주변시야로 사물이 보이면, 충동성 안구운동(saccadic movement)에 의해 중심와로 시물체를 주시한다. 중심외주시의 경우는 새로운 주시점으로 시물체를 주시하기 위하여 안구를 움직이게 되므로(추적운동; smooth pursuit) 주시대상을 다시 보기위한 새로운 틀 짜기를 뇌에 구축하는 것이 필요하게 된다. 즉, 훈련이 필요하다.

## 3 중심외주시를 잘 할 수 있는 요령

중심외주시를 잘 할 수 있는지의 여부는 본인 자신의 보유시각의 자각에 달려있다. 즉, 중심암점의 크기와 암점 주위의 어느 부위가 가장 보기 쉬운가를 시각장애자 자신이 이해하면 중심외주시를 할 수 있게 된다. 검안경이나 안저카메라로 이것을 자각할 수 있으나(제 2

장 B-6 주시검사 참조), 여기서는 펜라이터와 우유 팩에 의한 방법을 소개하고자 하며, 안저카메라법과 병용하여 훈련이 가능하다.

**[요령 1] 보이는 시야, 읽을 수 있는 시야의 발견과 자각법**

제 1단계로 펜라이트를, 제 2단계로 우유 팩을 시물체로 한다(그림 4-1, 및 4-2).

중심암점의 4방향(상 · 하 · 좌 · 우) 중 어느 부위로 시물체를 인식하여 정확하고 선명하게 주시할 수 있는지를 확인하는 것으로부터 시작한다. 그리고 오른쪽 위 사방향, 오른쪽 아래 사방향, 왼쪽 위 사방향, 왼쪽 아래 사방향 모두 8 방향에서 본인이 가장 보기 쉬운 부위를 인식할 수 있도록 훈련한다. 그러나 중심와로 대상을 보는 습관이 있으므로 '이것을 보세요' 라고 지시하면 시선은 정중앙에 오게 된다. 즉, 암점이 시물체와 겹쳐지게 된다. 그러므로 눈을 조금 움직여 본인 자신이 보기 쉽다는 부위를 정중앙으로 가져오는 훈련을 하도록 한다. 예를 들면 왼쪽 아래 사방향으로부터의 펜라이트가 보기 쉬운 경우, 안구를 약간 위로 하고 오른쪽으로 조금만 움직이면 정중앙으로 가져올 수 있다. 이것이 훈련(training)의 요령이고 기본이다. 이때의 펜라이트의 각막 반사상을 가족에게도 보여 그 위치를 기억하게 하고 가정에서 연습하도록 지시한다(그림 2-20 참조). 가족이 훈련에 참가할 수 있는 것은 함께 장애를 극복해 나갈 수 있다는 실감을 얻을 수 있어 장애의 수용에 도움이 된다.

**[요령 2] 암점의 자각법**

암점은 새까맣게 먹으로 모두 칠한 것 같이 보이는 것은 아니다. 젖빛 유리와 같이 보이거

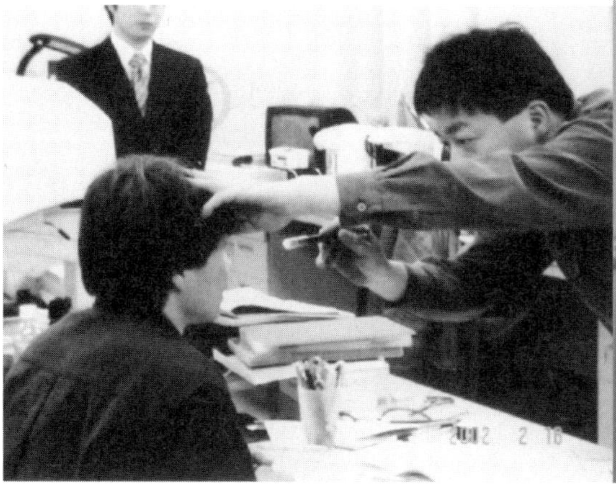

[그림 4-1] 펜라이트에 의한 중심외주시 훈련

[그림 4-2] 독자적인 중심외주시 훈련

나 안개가 끼어 있는 것같이 희미하게 보이거나, 빛나 보이는 경우도 있다. 이와 같은 암점이 있는 경우는 어떻게 보이는 것일까? 예를 들어, 직경 5°의 중심암점의 경우를 생각해 보자.

60 cm 거리에서는 시야의 중심에 직경 5 cm의 빈 공간이 있거나, 희미하게 흐려 보이고, 그 주변이 암점보다 약간 선명하게 보인다. 약 60 cm 거리로부터 천천히 멀어져 가면 보이는 상태도 약간씩 변화한다. 얼굴을 주목하고 있었다면, 처음에는 얼굴의 어떤 부분만 보기 어렵거나, 보이지 않거나 하지만, 약 6 m의 거리까지 멀어지면 그 지점에서 얼굴 전체가 전혀 보이지 않게 되는 것을 느낄 것이다.

일반적으로 암점은, 가까이에서 사물을 보고자 할 때 느끼는 일이 많은 것 같다. 책이나 잡지를 읽으려 할 때 문자, 그림, 도면 등이 선명하게 보이지 않는 것으로 암점을 느끼게 된다.

앞에서 설명한 예에서는, 약 30 cm 거리에서는 직경 약 2.5 cm의 암점이, 약 15 cm 거리에서는 직경 약 1.25 cm의 암점이 생기는 것을 알 수 있다. 이와 같은 경우는 가까이 당겨 보면 그 암점의 영향을 최소로 할 수 있다. 따라서 중심으로 시물체가 잘 보이지 않으면, 비교적 가까운 곳에 시선을 두고 생활하는 일이 많으므로 원방시에서는 암점을 그다지 느끼지 못한다. 즉, 원방시에서 어떻게 보이는가 또는 보기 어려운가를 의식하는 일이 별로 없다.

이제부터 암점을 간단히 느낄 수 있는 실험을 하고자 한다.

### 1 준비

① 책상 위에 놓을 물건을 준비한다. 준비하는 물건은 움직이기 쉬운 크기의 보기 쉬운 것을 선정한다.

② 책상 중앙을 향하여 앉는다.

### 2 방법 1

① 책상 위의 물건을 자기 앞으로 당겨 본다.

② 책상 끝 먼 곳에 물건을 놓고 본다.

- 포인트 1

앞쪽에 물건이 놓여 있는 경우와 책상 끝 먼 곳에 놓인 경우의 보이는 상태를 비교한다. 앞쪽에 놓인 물건을 보는 경우에는 암점이 작으므로 일부가 암점에 들었다 하더라도 대체적으로 전체를 볼 수 있다. 그러나 책상 끝 먼 쪽에 놓인 물건을 보는 경우에는 암점이 커지기 때문에, 전체 또는 대부분이 암점에 숨겨져 보이지 않게 된다.

### 3 방법 2

① 눈을 움직여 앞쪽에 있는 물건을 본다.
② 눈을 움직여 책상 끝 먼 쪽에 놓인 물건을 본다.

• 포인트 2

눈을 움직여 암점을 중심으로부터 약간 밀어 올리는 것 같이 하여 본다. 눈의 중심이 아니라, 주변에서 선명하게 보이는 곳을 찾도록 한다. 암점이 작아지면 눈을 아주 약간만 움직이는 것만으로 전체를 볼 수 있다. 다소 안 보이는 부분이 있어도 그것이 무엇인지를 알 정도로는 볼 수 있다. 암점이 큰 경우에는 무심코 눈을 크게 움직여 놓쳐 버리고 마는 일이 있으므로 충분히 주의하여 눈을 움직인다.

**[요령 3] 기본이 되는 안구운동 훈련**

중심외주시나 다음 항의 시야확대를 위한 기본 훈련은 우유 팩을 사용하여 하는 안구운동 훈련이다. 다음은 시각장애자 자신이 행하는 훈련방법을 설명한 것이다(그림 4-3).

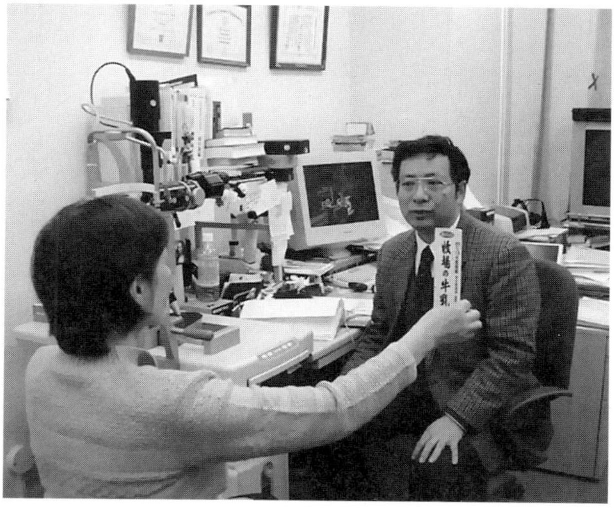


[그림 4-3] 자신이 우유 팩을 사용하는 안구운동 훈련

① 우유 팩은 1 리터 크기로 문자나 그림 모양의 대비가 분명하고, 명조체나 고딕체 등 문자의 종류나 크기가 여러 가지인 것을 고른다.

② 우유 팩을 펼쳐 1/4씩 잘라내고 그 중의 1장을 사용한다.

ⓐ 유유 팩을 얼굴 정면, 눈 앞 30 cm에서 왼손으로 잡는다.

ⓑ 가장 보기 쉬운 크기나 색문자를 선택한다. 가장 큰 문자라도 상관없다. 또한 대비가 분명하고 보기 쉬운 색 문자를 선택한다.

ⓒ 선택한 문자의 하나에 초점을 맞추고 이 문자를 관찰한다.

ⓓ 시표에 초점을 맞추고 제대로 된 문자로 인식할 수 있는 상태를 유지한 채로, 우유 팩이 왼쪽으로 움직이고 있는 지 잘 모를 정도의 속도로 천천히 움직인다.

ⓔ 시표를 안구만으로 추적한다. 이때 머리를 움직이지 않도록 주의한다.

ⓕ 우유 팩을 왼쪽 끝까지 움직여서 추적할 수 있는 한계에 도달하였다고 느껴지면 그 지점에서 정지시킨다. 처음에는 한계까지 도달하지 않을 수 있다.

ⓖ 그대로 약 10초, 시표에서 눈을 떼지 않고 본다.

ⓗ 우유 팩을 왼손으로 잡고, 왼쪽 끝에서 오른쪽으로 천천히 앞에서와 같이 움직인다.

ⓘ 시표를 안구만으로 추적한다. 이때 머리를 움직이지 않도록 주의한다.

ⓙ 우유 팩을 얼굴 정면까지 움직였을 때 오른 손으로 바꾸어 잡는다.

ⓚ 그대로 우유 팩을 오른쪽 끝까지 움직여서 추적할 수 있는 한계에 도달하였다고 느껴지면, 그 지점에서 정지한다.

ⓛ 그대로 약 10초, 시표에서 눈을 떼지 않고 본다.

ⓜ 우유 팩을 오른손에 쥔채로 오른쪽 끝에서 왼쪽 방향으로 천천히 앞에서와 같은 방법으로 움직인다.

ⓝ 시표를 안구만으로 추적한다. 이때 얼굴을 움직이지 않도록 주의한다.

ⓞ 우유 팩이 얼굴 정면까지 왔을 때 왼손으로 바꾸어 잡는다.

- ⓓ~ⓞ의 과정을 반복하여, 1일 1회, 3~5분간 실시한다.
- 수평방향을 할 수 있게 되면, 수직, 사방향 및 전 · 후 방향도 훈련한다.

이와 같이 하여 중심외주시 하고 있는 부위를 의식하여 그 시선을 유지하면서 시표를 추적한다. 처음에는 우유 팩의 움직임을 따라가지 못한다. 이 중심외주시는 침착하게 본인 자신이 숙련될 때까지 끈기있게 하는 것이 포인트가 된다.

[그림 4-4] 달력을 이용한 훈련

이 훈련을 약 1개월간 계속하면, 우유 팩의 움직임을 잘 추적할 수 있다. 그리고 본인이 편하게 읽을 수 있고 흥미를 불러일으키는 신문의 사설, 소설 등을 교재로 하여 암점을 어느 줄에 대면, 글의 매듭이나 시작하는 곳이 찾기 쉬운지를 반복하여 학습한다. 이것으로 인해 어느 정도 시선을 움직여야 자기 자신이 보기 쉬운 부위가 정면으로 오는 지를 파악할 수 있게 된다. 또한 벽에 달력을 2단으로 6매를 붙여 놓고 거리에 따라 달력의 숫자가 어느 정도 없어지는 지를 파악한다(그림 4-4).

그때, 달력 중앙에 정 가운데 숫자가 보이지 않는 부위를 갖다 대어, 좌 · 우 · 상 · 하의 어느 숫자가 보기 쉬운가를 알아본다. 이어서, 우유 팩을 그것을 보기 쉬운 위치에 갖다 대어 정면에서 보는 것같이 보려면 눈을 어떻게 움직이면 좋을지를 반복하여 학습한다.

나머지는 일상생활의 여러 장면에서 많은 경험을 쌓는 것이다.

## B 시야확대를 위한 훈련

구심성 시야협착의 경우 근방시에서는 시야로부터 원하는 정보를 얻을 수 있으나 중간시 · 원방시에서 시력이 낮은 경우 선명하게 보이지 않는다는 호소가 많다. 이러한 경우에 역단안경이나 프리즘이 사용되어 왔고, 최근에는 (−)렌즈가 시야확대를 위해 사용되고 있으나, 시각장애자는 충분한 만족감을 얻지 못하고 있는 실정이다. 그러므로 중심암점, 구심성 협착, 반맹 등의 시야장애자에게는 안구운동을 훈련하는 것이 효과가 있다.

## 1 시야확대

여기에서 말하는 시야를 확대한다는 것은 보유하고 있는 시야를 사용하여 '겉보기 상의 시야'를 확대하는 것을 의미한다. 우리 눈은 볼 대상을 발견하게 되면 중심와로 주시하려고 한다. 그러나 주변부에 볼 대상이 들어오면 중심와로 주시하기 위해 충동운동(saccadic movement)이 일어나게 되는데 주변부의 시야가 크게 결손된 경우 거기에 무엇인가가 존재했었다 해도 얼굴을 움직이지 않으면 대상을 발견하기 힘들다. 또한 얼굴을 움직일 경우에는 움직임이 크므로 볼 대상을 발견하는데 시간이 많이 걸린다.

예를 들어 5°의 구심성 협착이 있는 경우, 6 m 앞에 볼 대상이 있다고 하면 직경 1 m 정도의 테두리 내를 보는 것이 되므로 그 안에 들어오는 것이라면 발견하기 쉽다. 그러나 30 cm 앞에서는, 직경 5 cm 정도의 테두리 내에 들어가는 것을 보는 것이 되므로, 그것보다 큰 대상은 문자 그대로 시야 밖으로 나가게 된다. 즉, 바로 앞에서는 안구를 크게 움직이지 않으면 전체 상을 잡을 수 없으나, 거리가 멀어지면 멀어질수록 안구를 조금만 움직여도 전체적인 상을 파악할 수 있다.

또한 직경 10°의 중심 암점의 경우, 6 m 앞에 주시 대상을 놓았다면, 직경 1 m 정도의 테두리 내가 보이지 않게 되어 그 안에 있는 것이면 발견할 수 없으나, 30 cm 앞에서는 직경 5 cm 정도의 보기 어려운 부분이 생기므로 그것보다 큰 주시 대상은 보기 쉬워진다. 즉, 자기 앞으로 가까이 가져오면 암점이 작아지기 때문에 보고 싶은 것이 보기 쉬워지는 반면, 거리가 멀어지면 멀어질수록 보기 어려워진다. 따라서 사물체를 탐색할 때 후두엽에서는 2차원의 모자이크상처럼 잡아 당겨서 길어지고 조각조각난 영상을 적절한 추적운동을 하도록 고차 뇌기능이 작용하여 전체 상으로 조립하여 인지할 수 있게 된다.

따라서 자기 앞의 대상을 확실히 주시하기 위해서 탐색하는 범위 안에서 기준점을 만들고, 작은 것까지 신경을 쓰면서 크게 안구를 움직이는 것이 중요하다. 그리고 작업영역이 확대되면 시야에 들어오는 정보량이 증가하지만, 다른 기준점을 만들어 안구를 더 많이 움직여야 할 필요가 생기게 된다. 즉, 형태를 형태로서 인지하기 위해서도 안구운동은 효과가 있다.

## 2 훈련대상자

주로 구심성 시야협착인 사람이 대상이지만 최근에는 반맹이나 반측 공간무시 등의 시야 이상자에게도 시도하고 있다. 그러나 중심외주시 훈련에서도 설명한 바와 같이, 이 확대 방법을 훈련할 때에도 양안의 시력 및 시야가 같은 정도인 사람들은 훈련하기가 어렵다. 시야 확대 훈련을 시작하기 위해서는 양안의 시력 및 시야장애 차이가 심하거나, 한 눈을 사용하고 있는 사람들을 대상으로 하며 중심외주시 훈련과 같은 방법으로 시작한다.

예를 들면 양안 시력의 차가 없거나 또는 적을 때, 반경 5° 보다 작은 시야에서는 융합이 곤란해지는 경우가 있다. 각각의 눈에서 시야 융합의 정보가 따로따로 들어오므로 고차 기능에 의한 정보처리 과정에서 혼란이 생기기 때문이다.

그러면 어느 정도의 구심성협착 또는 중심암점자를 대상으로 해야 하는가?

Goldman 시야계의 Ⅰ-4이며, 중심으로부터 10° 이내의 구심성협착이 있을 것, 원거리 시력 0.3 미만 일 것, 양안의 시력 차이가 현저할 것 등을 조건으로 한다. 그러나 일상생활 단계에서 곤란을 초래한다는 주소(chief complain)가 있으면 조건이 변할 수도 있다. 또한 중심암점의 경우는, Goldmann 시야계의 1-4 보다 깊은 암점이 있어, 직경 10° 이상의 암점이 있는 것을 조건으로 한다.

## 3 시야확대 훈련을 잘할 수 있는 3가지 요령

시야확대 훈련을 잘하느냐 못하느냐의 여부는 중심외주시 훈련과 마찬가지로 자신의 시야 자각 여부에 달려있다. 즉, 시물체와의 거리의 관계이며, 어느 정도의 범위가 보이는지를 실감하는 것이 그 후의 훈련의 질을 결정한다.

자기 앞 가까이에서는 어느 정도 똑똑히 보이나 전체가 파악되지 않는다거나 또는 원거리를 볼 때 전체를 파악할 수 있으나 선명하게 보이지 않는 경우에는, 저시각자의 표현이 모호해서 무엇이 문제인지 알 수 없는 경우도 있다.

**[요령 1] 주시 확보**

구심성 시야협착의 경우, 그 장애가 고도이면 고도일수록 중심주시는 어려워진다. 따라서 우선 펜라이트나 우유 팩에 의한 주시 확립을 도모한다. 물론, 중심외주시의 경우에는 앞에서 설명한 대로 한다.

**[요령 2] 시야협착의 실감**

훈련에 들어가지 전에 간단히 시야협착을 실감할 수 있는 방법을 제시한다. 시야협착이 있는 경우에는 가까이 다가오는 사람을 볼 때 먼 곳에서는 거의 전체를 시야에 잡을 수가 있으나, 가까운 곳에서는 시야로부터 벗어나 놓쳐 버리고 마는 일이 있다. 여기서는 이런 때에 어떻게 눈을 움직여야 좋은지 실감하는 방법을 소개한다.

### 1 준비

① 저시각자를 의자에 앉게 한 후, 정면을 보게 한다.
② 약 6 m 거리 정면에서 30 ~ 50 cm 정도 어긋난 위치에 협력자가 선다.

### 2 방법

① 천천히 협력자가 가까이 다가온다. 저시각자는 시선을 움직이지 않고 그대로 정면을 본다.
② 저시각자에게 '시야에서 벗어나 보이지 않게 되면, 보이지 않게 된 방향으로 눈을 돌리라'고 지시한다.
③ 저시각자가 눈으로 잡을 수 있게 되면 협력자는 소리를 내며 천천히 저시각자 앞을 가로 지른다.
④ 눈으로 추적하도록 한다.

- 포인트

시야에서 벗어나 보이지 않게 되었을 때, 보이지 않게 된 방향으로 눈을 돌리면 몸의 일부라도 발견할 수 있게 되므로 그것을 확실히 눈으로 추적한다. 소리를 내면서 걸으면 위치를 확인하기 쉬워진다. 또한 시표와의 거리가 가까우면 그만큼 눈을 크게 움직여야 하나, 거리가 멀면 조금씩 움직이는 것으로 추적할 수 있음을 저시각자는 이해할 수 있다.

**Note 4가지 기본적인 눈의 움직임**

시각장애자가 일상생활을 할 때 습득하여야 하는 눈의 움직임 기술에는 다음 4가지가 있다.

- spotting법 : 보고 싶은 대상을 재빨리 발견하여 주시하는 기술. 즉, 움직이지 않는 시물체 예를 들면, 방안 벽에 걸려 있는 시계를 발견하고 재빨리 초점을 맞추어서 보는 기술이다.
- tracing법 : 정지하고 있는 대상을 응시하는 기술. 즉, 움직이지 않는 시물체를 추적하여 보는 기술로 교실 등에서 자기 자리에 앉아, 칠판 글씨를 눈으로 확실히 추적하는 방법이다.
- tracking법 : 움직이는 대상을 따라 보는 기술. 즉, 움직이고 있는 시물체에 초점을 맞추어 추적하여 보는 방법으로 예를 들면 뒤에서부터 지나치면서 앞서 가는 자전거나 자동차를 눈으로 잡아 추적하는 것을 말한다.
- scanning법 : 전체를 파악하도록 탐색하는 기술이며, 부분에서 전체를 연결지어 보는 방법이다. 포스터나 지도를 볼 때, 전체가 어떻게 구성되어 있나, 부분으로부터 전체, 전체로부터 부분을 눈으로 탐색하는 것을 말한다.

다음에 설명하는 안구운동 훈련은 위의 4가지 방법을 습득하기 위한 기초 및 응용 훈련법이다.

**[요령 3] 우유 팩을 사용하는 안구운동 훈련**

시야확대 훈련에서도 안구운동 훈련은 기본이며, 훈련은 중심외주시 훈련에서 설명한 바와 같이 우유 팩을 사용하여 실시한다(그림 4-5). 구심성 시야협착이나 중심암점(중심외주시)에서는 우유 팩을 주시 할 수 있다 해도 추적운동이 곤란한 경우가 많으므로, 이것을 수평방향이나 수직방향 등 모든 방향에서 할 수 있고 양쪽 끝에서는 문자를 약 10초 동안 응시할 수 있도록 훈련한다. 이 훈련으로 tracing, tracking 및 scanning 기술의 향상을 도모할 수 있다.

계속해서 시야 밖에 있는 우유 팩을 주시할 수 있도록 안구운동을 훈련한다. 이것은 충동운동 즉 spotting의 훈련을 의도한 것이므로 이것도 수평방향이나 수직방향 등 모든 방향에서 할 수 있는 것이 중요하다. 우유 팩을 앞 · 뒤 방향으로 움직여서 그것을 주시 및 추적하는 훈련을 한다. 이것은 jump convergence의 훈련이며 사물과의 위치관계(공간)나 거리감

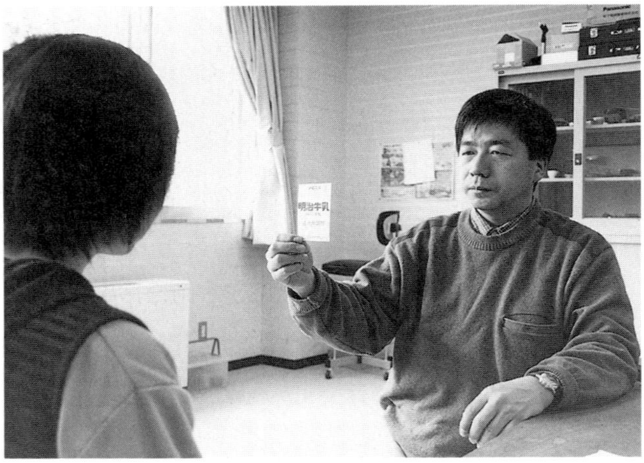

[그림 4-5] 우유팩을 이용한 주시훈련

을 키우는 것이다(그림 4-5). 이와 같은 안구운동 훈련을 지도하여, 1일 1회 3～5분간의 가정에서의 훈련을 3개월 실시함과 동시에, 월 1～2회의 진료소에서의 지도를 실시한다.

시야확대의 포인트는, 본인의 보이는 상태를 근방시, 중간시 및 원방시로 분류하여 어떻게 보이는 상태가 다른 지를 의식화하는 것이다. 소리 등을 이용하여 충동운동 훈련을 하여 주변부의 정보를 얻을 수 있다. 또한 동시에 전체 상으로 이어져 의미있는 정보로 바꿀 수 있는 것으로 '보인다'는 것과 '보다'는 것의 차이 즉, '망막에 초점을 맺는다'라는 것과 '인지하는 것'과의 차이를 알게 되는 것이 가능해져 눈을 사용하는 것이 의미있게 된다.

## 4 훈련 사례

위와 같은 훈련을 실제로 일하고 있는 시각장애자로 Goldman 시야계 Ⅰ- 4로 시야협착 10° 이내의 구심성 협착증 또는 Ⅰ- 4로 중심암점을 갖고 있는 10개의 사례에 대하여 실시하였다. 훈련 후, spotting법, tracing법, tracking법 및 scanning법을 부드럽게 할 수 있게 되었다. 그 결과, CCTV(closed-circult television : 확대독서기)에서, 훈련 전의 읽기속도 50～100 문자/분에서 250～600 문자/분으로 향상되었고($P \leqq 0.05$), 또한 듣기조사에서도 일상생활에서 불편함을 개선하여 건강한 사람의 수준에 가까워져 계속 일하는 것이 가능하게 되었다. 이와 같은 훈련 효과는 본인 자신의 시야의 의식화와 훈련 의욕에 크게 좌우된다.

# C Sensory awaking(감각의 개화) 훈련

## 1 Sensory awaking(감각의 개화)

시각은 모든 감각기능을 통합하는 역할을 하고 있다. 시각장애가 생기면 그 외의 감각이 이것을 대체하는 것 외에는 방법이 없다. 중도 시각장애 초기인 경우 이들 감각은 잘 사용할 수 없게 되고 신뢰성이 떨어지므로 상실감과 불안감을 갖게 되어 시각이외의 감각기를 사용하는 훈련이 필요하게 된다. 그러나 '감각기 훈련'만을 행하는 것은 각각의 감각이 쓸모없게 될 가능성이 있으므로 각종 훈련 즉, 보행이나 일상생활(ADL, activities of daily living) 훈련 중에 다른 감각도 키우도록 해야 한다. 청각이나 촉각을 의식하여 주체적(능동적)으로 사용하기 시작하면 보유감각이 깨어나는 것 같이 느껴지게 된다. 이것은 자기 자신 속에 잠재되어 있던 힘을 알게 된다는 표현이 더 적절할 것이다. 이런 의미에서 감각기의 훈련을 '감각의 개화 : sensory awaking 훈련'이라 표현한다.

예를 들면 감각훈련 중에 파도소리를 느끼는 것 같은 과제를 제시할 때, 들리는 것은 귀의 가청역대 내에서이고 그 이외의 소리는 있어도 알아차리지 못한다. 그러나 하얀 파도를 보았을 때는 소리를 동반하고 피부감각으로 시원함, 후각으로 바닷가의 내음을 느낄 수 있다. 육체로 느껴지는 것과 그것을 받쳐주는 실제가 있어서 비로소 하나의 세계가 구축된다. '느끼려 한다'는 주체적인 관계가 결과적으로 감각을 갈고 닦아가는 과정이 된다. 그리고 각각의 감각은 하나의 기능으로 한정되는 것이 아니라 많은 감각과 연계되어 있다(공감각).

## 2 감각기와 삶의 질

감각의 재구축을 검토할 때는 삶의 질이 갖는 의미나 개념도 함께 검토하는 것이 중요하다. 영어의 life의 의미는 '생활'이라고 번역되는 일이 많으나, 생명, 생활 및 인생의 폭넓은 의미, 생각하는 방법, 배경 등을 모두 포함하고 있다.

예를 들면 재활시설에서의 '생활'을 생각해 보자. 훈련 대상자는 여태까지의 인생을 짊어지고 생명을 갖고 여기에 존재한다. 이 사람이 상실 체험에서 빠져나와 자신을 회복하고 활기찬 인간성을 발휘하기 위해서는 지금의 그리고 이제부터의 생활이 매우 중요하다. 과거, 현재, 그리고 미래의 연속된 생활 중에서 본인이 바라고 있는 감각을 재구축할 필요가 있기 때문에 필요한 훈련을 생각하게 된다.

즉, life stage 전체를 시야에 넣고 그 사람이 일상생활로 복귀했을 때 자신의 보유감각을 어떻게 충분히 사용할 수 있는가를 생각하게 된다. 그러한 계기를 만드는 것이 훈련이고 감각생리학이 뒷받침된 훈련이 sensory awaking 훈련이다. 그러므로 생활의 질 즉 훈련의 질이 문제가 된다.

## 3 행위의 분석과 감각기

'홍차를 마신다'라는 행위를 생각해 보자.

- 주전자를 손으로 잡는다. 무거운 법랑에 대한 손의 감촉, 이에 비해 뚜껑은 몹시 가볍다. 수도의 꼭지를 튼다, "쫙-" 하는 소리와 함께 꼭지가 가볍게 돈다. 물이 좔좔 소리를 내며 흘러나온다. 주전자에 물을 넣는다. 처음에는 높은 음에서, 서서히 물이 채워지면서 낮은 음으로 바뀌어 간다. 꼭지에서 흘러내리는 물소리와 주전자에 채워지는 물소리의 대비. 물을 잠근다. 수도꼭지가 단단하게 죄어진다.
- 뚜껑을 덮고 주전자를 조리대에 얹는다. 손으로 가스를 튼다. "찰칵" 하는 소리와 함께 불이 붙는다. "쉬-쉬-" 하는 가스불 붙는 소리, 조금 있다 "푸-" 하고 물이 소리를 내기 시작하고 주전자의 뚜껑이 조금 달그닥거리며 장단을 맞추기 시작한다. 뚜껑을 열면 바글바글 소리를 내며 물거품이 춤추고 있다. 뚜껑을 닫을 때 수증기가 손바닥에 닿는다. 축축하고 뜨겁다. 가스를 끈다. 시끄러웠던 소리가 천천히 사라져간다.
- 홍차 통의 뚜껑을 연다. 뚜껑 열리는 소리. 아련한 홍차 잎 냄새가 올라온다. 손바닥에 약간 홍차 잎을 뜯어 놓는다. 마르고 바삭바삭한 촉감. 아주 조금 홍차 잎을 입에 넣어본다. 입 속이 잎의 내음으로 가득 퍼진다. 손으로 뜯은 잎을 포트(pot)에 넣는다. 희미한 소리. 더운 물을 따른다. 수도에서 주전자에 물을 넣은 때의 음감과 반대가 된다. 낮은 소리에서 높은 소리로.
- 우려내고 있는 동안에 컵을 따뜻하게 데운다. 컵이 천천히 데워진다. 손의 감촉이 따뜻

해지는 과정을 즐긴다. 2～3분간의 기다리는 시간. 홍차의 내음이 천천히 공간으로 퍼져간다.

- 컵에 홍차를 따른다. 개여울의 물소리와 같은 희미한 소리가 떠다닌다. 나지막하게 흐르는 것 같은 소리. 잎의 내음이 비온 뒤와 마찬가지로 올라온다. 한 모금 마신다. 잎을 입에 넣었을 때와는 다른 자욱한 냄새.

이와 같이, 홍차를 마시는 행위 하나를 보아도 실로 많은 감각기를 사용하고, 동시 다발적인 정보를 적절하게 그리고 무의식적으로 처리하고 있음을 알 수 있다.

## 4 훈련할 때의 주의점

훈련에서 유의해야 할 것은 첫째, 'group dynamics'의 힘을 사용하는 것이다. 하나의 과제에 대하여 그룹 전원이 토의하고 느낀 것을 자유로이 표현하는 일부터 시작한다. 느낀 것을 그대로 표현하는 것은 아주 어려우며 또 같은 과제라도 느낌, 받아들임, 생각, 표현이 각자 달랐다거나 또는 같았다고 느끼는 것이 중요하다. 그리고 훌륭한 동료들의 감성을 자신의 내부에도 일깨우는 동기를 부여할 수 있게 된다.

둘째, 훈련은 일상생활 중에서 간단하게 그리고 '하겠다'는 마음이 들면 즉시 할 수 있는 것이어야 한다. 재활치료는 자칫하면 훈련을 위한 훈련이 되기 쉬우나, 평상시의 일상생활과는 약간 다르므로 지금 당장 집으로 돌아가도 할 수 있는 내용, 방법 등을 연구하는 노력이 필요하다.

셋째, 즐기면서 감각의 훌륭함을 알아가야 한다. 자신에게 잠재되어 있는 감각의 힘을 아는 것이 감각을 갈고 닦는 조건이지만 자신을 상실하고 괴롭다고 느끼면서 훈련하면 자기 감각의 훌륭함을 알아차리기 어렵게 된다. 즐기면서 과제에 부딪히면 자연스럽게 알아차리기 쉬울 것으로 생각한다. 가능하면, '훈련하고 있다, 또는 훈련받고 있다'라는 의식을 넘어서, '할 수 있는 ADL'에서 '하고 있는 ADL'이 되는 것이 중요하다. 즉, 즉시 생활에 받아들일 수 있도록 제시하는 것이 바람직하며, 다음과 같은 사항도 고려한다.

- 감각은 기본적으로는 상대적인 것이며, 각 개인의 수준에 따른 차이가 있다. 따라서 단순하게 옳다 또는 그르다 등의 양자택일식 평가는 주의하여야 하며, 당연히 훈련효과의

측정 및 평가도 어렵다는 것을 알아야 한다.

- 감각생리학의 현황에 끊임없이 주목해야 할 필요가 있다. 특히 감각기능에 관한 논문들은 적지만, 정보 수집을 게을리하지 말아야 한다. 어려울 때에는 그 분야의 전문가로부터 이야기를 듣는 것만으로도 훈련의 실마리가 되는 경우도 있다.
- 감각기능의 제약 또는 한계에 얽매이지 않고, 때로는 초보자적 발상이라고 단념하지 말고 여러 가지 제시에 귀를 기울인다.
- 자기가 하고 있는 훈련을 과신하지 말아야 한다. 감각은 주관적인 요소가 강하고 제공자가 간과한 정보라 하더라도 다른 사람에게 유용한 경우도 있다.
- 평상시부터 감각을 체험해 본다. 지식으로 아무리 알고 있어도 과제 제공자가 납득하지 못하는 것은 제시하지 않는다.

## 5 청각 훈련

### 1 청각 훈련의 시작

청각에 대하여 특히 문제가 있는 경우에는 청력(audiogram)을 측정한다. 좌우의 청력 차이가 10 dB 이상인 경우는 보청기의 사용을 검토한다. 물론, 데시벨(decibel)만이 문제가 되는 것은 아니다. 어떤 주파수대의 소리가 듣기 어려운가? 즉, 저음역, 중음역, 고음역 중 어느 부분이 문제가 되는지를 파악해 놓는 것도 훈련에서 중요하다. 이것은 생활환경 속에서 사용할 수 있는 소리와 사용할 수 없는 소리를 제공하기 때문이다.

청각장애에는 음향에너지를 전달하는 과정의 전음계 장애, 에너지 변환 후 신경신호를 전달하는 과정의 감음계 장애, 이들 양쪽에 장애가 있는 혼합계 장애가 있다. 최근 인공 내이의 발전이 획기적인 것이긴 하나, 그 후의 재활치료가 열쇠가 되는 것은 주지의 사실이다. 물론 보청기 사용은 현재도 매우 중요하며, 전음계 장애자에게 효과적이다. 만일, 양쪽 귀 모두가 난청인 경우는 양쪽 귀 모두에 보청기를 사용하여야 한다. 한 쪽 귀가 완전히 들리지 않을 경우에는 음원 정위를 할 수 없는 사실을 알고 있어야 하지만, 학습에 의하여 어느 정도 음원 정위를 할 수 있는 경우도 있다.

따라서 훈련을 시작하기 전에 ① 진단서의 확인(check)과 분석, ② 본인의 주소(chied complain), 내성(introspection) 보고, ③ 과제 제공자의 평상시 또는 훈련할 때의 관찰이 필요하다. 다시 말하면, 소리의 흡수(intake) 훈련을 적절하게 하는 것이 중요하다.

### 2 훈련의 실제

step 1. a. 들리는 소리 모두를 적어서 제출한다.
b. 그 소리들을 분류한다.
c. 소리의 방향, 거리, 크기로 배치한다.

step 2. a. 자신의 앞을 통과하는 소리, 통과해도 안들리는 소리, 함께 움직이는 소리의 탐색.
b. 움직이고 있는 소리에 의식을 집중한다.
c. 거리 모퉁이에 나가서 소리의 움직임을 귀로 좇는다.
d. 연속음을 찾는다.
e. 배경음악소리가 섞여 있는 장소 탐색.
f. 조용한 상점, 시끄러운 상점의 발견.
g. 특정한 소리에 집중한다.

step 3. a. 소리를 들으러 다님 : 제일 큰소리, 작은소리
b. 맹인용 탁구대에서 소리 듣기.
c. 들려온 소리로부터 환경을 추측.
d. 말소리에 의한 환경 전체의 이미지(image)와 실제 확인.
e. 재미있는 소리의 스크랩.
f. 소리 따라듣기

## 6 촉각 훈련

### 1 훈련 시작하기 전에

촉각은 신체의 2점 판별역(two-point threshold)의 자료를 참고로 한다. 피부 촉각 수용기의 밀도(감각 수용기의 merkel소체와 ruffini소체의 분포 밀도)는 2점 분리 및 공간적 역치검사에 의해 확실히 알 수 있다. 보다 민감한 부위에서는 촉각계의 두 점을 좁혀도 다시 또 두 개로 느낀다. 예를 들면 손가락 끝으로는 2.5 mm 만 떨어져 있어도 두 점으로 느껴진

다. 성인 손가락의 2점역 정상값은 3 ~ 6 mm, 손바닥은 7 ~ 9 mm이며, 12 mm 이내라면 손이 그 기능을 수행하는데 충분하다고 한다. 또한 등의 2점역은 70 mm이다. 따라서 시각장애자의 촉각훈련 현장에서는 손가락의 2점 판별역을 중시하고, 손의 기능을 충분히 이끌어 내도록 하는 것이 중요하며, 훈련효과를 극대화하기 위하여 가급적 손가락의 감각생리적인 검사를 실시하는 것이 필요하다. 물론 체성 감각영역이나 운동성 감각영역에서 손가락이 대뇌피질에 점하는 비율이 높으므로 촉각의 이용 방법, 특히 엄지, 중지, 및 검지를 충분히 사용할 수 있도록 하는 훈련이 중심이 된다는 것을 쉽게 추측할 수 있다. 손가락의 촉각은 사물에 닿는 것에 기초하는 감각이며 체감적인 것이다.

촉각에는 ① 한번 닿았던 것을 기억하고 물리적 접촉을 오래 유지할 수 있는 지각기능, ② 손가락의 방향에 의한 뜯는다, 잡는다, 쥐다 등의 운동기능, ③ 교치(교묘하고 치밀한)운동이라 불리우는 세밀한 복합 동작도 가능하다는 점과 운동기능과 지각기능을 동시에 사용하면서 지각정보를 쉽게 운동으로 반영시킬 수 있다는 특징이 있다.

이 지각기능과 운동기능의 균형에 의한 움직임은 여러 가지 손의 사용법에 의해 획득된 것이며, 그 배경에는 심층부의 관절 위치, 힘줄의 긴장 등에 관한 정보가 중추신경에 전해지고 교묘한 피드백 시스템(feedback system)이 있기 때문이다. 피부감각으로부터 생기는 지각은 표재지각이라 불리며, 촉각, 압각, 통각, 온각, 및 냉각이 있다. 또한 훈련을 시작하기 위해서는 당뇨병, 신장병 또는 베세트(Behcet)병으로 말초신경계 장애나 고령으로 손가락의 각질이 비대해 지고 감각이 둔해지는 사례도 있으므로 훈련하는 한 사람 한 사람의 상태를 잘 아는 것이 중요하다.

## 1 훈련의 실제

여기서는 훈련 과제만을 제시하며, 더 자세한 방법은 다른 교재를 참고하기 바란다.

step 1. a. 여러 종류의 종이를 만진다.
b. 여러 종류의 천을 만진다.
c. 여러 종류의 잎을 만진다.
d. 여러 종류의 꽃을 만진다.

step 2. a. 일상생활 용구, 컵, 종이 제품, 도기, 자기, 플라스틱 제품 등을 만진다.
b. 뜨거운 물이나 냉수를 각종 용기에 넣어 만진다.

c. 일상생활 용품의 모양, 구조나 소재를 설명한다.
d. 발바닥으로 느낀다 : 바닥, 마루 바닥, 콘크리트, 타일, 카페트

step 3. a. 틀린 것을 찾는 게임 : 점자, 축도(원, 삼각, 사각), 입체 그림, backboard판, 시각장애자용 바둑판에서 오목두기
b. 종이접기, 레고 블록

step 4. a. 도로에 나감.
b. 촉감을 스크랩한다.

## 7 후각 훈련

### 1 훈련 시작하기 전에

냄새를 느끼기 위해서는 냄새 분자가 휘발성으로 상온에서 기화하고, 코 끝에 냄새가 도달하여 냄새의 성분이 점액에 녹아들어 후각의 수용세포를 자극해야 한다.

후각의 수용세포는 공기 중에 떠도는 수천가지의 서로 다른 화합물을 인지하고 판별할 수 있다고 알려져 있으며 사람의 후각은 미각보다 10,000 배 정도 감도가 높다고 한다.

후각훈련에 대해서는 ① 위험 경보시스템으로서의 후각 ② 감정 및 정서를 수반하는 기억으로서의 후각이라는 측면에 불과하다. 따라서 훈련이라기 보다는 냄새에 흥미나 관심을 갖는 데 도움을 주는 프로그램이라고 생각할 수 있다.

그리고 두부 외상, 호흡기 상부의 질환, 코 안의 폴립(polyp), 호르몬의 변화, 잇몸 질환, 인두절제술, 독성 약물의 장기 흡인, 고령 등에 의하여 냄새의 감도가 저하되므로 이에 대한 것을 알고 냄새의 소개를 진행시키는 것이 중요하다.

### 2 훈련의 실제

step 1. a. 풀이나 나무의 냄새를 맡는다.
b. 홍차 잎의 냄새를 맡는다.
c. 향의 냄새를 맡는다.

step 2. a. 방의 냄새를 맡는다.
b. 말소리에 의한 환경 전체 이미지와 실제의 확인.

## 8 미각 훈련

### 1 훈련 시작하기 전에

미각은 구강 특히 혀에 있는 미뢰에 의해 느껴지지만, 구강은 코와 연결 되어 있으므로 냄새 물질은 코의 후각 수용기에도 퍼진다. 입이나 혀의 점막에는 촉각, 압각, 통각, 온각 및 냉각이 있으며, 이것들이 자극되어져서 미각이 생긴다. 그러나 맛을 느끼는 것은 다른 감각기관과 협동해야 하는 복잡한 요소가 있다.

미각훈련도 훈련이라기보다는 오히려 미각의 흥미나 관심을 갖는 데 도움을 주는 프로그램이다. 또한 두부 외상, 내분비 질환, 간 부전, 당뇨병, 신요로 감염증, 혀 및 구강 내 병변, 고령 등에 의해 미각의 저하가 생기는 것을 알아둘 필요가 있다.

### 2 훈련의 실제

step 1. a. 건포도를 맛본다.
b. 생야채를 맛본다.

step 2. a. 우유를 맛본다.
b. 커피를 맛본다.

# D 조명법

시각장애자 중에서 어두움을 주로 호소하는 사람에게는 조명이 필요하다. 특히 손 밑이 밝은 것을 원하는 경우가 많다. 시력 0.05 정도에서는 휴대식 확대경도 고배율을 처방해야 하므로, 보고 싶은 것에 확대경을 가까이 하면 자신의 머리로 그림자가 생기게 되어 보이는 것을 방해한다. 따라서 손 밑을 밝게 하기 위하여 전기스탠드나 확대경에 조명장치를 내장하는데 이때에는 다음과 같은 것에 주의한다.

방 전체가 어둡고 손밑만 밝으면 눈이 피로하므로 천정의 밝기를 생각하면서 손 밑의 밝기를 결정해야 한다. 이론적으로는 천정의 조명 밝기는 손 밑 밝기의 1/3 정도가 되어야 한다. 즉, 손 밑의 밝기가 900 lux 일 때 천정의 밝기는 300 lux 정도가 되어야 하며 그 이하일 경우에는 보이는 상태가 나빠지고 안정피로도 생기게 된다.

신문을 읽는 경우의 밝기를 확보하기 위하여, 낮 시간에는 남쪽 창을 배경으로 빛이 등 뒤에서 신문의 지면에 닿게 하면 편하게 읽을 수 있다. 이와 같이 일상생활에서 자연광을 잘 사용하는 것이 필요하다. 또한 망막색소 변성증이나 녹내장의 시야협착의 경우에는 어두워지면 걷지 못하거나 발이 움츠려든다는 호소를 한다. 이럴 때는 옷장을 열면 조명이 켜지거나, 조리를 할 때에는 싱크대의 손 아래쪽을 비추도록 조명을 설치하여 일상생활에 도움을 줄 수 있다. 화장실에서도 물 내리는 레버(lever)나 화장지 걸이 등에 pin spot light를 설치하면 그 위치를 쉽게 알 수 있게 된다. 또한 머리맡에 조금 밝은 손전등을 놓아두고 필요에 따라 사용하는 것도 도움을 준다.

이와 같이 조명은 일상생활의 여러 장면에서 잘만 사용하면 큰 도움이 되므로 보다 나은 생활을 하는 것이 가능하다.

최근에는 조명기구나 전구도 보기 쉽고 눈에 부드러운 것들이 많이 출시되고 있으므로, 자신에게 맞는 것을 찾아내는 것도 즐거움의 하나이다. 조명에 관해서는 제 6장을 참조한다.

## E 눈부심 방지법

시각장애가 있는 사람은 눈부심 또는 어두움을 호소하는 일이 많고, 특히 시력장애자의 80% 정도는 눈부심을 주로 호소한다.

일반인은 100,000 lux가 되어도 반사가 강하지 않으면 눈부심을 호소하지 않으나 시각장애자 중 대부분은 2,000 lux를 넘으면 눈부심을 호소한다.

주 호소 내용으로는 '희게 보인다', '선명하지 않다', '눈이 부셔서 눈을 뜰 수 없으므로 걸을 수 없다' 등이다. 눈부심은 차광안경으로 차단하고 대비감도를 바꾸어 준다. 증상이 진행되면 실내의 1,000 lux 이하의 빛에서도 눈부심을 호소하므로 이 경우에는 실외용 또는 실내용의 차광안경 사용을 고려한다. 또한 수면이나 창유리의 반사광을 제거하는 편광렌즈나 칼라 콘택트렌즈를 착용하거나 야구 모자나 양산을 사용하여 눈부심을 차단할 수 있다. 그 사람의 눈부심을 느끼는 정도가 어느 정도인지, 다시 말하면 몇 lux부터 눈부심을 느끼는지에 따라서 차광렌즈나 편광렌즈 또는 이들을 함께 병용할 것인지를 생각하여 착용하면 상당 부분 눈부심을 방지할 수 있다.

주의해야 할 것은 눈을 가늘게 뜨고 차광안경을 착용하면 대비감도가 분명해지므로 눈부심이 조장된 것 같은 착각을 하는 경우가 생긴다. 이때에는 '대비감도가 분명해졌습니까?'라고 질문했을 때 '분명해졌다'라고 대답한다면 눈부심이 없어진 경우이다. 그리고 이러한 호소를 하는 사람이 짙은 색의 선글라스를 착용하여 전체가 어두워진 상태를 '편하다'로 착각하는 경우가 있다는 것도 주의를 해야 한다. 이것은 안질환의 문제라기보다는 연령의 증가와 더불어 각막, 수정체, 및 유리체가 불투명해지는 것이 원인이며, 빛이 눈 안에서 반사하기 때문에 눈부심과 희게 보이는 느낌이 나타날 수가 있다. 이 경우에도 차광안경 등으로 들어오는 빛을 조정할 수 있으면 상당한 양의 눈부심을 제거할 수 있다. 또한 흔히 말하는 U.V.차단 안경과 차광안경과는 다른 것이라는 것도 알아야 한다. 차광안경에 대해서는, 제3장 및 제6장을 참조한다.

## F 시각장애자와 컴퓨터

작은 문자나 복잡한 도표가 있는 문서, 예를 들면 신문, 편지 등은 시각장애가 있는 사람에게는 접근이 곤란하다. 문자, 도표 등을 확대하거나 음성화 또는 점자화하지 않으면 대화가 곤란하게 되어 문화 및 정보면에서 많은 제한과 제약을 받아왔다. 그러나 인터넷이나 이메일 등의 전자화된 정보 보급으로 컴퓨터를 사용하여 확대나 음성화, 점자화 등의 지원이 용이해지게 되었다. 또한 화면확대 소프트웨어, 화면 음성화 및 점자화 소프트웨어의 등장으로 시각장애가 있는 사람이 직접 정보에 접근할 수 있는 가능성도 커지고 있다. 통신 판매나 행정 서비스의 전자화도 발전해가고 있어 컴퓨터를 잘 사용한다면, 시각장애에 의한 장벽을 경감시킬 수 있다. 단, 시각장애가 있는 사람이 컴퓨터를 사용하려면 문자나 화면 등을 보기 쉽게 하는 방법, 음성 및 점자로 표시되는 방법을 알아야 한다.

컴퓨터의 발달은 매우 빠르므로 여기서는 간단하게 소개하고자 한다. 구체적인 제품에 관한 정보는 Kokoro web(http://www.kokoroweb.org/), 시각장애 네트워크(http://www.twcu.ac.jp/~k-oda/VIRN/), Information Resources for People with Disabilities (http:

//www.sd.soft.iwate-pu.ac.jp/sensui/), 시각장애에 관한 가이드 페이지(http:// wwww2s.biglobe.ne.jp/~Nori/chime/vision.html), 사회학과 Assistive Technology(http://fuji.u-shizuoka-ken.ac.jp/~ishikawa) 등을 참고한다.

## 1 표시를 보기 쉽게 하는 방법

### 1 해상도를 변경하여 보기 쉽게 하는 방법

화면의 해상도를 내리면 화면 전체를 확대할 수 있다. 해상도의 변경은 Windows OS의 경우는 화면의 property를, Macintosh OS의 경우는 시스템 환경설정의 디스플레이(display)를 선택하여 설정할 수 있다.

### 2 표준 접근용이성(accessibility) 기능

Windows나 Macintosh에도 장애자의 접근용이성을 고려한 기능이 장착되어 있다. Windows의 경우에는 User 보조기능(그림 4-7), Macintosh의 경우에는 Universal Access(그림 4-8)라 한다. 화면의 문자, 아이콘(icon)의 크기, 색(백흑 반전 가능), mouse pointer, slide bar 등의 element 크기 등이 변경 가능하다. Windows의 경우에는 Microsoft 확

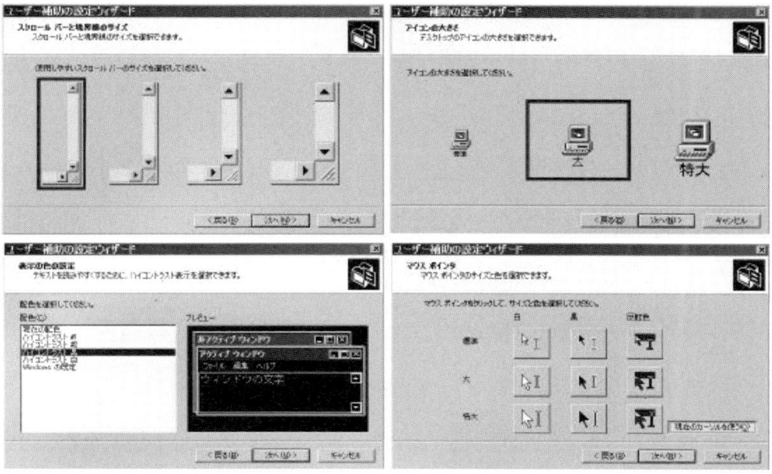


[그림 4-7] Windows의 User 보조 기능

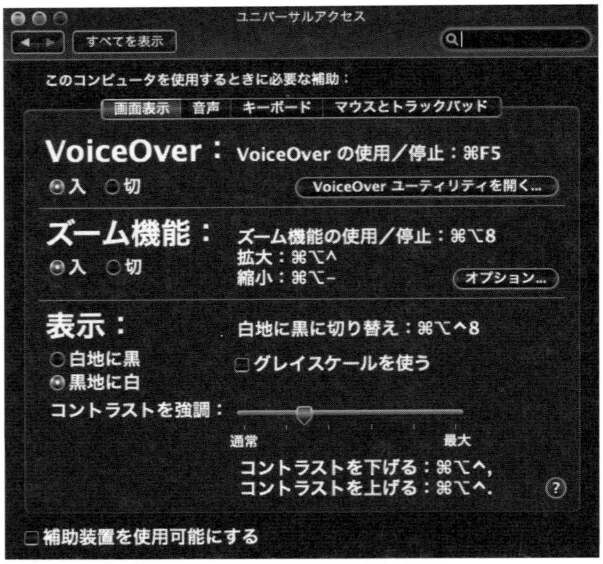


[그림 4-8] Macintosh OS의 Universal Access 화면표시 변경

대경이라는 확대경과 같은 작용을 하는 확대 소프트웨어도 부속되어 있다. 확대 배율은 9배까지 가능하며, 확대화면(렌즈)을 바꾸거나 한순간에 백흑반전을 할 수 있다. Macintosh의 경우에는 Universal Access에 최대 20배 zoom 기능이 있고, 더하여 최신판에는 voice-over라는 스크린리더(screen reader) 기능도 표준 장착되어 있다. 이 때문에 화면을 확대시키면서 음성으로 읽어주는 것도 가능하다.

### 3 고기능 화면확대 소프트웨어

운영체제의 표준으로 부속되어 있는 화면확대 기능만으로 부족한 사람에게는 전용 화면확대 소프트웨어도 있다. 화면확대 방법, 색이나 포인터 등의 강조 기능도 가능하다(그림 4-9).

### 4 독서용 브라우저(browser)

전자화의 보급에 따라 인쇄물이 아닌 컴퓨터를 사용하여 독서하기 위한 브라우징 소프트웨어도 나와 있다. 예를 들면 T-Time(http://www.voyager.co.jp/T.time/index.html) 또는 HTML Viewer(http://dokidoki.ne.jp/home2/vjiman/htmltext/) 등이 있다. 이들 독서

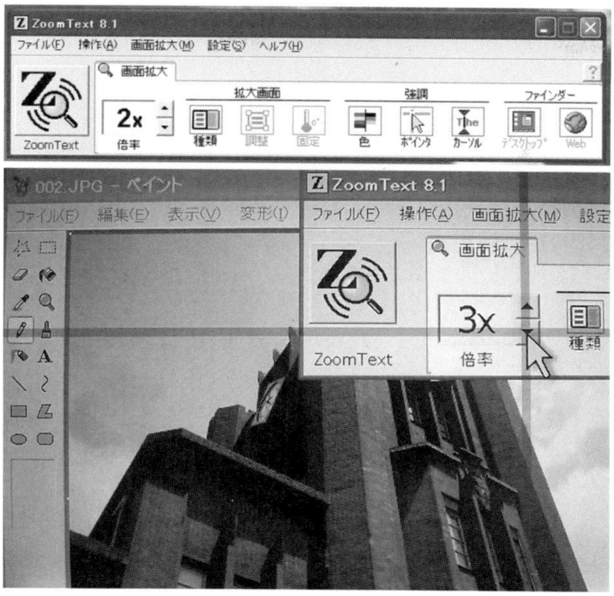


[그림 4-9] 고기능 확대화면 소프트웨어(ZOOM TEXT)

용 소프트웨어는 정보의 표시 기능에 중점을 두고 있고, 문자 크기나 폰트의 변경은 물론 행 간격, 문자 간격, 문단 등을 변경할 수 있다. 또한 세로쓰기에 대응하거나 쪽지 붙임 기능도 있어 저시각자는 편리하게 이용할 수 있다.

### 5 표시가 보기 쉬운 키보드(keyboard)

일반적으로 키보드의 표시는 문자가 작거나 대비가 약하기 때문에 저시각자가 보기 어려운 경우가 많으므로 문자 크기나 배색을 고려한 표시가 보기 쉬운 키보드 등을 이용할 수 있다.

## 2 음성 또는 점자의 병용

아무리 화면을 보기 쉽게 하더라도 장시간 작업을 하다 보면 지친다. 그러한 경우에는 음성이나 점자를 병용하는 것이 효과적이다.

## 1 화면 음성화 점자 소프트웨어(screen reader)

화면에 표시되는 문자나 아이콘 등의 정보를 음성이나 점자 핀 디스플레이로 출력하기 위한 소프트웨어이다. 한자를 결정하기 위하여 사용 예를 읽어주거나, 링크 등의 특별한 정보를 소리의 높이 등을 변화시켜서 읽어주는 기능 등이 있고, 음성이나 점자로 화면의 정보에 접근할 수 있다. 또한 스크린 리더에는 마우스를 사용하지 않고 키보드만으로 컴퓨터를 조작할 수 있는 네비게이션(navigation)기능 등도 탑재되어 있다. 그리고 스크린 리더가 있으면 키(key) 입력을 음성화할 수 있기 때문에 터치 타이핑을 기억할 때도 편리하다.

## 2 점자 '핀 디스플레이'

화면에 표시되는 문자 정보를 점자 핀 디스플레이라는 작은 핀을 전기적으로 조절해서 점자의 볼록 점을 표시하는 장치로 출력할 수 있다. 종이가 필요 없는 점자라는 의미로 페이퍼리스 브레일(paperless braille)로 불리운다. 그리고 점자 핀 디스플레이에 점자를 표시하기 위하여 표시용의 소프트웨어가 필요하다. 앞에서 설명한 스크린 리더 중에는 점자 디스플레이에도 대응하는 것도 있으므로 음성을 들으면서 점자로도 확인할 수 있다(그림 4-10).

[그림 4-10] 점자 디스플레이

### 3 홈페이지를 음성으로 듣는다(음성 브라우저)

최근 홈페이지는 전화번호부나 TV 보다 편리한 정보원이다. 이 홈페이지를 음성으로 확인하면서 키보드만으로 조작할 수 있는 것이 음성 브라우저이다. 스크린 리더로 어느 정도 홈페이지를 읽어주는 것도 가능하지만, 음성 브라우저에는 홈페이지를 보다 편리하게 읽어주는 기능이 있다.

### 4 점자로 인쇄한다(점자 프린트)

점자 프린트는 점자를 종이에 인자(글자를 찍어냄)하는 장치이다. 점자 프린트의 종류에 따라서는 점자를 작성하기 위한 그래픽 모드(점자의 점을 사용하여 도형을 인쇄하는 기능)를 갖고 있는 것도 있으며, 점도 데이터를 데이터베이스화(database)하여 이용할 수 있게 한 점도 도서관 사이트(site)도 있다. 또한 일본의 점자는 다른 외국의 것과 비교하면 점과 점간의 간격이나 문자와 문자 사이의 간격이 좁게 설계되어 있다. 점자 프린트를 선택하는 경우에는 이 점자의 크기도 주의할 필요가 있다.

## 3 마우스나 키(key) 입력 조작에 관한 접근용이성

저시각자에게 마우스의 조작은 쉽지 않다. 앞에서 설명한 바와 같이, 마우스를 보기 쉽게 하는 기능이 있으나, 보이지 않거나 잘못하여 클릭(clik) 해버리는 일이 적지 않다. 여기서는 마우스를 사용하지 않고 컴퓨터를 조작하는 방법을 소개한다.

### 1 키보드 단축(short-cut) 기능

Windows나 Macintosh에는 일련의 포인터 조작을 키보드 조작으로 단축할 수 있는 기능이 있다. 또한 새로운 단축 키를 등록할 수도 있다. 이 단축기능을 활용한다면, 마우스를 사용하지 않아도 소프트웨어 조작을 할 수 있다. 또한 음성이나 확대표시를 하는 시각장애 사용자용의 소프트웨어에서는 Del 키에 특정한 네비게이션 기능을 갖게 하여 조작성을 향상시키는 소프트웨어도 있다.

### 2 스크립트(script)에 의한 조작

키보드 단축기능의 한계를 보충하기 위한 것이 스크립트 언어이다. 스크립트 언어는 DOS의 배치(batch) 기능을 강화한 것과 같은 것이므로 복잡한 순서의 조작도 모아서 실행할 수 있다.

### 3 점자 타이프라이터(typewriter) 방식에 의한 문자 입력

점자 타이핑에 익숙한 사용자는 문자를 입력할 때 점자 타이핑 입력 방식을 선호하는 경우가 있다. 이 경우, 일반 키보드에서 점자 입력을 할 수 있도록 하는 드라이버 소프트웨어(driver software)를 활용할 수 있다.

## 4 전자화된 정보의 활용

### 1 전자 미디어(media)

최근, CD, DVD, 인터넷(internet) 등의 전자 미디어에서 정보가 공급되는 경우가 증가하고 있다. 전자 출판도 증가하고 있으며, 소설 뿐 아니라, 각종 사전류, 지도 등이 있다. 이들 전자화된 서적은 앞에서 설명한 스크린 리더나 화면확대 유틸리티(utility)로 확대표시하거나, 음성이나 점자로 변환하는 것이 가능하다.

### 2 인터넷은 전자화된 정보의 보고

인쇄된 정보는 시각장애가 있는 사람에게 접근하기 쉽지 않다. 이에 대하여, 전자화된 정보는 각자가 자신의 보이는 상태에 따라 가공하는 것이 가능하다. 전자화된 정보는 AOZORA 문고(http://www.aozora.gr.jp/), 문광사(http://www3.kobunsha.com/kappa/), Barnes & Noble(http://wwww.barnesandnoble.com./), HONYA(http://www.honya.co.jp/index.shtml) 등에서 입수가 가능하다. 예를 들면 AOZORA 문고는 저작권이 만료된 작가의 작품을 자원봉사자(volunteer)가 전자화하여 인터넷 등에 공개한 것도 있고, 문학 작품 등을 무료로 즐길 수 있다.

## 3 전자화되어 있지 않은 미디어로의 접근

전자화되어 있지 않은 미디어로의 접근 방법으로는 OCR(광학적 문자 인식장치)이 효과적이다. 스캐너(scanner)로 삽입한 문장을 텍스트 파일(text file)로 하거나 확대표시나 음성화하는 것이 가능하다.

# 제5장 시각장애자의 일상생활 지원

시각장애자도 일상생활을 영위하고 있다는 사실에 대하여 다시 한 번 생각해 보자. 병원 외래를 방문하는 시각장애자는 장애자에 대한 배려를 충분히 받지 못하는 경우가 많다. 또한 혼자 걷지 못하여 가족과 같이 내원하는 경우가 많으므로 환자에게 자신을 방어하고 인도받을 때의 기본자세를 가르쳐 주면 마음이 편안해 질 것이다(그림 5-1). 기본자세는 ① 인도자는 비스듬히 반 걸음 정도 앞에 서고, 환자는 인도자의 팔꿈치 바로 위를 잡는다 ② 팔꿈치를 잡고 있는 팔을 몸에 붙인다(팔꿈치는 약 90˚로 굽힌다). ③ 신체의 방향은 평행이고, 어깨와 어깨를 잇는 선은 직각이 되도록 환자가 인도자의 팔을 조용히 잡고 있으면

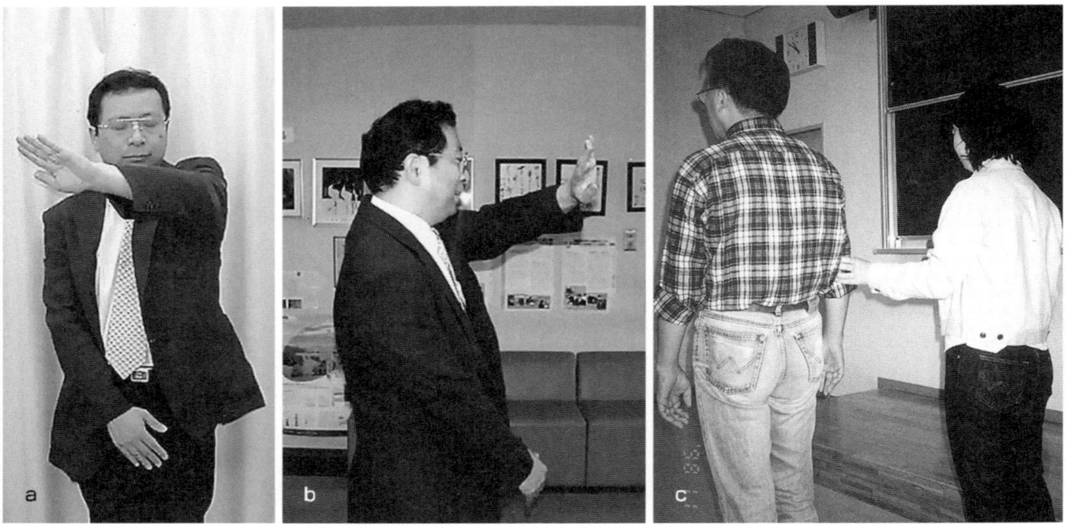


[그림 5-1] 방어 및 인도자세

인도자는 장애자로부터 신뢰를 받고 있는 것이다.

이 장에서는 이외에 많은 생활 현장에서의 도움에 대한 것이 서술되어 있으므로 실행해 보면 틀림없이 장애자가 기쁨과 감사의 마음으로 웃는 얼굴을 볼 수 있을 것이다.

# A 보행훈련과 지원의 기본

## 1 보행훈련과 지원의 기본

시각장애자 약 600명을 대상으로 그들의 가장 어려운 점에 대한 실태조사 결과, 이동 문제가 가장 크다는 것을 알게 되었다. 시각장애자에게 보행은 가장 중요한 문제라 할 수 있다. 삶의 질의 측면에서도 일상생활 중에서 걷는 것은 매우 큰 의미를 갖고 있으며, 비장애자와 마찬가지로 실내에서의 이동, 산책, 물건 사기, 레크리에이션(recreation) 등을 할 수 있다면 다른 문제가 해결되지 않는다 해도 다소 활기차게 생활할 수 있다.

시각장애자는 눈을 사용하는 방법이나 안구운동 외에 흰 지팡이를 사용하여 나름대로 편하게 걸을 수 있으며 야간 보행훈련을 하면 야간에도 보행할 수 있다. 망막색소변성증이 있는 사람도 눈을 사용하는 방법과 흰 지팡이의 조작을 확실하게 배우면 야간 보행, 회식, 연극관람 등도 가능하다. 밤이 되면 무서워서 제한되어 있던 활동을 할 수 있고 생활권이 넓어지게 되므로, 시각장애자의 보행은 삶의 질의 측면에서도 매우 중요하다.

## 2 보행훈련의 실제

시각장애자의 보이는 상태는 여러 가지이므로 주간, 어두워질 때, 야간, 실내·외 등의 상황에서의 보행훈련을 각각 나누어 생각할 수 있다. 단독보행이 가능할 때까지 완전 실명자인 경우에는 120 시간 정도의 훈련이 필요하나, 저시각자는 여러 가지 상황에 대비할 수 있게 되려면 150 시간 정도가 필요하다. 그러나 보유시각의 상황에 따라서는 50시간 정도로 끝나는 경우도 있고, 실내와 실외, 주간의 실외 훈련, 야간 훈련 등 구체적인 프로그램을 세워서 훈련한다면, 훈련 후에는 자유롭게 어디든지 갈 수 있게 된다. 그러나 저시각자는 자신의 눈을 과신하여 보행하려 하므로 위험한 상태에 이르게 될 수 있다는 점에 주의해야 한다. 예를 들면 도로 보행을 할 때 교차로에서 횡단신호를 확실하게 확인하지 않는 행위 등이다. 눈이 상당히 나쁜데도 자신에게 보이는 것이 모든 것이라고 믿는 경향이 강하므로, 흰 지팡이에 어떤 것이 닿았음에도 불구하고 그것을 신뢰하기 보다는 자신의 눈에 보이는 것을 믿는 것은 매우 위험한 행동이다.

## 1 흰 지팡이의 사용

시력 0.3, 시야협착이 반경 10° 정도의 저시각자에 대해서는 본인이 보행하는 데 대한 곤란 또는 불안을 느끼고 있는 환경에 한하여 흰 지팡이 사용을 권장한다. 예를 들면 계단이나 턱이 있는 곳, 하수구 등에 대한 흰 지팡이 조작 방법을 지도한다. 흰 지팡이를 소지한다는 것에 대해 심리적 저항이 강한 경우, 조립식 흰 지팡이나 우산 등으로 대신해도 좋다고 이야기 해준다.

시력 0.1, 시야협착이 반경 10° 이하이고 보유시각이 나쁜 경우, 보행은 매우 큰 일이므로 항상 흰 지팡이를 사용하도록 권장한다. 처음에는 흰 지팡이를 사용하는 것으로 보유시각을 충분히 활용할 수 있다는 사실을 납득시킨 후 시작한다. 즉, 흰 지팡이를 사용하는 것으로 발 밑의 정보는 모두 지팡이로 확인이 가능하다는 것, 지팡이 끝에 무엇인가 걸릴 경우에는 눈으로 확인하면 된다는 것을 보여주고, 지팡이에 무엇인가 걸릴 때에는 정지하는 것을 원칙으로 한다. 그 이외에는 지팡이를 흔들어 안구운동을 하면서 도로의 특징을 확인한다. 이런 식으로 목적지에 가는 즐거움을 실감하게 하면 흰 지팡이를 사용할 수 있게 된다. 물론, 시각장애의 정도에 따라 보행 훈련의 내용도 바뀌는 것은 당연하다.

훈련 후, 야간에 걸을 수 있는데도 불구하고 걸을 수 없는 상태를 자신이 만들고 있는 것은 아닌지를 확인하는 것이 중요하다.

## 2 야간의 보행훈련

어두워질 때나 밤이 되면 걸을 수 없다고 생각하는 저시각자가 매우 많은 것이 현실이다. 특히 어두워질 때에는 추체와 간체가 평형상태가 되어 시각장애가 없는 사람도 걷기 어려운 상태가 되는데, 하물며 저시각자는 말할 필요도 없다. 더욱이 야간에는 발 밑의 정보를 얻기 어려워지므로 야간 보행을 포기해 버리는 사람이 많은 것 같다. 그러나 가로등 빛, 자동차의 미등, 자판기의 빛 등을 표적으로 발 밑의 불안을 없애면 주간보다 편히 걸을 수 있다. 또한 저시각자용의 밝은 손전등도 사용할 수 있다.

이렇게 하면, 야간에도 걸을 수 있으므로 걸을 수 없는 상태를 시각장애자 자신이 만들고 있는 것은 아닌지 확인하는 것이 중요하다.

야간 보행 훈련에서, 눈가리개(eye mask)를 하고 훈련하는 지도자가 있으나, 이것은 바람직하지 않다. '앞으로 보이지 않게 될 가능성이 있으므로 눈가리개가 필요할 것'이라거나 또는 '야간에는 보기 어려우므로 눈가리개를 체험할 필요가 있다'는 것은 저시각자의 '보고 싶다'는 마음에 대한 배려가 부족한 것이다. 더욱이, 저시각자는 야간의 여러 가지 빛을 이용할 수도 있고, 소리도 단서가 될 수 있다. 우선은, 자신의 눈으로 '아~ 이것을 사용할 수 있구나'라고 실감하는 것이 중요하다.

## 3 우천 및 눈이 쌓인 곳에서의 보행

보행 연습에서는 날씨 문제를 무시되는 경향이 있다. 비가 온 후나 비가 내리고 있을 때에는 노면이 젖어 있어서 가로등이 비추면 보도와 차도가 하나의 도로로 보여 구분되지 않아 걷기 어려워지는 경우가 있다. 또한 비소리가 큰 경우는 소리를 구별하기 어려워진다. 안전하고 효율적으로 보행하기 위해서는 현장에서 어떤 감각을 우선하여 사용할 것인가가 중요하다. 우천 시의 보행에서는 투명한 비닐우산을 사용하면 다소 선명도는 저하되나 눈앞의 정보는 알기 쉬어진다. 비닐우산은 도움이 되는 도구 중 하나이다.

또한 눈이 오면 눈의 밝기로 노면이 반사된다. 주간에는 이 반사광에 의하여 눈부심이 강해지므로 동절기용의 차광안경 등이 필요하다. 그러나 야간에는 쌓인 눈이 가로등 빛을 받아 보도와 차도가 하나의 흰 도로로 보이기 때문에 오히려 걷기 쉬워질 수 있다. 이와 같이 보행은 날씨에 따른 문제를 고려하여야 한다.

## 4 인도견과 흰 지팡이의 사용

예전에는, 인도견은 완전 실명자에 한하여 대여되어 왔다. 시각장애자는 초기에는 자기가 본 부분을 믿게 되므로 인도견이 위험함을 알고 서 있음에도 불구하고 '가라'고 지시하여 사고가 발생하는 경우가 많았다. 최근에는 인도견이 주는 정보를 잘 따르도록 지도받아 저시

[그림 5-2] 보행훈련

각자에게도 대여가 가능해졌다. 그러나 시각장애자의 기본은 흰 지팡이를 확실하게 사용하는 것이다.

## 3 지도할 때의 유의사항

훈련은 무엇보다도 안전을 중요하게 생각하여야 한다. 어쨌든 걸을 수만 있으면 되는 것이 아니라 안전하고 확실하게 목적지에 도착할 수 있는 것이 중요하다. 또한 안전하다고 하더라도 보통 사람의 5～6배의 시간이 소요된다면 의미가 없으므로 효율성도 중요하게 생각해야 한다. 단, 고령자 등에서 자신의 집 근처를 천천히 걷고 싶은 경우는 효율성을 고려하지 않아도 된다.

주변에서 '이상한 걸음걸이를 하고 있다'거나, '어디로 가느냐?'는 말을 걸어오면 자신의 위치를 잃어버리는 경우가 있다. 자신은 열심히 머릿속에서 정상적인 보행을 하고 있다고 생각하고 있는데 주변의 이러한 말들로 모든 것을 허사로 만드는 경우가 있으므로 보기 좋은 자세로 똑바로 걷는 것이 중요하다(그림 5-2).

## 4 보행훈련을 적극적으로 하지 않는 사람에 대한 동기 부여

시각장애자 중에는 불안, 자신감 부족, 포기 등으로 인하여 보행 훈련에 적극적이지 않은 사람들이 있다. 시각장애자의 일상생활 훈련 전반에 해당되는 것으로, 본인은 '이대로의 인생으로 끝나고 싶지 않다'고 생각하나 간단한 일도 할 수 없는 것이 많아 일상생활을 다시 계획하는 것을 단념해 버리는 사람도 많다. 이러한 경우에는 우선 장애자의 하소연을 잘 들어주고, 신뢰관계가 성립되면 '정말 이대로 끝내고 싶은지? 다시 한 번 용기를 내볼 생각은 없는지?' 등의 질문을 한다. 그러면, '이대로는 끝내고 싶지 않다'라고 대답하면서, '어떻게 하면 좋은가?'를 훈련 지도자에게 물어올 것이다. 만일 이동하는 것에 어려움이 있는 경우라면, '당신은 걸을 수 있고 자유롭게 여러 곳에 갈 수 있으며, 만나고 싶은 사람을 만날 수 있다', '당신이 원할 때면 찻집에 갈 수도 있다', '여태까지 다른 사람에게 부탁했던 것을 부탁하지 않아도 된다면 정신적으로 편안할 것이다'와 같은 말로 동기를 부여한다.

## 5 보이는 상태에 따른 차별화된 지도법

시각장애자의 보이는 상태에 따라 지도방법을 생각해야 한다. 예를 들면 구심성 시야협착이 있는 사람은 먼 곳을 볼 때에는 어느 정도의 시각정보가 들어오지만 가까워질수록 그 대상물이 너무 확대되어 모르게 되거나 또는 작은 것은 시야에서 사라져 버린다. 시야협착이 반경 5°인 경우, 6 m 앞에서는 직경 1 m 원, 60 cm라면 10 cm 원의 내부 밖에 보이지 않는다. 이 때문에 걷는 것이 어렵고, 매우 곤란한 상황에 당황하거나 고민한다. 주변시야가 남아 있는 사람은 걸을 수는 있으나, 중심시력이 좋은 곳으로 대상물이 보이지 않으므로 불안해 한다. 중심암점이 직경 10°가 있는 경우, 6 m 앞에서는 직경 1 m 원, 60 cm라면 10 cm 원의 내부가 보이지 않는다. 그러므로 멀리서 몇 사람이 한 줄로 늘어서서 걸어오는 경우, 정 가운데에 있는 사람이 없어지고 가까이 다가오면 보이게 된다.

이러한 상태를 이해한 후에 그것을 어떻게 지도해 나가느냐가 중요하며, 이때에는 중심외 주시 훈련이나 안구운동 훈련이 도움이 된다.

# B 식사훈련과 지원의 기본

## 1 식사훈련과 지원의 기본

시각장애자는 보이지 않기 때문에 '다른 사람들과 식사하는 것이 싫다'는 사람들이 있다. 이것은 '식사를 잘 할 수 없고, 밥알을 많이 남긴다', '흘리는 것을 남에게 보이기 싫다' 등의 이유 때문이다. 이러한 경우 식탁 위에 있는 식기의 위치 관계를 가르쳐 주면 시각장애자도 식사를 즐길 수 있다. 시각장애자의 음식물 섭취는 어느 단계에서 실명했느냐에 따라 도움의 방법이 달라진다. 예를 들면 시력이 0.02, 시야협착이 반경 10°정도인 시각장애자라면 어렸을 때부터의 시각장애자나 중도 장애자와의 경우와는 전혀 다르다. 최근에 실명한 경우라면 식탁 위에 있는 식기의 위치 관계를 알려주면 식사를 잘 할 수 있으나, 어렸을 때부터 자기가 먹는 훈련이나 경험을 하지 못했으면 식사는 어려우며 도움이 필요하게 된다. 시각장애자는 여러 가지 감각을 이용하는 훈련을 하면 식사를 잘 할 수 있게 된다. 즉, 대비감도, 시각, 촉각, 운동 감각 등을 잘 이용할 수 있으면 능숙하게 식사를 할 수 있다. 예를 들면, 젓가락이 음식물까지 다가가 잡을 수는 있으나 입으로 가져오는 것이 어렵다면, 눈을 사용하지 않고 근운동 감각과 위치 감각을 훈련하여 입으로 가져가는 것을 순조롭게 할 수 있다. 주변시야와 상당 부분의 하방시에 시각이 남아 있으면 음식물을 집고 나서 바로 가까이까지 가져 올 수 있으므로 이들 감각으로 입까지 가져올 수 있고 음식물을 떨어뜨리는 일이 줄어들게 된다.

입까지 잘 가져오는 훈련의 첫걸음은 김밥을 손으로 먹는 것이다. 손으로 입까지 가져올 수 있다면 이어서 젓가락으로 시도한다. 이와 같이 조금씩 자신감을 갖게 하여 김밥 다음에는 라면을 먹게 한다. 라면을 조금씩 집고 입으로 가져오면 되므로 비교적 간단하다. 이렇게 하면 일상생활에서도 자신감이 생겨 일반 사람과 다름없이 즐겁게 식사를 할 수 있게 된다.

시각장애자는 당연히 먹다가 흘리는 일이 많다. 이때에는 '흘리면 안 돼'라고 주의를 주기보다는 '흘리지 않게 하려면 손을 갖다 대면 된다' 등과 같이 긍정적인 방향으로 조언을 하면서 훈련을 진행한다.

## 2 식탁에 앉기

식탁에서 시각장애자가 앉는 위치를 정해 놓는다. 주의가 필요하긴 하지만, 어떠한 시각장애자나 시야장애자라도 정해진 식탁 위치까지는 갈 수 있다. 일반적으로, 식탁이나 식탁 의자는 색이 진한 것이 많아 시각장애자가 구별하기 어려우므로, 색 대비를 두면 쉽게 찾을 수 있게 된다.

## 3 색 대비 식판

식탁과 식기의 색이 같거나 조미료의 위치가 알기 어려우면 손이 먼저 나가 식기나 조미료를 넘어뜨리게 된다. 가능하면 식탁 위에는 시각장애자 전용의 인식하기 쉬운 색 대비가 되는 식판을 준비한다.

또한 반찬을 담을 때에는 식기의 색에도 신경을 쓴다. 예를 들면 청색의 식기라면 녹색이나 노란색의 반찬을 담거나 하여 접시와 음식에 색 대비를 만든다. 밥그릇도 안쪽에 색이 있는 것이나 전체적으로 검은 유약을 바른 것이라면 밥그릇에 밥알이 남아 있는지 쉽게 알 수 있다.

## 4 시계방향위치(clock position)

식기를 준비할 때에는 시야나 시력에 따라 보기 쉬운 환경을 만들어 주는 것이 필요하다. 구심성 시야협착인 사람에게는 조금 앞에 놓든가 조금 떨어뜨려 놓아 주면 식탁에서 자신이 보고 있는 범위를 알 수 있다. 시각장애자에게는 시야에 들어오면 그 사물은 존재하는 것이나, 시야에 들어오지 않으면 그것은 존재하지 않는 것과 같다.

시력이 매우 약하고 시야도 좁은 경우는 실명의 경우와 마찬가지로 시계방향이 효과적이다. 5시 방향에 밥, 7시 방향에 된장국, 차는 3시 방향에 있고 야채는 12시 방향에 있다 등과 같이 배치를 설명해 준다. 그리고 손을 갖다 대게 하여 위치관계를 알려주면 편하게 먹을 수 있다.

또한 회식에서의 요리상과 같이 3열이나 4열로 배치되어 있으면, 시계방향으로는 대응할 수 없으므로 이때에는 오른쪽 1열, 2열 ..등 순서대로 배치를 설명하고 형상화할 수 있도록 설명해 준다.

## 5 조미료, 향신료

식사를 할 때 어려운 점은 사람마다 좋아하는 것에 차이가 있다는 것이다. 생선회에 겨자를 듬뿍 묻히는 것을 좋아하는 사람이 있는 반면에 약간만 원하는 사람도 있다. 이때 '약간'의 의미는 매우 주관적이고 미묘하다. 간장이나 향신료 등에 대한 취향도 사람에 따라 다르다. 가정에서 먹는 경우에는 본인이 좋아하는 것을 알고 있으면, 간장이나 향신료 등을 따로 놓아주거나, 한 번에 3 cc 정도 소량만 나오는 것으로 용기를 바꾸어 놓아 본인의 입맛에 맞게 조절할 수 있도록 해준다.

또한 소스나 간장 등의 조미료가 함께 놓여 있으면 구별하기 어려우므로, 한 쪽에 고무줄을 감든가 하여 구별할 수 있도록 배려한다. 기본적으로는 식탁 위에 지나치게 여러 가지를 어지럽게 늘어놓지 말고, 조미료도 정해진 위치에 놓아, 그 위치를 알려주는 동시에 언제나 정한 장소에 놓도록 배려하면 식사를 즐겁게 할 수 있다.

## 6 음식물·식기의 색 대비

대비감도가 다른 식기를 몇 종류로 나누어 사용하는 것이 중요하다. 접시 위에 몇 종류의 음식물을 놓을 경우에는 각각이 보이기 쉽도록 배치한다. 무엇인지 확실히 알지는 못하지만 보이는 음식에는 젓가락이 간다. 그때 그것이 먹는 것인지, 호일(foil)인지, 또는 장식용인지 알기 어려운 경우도 있다. 그러므로 대비감도도 중요하지만, 식기에 담을 때에는 간단한 것이 중요하다.

색채로 식욕이 나는 경우도 있으나 색을 알기 어려운 경우에는 '이 고기는 덜 익은 고기이다'라고 말해주면 '덜 익었으면 약간 붉겠구나' 또는 '잘 익은 고기이다'라고 하면 '좀 탔구나'와 같이 형상화할 수 있다.

## 7 음식물의 온도·종류

음식물이나 식기가 뜨거운 경우 예를 들면, 스테이크와 같이 철판이 뜨거워서 닿으면 데기 쉬운 것은 '닿으면 뜨거워요'라는 말로 충분하다. 먹을 것이 뜨거워 갑자기 놀라지 않도록 사전에 말로 주의를 일깨우는 것이 중요하다.

## 8 식사 도구

중도 시각장애자는 여러 해 젓가락이나 포크를 사용해 왔으므로 이들을 사용하는데 지장은 없다. 문제는 음식물이 어디에 있는지를 몰라서 어떻게 자신의 입에 넣으면 좋을지를 알지 못하는 것이다. 음식물을 입에 가져가는 감각은 반복 연습에 의해 순조롭게 할 수 있으므로 굳이 '당신은 보이지 않으니 숟가락을 사용하는 것이 좋다' 등과 같은 말을 할 필요는 없다.

젓가락을 사용할 때 특히 어려운 것은 작은 가시가 있는 생선이다. 꽁치나 가자미와 같이 가시가 많은 생선을 구이로 한 경우 먹지 않으려고 하는 경우도 있다. 그러한 때에는 가시를 미리 빼거나 먹기 쉽도록 뜯어서 준다.

스테이크를 먹을 때 나이프의 사용방법이 서투르면 처음부터 그 사람이 먹기 쉽도록 한 입 크기로 잘라서 내어 놓는다. 이 방법은 본인의 자존심과 관계가 있으므로 그 의향을 물어보는 것이 좋다.

일반적으로 '먹고 싶다'는 생각이 들어도 그 처리가 귀찮으면 '그것을 좋아하지 않는다' 또는 '싫어 한다'라고 하며 먹지 않는 일도 있다. 이러한 경우에는 '이렇게 하면 먹을 수 있겠지'라고 확인을 한 다음, 음식을 담는 단계에서 배려해 준다.

양식에서 포크나 나이프를 준비해도 본인이 능숙하지 못하면 젓가락을 사용하여도 된다. 그러한 정도의 융통성이 있으면 충분히 대응 할 수 있다.

연습 방법은 그릇의 색 대비를 배려하고 밥 그릇 2개를 준비하여 젓가락을 사용하여 앞에 놓인 그릇에서 뒤에 놓인 그릇으로 음식물을 옮기는 연습을 한다. 대부분의 경우, 대비에 변화를 주는 것만으로도 가능하나, 보유시각이 충분하지 않으면 근운동감각을 고려하여 약간의 훈련이 필요한 경우도 있다.

## 9 제품화된 식품·음료

주의하여야 할 것은 슈퍼마켓이나 식품점에서 사 온 도시락이다. 플라스틱 용기에 들어 있는 간장이나 소스가 음식인지 조미료인지 알 수 없어 입에 넣어버리는 경우가 있다. 이러한 경험이 있으면 사람들 앞에서는 먹기 싫다는 마음이 강하게 생기게 되므로 먹는 것이 고통이 될 수 있다. '간장은 옆으로 밀어 놓을께요' 또는 '칠까요? 치지 말까요?' 등과 같은 말로 기분 좋게 식사할 수 있도록 도와준다.

또한 도시락의 간장이나 소스가 작은 비닐 주머니에 들어가 있는 경우가 있다. 시력이나 시야가 어느 정도 있는 사람이나 열어본 경험이 있는 사람이라면 비닐을 뜯어 기호에 따라 간장이나 소스를 먹을 것에 칠 수 있다. 마찬가지로 우유나 쥬스의 종이 팩에 빨대를 꽂는 일도 경험이 있으면 할 수 있다. 그러나 본 적이 없거나 사용해 보지 못한 사람은 할 수 없다. 이러한 경우는 '어떻게 할까요?'라고 물어보고, 할 수 있는 일이라면 보유시각나 촉각을 사용하여 본인이 하도록 하고, 할 수 없을 경우에는 '열어 놓을께요'라고 말하고 알 수 있는 위치에 놓아둔다.

## 10 차와 커피

홍차의 색은 적포도주, 커피는 짙은 갈색이다. 검거나 진한 색의 그릇에 넣으면, 들어가 있는 양을 알기 어려우므로 찻잔의 안쪽은 흰색이고 바깥쪽은 색이 있는 것을 사용한다. 차도 마찬가지이다.

차, 커피 등에서 어려운 것은 차를 포트에서 찻잔에 따를 때 어떻게 따라야 좋을지를 모르는 것이다. 맥주를 따를 때에도 마찬가지이다. 맥주잔이나 찻잔의 가장자리를 알기 어려우므로 가장자리에 대는 것처럼 해서 따른다. 보지 못하는 사람은 소리의 변화나 감각을 사용하는 훈련을 한다. 구체적으로 물과 그릇을 준비해 놓고 실제로 반복하여 그릇에 따라는 연습을 통하여 들었을 때의 무게로 '이 정도가 80%'라는 감을 익히도록 하면 능숙하게 따를 수 있게 된다. 그릇에 들어간 분량을 확인할 때 과거에는 손가락을 넣기도 했다. 손가락의 촉각으로 어느 정도의 양인지는 알 수 있지만 함께 보고 있던 사람이 이 차를 마시지는 않을 것이다. 그래서 새로운 용기에 적당량이 들어가면 소리가 나는 보조기구가 개발되었다.

2개의 발이 나와 있어 물이 들어가면 전기가 통해 소리가 나므로 소리의 변화로 양을 조절할 수 있다. 아무리 해도 무게를 알 수 없다든가 감을 익힐 수 없으면 보조기구를 사용하여 대응할 수 있다.

시야협착이 반경 10° 정도라면, 색 대비를 이용하여 정확히 넣을 수 있다. 맥주나 콜라 등을 잔에 부을 때 흰 탁자 위에 놓으면 내용물이 올라오므로 '대략 이 정도이다'라고 예측할 수 있다. 잔 뒤에 대비가 될 만한 것을 놓고 배경을 만들어 주는 것도 좋다. 기본적으로는 투명한 컵은 용기 자체가 구별되기 어려우므로 가급적 사용하지 않는 것이 좋으나, 도자기 재질 등을 이용하면 쉽게 구별할 수 있으므로 저시각자 개개인의 보이는 상태에 따라 연구하는 것이 중요하다.

차의 경우 주전자에 물을 끓이고 포트에 차잎을 넣어서 끓인 물을 넣은 뒤 찻잔에 따르는 복잡한 과정을 반복한다. 이와 같은 번거로움은 전기 포트를 사용하면 간단하게 해결할 수 있고 차 잎의 관리가 힘들면 티백(tea bag)을 사용하면 된다. 또한 전자렌지를 이용하여 따뜻한 차를 마실 수 있는 방법도 있다.

중요한 것은 시각장애자가 어떤 방법으로 차를 마시고 싶은지, 어떤 방법을 사용하면 자신이 할 수 있는지를 본인에게 들어보고 선택하는 것이며, 이들을 실제 생활에서 사용하는 것이다.

## C 조리와 뒤처리

### 1 조리훈련과 지원의 기본

식사 준비는 기본적으로 밥을 지을 수 있고 된장국을 만들 수 있는 것부터 시작하여 굽기, 찌기, 볶음, 튀김, 지짐 등 중에서 가장 간단한 요리부터 경험해 보는 것이다. 본인이 '이것을 하고 싶다'라고 생각 했을 때, 기본 기술이 있으면 조리하는 것이 가능하다. 그러나 한 번도 경험한 적이 없다면 알지 못하기 때문에 할 수 없게 된다. 시간적으로 여유가 있다면 복잡한 요리도 만들어 보면서 능숙하게 익힌다. 그 후는 개인의 식생활 기호에 따라 본인이 하고자 하는 마음에 달려 있다. 당뇨병 등으로 칼로리 제한이나 염분 제한이 있어도 요리의 기본만은 정확하게 훈련해 놓는 것이 중요하다. 그러나 식기나 식재료를 준비하지 못하거나 구입하러 가지 못하는 경우에는 택배를 이용하여 그것에 대응하는 도구를 준비하는 개별지도를 한다.

음식물을 자신이 만들고 싶은 것인지 그렇지 않으면 만들어 달라는 것인지, 자신이 만든다고 한다면 어떠한 것을 만들고 싶은지, 차분히 만들고 싶은지, 음식의 종류를 자꾸 늘려가며 만드는 방법을 외우고 싶은 것인지, 손쉽고 간단하게 빨리 그리고 편하게 즉시 먹을 수 있으면 좋은지 등과 같이 '어떻게 하고 싶은가'라는 것을 분명히 해야 한다. 요구에 따라 훈련도 달라지기 때문이다.

이와 같은 기본 위에 병이나 중복 장애 등을 생각해서 식사나 조리 계획을 세운다. 당뇨병이라면 염분, 당분, 칼륨 등의 양을 고려하여 하루에 몇 단위가 필요한지를 아는 사람은 자신의 시각을 사용하여 정확하게 계측하게 한 후, 이를 확인해 가며 훈련을 진행시킨다.

## 2 식자재 준비

조리를 하기 위해서는 먼저 식재료를 준비를 해야 하며, 식재료의 준비는 일반적으로 슈퍼마켓 등에서 물건을 산다. 필요한 물건을 고르기 위해서는 손으로 집어 확대경으로 확인하는 방법이 있으나, '물건을 손으로 만짐으로써 남에게 폐를 끼치게 된다'거나 '남의 눈에 이상하게 보일 것이다'는 의식으로 유효기간이나 금액을 확인하지 않고 바로 바구니에 넣어 버리는 경우가 많다. 커피나 마른 식재료 등 오랫동안 보존할 수 있는 것이라면 상관없으나, 신선도가 높아야 하는 물건, 계절 물건, 잘라 파는 것, 소량으로 파는 것 등이라면 설명을 분명하게 해주는 소매점에서 사는 것이 좋다. 그러나 슈퍼마켓에서 물건을 살 때, 손님이 별로 없으면 종업원에게 필요한 것을 부탁하면 준비해 주거나 경우에 따라서는 물건을 고를 수 있도록 코너로 안내하여 친절하게 설명도 해준다.

구심성협착이거나 중심암점이 있는 사람도 매장의 번호나 코너마다의 상품표시판을 눈대중으로 보고 단안경을 이용하여 찾을 수 있다. 또한, 우선 위치 관계를 외워 두고 필요한 것이 있는 장소를 물어 자신의 시력을 이용하여 손으로 집으면 충분히 물건을 살 수 있다.

## 3 조리를 하기 위한 연구

### 1 주식

식재료가 준비되면 조리를 할 수 있다. 가장 기본적인 밥을 지을 때는 쌀을 계량하고, 씻어서, 물의 양을 맞추어야 한다. 이것 역시 손의 감각을 이용하는 것이 필요하다. 밥솥에 쌀을 넣어, 손바닥으로 짚어 손목의 위치 정도에 물이 오도록 하면 밥짓는 것은 문제가 없다. 최근에는 씻지 않아도 되는 쌀도 판매되고 있으므로 씻는 수고를 할 필요가 없고, 계량컵을 이용하여 같은 양의 쌀과 물을 배분하면 밥짓기는 어려운 일이 아니다.

또한 밥도 가스를 사용하여 지어보는 등, 밥짓는 방법을 바꾸어 보면서 해보면 요리를 하는 자세도 달라지고 가스를 사용하는 두려움도 없어지게 된다.

### 2 부식

조리는 끓이고, 짓고, 지지는 등 여러 가지가 있으나, 제일 어려운 것은 가스의 화력 조절이다. 시각장애자가 정말로 먹고 싶어도 무서워서 못하는 요리는 튀김 요리이다. 온도를 모르는 것이 원인인데 기름이 좀 끓으면 소금을 뿌려 보아 탁탁 튀는 소리가 나면 적당한 온도임을 알 수 있다. 이것은 시각장애자가 아닌 일반 사람들도 사용하는 단순한 방법이다. 물론 200℃ 이상을 표시 할 수 있는 눈금이 굵은 온도계를 냄비에 부착하여 온도를 알 수 있는 방법도 괜찮다.

새로운 전자렌지를 이용하면 튀김 요리를 쉽게 할 수 있으나, 구식으로도 충분하다. 튀김 방법에 대한 것은 점자책이나 약시자용 전자렌지를 사용하는 요리책이 건강 식생활협회 등에서 발간되고 있다. 가스를 사용하는 것이 무서워도 전자렌지를 사용하여 튀김에서 끓임, 졸임까지 할 수 있다. 본인에게 저항감이 적은 방법에 익숙해지면 요리에 대한 관심도 높아지고 식생활도 풍부해진다.

시각장애자도 자신의 식생활에 관한 일이므로, 안전하고 보다 간단하게 효율적으로 조리할 수 있으면 실생활에서 받아들인다. 그러므로 여러 가지 정보를 제공하는 것도 필요하다. 예를 들면 AJINO MOTO사의 홈페이지에는 수천 종류의 조리법(recipe)이 게시되어 있으므로 인쇄하여 광학적인 보조기구 등을 사용하여 읽으면 요리 종류를 증가시킬 수 있다.

요리는 경험이므로 처음부터 잘 할 수는 없다. 적당한 양이나 자신이 먹는 양만큼 만든다

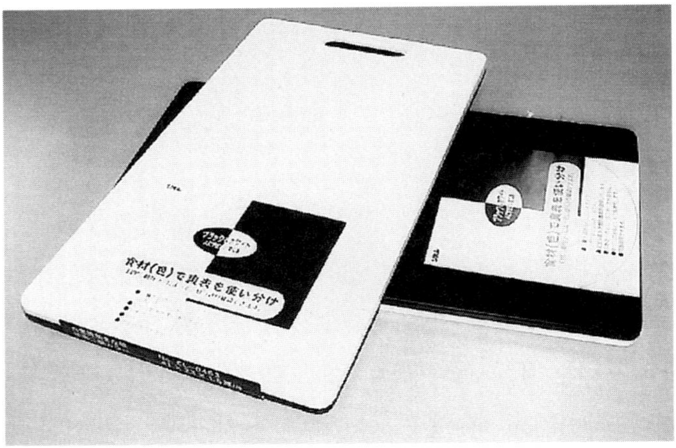

[그림 5-3] 도마의 종류

는 것은 의외로 어려운 일이다. 그러나 반복하여 요리 훈련을 하면 터득할 수 있다. 가스를 사용할 것인지, 전자렌지를 사용할 것인지, 또는 전자 요리기(IH)를 사용할 것인지의 결정은 본인이 한다.

## 4 조리도구

조리 용구 즉, 냄비, 후라이팬 등 도구는 빈틈없이 준비하여 대처하는데 색이 있는 것, 자루나 디자인으로 색 대비가 되는 것으로 구별하거나 놓아둘 장소를 정해 놓는다. 또한 사용 빈도에 따라 분류하는 등의 연구가 필요하다. 도마도 흰색을 뒤집으면 검정색이 되는 것, 실외용의 색채가 다양한 것, 나무 도마 등도 있으므로 본인이 사용하기 좋은 것으로 선택하거나 몇 가지를 같이 사용하는 것도 필요하다(그림 5-3).

계량에 대해서는 요리용 저울로 표시가 굵은 것, 소리나는 것도 있고 계량컵도 굵은 문자가 새겨져 있거나 빨간색 또는 검정색으로 표시되어 있는 것도 있다. 자신의 식생활에 맞는 것으로 가급적 손이 덜 가면서 정확하게 식생활이 지켜질 수 있는 도구를 선택하는 것이 중요하다.

또한 손의 감각도 효과적인 경우가 있다. 소금의 양이 '아주 약간'이라는 것은 엄지와 검지 끝으로 조금 집은 양이며, '조금'은 엄지, 검지 및 중지로 집은 양으로, 양을 말로 조절할 수 있다. 이와 같이 손도 훌륭한 도구로 활용할 수 있다. 조리 용구와는 다르지만, 전자렌지, 토스트기 등 눈금이 있는 것들에는 손가락으로 표시를 하거나, 네임테이프 등으로 점자를 찍어 붙이거나 하여 사용하기 쉽게 한다.

최근에는 검은 주걱도 출시되어 있어, 일상적인 작고 편리한 도구들을 구하기도 쉽고 조리 자체도 편하게 할 수 있다.

## 5 식사 후의 뒤처리

식사 후의 뒤처리는 요리를 하면서 뒤처리 준비를 시작하는 것이 필요하다. 먹을 것을 담기 위하여 사용한 접시 등 조리할 때 사용한 것을 파악해 놓고, 씻는 장소나 보관 장소를 정해 놓는다. 지정한 장소에 놓아둔 세제로 스펀지를 사용하여 씻은 식기를 건조시켜 보관 장소에 넣는 등 하기 쉬운 일부터 순서를 정해 놓는다. 또한 세제나 닦는 행주 등은 반드시 놓아두는 곳을 정해 두고 그 곳에 놓아야만 뒤처리도 간단하게 된다. 일련의 작업에서 정리하기 쉬운 방법을 정하여 정리 정돈을 한다. 타인이 알아서 씻어주고 적당한 곳에 놓아두면 불필요한 혼란을 초래하기 쉽다. 시각장애자는 물건을 옮겨 놓으면 매우 혼란스러워 한다.

식기를 씻을 때는 세제를 완전히 씻어내지 못하고 남아 있을 수도 있다. 우선 세제를 식기 씻는 통에 넣고 씻은 후 모두 꺼내고, 세제가 있는 물을 모두 버리고 여러 번 통 속에서 물로 깨끗이 씻는 것을 철저히 하면 덜 씻기는 일은 없을 것이다.

## 6 조리용품·조미료·식기의 정리

조리용품, 조미료, 식기류는 순서대로 정리해 놓고 하나의 그룹으로 관리한다. 세재가 여러 개 있으면 용도별로 놓고 수저는 수저끼리 모아 놓고 계량컵은 일련의 시리즈 별로 잘 정리해 놓으면 편리하게 이용할 수 있다.

조리 용구와 조미료도 반드시 오른쪽부터(또는 왼쪽부터) 몇 번째가 설탕(또는 소금)과 같이 정해 놓는다. 매직펜을 사용하여 큰 글씨로 '설탕'이라고 쓰거나, 고무줄로 표시하거나, 용기의 크기를 다르게 하거나, 점자로 표기하여 본인이 파악하기 쉬운 상태로 해 놓고 위치를 정하여 정리해 놓고 관리한다. 그릇장 속에서도 놓는 장소를 정해 놓으면 필요한 때에 필요한 것을 꺼내어 사용할 수 있다.

부엌에 필요한 것은 부엌 물품으로 정리하고 그 순서를 나름대로 확인해 놓는 것이 좋다. 자신의 시력이나 시야로 보이는 크기의 문자나 표시를 붙이거나 쓰거나 하는 것도 중요하다. 또한 ○ 나 △와 같은 마크(mark)를 붙이거나 색이 있는 목록표(index card)를 사용하여 색 별로 분류하거나, 색이 있는 고무줄로 구별하는 등의 방법도 있다. 어느 방법을 사용하더라고 순서를 잘 정하여 정리해 놓는다.

일반적으로 부엌은 위가 밝고 자기 가까이는 어두우므로 조명을 설치하면 보기 쉽게 되고 식재료를 자르고 씻고 정리하는 것이 편리해진다.

### 7 잔반·쓰레기 처리

쓰레기는 현재 분리수거를 엄격히 시행하고 있다. 쓰레기통도 음식물용, 재활용 또는 재활용되지 않는 것 등으로 색을 구별하여 마련하도록 한다.

훈련을 위해서는 비슷한 크기의 양동이, 쓰레기통의 색을 달리하는 등의 조언을 철저하게 해 주는 것이 필요하다.

## D 청결과 몸가짐

일상생활에서 청결이나 몸가짐은 중요한 요소이지만 시각장애자의 경우 보이지 않으므로 세수, 이 닦기, 손톱깍기 등이 어려울 것으로 생각하기 쉽다. 그러나 보조기구를 사용하여 훈련을 하면 이 닦기, 손 씻기, 세수, 면도 등을 일반 사람처럼 할 수 있게 된다.

### 1 세안

세안은 우선 거울로 자신의 얼굴을 보는 것이 기본이다. 시야협착의 경우 거울은 확대할 수 있는 것을 사용하여 자신의 얼굴을 확인한다. 비누 곽이나 바디 솝(soap)이 있는 위치를 확인하여 손으로 집어 거품내는 것을 거울로 확인하고 촉각을 이용하여 얼굴 전체에 문지른다. 훈련할 때 주의할 점은 안구운동을 바르게 하고 자신의 눈으로 얼굴 전체를 볼 수 있도록 한다. 반경 10° 정도의 시야협착이 있다면 거울을 보는 것이 가능하지만 5° 이하의 고도의 시야협착에서는 60 cm 거리에서 10 cm 정도 밖에 보이지 않으므로 거울의 위치가 매우 중요하다. 그러나 시력이 0.2 ~ 0.3 정도 있으면 좀 더 거리를 멀게 하면 흐릿하게 얼굴이 보이므로, 기본적으로는 정상인처럼 세면대에서 세수를 할 수 있다. 흰 세면대에 흰색 비누라면 색 대비가 나빠서 보기 어려우므로 색이 있는 비누곽을 사용하여 손으로 잡기 쉽게한다.

중심암점의 경우는 거울로 자신의 얼굴의 제일 보고싶은 부분이 암점으로 보이지 않기 때문에 중심외주시를 이용한다. 자신의 눈을 얼마나 옮겨야 정면으로 자신의 얼굴을 볼 수 있는 지를 이해하며 훈련한다.

실명자나 그 상태에 가까이 있는 사람은 얼굴을 씻을 때 촉각을 사용한다. 이 경우, 거울의 위치보다는 비누나 얼굴을 닦기 위한 수건의 위치를 언제나 같은 장소에 놓아두는 것이 중요하다. 또한, 사용하고 난 후에는 반드시 제자리에 놓아야 한다. 놓는 위치를 지키지 않으면 물건을 찾기 힘들고 어수선해진다. 가능하면 수건으로 비누의 끈적끈적한 것을 닦아 놓으면 미끄러지지 않고 떨어뜨려도 구르지 않는다.

특히 얼굴을 씻을 때 주의해야 할 것은 자신의 시야에 들어오지 않아서 비누 거품이 남아 있는 경우이다. 특히 머리카락과의 경계에 거품이 남아 있는 경우 깨끗하게 없애려면 머리카락의 경계를 포함하여 꼼꼼하게 닦아야 한다. 이것은 시각장애자에게 공통적으로 해당된다.

## 2 이 닦기

이 닦기에서 하얀 칫솔에 하얀 치약을 묻히는 것은 색대비가 되지 않아 보기 어려우므로 부분적으로 색이 들어있는 칫솔을 사용하면 치약을 묻힌 곳이 하얗게 되어 알기 쉽다. 치약은 칫솔의 색이 다른 부분에 가볍게 묻혀서 닦는다. 우선 자신의 손바닥에 얹어 놓고 칫솔에 묻도록 하여 닦으면 편하다.

시야협착의 경우에는 치약을 손 밑으로 가져오면 인식하기 어려우므로 어느 정도 손을 뻗친 상태에서 묻힌다. 시야협착이 있는 사람은 칫솔이 보이지 않으므로 칫솔을 입에 가져오는 것을 무서워하는 경우도 있다. 훈련할 때에 주의할 점은 젓가락의 사용방법 훈련과 마찬가지로 칫솔에 치약을 묻히지 않은 상태로 입으로 옮긴다. 이와 같이 근운동 감각이나 입술에 닫는 감각을 키우면 잘 될 것이다.

입으로 옮길 때에 보이지 않게 되는 것이 불안한 경우에는 젓가락으로 콩 등을 집어 입으로 가져가는 훈련을 한다. 이것은 일상생활에서 무의식으로 하고 있는 근운동 감각이므로 이것을 활용할 수 있다면 이 닦기도 잘할 수 있다.

혼탁이 있는 경우에도 칫솔이나 치약에 색 대비를 이용하여 사용한다. 또한 치약 자체는 용기에 들어가 있는 것이므로 칫솔을 적시거나 약간 물기가 있게 사용하면 잘 할 수 있다.

주의하여야 할 것은 세안과 마찬가지로 입가에 치약 거품이 남아 있는 것이므로, 이 닦기가 끝난 후에 입가를 수건으로 잘 닦아내도록 한다.

## 3 면도

면도도 그다지 곤란한 일은 아니다. 중심암점에서는 주변은 보이므로 확대 가능한 거울을 사용하여 잘 할 수 있다. 면도가 잘되었는지는 손바닥으로 문질러보면 미끈미끈한지 꺼칠꺼칠한지로 알 수 있으므로 그곳에 면도기를 갖다 대면 깨끗이 깎을 수 있다. 구심성협착이나 혼탁이 있는 사람도 마찬가지이다.

면도에 사용하는 면도칼이 무서우면 전기면도기를 이용하여 깨끗하게 깎을 수 있다. 면도용 크림(shaving cream)을 사용하고 싶으면 손바닥에 짜놓고 얼굴에 바르고 깍은 뒤에는 얼굴 씻을 때와 같은 요령으로 깨끗이 씻고 남지 않도록 잘 닦으면 어렵지 않다. 전기면도기 중에는 물로 씻을 수 있는 것도 있으므로 본인이 사용하기 쉬운 것으로 선택한다. 면도날을 대는 각도에 따라 피부에 상처를 줄 위험이 있으므로 꼼꼼하게 사용하도록 주의한다.

## 4 머리 손질

시각장애자의 머리 손질은 어렵다. 여성의 세 가닥 땋기는 특히 어렵다. 빗으로 잘 빗고 머리를 나눌 때 거울을 볼 수 있으면 보면서, 잘 안보일 때에는 손가락의 감각으로 잡아 당겨가면서 손질을 하면 가능하다.

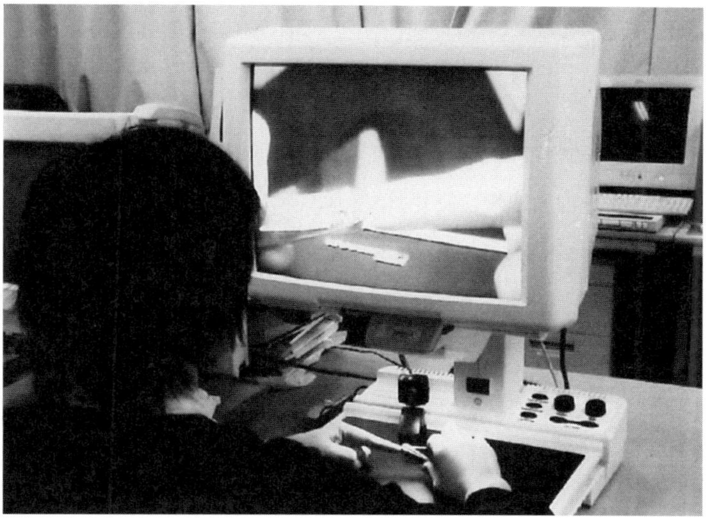

**[그림 5-4] 확대경을 사용한 손톱깎이**

머리 손질을 할 때 어깨에 수건을 둘러놓으면 머리카락이 빠지더라도 수건에 떨어지므로 한꺼번에 수거하여 쓰레기통에 버리면 깨끗이 처리할 수 있고, 더욱 깨끗하게 처리하고 싶으면 테이프를 이용하여 가볍게 두드리면 문제없다. 멋 내는 것도 보유시력으로 할 수 없는 부분은 촉감을 사용하면 가능하고, 가발을 사용하는 것도 유용하다.

## 5 손톱깎이

손톱깎이는 손톱깎이의 날을 자신의 손가락 끝 살이 있는 부분에 대고 조금씩 깎아나간다. 어려운 것은 발톱인데 줄을 사용하여 가는 방법도 있다. 손톱도 깊이 깎을 염려가 되는 사람은 줄로 갈아 깔끔하게 해 놓으면 손톱깎이를 사용하지 않아도 된다. 최근에는 전기 제품이나 손톱용 줄도 판매되는 것이 있으므로 이것을 사용하면 실명자라도 잘 할 수 있다. 시야가 넓은 사람뿐 아니라 눈에 혼탁이나 중심암점이 있는 경우도 자수용 확대경을 이용하면 편하고 안전하게 깎을 수 있다. 확대경이나 확대독서기에 손톱을 크게 비춰서 자르는 방법도 있다(그림 5-4). 어떤 방법이 바람직한지는 몇 가지 시도를 해 보고 선택한다.

시야가 좁은 경우는 목걸이식 확대경 보다는 스탠드형 확대경이 사용하기 편하다.

## 6 귀 후비기

일반적인 귀이개를 사용한다. 귀 후비기는 보면서 해야 하는 것은 아니다. 금속제로 끝에 솜이 부착되어 있는 귀이개를 돌리면서 사용할 때는, 주변이 더러워지지 않도록 조금 큰 종이를 놓은 상태에서 사용한 후 그 종이를 버리면 깨끗하고 편리하게 할 수 있다.

시각장애가 되면, '보이지 않으면 아무 것도 할 수 없다'는 선입견을 갖기 쉬우나, 실제 일상생활에서는 보이지 않아도 할 수 있는 일이 많고 귀 후비기도 이들 중 하나에 속한다.

## 7 화장

화장은 보유시기능이 있으면 확대경이나 확대독서기를 사용하여 할 수 있다. 퍼프(puff)를 사용하여 색조 화장을 할 때는, 화장이 균일하게 잘 퍼져 있는지 확인하는 등 양과의 관계가 중요하다. 마스카라 등은 어렵지만, 눈썹 모양을 수정하는 도구는 판매되고 있다.

시야협착에서도 시력이 양호하면 화장을 할 수 있다. 주변시야가 남아 있어 눈을 움직여서 얼굴 부분을 확대해 주면 잘 되었는지 볼 수 있다.

립스틱은 새끼손가락의 끝에 묻혀서 입술에 바른 후 티슈를 입술 사이에 물어서 완성한다. 자신이 만족한 상태가 될 때까지 반복 연습을 하면 그다지 어렵지 않다. 시각장애자는 아이섀도우(eye shadow)는 그다지 하지 않는다. 눈썹을 예쁘게 칠하거나 립스틱을 한 색으로 엷게 화장하는 방법이 일반적이다.

보유시야를 잘 활용하면 시각을 사용한 화장은 얼마든지 할 수 있고, 시각이 없으면 없는 대로 자기의 얼굴을 손바닥의 감각으로 잘 파악하여 주위사람에게 화장 상태를 확인하는 습관을 키우면 보다 나은 화장을 할 수 있다. 그리고 사물에 부딪혀 얼굴에 상처가 생긴 여성은 그것이 눈에 띄지 않게 하는 컨실러(concealer)를 사용한다. 만약, 본격적으로 화장을 하고 싶은 경우는 화장품 회사에 문의하면 기술 지도를 해 주므로 연락해 보는 방법도 좋다.

## 8 세탁

세탁할 때, 속옷류는 하나의 망(net) 안에 대 · 중 · 소 구별없이 세탁하고 말릴 때에도 함께 말린다. 시야협착인 경우에도 거리를 두고 보면 식별할 수 있다. 어려운 것은 전자동 세탁기가 싫어서 수동 세탁기에 집착하는 경우이다. 세제나 유연제를 넣어야 할 적절한 시기를 알기 어렵다. 세제의 양은 경험적으로 어느 정도의 양이라는 것을 기억해 두어야 한다. 그때의 필요한 세제가 한 컵 분량이라면, 색 대비가 강한 청색과 녹색의 세제용 컵을 사용하는 것도 좋은 방법이다. 전자동 세탁기의 스위치에는 여러 가지 선택 메뉴가 있다. 확대경을 사용하여 문자를 읽을 수 있을 때에는 선택 단추(dial button)의 위치를 알 수 있지만, 문자를 읽을 수 없을 경우에는 점등하는 빛의 색에서 첫 번째, 두 번째, 세 번째의 관계가 어떻게 되어 있는지를 기억한다. 소리나 빛을 보조적으로 사용하거나 볼록 마커를 이용하여 촉각으로 판단하게 하는 등의 연구가 필요하다.

실명자나 보유시각을 사용하지 못하는 사람은, 소리 나는 것이나 최근 National사에서 점자 표시가 된 것도 시판되고 있고 단추 하나만 누르면 모든 기능이 다 되는 것도 있으므로 이러한 것을 이용하면 세탁은 간단하게 해결할 수 있다.

## 9 목욕

시각장애자라도 목욕할 때의 기본은 일반 사람과 같다. 목욕탕은 여러 사람이 사용하므로 자기 집의 욕실이라 하더라도 나중에 들어가는 사람들에게 불쾌한 느낌이 들지 않도록 하는 것이 중요하므로, 욕조에 들어가기 전에 몸 전체를 씻고 들어가도록 한다.

머리를 감을 때 샴푸와 린스의 구별이 되면 문제가 없다. 샴푸 용기를 손으로 찾을 때 거품이 묻어 있으면 구분하기 어려운 경우도 있으므로 이때에는 샴푸 용기에 고무줄을 감아 놓아 구별하는 방법도 있다.

샴푸나 비누의 거품내는 법이 서툴러 필요 이상으로 많이 사용하는 경우가 있다. 이러한 경우에는 나일론 천 등 거품내기 쉬운 것으로 비벼서 그 거품을 쓰도록 하면 그다지 많이 사용하지 않아도 된다.

목욕탕은 특히 겨울철에는 샤워를 한 후에 수증기로 거울이 흐리게 되어 시계가 좋지 않게 되므로 촉감을 잘 사용하여야 한다. 뜨거운 물과 찬물을 조절할 때 적당히 돌리면 갑자기 뜨거운 물이 나와 화상을 입을 수도 있으므로, 보유 시기능을 쓸 수 있다면 확인한 후 물을 튼다. 실명의 경우에는 찬물을 먼저 나오게 하면서 뜨거운 물을 나오게 하여 적당한 온도로 맞춘다. 이와 같은 순서를 확인하게 하는 것이 중요하다. 샴푸, 비누, 수건 등은 놓는 장소를 정해 놓고 항상 그곳에 놓는 것을 철저하게 한다. 보유 시기능을 쓸 수 있는 사람은 각 용기의 특징을 기억하든지 용기에 매직으로 크게 상품명을 써 놓는 것도 좋다. 린스는 사각형, 샴푸는 둥근 형으로 하는 등 모양으로 구별하는 방법도 있다.

시야협착으로 혼탁이 있어, 보유 시기능을 활용하기 어려운 경우에는 실명자와 같은 방법으로 한다. 그리고, 머리를 감을 때, 플라스틱으로 된 체반을 사용하여 그 위에서 감으면, 빠진 머리카락이 배수구에 쌓이지 않아 청소가 편해진다.

## E 의복의 입고 · 벗기 및 정리

### 1 의복의 입고 · 벗기

시각장애자가 옷을 입고 벗는 것에 대하여 특별히 지도해야 할 일은 없다. 옷의 단추를 똑바로 채웠는지, 옷자락의 실밥이 터져 있지 않은지의 확인이 중요하며 그것이 잘 되어 있으면 그다지 어려운 일은 없다. 의복을 정리하는 일도 대단히 어려운 일은 아니다.

앞에 단추가 달려있으면 앞과 뒤가 구별되지만 위에서 끼워 입는 옷은 급하게 입다 보면 안과 밖이나 앞과 뒤가 바뀌는 경우가 있다. 이것은 정리단계에서 확인한 후 수납해 두면 해결된다. '보이지 않아서' 또는 '급하니까'라는 이유로 적당히 수납하면 옷을 입을 때 문제가 생길 수 있다. 특히 운동복의 앞과 뒤를 잘못 입는 사람이 많다. 이러한 경우에는 옷의 상표가 붙어 있는 쪽이 앞쪽인지 뒤쪽인지, 안쪽인지 바깥쪽인지를 확인만 해 놓으면 어려운 것은 없다. 앞뒤를 알기 어려운 것은 수납하는 단계에서 확인해 놓으면 옷을 입고 벗는데 문제되는 일은 없다.

## 2 Coordination

의복의 관리를 포함하여 시각장애자에게 특히 어려운 것은 머리끝에서 발끝까지 조화롭게 갖추어 입어야 하는 코디네이션이다. 보유시각 기능이 얕은 사람은 보이지 않기 때문에 전혀 어울리지 않는 옷을 입을 수도 있다.

시각장애자 중에서 색각이 좋지 않은 사람이 물건을 사러 갔을 때 '적색으로 알고 샀는데 알고 보니 보라색이었다'거나 '녹색으로 생각한 것이 황녹색이었다'라고 말하는 경우가 있다.

이와 같은 경우에는 물건을 살 때 매장에서 '이러한 색을 찾고 있는데 저에게는 이러이러하게 보이는데, 이것이 그 색이 맞습니까?'라고 확인하는 것이 필요하다. 또한 색에 관한 감도가 낮으면 가족이나 친구들에게 골라 달라고 부탁하는 것도 하나의 방법이다. 본인이 선호하는 형이나 색을 평소에 생각해 두었다가 주변사람에게 도움을 청한다. 가족, 친지, 동료들과 서로 서로를 평가하는 것은 즐거운 일이며, 이렇게 하면 옷을 고르는 데 도움이 된다.

시력장애가 있는 여성도 조금만 연구하면 여러 가지 색의 옷을 입을 수 있으나 단조로운 것만 입는 경향이 있다. 이것은 밝은 색이 어떤 것이지 잘 모르거나, 과거에 실패한 경험에 대한 두려움 등의 이유를 생각할 수 있다. 평소에 코디에 대해서 생각하는 습관을 기르고 주위의 도움을 받아 가족이나 친구들과 함께 가서 확인하면 본인이 원하는 것을 살 수 있다.

## 3 의복의 정리

의복의 정리는 상 · 하의 색이 같거나 조화가 맞으면 하나의 옷걸이에 걸어서 순번을 정해 놓는 방법이 있다. 한 세트로 정리해 놓으면 필요할 때 바로 꺼내 입을 수 있다. 자신의 시야나 시력을 잘 활용하여 조화롭게 수납하는 습관을 길러야 한다.

세탁을 한 후에도, 처음에 있던 것은 첫 번째에 걸어 놓고, 다섯 번째 있던 것은 다섯 번째에 걸어 놓으면, 필요할 때 몇 번째 옷을 골라 입을 수 있으므로 멋 내는 것을 즐길 수 있고 셔츠나 넥타이를 바꾸어 하는 응용도 가능하다.

내의나 수건 등을 개는 방법을 연구하여 가급적 간단하게 잘 정리해 놓으면 찾는 수고도 덜 수 있고 무엇이 모자라는지도 곧 알 수 있다. 각 칸마다 옷의 종류를 정해 놓고 오른쪽부터 내의, 양말, 손수건, 스카프 등과 같이 정리해 두면 필요할 때 편하게 사용할 수 있다.

본인이 다림질을 잘 하지 못한다면 정장 한 셋트를 몇 번 입다가 세탁소에 맡겨 드라이 크리닝을 한 후 다시 한 셋트로 걸어놓으면 얼마든지 깨끗하게 입을 수 있고 멋도 낼 수 있다.

### 4 양말의 정리

어려운 것은 양말의 정리이다. 양말은 모두 비슷한 크기로 색깔만 다르기 때문에 색을 정확하게 맞추어 놓지 않으면 좌 · 우 다른 색을 신고 외출할 수 있다. 이러한 문제는 자신이 사용한 양말은 한데 묶거나 정리해서 세탁망에 넣어서 세탁하고 정리하면 해결된다. 점자용의 빨강, 노랑, 파랑 등의 실이 있고 이것을 의복에 붙일 수 있는 것도 있으므로 그런 것을 이용하는 것도 좋다.

## F 시각장애자의 주거환경

### 1 주거환경

주거환경 중에서 가장 중요한 것은 발밑에 불필요한 것을 놓지 않아야 한다는 것이다. 바닥은 이동하기 쉽도록 잘 정리한다. 주방의 탁자와 의자가 중앙에 놓여 있으면 방의 끝에서 끝까지 무엇이 있는지 알 수 있다. 발밑에 무엇인가 놓여 있으면 걸려 넘어질 위험이 있다. 특히 시야협착의 경우는 보려는 대상으로 다가가면 보이지 않게 되어 본인이 생각하는 어림잡은 위치에 있다는 생각을 하고 있어도 방심하는 순간 발이 걸려 넘어지는 경우가 있다. 따라서 발밑에는 절대로 물건을 놓지 말아야 한다. 문은 열려면 열어 놓는 것으로, 닫으려면 닫아 놓는 것으로 확실하게 정해 놓는다. 이것은 가족과 자주 마찰을 일으키는 문제 중 하나로, 평상시에 닫혀 있던 문을 열어 놓거나 반만 열어 놓으면 부딪히게 된다. 문을 어떻게 해 놓느냐는 규칙을 정해 놓는 것도 매우 중요하다.

최근의 주택은 열쇄를 2중, 3중으로 하는 경우가 많다. 시각장애자는 열쇄의 위치를 사용하기 쉬운 위치로 하지 않으면 큰 고생을 하므로 주의해야 한다.

## 2 청소와 정리 정돈

방은 일반적으로 쓸거나 닦으면 되는데 청소기를 사용할 때에는 바닥재 사이의 테두리를 이용한다. 또 탁자를 닦을 때에 자기의 시야에 들어오는 상황이라면 일반 사람들이 하는 대로 해도 좋지만 자신이 없으면 한쪽 끝에 손을 놓고 끝까지 닦은 후 다시 되돌려서 반복하도록 하고 마지막에는 처음 손을 놓았던 부분을 닦으면 된다. 이것은 시야나 시력이 대단히 나쁜 사람, 혹은 완전히 실명된 사람들이 하는 방법이며 바닥도 같은 방법으로 닦는다.

TV 위나 수납장을 닦는 것도 보통 하는 식으로 하면 되며, 물을 쓰는 것이 싫은 경우에는 화학 걸레 등으로 깨끗하게 닦을 수 있다. 우리들은 더럽다는 생각이 들어도 다음으로 미루어 둘 수 있지만 눈이 불편한 경우에는 다음으로 미루면 더 힘들게 되므로 할 수 있는 것은 미루지 않고 즉시 하도록 지도하는 것이 중요하다.

## 3 조명, 조명기구

조명기구의 조도 조정은 매우 중요하다. 특히 실명된 사람은 '보이지 않으니 전기를 켜지 않아도 괜찮겠지'라고 생각하기 쉬우나 그렇지 않다. 타인이 방문했을 때 평소에 전기를 켜는 습관이 되어 있지 않다면 어두운 곳에서 이야기를 나누게 되어 불쾌한 느낌을 줄 수도 있으므로 밤이 되면 전기를 켜는 습관을 기른다. 이것은 방범에도 효과가 있으므로 실명자라도 밤이 되면 전기를 켜야 한다.

저시각자에게 조도를 조정하는 것은 가장 중요한 일로 갑자기 어두운 곳으로 들어가면 움츠러들어 잠시 움직일 수 없는 경우가 생긴다. 문을 열면 자동으로 전기가 켜지는 것 같은 방법이 효과적이다. 다용도실이나 옷장 문을 열었을 때 전기가 들어오면 물건 찾기도 쉽다. 사람 탐지 센서도 개발되어 있다.

또한 일반 가정의 거실 조명을 간단히 조절할 수 있는 장치도 개발되어 있어 본인의 상황에 맞춰 조정이 가능하다. 근거리 작업을 할 때의 조도 증가에 대한 연구는 다양하게 이루어지고 있다. 부엌에서 식재료를 준비할 때에도 보조 조명을 잘 사용하면 편리하다. 컴퓨터나 확대독서경을 사용하는 경우에도 창문의 위치가 어느 쪽에 있느냐에 따라 외부에서 들어오는 빛이 시간대에 따라 눈부심을 생기게 하여 불편하게 한다. 이때에는 브라인드나 커텐의 선택 방법을 포함하여 조명을 어떻게 하느냐 하는 것이 중요하다. 조명 때문에 할 수 있는 일을 포기하지 않도록 배려해 주면 시각장애자의 일상생활이 편리해 진다.

## 4 수리·수선

물이 샐 때 어디를 어떻게 손을 대야 하는지, 전기 퓨즈가 끊어졌을 때 퓨즈가 어디에 있는지를 파악해 놓는다면 필요할 때에 간단하게 수리할 수 있다. 이렇게 하지 않으면 조그만 고장에도 업자를 불러 고액의 출장료를 지불해야 하는 경우가 생기게 된다.

전기나 수도 등 주위에 간단한 고장에 대한 대응을 준비한다. 평소에 본인이 할 수 있는 범위를 정해 놓으면 복잡하고 세심한 수리는 못하지만 응급 처치는 할 수 있다.

## 5 문서 등의 관리

공과금 및 연금 통지서, 영수증 등은 자기가 알기 쉽게 지정해 놓은 곳에 보관하는 습관을 길러야 한다. 그렇게 하면 납부 여부 등을 금방 알 수 있으므로 문제가 생기지 않는다.

문서 등의 정리에서 예를 들면, 도구 등의 매뉴얼은 매뉴얼대로, 보증서는 보증서대로 분류하여 클리어 파일(clear file)에 정리해 놓으면 찾을 때의 수고를 덜 수 있다. 설합 등에 정리하는 경우에는 설합 밑에 색종이를 깔아서 색대비가 명확히 되도록 하는 정리 방법을 사용한다.

# G 배설

## 1 배설시의 지원

시각장애자의 배설에 대해서는 특별히 유의할 사항은 없다. 오히려 일반 사람과 같이 생각해 주는 것이 더 자연스럽다. 다만 화장실 내부 색 대비가 매우 큰 영향을 주기 때문에 물을 내리기 위한 핸들이나 누름단추의 위치를 확실하게 확인하고 또한 휴지걸이와 장금쇠의 위치도 확인해 놓는다. 남성의 소변기는 벽과 흰색 변기의 색 대비 또는 센서식의 경우는 물 흐름으로 판단한다. 화장실 입구에서부터 변기나 세면대까지의 거리 즉, 위치 관계를 미리 확인해 놓으면 별 문제가 없을 것이다. 여성의 배뇨 혹은 배변은 변기의 공간이 정해져 있으므로 수세식과 재래식의 확인이 필요하다. 수세식이라고 생각했는데 재래식 화장실이라면 발을 빠뜨릴 수 있으므로 주의해야 한다.

## 2 화장실, 변기의 종류

최근 화장실에는 휴지걸이의 위치에 pin spot으로 조명을 비추어 주는 것이 있지만, 보유시각을 사용해도 볼 수 없는 경우에는 휴지걸이의 위치와 물 내리는 핸들의 위치를 확인해 놓는 것이 필요하다. 단, 신체장애자용 화장실은 출입문의 스위치 위치를 확인해 놓지 않으면 시각장애자 특히 시야협착으로 시야가 좁은 사람은 나오지 못하게 되는 경우가 발생할 수 있으므로 주의한다.

또한 여성이 남성을 인도하는 경우에는, 화장실을 사용하는 다른 남성에게 부탁하는 용기를 갖는 것도 필요하다.

여성 화장실에는 오물 넣는 곳이 있으므로 이것을 확인만 한다면 본인이 확실히 처리 할 수 있다. 다만, 어느 위치에 있는지는 알려주어야 한다.

목욕, 식사, 화장실 사용 등은 기본적인 일상생활에서 하는 것이므로 특별하게 생각하면 오히려 이상한 지도법이 될 수 있으므로 이 점에 유의해야 한다.

# H 취침

## 1 침구 깔기

일반적으로 침구는 바닥 위에 펴는 것이므로 기본적으로 바닥재 가장자리를 촉감으로 확인해 놓으면 잘 할 수 있다. 문제가 되는 것은 침구를 똑바로 펼 수 없다는 것인데 바닥재의 가장자리를 확인해 놓으면 해결된다. 시각장애자가 정확하게 침구를 펴려면 촉감을 사용하는 것이 더 좋다. 침구는 약간 더러울 때는 눈에 잘 띄지 않으므로 자주 세탁하는 편이 좋다.

## 2 침대 정리

침대 정리는 일련의 순서가 있으므로, 순서에 따라 되어 있는지와 네 귀퉁이의 끝이 확실히 맞추어져 있는지를 확인하는 것이 중요하다. 침대의 모양은 정해져 있으므로 그 안에 바르게 놓여져 있는지를 확인한다.

기본적으로 이불과 침대 주위는 보유시각보다 촉각에 의하므로 4 귀퉁이를 하나씩 확인하도록 하면 특별한 문제는 없다고 생각된다.

# I Communication

## 1 전화

전화기는 숫자를 크게 표시하거나 흑색 바탕에 흰색 숫자로 표시한 것이 판매되고 있다. 팩스 기능이 있는 전화에는 디스플레이 표시가 큰 것이나 수신된 전화번호를 나타내는 것이 있다. 보유시각 기능에 맞는 전화기를 선택하는 것이 하나의 방법이다.

일반 전화기에는 5 위치에 튀어나온 점이 붙어 있으므로 5를 중심으로 하여 그 위가 2 아래가 7, 8, 9와 같이 기억하면 촉각으로 번호 조작을 충분히 할 수 있다. 일반적으로 전기 탁자를 사용할 때도 일일이 손아래를 내려다 보지 않고 오히려 보조적으로 눈을 사용한다. 전화를 걸 때나 끊을 때도 마찬가지이다. 전화하고 있을 때 버튼의 위치가 빛나는 타입도 있으므로 끊으면 어떻게 되는지 등의 기본동작을 확인하는 것이 중요하다.

또한 최근의 전화라면 전화번호가 표시된다. 보유시각을 쓸 수 있는 경우에는 어느 곳에 표시되는가를 알아두면 충분히 사용할 수 있다. 공중전화에서 전화 카드의 남은 잔액 표시가 될 때 다이오드로 발광되기 때문에 보기 어려운 경우도 있으나 확대경을 사용하면 볼 수 있다.

## 2 PHS(Personal Handy-Phone System)나 휴대전화

최근 장애자가 PHS나 휴대전화를 사용하는 일이 증가하고 있다. 특히 시각장애자가 길거리에서 공중전화를 찾는 것은 매우 어려운 일이므로 휴대전화를 가지고 있으면, 바로 전화를 사용할 수가 있기 때문에 활용하는 사람이 증가하고 있다. 또한 메일을 음성으로 확인하는 기능, 인터넷에 접속도 가능하여 필요한 정보도 얻을 수 있으므로 앞으로도 사용은 더욱 증가할 것이다.

휴대용 컴퓨터를 사용하는 경우에는 PHS나 휴대전화에 접속하여 외출한 장소에서 교류할 수도 있다. 구심성협착이나 중심암점이 있는 사람은 화면에 글자를 확대시켜 사용할 수 있고 전맹자도 상당한 기능을 사용할 수 있으므로 하나의 효과적인 대화 수단으로 생활에 받아들이는 것이 바람직하다.

## 3 벨(bell), 타이머(timer), 시계 등

현관의 초인종, 요리의 타이머 등은 표시가 큰 것이나 번호가 튀어나온 것 등을 잘 이용한다든가 배경과 대비가 분명한 스위치를 선택하면 매우 사용하기 쉽고 편리하다.

계측시간을 countdown 해 주는 것, 분(minute) 설정으로 나머지 시간을 벨 소리로 알려 주는 것 등 여러 종류가 있으므로 사용자가 필요한 기능에 따라 선택한다.

## 4 컴퓨터(computer)

개인용 컴퓨터를 사용하는 시각장애자는 자신이 시각장애자라고 표명하지 않는 한 상대방이 알 수 없으므로, 정신적으로 대단히 편안할 수 있다. 예를 들면 e-mail이나 인터넷을 사용할 때 자신이 시각장애자라고 말하지 않고 함께 의견을 말할 수 있어 마음의 장벽을 허물기 쉽다. 또한 컴퓨터에 확대나 음성 소프트웨어를 내장하면 편리한 사용환경을 만들 수 있다. 특히 중심암점이 있는 사람은 확대 소프트웨어를 이용하면 일반적 사용에는 어려움이 없으며, 구심성협착이 있는 사람은 확대 소프트웨어를 저배율로 사용하거나 그 소프트웨어 자체의 확대를 잘 활용하여 편하게 사용할 수 있다.

보유시각을 사용하는 것이 어려운 사람이나 실명인 경우, 음성 소프트웨어를 이용하여 보다 쾌적한 컴퓨터 환경을 만들 수 있다. 그리고 컴퓨터에는 기본적으로 본인이 보기 쉬운 그림과 배경이 있다. 흑백 반전이나 흑색 바탕에 황색 글자로 문자를 바꾸는 것이 간단하게 되므로 이러한 의미에서는, 확대 독서기와 같은 기능을 갖고, 여러 가지 그림과 바탕색의 대비를 선택하여 본인이 사용하기 쉬운 환경을 만들 수 있으므로 더욱 편리하다.

최근에는 노트북의 발달로 이것이 노트나 책으로 대용된다. 또한 휴대하여 정보를 종합할 수 있으므로 앞으로도 사용이 증가할 것이다. 만일 원래의 직장에 복귀할 경우에는 컴퓨터와 확대독서기를 사용하여 일의 환경을 정리해 나가는 등 본인 자신의 요구에 맞춘 구성이 필요하다.

## 5 IC 녹음기(recorder)

IC 녹음기 자체의 기능은 최근 수년간 비약적으로 높아지고 있다. IC 녹음기 중에는 150시간의 녹음이 가능한 것, 음성으로 조작할 수 있는 것 등이 있다. 간단한 음성 메모 뿐 아니라, 녹음한 것을 컴퓨터에 입력하여 이용하는 등의 이용방법이 다양해질 것으로 생각된다.

# J 여가

## 1 독서

신문을 읽을 때나 독서할 때 반드시 필요한 것으로 확대경이 있으며, 확대독서기를 사용하지 않는 경우 독서대, 조명, 확대경을 잘 활용하여 편한 자세로 오랫동안 독서를 할 수 있다. 이것들은 특히 시각장애자의 요구가 높은 것이다.

저시각자를 특별히 구심성협착과 중심암점으로 분류하여 생각하면, 구심성협착은 자기가 보고 있는 책의 줄을 바꾸려 할 때 줄을 건너 띄어서 읽으므로, 색깔이 있는 자나 typoscope를 사용하여 줄 바꾸기에서 건너뛰지 않도록 한다. 또한 안구운동으로 눈 움직임의 방법을 숙달하면 이들 도구를 사용하지 않아도 편하게 독서할 수 있다.

중심암점의 경우는 그 크기에 따라 달라지지만 망막의 주변부로 보기 때문에 상당히 크게 확대하는 것이 필요하다. 확대율이 크기 때문에 확대경을 사용하여 오랜 시간 읽는 것이 힘들기 때문에 오히려 확대독서기를 사용하여 자기가 보고 싶은 곳에서 암점을 조금 벗어나게 하여 보기 쉬운 곳으로 읽을 수 있는 방법을 연구하면 충분히 독서를 할 수 있다.

비교암점의 경우나 중심암점이 직경 10° 이내로 시력이 있는 경우는, 읽고 싶은 것을 가급적 눈에 가깝게 하여 암점을 작게 하여 읽는 등의 연구를 하면 잘 읽을 수 있다. 보유시각을 사용하는 것이 곤란한 경우에는 인터넷으로 일간 신문이나 주간지를 읽든가, 우편물을 통하여 정보를 얻든가 등으로 뉴스를 전달받는다. 뉴스를 추출하여 제공하는 소프트웨어를 사용하거나, 디지털 음성 정보시스템을 이용하거나, 면전에서 읽어주는 소리를 듣는 등 방법을 바꾸어 즐길 수 있다.

## 2 음악 듣기

음악을 듣기 위한 오디오 제품은 여러 제조회사에서 다양한 종류로 판매되고 있으나 기본적으로는 스위치 크기가 다른 것, 표시가 있는 것, 색 대비가 분명한 것, 조작하기가 간단한 것 등을 보유시각을 이용하거나 촉각을 이용하여 사용할 수 있다.

전원의 ON/OFF는 색광으로 확인하므로 그 위치를 기억해 두면 이들 오디오 제품은 자유롭게 사용할 수 있다. 또한 최근의 오디오 제품에는 많은 기능이 있는데, 부가기능이 너무 많은 경우에는 한정하여 사용할 수 있는 방법을 연구하는 동시에 자기가 산 오디오 제품에 어떠한 기능이 있는지를 메뉴얼(manual)을 읽어서 기억한다. 메뉴얼은 확대 독서기나 확대경으로 확인하면서 읽거나, 스캔하여 확대 독서기로 읽거나, 면전에서 읽게 하거나, 테이프에 녹음해 달라고 하여 듣는 등 하는 것이 필요하다. 스위치 종류도 확대 독서기로 확대해서 하나 하나씩 확인함으로서 그 구조도 이해할 수 있게 된다. 또한 큰 것은 확대경을 써서 확인하면 저시각자도 사용할 수 있다.

실명자는 하나씩 촉각을 동원하여 짚어가면서 설명을 하고 표식을 붙이면 쉽게 사용할 수 있다.

## 3 기타

기타의 여가활동으로 시각장애자라도 캠프, 낚시, 조깅 등을 생각할 수 있다. 야간 캠프를 하는 것이 상당히 어려울 때에는 매우 밝은 손전등을 이용하면 충분히 즐길 수 있다. 낚시할 때 부표를 보기 어렵다면 편광안경을 착용하여 보는 방법, 부표를 큰 것으로 선택하는 방법, 촉각으로 입질을 알 수 있는 장치를 만드는 방법 등을 연구하면 충분히 대응할 수 있다.

또한 시각장애자 중에는 마라톤이나 조깅을 매우 좋아하는 사람들도 있다. 실명자라면 수건을 사용하여 동반자와 함께 뛰는 것이 가능하다. 시각장애자가 낮에 뛸 때는 눈부심을 느끼므로 차광안경을 사용하고 안구운동으로 자기가 뛰고 있는 코스를 보면서 확인하는 등의 방법으로 충분히 즐길 수 있다. 시각장애자의 골프대회도 해마다 개최되고 있으며, 수영, 요트, 스쿠버 다이빙 등과 같은 해양 스포츠도 많이 한다. 요트는 신체의 중심을 움직이는 것으로, 바람을 느낄 수 있다면 어느 정도 편하게 할 수 있으므로 시각장애자 중에는 체감으로 그것을 느끼고 즐기는 사람들도 있다.

기타, 콘서트, 연극, 스포츠 관람 등도 앉는 위치, 단안경의 사용 등으로 즐길 수 있는 기회는 많이 있다. 대부분의 시각장애자는 '보이지 않으면 즐길 수 없다'는 선입견을 갖고 있으므로, 기회가 있어도 참가하지 않는 경우가 많은 것 같다. 그러나 이러한 선입견을 버리면 얼마든지 취미나 여가활동을 즐길 수 있으며, 시 낭독, 무용, 악기 연주 등도 마찬가지이다. 보유시각으로 조금 모자라는 부분을 어떻게 즐길 수 있도록 도울 것인가를 함께 연구하고 생각하면 해결책이 나올 수 있다.

이와 같이 각 개인의 보유 시기능이나 상황에 따라 할 수 있는 것이 많다. 또한 지역에 따라서는 시각장애자 단체에서 예를 들면 스키, 크로스컨트리(cross-country), 축구, 골프 등의 모임이 있으므로 어떤 것이 있는 지를 조사해 놓을 필요가 있다.

# 제6장 시각장애자의 연령별 처치

## A 영유아의 저시각관리

1996년 일본 후생성 조사에 따르면, 신체장애자(시각장애자) 수첩보유자 305,800 중 18세 미만의 시각장애아는 4,800명으로 나타났다. 또한 북규슈 시내 19개 병원 안과를 대상으로 북큐슈 시각장애 연구회가 실시한 실태 조사에서, 18세 미만의 시각장애아(최고시력이 0.3 미만이거나 신체장애자 수첩 해당자)는 4% 정도로, 전체 병원 통원자의 0.1%에 지나지 않았다. 원인 안질환은 표 6-1과 같이 다양했으며 선천적 이상 질환이 주원인으로 나타났다. 그 가운데 70%는 지적장애를 가진 중복장애아이며, 시각장애만의 단독 장애아는 30%에 불과하였다. 저출산 고령화가 급속히 진행되고 있는 일본에서는 안과에서 진료받고 있는 어린이 수 자체가 감소하고 있으므로 시각장애아를 만날 기회가 매우 드물어 일반 안과의사, 시기능 훈련사, 간호사 등은 그 처치에 당황하기 쉽다.

[표 6-1] 시각장애아의 원인 안질환(사례)

| | | | |
|---|---|---|---|
| • 미숙아 망막증 | 3 | • 선천녹내장 | 1 |
| • 선천백내장 | 3 | • 망막맥락막 위축 | 1 |
| • 망막색소변성증 | 2 | • 가족성 삼출성 유리체 망막증 | 1 |
| • 소안구·무안구 | 2 | • 망막 박리 | 1 |
| • 선천눈떨림증 | 1 | • 각막 혼탁 | 1 |
| • 시신경 위축 | 1 | | |

따라서 시각장애를 가진 어린이의 처치에 관한 다음의 6가지 요령에 대하여 설명하고자 한다.

## 1 시각장애가 있는 어린이는 리허빌리테이션(Rehabilitation)이 필요하다

시각장애를 가진 어린이에 대한 처치에서는 우선 리허빌리테이션 보다 허빌리테이션(habilitation)의 부분이 크다는 것을 인식해야 한다. 리허빌리테이션은 원래 있었던 운동, 언어 능력 등을 소실한 후 훈련 등으로 재차(re-) 그 능력을 확립하는 것인데 반해, 허빌리테이션이란 아무 것도 없는 것에서 새로이 그러한 능력을 구축하는 것이다. 따라서 허빌리테이션과 리허빌리테이션은 다른 개념이지만 최근 안과 영역에서는 두 개념을 합쳐서 저시각관리(low vision care)라 한다. 시각적 경험이 적은 영유아나 어린 학생들 중 중도 장애아의 경우에는 운동이나 언어 발달이 늦어지는 경우가 많으므로 허빌리테이션의 측면이 강하다. 하물며 시각장애를 가진 중복장애아에서는 더욱 더 허빌리테이션이 중요하다.

## 2 우선, 전신적인 발달을 본다

시각장애가 있는 어린이를 진료할 때는 '보이지 않는 것이 아닐까?', '주시선이 맞지 않아 시력검사를 할 수 없었다', '장애 때문에 전혀 검사를 할 수 없었다' 등을 호소하는 이야기를 들을 수 있다.

외래에 오는 어린이들은 이미 여러 군데의 안과에서 진료를 받은 경험이 있거나, 전신장애 때문에 전혀 안과 진료를 받은 경험이 없다.

이러한 경우, 대기실에서 어린이나 가족의 상태를 주의깊게 관찰하여 보호자가 어린이를 어떻게 대하고 있는지를 관찰한다. 그리고 안과의사, 시기능 훈련사, 간호사 등이 각각의 입장에서 보이는 상태나 일상생활 등을 물어 본다. 특히 영유아의 경우는 전신적인 발달 평가가 중요하다. 즉, 이동, 말, 식사, 배설, 옷 입고 벗기 등을 어떻게 하고 있는 지가 중요하다. 안과의료의 측면에서 뿐 아니라 시각장애에 의한 발육의 영향을 생각해야할 필요가 있다. 그러나 무엇보다도 중요한 것은 어린이들의 가능성을 믿고 요육(진료와 교육)을 병행해야 한다. 이 요육은 의료관계자에게는 익숙하지 않은 용어이지만 Takamatsu는 '의료와 교육 또는 복지와 보건의 지역적 조직망(network)'이라고 정의하고 있다. 의사, 간호사, 시기능 훈련사, 임상심리사, 사회복지사(social worker) 등의 의료관계자와 보육, 교육, 복지 및 보건 담당자가 서로 긴밀하게 연계하여 장애가 있는 어린이의 성장을 도와야 한다. 물론 이때에도 가족 특히, 어머니의 깊은 애정이 치료의 핵심이 되는 것은 말할 필요가 없다. 항상 이 요육에 안과의료를 연결시킬 수 있도록 노력해야 한다. 그러나 시각장애아를 둘러싼 환경의 지역 차이가 큰 것이 현실이므로 지역 조직망의 확충이 가장 시급한 일이다.

## 3 시력검사에는 감성이 필요하다

'보고는 있다고 여겨지나 안과에 데려가면 검사가 안 된다'거나, '분명히는 말할 수 없으나 무엇인가 보고 있는 느낌이 든다'거나, '때때로 시선을 맞춘 것 같은 느낌이 든다' 등을 호소하는 것을 들을 수 있다.

이러한 경우는 보고 있을 가능성이 있는데 단지 어린이나 장애자로부터 발신되고 있는 신호를 모르고 있는 것이라고 생각한다.

일반적인 시력검사는 매우 어려운 것이라는 것을 재인식해야 한다. 시각은 선천적인 감각이 아니고 경험이나 훈련에 의하여 발달하는 감각이다. 신생아의 시력은 0.01, 생후 1개월은 0.02, 3개월은 0.1, 6개월은 0.2, 3세에 거의 1.0의 시력에 도달되며 특히 2～3세가 시력 발달에 가장 중요한 시기라고 알려져 있다.

시각은 망막 시세포가 느끼고, 망막 신경절세포의 축색돌기가 외측슬상체로 전달하면 그 후 후두엽(제 1차 시각영역)으로 전해진다. 인식을 다루는 연합영역(두정엽 : 공간시, 측두엽 : 형태시와 색각)이나 운동중추 및 운동기가 정상으로 작용되어야만 비로소 가능한 검사가 시력검사이므로 어느 한 군데라도 장애가 있으면 일반적인 시력검사는 불가능하게 된다. 이것은 수용기에 안질환이 있거나 후두엽에 장애가 있어도 마찬가지이다. 비록 눈에서 후두엽까지는 정상이고 제 1차 시각영역에 상이 비추어져 있어도 인식을 관장하는 연합영역이 장애를 받고 있다면 마찬가지로 시력검사는 불가능하게 된다. 보고는 있어도 대상을 인식하지 못하므로 단지 시력검사가 되지 않는다고 결론짓는다.

그러나 최근에는 주시선호법(P.L법)이나 Teller acuity cards 등의 줄무늬 시력표를 이용하여 영유아나 장애아(자)의 검사가 가능하며, 이 검사들은 피검사자가 보고 있는지의 유무를 검사자가 보고 판단하는 것이므로 정량적인 평가도 가능하다. 따라서 검사자나 시기능 훈련사의 관찰 능력이 중요하다. 이와 같은 검사는 생후 2개월인 영아의 시력검사도 가능하다. 현재 시유발전위(VEP), 사건관련전위(ERP) 등의 전기생리학 검사로 인지단계까지 해명이 진행되고 있으나 관찰보다 좋은 것은 없다고 여겨진다.

어린이, 고령자, 장애자 등이 발신하는 신호를 느끼고 이해할 수 있으면 보호자에게도 즐거움이 되며 그들의 용기를 북돋워 주게 된다.

## 4 안경은 시야를 넓히는 것으로 중요하다.

Teller acuity cards 등으로도 시력검사를 할 수 없는 경우에는 타각적 굴절검사를 실시한다. 최근 가장 많이 사용되는 자동굴절검사기(autorefractometer)를 사용할 수 없는 경우에는 검영법에 의한 검사가 반드시 필요하다. 북큐슈 시립 종합 의료센터의 안과에서 장애아를 대상으로 검영법을 실시한 결과에 따르면, 다운증후군을 비롯한 선천 이상군에서 40% 이상, 뇌성 마비 등의 후유 증후군에서는 30%의 굴절이상(±6.00D 이상의 고도 원시, 고도 근시 및 2.00D 이상의 난시)이 나타났으며, 미숙아 망막증 발생군에서도 46%의 굴절이상이 나타났고, 특히 3세 이전부터 고도 근시가 눈에 띄었다.

이와 같이 조기의 타각적 굴절검사는 중요하며 적극적으로 안경 교정을 해야 한다. 시력검사가 불가능한 어린이가 안경을 착용하고 진찰실에 있는 T.V에서 방영되는 프로그램을 열심히 보고 있으면, 필자는 보호자에게 '아이는 TV를 보고 있으며, 안경을 착용하면 틀림없이 어머니의 얼굴을 볼 수 있다.'라고 말해 주고, '아이가 좋은 일을 하면 머리나 얼굴을 쓰다듬어 안경을 잘 착용할 수 있게 하고, 나쁜 일을 하면 무서운 얼굴을 하여 좋은 행동과 나쁜 행동을 구별할 수 있게 하라'고 충고한다. 대부분의 경우 보호자는 이 말을 이해하고 자녀의 육아에 더 노력을 하게 된다. 이렇게 하면 안과의사도 요육에 참여할 수 있는 기쁨을 느낄 수 있고, 그 기쁨을 안과 스탭(staff)들과도 공유할 수 있다.

이와 같은 안경의 효과는 가족을 대상으로 한 설문 조사에서도 확인할 수 있다. 안경에 의하여 시계를 넓히는 것은 안과 의료의 책임과 의무이며, 전신장애 유·무와 관계없이 시각장애아에 대한 저시각관리의 가장 기본은 굴절 교정임을 확신한다.

## 5 시각장애를 알릴 때에는 반드시 그 후의 관리에 대한 설명도 해야 한다.

시각장애를 가진 아이에 대한 부모의 기대는 조금이라도 볼 수 있는 것이지 반드시 시력이 정상으로 되는 것은 아니다. 보고 있지 않다는 것을 알게 되면 그들의 실망은 말로 표현할 수 없을 정도이므로, 병의 상태 및 치료 후의 경과를 설명할 때는 충분한 배려가 필요하다. 따라서 그 후의 심리적인 도움, 요육이나 사회 복지서비스를 제시할 수 없을 때는 실명의 선언이나 고지는 삼가해야 할 것이다. 그러나 가족의 협력 없이 허빌리테이션이나 리허빌리테이션은 불가능하므로 이해하기 쉽게 시간을 들여 설명해야 한다.

그렇지 않아도 실명의 두려움을 안고 있는 사람에게 '앞으로는 보이지 않게 된다' 등과 같이 단적으로 알리는 것은 불안만 가중시키는 것일 뿐 전혀 도움이 되지 않는다. 한번 선언된 병명을 불식한다는 것은 매우 어려운 일이며 그 실망감이 어떤 것인지 안과의사는 고려하여야 한다. 그러므로 장애아나 가족에게 마음의 안정을 도모하면서 안과 의료가 행해져야 할 필요가 있다. 그러나 시각장애아가 안고 있는 문제는 의료만으로는 결코 해결할 수 없는 것이 분명하므로 의료, 교육 및 복지가 상호 영역간의 벽을 허물고 광범위한 팀 접근법(team approach)으로 지역 조직망적인 요육 체계를 만드는 것이 중요하다. 또한 시각장애아에게는 연령에 따른 포괄적 저시각관리가 요구되며 장애아와 가족이 함께 생각하고 고민하고 헤쳐나가는 자세가 요구된다.

## 6 중요하게 여기는 것은 가족의 애정과 자립심이다.

시각장애아와 가족의 관계는 복잡 미묘하다. 보호자의 미래에 대한 불안이나 고뇌는 민감하게 장애아에게 전달되어 어린이를 불안하게 하는 경우가 있고 때로는 지나친 가족의 애정으로 과잉 보호되는 경우가 있다. 또한 아이는 부모를 배려하여 미래에 대한 불안이나 일상의 비참함을 말할 수가 없기 때문에 마음속 깊이 담아두는 경우도 있다. 이와 같은 부모와 자식간의 애정이 저시각관리를 어렵게 만드는 원인이 될 수 있는 동시에 저시각관리의 중요한 요소가 된다. 부모는 시각장애아가 문제 해결을 위하여 첫걸음을 내딛으려 하는 모습을 보고 실감하며 장애를 수용하는 것으로 생각한다.

때때로, 신체장애자 수첩의 취득시기가 언제가 좋으냐는 질문을 받는다. 보호자에게 수첩 취득의 장 · 단점에 대해서 일찍부터 설명을 해주고 있으나, 보호자는 수속을 하지 않고 있다가 어린이가 저절로 장애와 부딪쳐서 해결하려는 모습을 보면 대부분 신청을 한다. 그러므로 수첩의 취득은 서두르지 않아도 된다. 장애 수용과 수첩 신청은 그 의미가 다르다. 산업 의대 병원의 18예 중 1예를 제외한 17예가 저시각관리를 시작할 때에는 수첩을 갖고 있지 않았고, 그 중 인정 할 수 없는 7예를 제외한 10예 중 7예가 저시각관리 시작 후 수첩을 취득했다. 참다운 장애 수용은 어른이 된 후의 사회적 · 경제적 자립이라고 일컬어지며, 저시각관리의 시작은 만족스럽지 않을 수 있으나 가족과 함께 자립을 위한 첫 걸음을 내딛는 것으로 생각된다.

# B 소아의 저시각관리와 교육의 연계

소아기는 시각이 발달하여 기본적인 기능을 확립하는 시기이다. 선명한 망막상, 적절한 밝기, 대비 감도 등 보다 양호한 시각 자극을 확보하고 유지하는 것은 보다 나은 시기능을 획득하기 위하여 반드시 필요하다. 저시각 아동이 보다 편하게 볼 수 있도록 시적 환경을 정리하고 더불어 시각발달을 촉진시키는 입장에서 배려한다. 더욱이 각종 원(보육원, 유치원 등)이나 학교와의 연계 하에 보조기구 지도도 진행시킨다.

## 1 시각의 관리

### 1 의학적인 관리

질환의 진단이나 치료에 의학적인 관리가 필요한 것은 두말할 필요가 없다. 한편, 치료에 의한 개선을 기대할 수 없을 때는 의료로부터 멀어지는 일이 있다. 그러나 소아기에는 눈의 상태가 변화하는 시기이고 앞에서 설명한 바와 같이, 시기능을 발달시키기 위하여 적절한 시각 자극을 확보하는 것이 중요한 시기이므로 치료가 곤란한 경우라도 의학적 관리가 필요하다.

## 2 시기능평가

시기능 검사에서는 본인의 응답에 따라 진행시키는 자각적인 검사와 본인의 응답을 필요로 하지 않는 타각적인 검사가 있으나, 소아에게는 자각적인 응답이 곤란한 경우가 있으므로 상대적으로 타각적 검사가 중요하다. 일반적으로 보조기구의 지도나 훈련에 앞서 이 평가가 이루어지지만, 경우에 따라서는 시기를 바꾸어 가며 몇 회로 나누어서 검사를 진행시키는 일도 있다. 그러한 경우는, 지도, 훈련과 시기능평가를 병행해서 진행시키게 된다. 또한 시기능의 현상을 파악하는 것만이 아니고, 장래를 예측하기 위해서도 시기능 검사를 정기적으로 실시하는 것이 중요하다. 개개의 검사법에 대해서는 다른 항에 설명되어 있으므로 여기서는 소아의 시기능평가에 대한 사례만을 소개할 것이다.

[사 례]

- 초진시 연령 : 4년 2개월
- 진단명 : Usher 증후군(망막색소변성증, 고도난청), 눈떨림, 양안 고도원시 및 간헐성 외사시

다니는 언어 훈련시설에서 훈련에 사용되는 그림 카드의 식별 가능한 그림 크기를 알고 싶다는 의뢰를 하여 진찰하게 되었다.

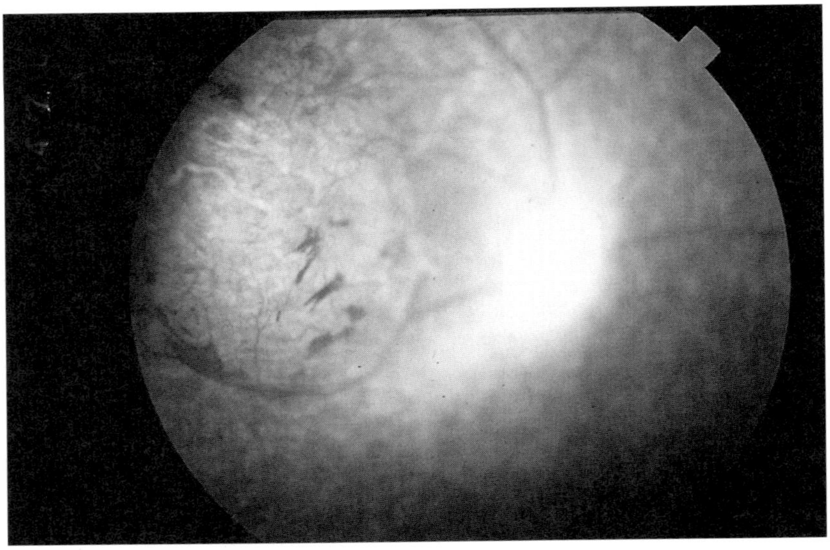

[그림 6-1] 사례의 안저 사진

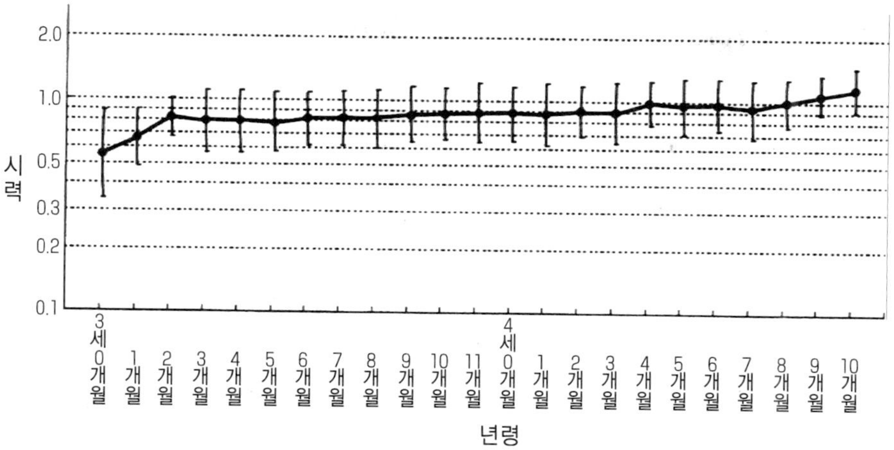


**[그림 6-2] 정상 3~4세 어린이의 월별 평균시력 추이**

안저, ERG 등의 검사 결과로 상기 진단을 확인하였으며, 암실내에서의 상태와 어머니의 설명을 참고하였다. 그림 6-1은 사례의 안저 사진이다. 눈떨림이 커서 일반 방법으로는 곤란하였기 때문에 측면에서 각막 상의 링 슬릿(ring slit) 상을 단서로 촬영하였으며, ERG 검사도 눈떨림에 의하여 기선에 동요가 있었으므로 여러 번 반복 촬영하였다. 굴절검사는 조절마비제를 점안하여 실시하였다. 그 결과 양안에 등가구면도수(구면렌즈대응치, 최소착란원)로 +9.00D ~ +10.00D의 고도원시가 확인되어 타각적 굴절검사값과 교정시력값을 기초로 교정안경이 처방되었다. 교정시력은 양안 모두 각각 0.01이었으며, 앙안시력으로 0.02였다. 시야검사는 Eye Cup Perimeter를 사용하였다(그림 2-17). 시야도를 작성하기까지의 정보는 얻지 못하였으나, 오른쪽 눈이 각 방면 모두 60° 정도, 왼쪽 눈이 40° 정도로 추정되었고, 또한 안저 사진의 소견으로부터 중심암점의 존재도 추정되었다. 실제 어느 정도 크기의 도형을 구별할 수 있는가에 대하여 조사하였다. 원형, 3각 및 4각 도형을 식별할 수 있는지를 확인하기 위하여 임의의 순서로 도형을 제시하여 식별 가능한 크기와 그때의 시거리를 계측하였다. 정확한 시거리를 측정하기 위하여 비디오 카메라로 옆에서 촬영하여 투명한 플라스틱판에 새긴 눈금을 기록하였다. 앞에서 설명한 ERG 검사는 안과에서 전기생리 검사로 대표적인 것이며, 망막기능의 평가에서 중요한 것이다. 특히 야맹증의 진단에는 반드시 필요하다. 그러나 산동, 암순응의 정도, 검사할 때의 눈의 움직임, 각도, 전극 위치 등에 의하여 반응 파형은 변한다. 특별히 검사자의 지시에 따르는 것이 어려운 영유아, 소아 및 눈떨림 등을 수반하는 저시각아의 검사에는 충분한 주의가 필요하므로 숙련자가 검사를 하는

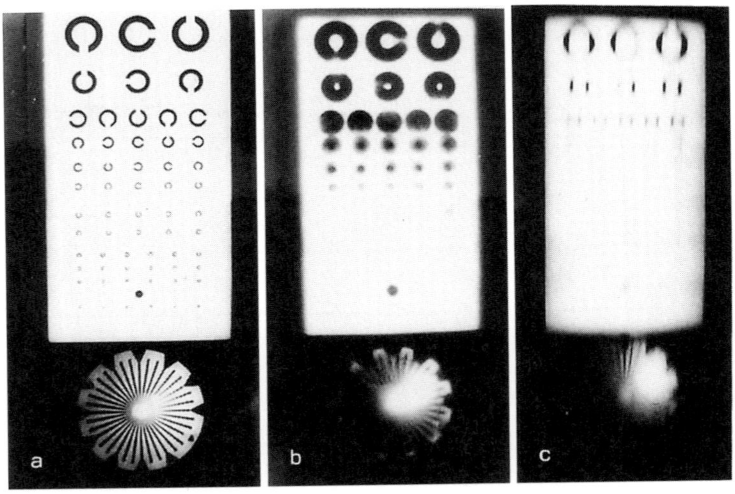


[그림 6-3] 굴절이상에 의한 시력표의 보이는 예

것이 바람직하다.

## 3 굴절이상의 관리

### (1) 시력의 발달

시력은 생후 직후부터 급속히 발달하여, 3～4세 경에 시력 1.0에 도달한다. 시력이 발달하면 망막의 중심와에 선명한 상이 생긴다. 그림 6-2는 월별로 본 3～4세 어린이의 나안시력의 평균값과 분산이다. 이것은 3세아의 건강 검진 중 시각 스크리닝의 기초 자료 작성을 목적으로 유치원과 보육원의 원아를 대상으로 측정한 결과를 종합한 것이며, 시력검사는 란돌트 고리를 사용하여 검사거리 5 m에서 단안씩 측정하였다. 조사 목적에 따라, 원아에게 사전에 설명이나 연습을 하지 않고 측정한 결과를 종합한 것으로 3년 3개월경 까지는 비교적 급격히, 그 후는 완만하게 향상하여 4세경에는 시력 1.0에 도달한다.

### (2) 굴절이상 교정의 필요성과 효과

고도의 굴절이상, 특히 고도의 원시나 난시에 의하여 망막상이 선명하지 않게 된다. 그림 6-3에는 (a) 정시안의 망막상을 시뮬레이션한 결과 시력표가 선명한 상을 보인다. (b) 원시 등의 망막상을 시뮬레이션한 결과 상이 전체적으로 흐려 보인다. (c) 난시의 망막상을 시뮬레이션한 결과 상이 왜곡된 상태를 보인다. (b) 및 (c)와 같이, 망막상이 선명하지 않은 상태가 계속되면 시력 발달이 충분하지 않게 되므로 굴절이상을 교정해도 정상시력을 얻을 수 없는 기능성 약시가 되는 경우가 있다. 양안 다 같이 강한 굴절이상이 원인이 되는 굴절이상성 약시, 단안에 강한 굴절이상이 있어 그 눈이 약시가 되는 굴절부등 약시 등이 그 예이다. 한편, 근시는 원거리가 선명하지 않은 데 반해, 근거리는 비교적 선명한 상이 얻어지는 경우가 많아 일반적으로 기능성 약시가 되기 어려운 특징이 있다.

또한 지속 사시로 사시안이 고정되어 있으면, 그 사시안의 중심와에는 물체의 상이 맺혀지지 않으므로 시력발달이 미숙해져 소위 사시성 약시가 될 수 있다. 이러한 약시 치료에는 교정안경을 착용하여 선명한 망막상을 만드는 것이 반드시 필요하다. 시기능이 발달하는 영유아기에는 기질적인 질환에 의하여 정상 시력의 획득이 곤란한 경우라도 시각 발달을 촉진하여 보다 양호한 시력을 얻기 위한 굴절이상의 교정이 필요하다.

#### (3) 굴절이상과 약시렌즈

약시렌즈는 원칙적으로 굴절이상을 교정한 상태로 사용한다. 미교정 굴절이상이 있으면 실제 확대율이 표시된 배율과 다르거나 탁상형의 확대경으로는 선명한 상을 얻을 수 없다. 특히 난시는 조절력이나 약시렌즈의 조정에 의해서도 보정할 수 없기 때문에 안경에 의한 교정이 필요하다.

한편, 근시는 광학적으로 근거리를 볼 때 적합한 눈이며, 접근시가 용이하게 된다. 이러한 경우는 안경을 저교정하는 경우가 있으며, 시각관리와 생활의 편리를 고려하여 선택한다.

### 4 눈부심의 경감

#### (1) 모자, 선바이저(suv visor)등의 이용

눈부심을 경감시켜 대비를 개선시키는 것은 저시각 아동이 편하게 볼 수 있는 환경을 정돈하는 데 중요하다. 어린이는 눈부심을 호소하지 않는 경우도 있지만, 밝은 곳에서의 상태, 백흑반전 표시 효과의 유무, 그리고 진단명으로부터 예상할 수 있다.

밝은 실외는 눈부심이 강한 장소이므로, 챙이 넓은 모자, 칼라 필터(color filter)가 달린 선바이저 등이 효과적이다. 저시각 아동의 기호를 고려하여 선택하면 착용하는 것에 대한 저항감을 줄일 수 있으며, 본인의 평가를 듣는 것 뿐 아니라, 눈을 가늘게 뜨는 정도의 차를 비교하는 등 주위를 관찰하여 효과를 판정한다.

### (2) 차광안경 등의 이용

눈부심을 경감시키는 효과가 있는 것에는 차광렌즈, 칼라렌즈(선글라스), 편광렌즈, 조광렌즈 등이 있다. 일반적으로는 안경식이지만, 칼라 필터는 콘택트렌즈로 대용하는 경우도 있다. 차광렌즈는 눈부심의 원인이 되는 단파장쪽의 빛을 선택적으로 흡수하여 눈부심을 경감함과 동시에 밝기의 저하를 막고 대비를 개선시키는 렌즈이다. 그림 8(칼라삽화)은 간이 분광기로 찍은 스펙트럼(spectrum)의 특성을 나타낸 것으로, 상단은 차광렌즈를 착용하지 않았을 때의 스펙트럼, 하단은 동해광학의 YL 차광렌즈를 착용했을 때의 스펙트럼으로 파장이 짧은 청색 빛을 차단시키고 있는 반면, 파장이 긴 녹색에서 적색의 빛은 변하지 않는 것을 볼 수 있다.

일반적으로 선글라스라고 불리우는 것에는 여러 종류가 있으나, 눈으로 입사하는 광량을 감소시켜 눈부심을 경감시키나 그 파장 특성은 같다.

편광렌즈는 반사광의 눈부심을 없애는 데 효과적이다. 또한 2장의 편광렌즈를 겹쳐 축의 각도를 변화시키면 빛의 투과량을 조절할 수 있다.

조광렌즈는 외부의 밝기에 따라 착색의 정도가 변하는 렌즈이다. 밝은 곳에서는 진하게 착색되어 선글라스와 같은 기능을 달성하여 눈부심을 감소시키나, 컴컴한 곳에서는 투명하게 되어 투과량을 증대시켜 지나치게 컴컴해지는 것을 방지한다.

이러한 렌즈의 이용을 지도할 때는 밝은 곳에서 사용해서 저시각 아동의 눈꺼풀이 벌어지는 등의 구체적인 변화를 관찰하여 그 효과를 평가한다. 밝은 곳에서는 눈을 가늘게 떴으나, 차광렌즈 등을 착용하여 눈꺼풀이 벌어지면 효과가 있다고 판단할 수 있다.

차광안경 등에 대한 지도에서는 저시각 아동의 심리적인 측면도 충분히 배려하는 것이 중요하다.

### (3) 환경의 정비

방 전체를 고려한 환경의 정비로는 창에 커튼을 치거나 교실에서는 창가의 자리를 피하는 등이 있다. 개인적으로는 확대독서기의 백흑반전을 이용하거나, 스탠드 빛이 직접 눈에 들어오지 않도록 하는 등이 있다. 이러한 배려를 통하여 저시각 아동이 보기 쉬운 환경으로 정돈한다.

## 2 보조기구의 도입

보조기구를 사용할 때는 보고싶다는 저시각 아동의 의욕과 보조기구를 사용하는 손동작의 습득이 필요하다. 일반적으로 학령기 전부터 이러한 훈련이 가능하지만, 그 이전에는 곧바로 보조기구의 훈련으로 들어가는 것이 아니고 접근시 등으로부터 시작한다.

보조기구 지도의 순서나 훈련의 속도는 저시각 아동의 나이나 의욕에 따라 달라진다. 사례에 따라 도입할 때까지의 프로그램을 작성해 보면 다음과 같다.

### 1 접근시로 보게 한다.

대상과의 시거리를 짧게 하는 것은 망막상을 확대하는 것과 같으므로 접근시가 가장 용이하며 유용한 망막상의 확대법이다. 이로 인해 문자 등을 읽을 수 있다면, 그 장소에서 보조기구는 필요하지 않다. 굴절이상의 종류나 정도, 조절력의 유무나 정도에 따라 접근시의 가부나 그 시거리가 정해지며, 위험이 수반되지 않으면 효과적인 방법이다.

#### (1) 의자나 책상의 높이 조정과 독서대 이용

접근시를 할 때의 문제점은 과도하게 엎드리려는 자세에 있으며, 자세가 나빠지거나 조명을 방해하게 되어 손 밑이 어두워진다. 엎드리는 정도를 적게 하여 자세를 자연스럽게 하면서 시거리를 짧게 하는 방법으로는 상대적으로 책상을 높이는 방법이 있다. 자세가 흐트러지지 않는 범위에서 의자를 낮추는 것도 같은 효과가 있으며, 조명을 방해하는 일이 적어진다.

독서대를 이용하면 접근시가 편해지고 자세도 유지될 수 있다. 독서대의 넓이가 충분하며, 체중을 실어도 변형되지 않는 튼튼한 것으로 선택한다.

#### (2) 문자 크기의 확인

식별 가능한 문자의 크기는 시력으로부터 추정할 수 있으나, 실제 문자나 도형으로도 확인한다. 역으로, 시거리와 식별할 수 있는 문자나 도형의 크기로부터 시력을 추정하는 것도 가능하다. 이것으로 어느 정도 크기의 문자까지 접근시에 의하여 읽을 수가 있는지 판단하며, 접근시만으로 읽을 수 있는지 또는 문자 크기가 큰 것이 필요한지를 결정한다.

또한 읽기 속도를 높이는 문자의 크기나 본인이 보기 쉽다고 느끼는 문자 크기는 식별할 수 있는 문자의 최소 크기와는 다른 것이다.

## 2 확대해서 보인다.

대상의 문자 크기가 작아 접근시만으로 식별이 어렵거나, 식별할 수 있어도 읽기 속도가 느려져 실제로 곤란할 때에는 문자 크기를 확대시킨다. 어느 정도까지 확대시키는가는 리딩차트(reading chart)에 의한 검사를 참고한다.

확대하는 방법으로는 손으로 쓰거나, 확대 복사 등이 일반적이며, 대활자본을 이용하는 방법도 있으나 종류가 아직 적고 입수하는 방법도 한정되어 있는 실정이다. 확대독서기나 컴퓨터 등도 확대상의 제시에 이용되고 있다.

## 3 대비가 좋은 것을 보인다.

대비를 높게 구성하면 보기 쉬워진다. 학습을 할 때, 진한 연필이나 볼펜의 이용, 사각의 윤곽이 뚜렷한 줄이 있는 노트를 고르는 것도 좋은 예이다. 글씨가 사각으로 된 칸 안에 들어가지 않으면 시력에 비해 칸이 작기 때문이라 생각할 수 있으나, 때때로 칸의 선의 색이 연해서 식별이 어렵기 때문이라고 할 수 있다. 칸의 선을 볼펜으로 덧그려 검은 선으로 만들면 저시각 아동에게도 보기 쉽게 되고, 칸 안에 문자가 들어가게 쓰는 것이 용이하다. 필기구, 자 등의 문방구의 선택에서 대비를 잘 고려하면 저시각 아동의 부담을 덜어줄 수 있다.

## 4 간단한 보조기구의 도입

### (1) 탁상식 확대경

조작이 가장 용이한 광학적 보조기구로 탁상용 확대경이 있다. 사용할 때는 굴절이상이나 조절력을 고려한다. 저시각 아동이 흥미를 갖는 재료를 이용하여, 보고 싶어하는 의욕을 활용하는 것이 효과적이다. 엎드린 자세가 되면 독서대의 이용도 고려한다. 책, 프린트 등을 충분히 올려놓을 수 있는 튼튼한 나무판을 약간 경사지게 하여 이용하는 것도 하나의 방법이다.

### (2) 확대독서기의 이용

확대독서기는 쉽게 고배율과 백흑반전을 얻을 수 있는 것이 특징이며, 중도의 시각장애가 있을 경우에는 이들 둘 다 효과적인 기능이다. 나이가 어리기 때문에 확대독서기의 조작

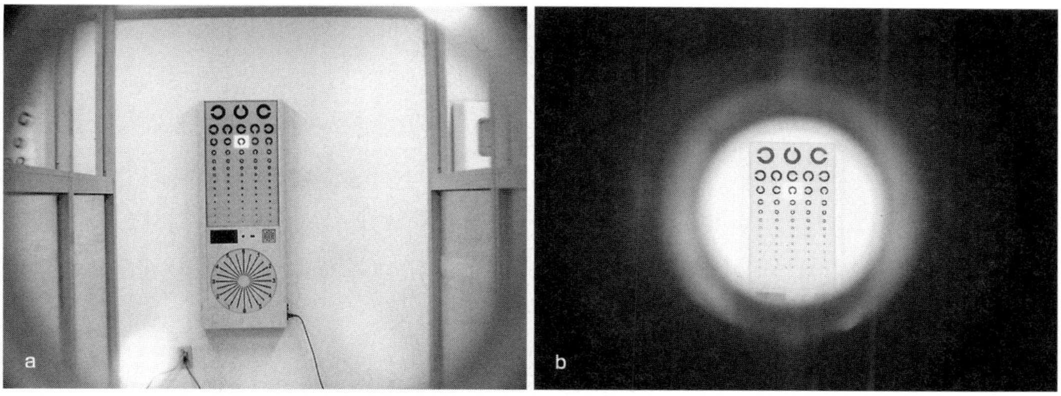


**[그림 6-4] 약시안경과 오페라 글라스의 시계 비교**

을 자신이 할 수 없는 단계에서도 부모 등 주위의 사람이 조작하여 화면의 확대상을 보여줄 수 있다. 그림 책 등은 비교적 저배율로 될 수 있는 한 전체적인 상을 보여주는 연구가 필요하다.

### (3) 오페라 글라스의 이용

저가의 오페라 글라스는 배율이 2배 정도인 것이 많고 시야도 좁기 때문에, 비교적 시력이 좋은 저시각 아동이 보조적으로 사용하는 등에 한정된다. 그림 6-4는 (a) 약시안경(1.8 X)으로 5 m 앞의 시력표를 볼 때의 시계 (b) 같은 조건 하에서 2배의 오페라 글라스를 사용하여 얻어진 시계를 나타낸 것이다. 이와 같이 같은 배율의 약시안경과 비교해 보아도 그 시계가 좁은 것을 알 수 있으나, 저가로 널리 시판되고 있기 때문에 구입하기 쉽고, 초점이 고정되어 있어 초점을 맺는 수고가 필요하지 않다는 장점이 있다.

또한 오페라 글라스는 단안경 대신으로 이용될 수 있다. 소아로 단안경 조작이 곤란한 경우에는 오페라 글라스를 사용하여 중간거리에 있는 대상을 시계 안으로 들어오게 하는 훈련을 시킨다.

실제로 어떤 순서로 보조기구를 사용하는가는 각각의 사례마다 다르다. 저시각 아동의 과제의 내용과 중요성을 중심으로 의욕, 나이, 시기능 상태, 그 밖의 보유시각의 활용, 보조기구 활용의 익숙함 등을 고려하여 실제 지도나 훈련을 진행시킨다.

# 3 관계기관과의 연계

## 1 연계의 필요성

저시각 아동이 가능한 한 바람직한 환경에서 생활하고 교육을 받기 위해서는, 관계되는 교육, 의료 및 복지의 각 기관들이 상호 연계하는 것이 필요하다. 저시각 아동과 관계되는 여러 기관 및 직종이 필요에 따라 긴밀하게 연계되면 실제의 저시각 서비스가 진행된다고 할 수 있다.

## 2 교육기관과의 연계 필요성과 사례

저시각 아동과 관계가 많은 교육기관은 맹학교, 약시 학급과 일반학급이다. 의료기관이 학교로부터 의뢰받는 주 내용들은 질환이나 시기능의 설명, 보조기구 지도 및 학교생활에서의 주의 사항 등이다. 한편, 의료기관이 학교에 기대하는 사항은 학교에서의 일상 상태, 교정안경이나 보조기구의 사용 상황에 관한 정보의 제공이다.

그림 6-5 및 6-6은 맹학교에서 제공하는 문서의 예이다. 안과에서 지도하고 있는 보조기구에 대하여 맹학교에서 평가한 결과의 일부이다. 이러한 정보는 적절한 보조기구 지도에 매우 효과적이다.

[사 례]

- 초진시 연령 : 7세
- 진단명 : 양안, 증식성일차유리체 잔류, 눈떨림, 근시성 난시

맹학교에 재적하고 있는 학생으로 보건소에서 4개월간의 건강진단 결과 눈떨림의 의심이 있어 안과에서 진찰을 받았다. 맹학교는 고도의 시력장애로 입학하였다. 때때로 예상 이상으로 보이는 것 같은 태도를 인지한 담임 선생님으로부터 권유를 받아 시기능평가를 희망하여 진찰을 받았다.

년 월 일 요일

교육상담을 통하여 현재까지 검사를 한 결과를 동봉합니다.

■ HIRAKANA 최소가독문자

보조기구없이 6P까지 거의 읽을 수 있었다.

■ 한자 최소가독문자

보조기구없이 10.5P까지는 거의 읽을 수 있음. 8~9P에서는 일부 못 읽음. 7P에서는 읽지 못함. 5배의 확대경을 사용하면 6P까지 대체로 읽을 수 있음.

단, 한자는 알지 못하는 글자가 많아, 일주일 연습시켜 읽을 수 있게 되었을 때 실시하였음.

■ 문자 크기와 독서 효과

16P 이상의 문자 크기에서는 읽기 속도가 그다지 다르지 않음(14P의 크기가 되면 읽기 속도가 저하됨). 시야의 관계인지, 세로쓰기로 되면 읽기속도가 저하됨.

전체적으로 오독(요음, 촉음, 탁음 및 반탁음에서 특히 많음)이 많고, 줄을 띄어 넘어 읽는 일이 많았음. 시력에 비하여 오독 등이 많은 것 같음.

■ 수업에서의 형태

○ 탁상용 확대경을 사용하라고 하면 사용하는 것 같으나 스스로는 잘 사용하지 않는 경향이 있음.

○ 책읽기에서도 요음, 탁음 등에서 오독이 많은 것 같음. 한자는 배우지 않은 글자가 많은 것 같음. 책읽기도 자연스럽게 읽지는 못하는 것 같음.

○ 연필을 쥐는 압력이 약하여 4B 연필을 사용하고 있었음. 잡는 방법을 지도하여, 2B를 사용할 수 있도록 해주고자 함.

○○맹학교

[그림 6-5] 연락용 문서(예)

### 독서효율 검사 기록표

학교 학년 이름 ( )

실시일 : 년 월 일

◎ 검사결과기록

| 평가카드의 종류 | 렌즈 | 30초간 읽은 자수 | | | 1분간 읽은 자수 | | | | 비고 |
|---|---|---|---|---|---|---|---|---|---|
| 문자크기 · 종류 · 자체 · 체재 | 유 · 무 | 1회 | 2회 | 3회 | 1회 | 2회 | 3회 | 평균 | 사용렌즈, |
| 히라가나, 명조, 횡 | | ( ) | ( ) | ( ) | ( ) | ( ) | ( ) | ( ) | 기타 |
| 14P | 무 | ( ) | ( ) | ( ) | 98(1) | 104(2) | 95(1) | 99(1) | |
| 16P | 〃 | ( ) | ( ) | ( ) | 101(2) | 115(2) | 107(2) | 108(2) | |
| 18P | 〃 | ( ) | ( ) | ( ) | 105(5) | 82(1) | 118(2) | 102(3) | |
| 20P | 〃 | ( ) | ( ) | ( ) | 96(1) | 116(1) | 116(1) | 109(1) | |
| | | | | ( ) | 121(0) | 112(0) | 101(4) | 111(1) | |
| | | ( ) | ( ) | ( ) | | | | | |
| | | ( ) | ( ) | ( ) | ( ) | ( ) | ( ) | ( ) | |
| | | ( ) | ( ) | ( ) | ( ) | ( ) | ( ) | ( ) | |

※( ) 안의 숫자, 독서자수

◎ 검사결과

- ○ 문자크기는 14P로 되면 읽기 속도 저하, 16P 이상에서는 대체로 같은 정도의 속도
- ○ 세로쓰기에서는 읽기 속도가 저하됨. 본인은 읽기 어렵다고 함.
- ○ 요음, 촉음, 탁음 및 반탁음에서 오독, 줄 띄어 읽기가 많음. 오독은 18P 이하에서 많으나, 전반적으로 보임. 본인도 요음, 점 등이 읽기 어렵다고 함.
- ○ 고딕체(22P)에서는 특히 읽기 속도의 향상은 없었으나, 124자의 최고 자수를 읽었다.

**[그림 6-6] 연락용 문서(예)**

교정시력은 시력이 좋은 왼쪽 눈에서 0.2였으나, 시방향을 크게 돌리면 0.5 정도까지 식별할 수 있는 부위가 있었다. 본인과 가족의 동의를 얻어, 부모, 맹학교 교사, 담당의사, 시기능 훈련사들이 모여 정보를 공유하고 의견을 교환하였다. 처음에는 그대로 경과를 관찰하였으나, 시기능이 양호하기 때문에 일반 초등학교로의 전학이 가능하다고 판단되어 맹학교에서는 전학 준비를 위한 교류교육과 방과 후의 계속적인 지도가 실시되었으며, 안과에서는 시각 보조기구의 지도와 정기적인 경과 관찰을 담당하였다.

이 사례에서는 맹학교 교사가 주체(key person) 역할을 담당하여 연락을 적극적으로 진행시켰다. 이러한 경험을 반복하는 중에 연계가 형성되어 간다고 생각된다.

## 3 정보 제공 방법

연계는 관계기관 상호간의 정보 제공이며, 정확한 정보가 원활하게 제공되는 것이 중요하다.

가장 기본적인 것은 소개서나 회답서 등의 문서에 의한 방법으로, 전달 도중에 정보 변화가 없고, 반복하여 확인될 수 있으며, 기록으로 보존할 수 있다는 등의 장점이 있다. 또한 본인 또는 부모를 통해서 문서를 교환하는 것으로 비밀 유지의 의무도 갖고 있다. 주의 사항으로는 타 직종에 이해가 되는 문서이어야 한다는 것이다.

관계자가 동석하여 의견을 교환하는 것은 상호 이해에 매우 효과적인 방법이다. 앞의 사례에 있어서도 이러한 기회를 가지므로 이해가 깊어졌다. 시간이나 장소의 조정 등 곤란한 점도 있으나, 상황에 따라서는 필요한 방법이라고 생각된다.

전화에 의한 연락은 즉각적으로 상호간에 확인할 수 있는 편리한 방법이다. 그러나 기록을 남기기 어려운 일도 있어 보충적인 설명이나 사무적인 연락에 그칠 수 있다. 그 외에 팩스나 전자 메일이 있으나, 개인 사생활의 보호나 오송신에 주의할 필요가 있다.

## 4 연계할 때의 유의점

본인 및 부모의 의사와 희망에 따라 연계를 진행시키야 하는 것이 당연하지만, 관계가 긴밀할수록 전문가들끼리만 연락을 진행시킬 염려가 있다. 전문가끼리만 연락을 하는 경우에는 본인이나 부모에게 어떠한 내용을 어는 정도 전하는 가를 설명하고 양해를 구하는 것을 과정의 하나로 생각하는 것이 필요하다.

연계할 때는 비밀 준수의 의무를 지키는 것은 물론 반드시 유의하여야 할 점이 있다. 예를 들면 관계자로부터 전화 등에 의하여 질문을 받을 때 긴급 또는 비밀 준수와 관계되지 않은 경미한 사항들을 제외하고는, 즉시 답을 하지 말고 담당의사에게 보고하여 지시를 받고 본인과 가족의 양해를 얻은 후에 회답해야 한다. 다소 번잡한 감이 있으나, 본인이나 가족의 신뢰를 얻기 위해서는 중요하다.

기록의 작성도 중요하다. 관계자가 정보를 공유하여 언제라도 확인할 수 있는 것은 일관된 저시각 서비스 제공에서 반드시 필요하다.

앞으로의 연계 자세로는, 기존의 연계에 더하여 지원자도 포함시키는 보다 광범위한 관계 직종들이 저시각 아동의 필요에 따라 긴밀히 대응할 수 있을 것으로 기대한다.

# C 학령기(취학 전 아동 포함)의 저시각관리

저시각 아동은 자신이 보기 어려운 점이나 불편함에 대하여 표현하는 것이 용이하지 않다. 또한 본인의 응답을 필요로 하는 자각적인 시기능 검사에도 나이에 따라 한계가 있다. 이러한 경우, 안과적인 소견과 그들의 행동에서 보기 어려움을 추정할 필요가 있다. 저시각 아동에 대한 저시각관리의 목적은 보기 쉬운 환경 조건을 정비하여 명확하게 보이게 하는 것에 있다.

## 1 저시각 아동의 취학

학교교육에 있어서의 시각장애의 범위와 교육 조치는 학교 교육법 시행령에 나타나 있다(표 2-3).

이 법령에 의하면, 양안 시력이 대체로 0.3 미만인 자, 또는 시력이외의 시기능장애가 고도인 자 중 확대경 등을 사용하여도 일반 문자나 도형이 시각에 의하여 인식이 불가능 또는 현저히 곤란한 정도의 자는 맹학교로의 취학이 타당한 것으로 하고 있다. 동 시행령은 2002년 일부 개정되어 그 때까지 있었던 점자 사용의 가능성이나 0.1 기준이 삭제되고 역으로 확대경 등의 사용이 명기되었다.

실제 취학에 있어서는 시력 이외의 시기능도 배려하여 부모의 희망을 바탕으로 관계자간에 협의하는 것으로 되어 있으나, 종래에 비하여 취학 지도는 보다 긴밀하게 되었다. 특히 상기 기준에 해당되는 장애 상황일지라도 '초등학교 또는 중학교에서 적절한 교육을 받을 수 있는 특별한 사정이 있다'라고 교육위원회가 인정하는 경우에는 '인정취학자'로 취학할 수 있다는 것이 명기되었다. 이것으로 현재 일반학급에 저시각 아동이 재적하고 있으며, 앞으로도 그 수가 증가할 것으로 예상된다.

일반학급에 취학하는 저시각 아동의 지원에 대해서는 법령에 인정취학자가 명기된 것에 의하여 지금까지 이상으로 맹학교 등으로부터의 지원체제를 상세히 정비해 나가는 것이 가능해진다.

또한, 앞으로는 보조기구 지도 등의 전문적인 저시각 서비스에 대한 개별적인 지원계획을 작성하기 위하여 본인이나 보호자의 희망을 기초로 하여, 의료기관과 교육기관이 어떻게 역할 분담을 하면 좋을지를 교육분야의 스탭들과 함께 협의하여 나가는 것이 가능해진다.

## 2 학령기 저시각 아동의 어려운 점과 그 개선

### 1 학교 선택

저시각 아동의 부모에게 최적의 학교를 선택하는 것은 어려운 과제이다. 앞에서 설명한 바와 같이, 저시각 아동의 취학에 대해서는 보호자와 관계자의 협의에 의하여 정해지고 있다. 어느 학교를 선택하느냐는 저시각 아동 자신과 보호자의 판단이지만, 그에 앞서서 학교에 대한 정보 수집과 맹학교나 약시 학급을 직접 방문하여 보고 오는 것이 중요하며 유용하다.

최근에는 맹학교에 영유아의 교육상담을 위해 방문하거나, 유치부에서 지도를 받는 저시각 아동도 증가하여 맹학교가 막연히 먼 존재만으로 느끼지 않게 되었다고 생각되므로 방문한 경험이 없는 보호자는 반드시 한번 견학해 보는 것이 좋다고 생각한다.

최근, 특별지원계획을 지향하여 맹학교는 크게 양상이 바뀌고 있다. 맹학교는 지역의 시각장애 교육 센터로서의 역할을 담당하고 있으므로, 입학상담은 물론 맹학교의 입학을 희망하지 않는 경우에도 상담에 응해주기도 한다. 예를 들면 지역의 유치원, 보육원, 초등학교, 또는 중학교에 통학시키고 싶으나 어떠한 지원을 해 줄 수 있는지?라는 것을 알아보기 위하여 상담을 신청할 수 있다.

대부분의 맹학교들은 이러한 교육상담이 가능한 날짜 및 담당자가 정해져 있으므로 사전에 연락을 취하면 준비가 가능하다. 또한 맹학교에 따라서는 하계방학을 이용하여 맹학교의 시설 및 설비를 사용하는 체험학습의 날을 계획하는 곳도 증가하고 있다. 보호자의 견학 및 상담 뿐 아니라, 가능하면 장애 어린이를 데리고 저시각 프로그램에 관련된 활동을 경험해 보는 것도 귀중한 판단 자료가 될 것이다. 구체적으로 체험해 보면, 저시각 아동이 교육활동의 장에서 어떠한 지원을 필요로 하는지 알 수 있으며, 이것으로부터 보호자의 판단이 보다 정확하게 될 수 있다.

## 2 시기능평가의 어려움에 대한 대응

저시각 아동의 보이는 상태를 다른 사람이 이해하는 것은 어렵다. 자각적인 시기능 검사는 한계가 있으므로 자신에게 보이는 상태를 표현하는 것이 곤란한 아동일 경우에는 더욱 어려울 것이다. 이러한 저시각 아동의 시기능평가에는 안과검사의 소견과 행동 관찰이 중요하며, 시기능 검사의 결과를 가능한 확인해 간다. 보조기구의 실용성에 대해서도 저시각 아동의 증상이 개선되거나 또는 그들이 스스로 그것을 이용하는 사실로 확인할 수 있다.

또한 취학에 대비하여, 학교라는 새로운 환경 속에서 어떻게 보이는 상태가 되는지를 스스로 자각하고, 보호자, 학교 및 의료기관에서도 각각 파악하는 것이 중요하다. 예를 들면 칠판을 보거나, 교실에 설치된 T.V.를 자기 자리에서 보는 것과 같은 활동은 취학 후, 교실에서 학습활동이 시작되어야 비로서 알게 되고, 학교생활에는 이러한 활동이 많이 있으므로 매우 곤란을 겪을 수 있기 때문이다.

이러한 보이는 상태의 특징이나 어려움 등을 가능하면 취학 전 체험입학 시에 파악하고, 입학에 대비하여 의료기관과 학교가 연계하여 보다 효과적인 저시각관리를 실현해 나가는 것이 중요하다.

## 3 주위의 이해 받기 어려움에 대한 대응

일반 초 · 중학교에 다니고 있는 저시각 아동은 자신의 보기 어려움을 교사나 동급생 등 주위로부터 이해를 받는 것이 때때로 어려운 경우가 있다. 교과서를 눈 바로 앞으로 가져와 읽는 것, 너무 밝으면 오히려 보기 어려운 것, 안경을 쓰고 있어도 저시각인 것, 멀리 있으면 보고도 구별이 어려운 것 등은 저시각 아동을 처음으로 만나는 교사나 동급생들은 이해하기 어려울 것이다. 저시각 아동의 보호자는 교사에게 아동의 보이는 상태를 미리 설명하거나, 교사가 아동으로부터 직접 자신의 보이는 상태를 듣고 확인하는 것 등이 필요하다. 이러한 경우, 교사는 아동의 심리적인 측면을 충분히 배려해야 하는 것은 말할 필요도 없다. 가능하다면 준비를 갖추고 '모의 약시체험'을 교실에서 해 보는 것도 효과적이다. 필자의 환자 가운데 일반 학교에 다니고 있는 사례가 있었다. 주위의 이해를 얻지 못하고 고립되어 거식증 증세까지 보였으나 맹학교 교사의 도움으로 학급생들에게 '모의 약시체험'을 실시한 결과, 동급생들로부터 긍정적인 반응을 얻을 수 있었으며 교우관계도 개선되었다.

### 4 학습의 곤란함에 대한 대응

모든 교과에 해당되는 것으로, 일반 초·중학교에 다니고 있는 저시각 아동들은 문자의 읽기 및 쓰기를 비롯하여 도형이나 도판, 실험이나 관찰 등의 학습에 어려움을 겪는다. 이것은 교재나 교구를 연구하는 것과 함께 보조기구의 활용이나 환경의 정비를 진행시키는 것이 필요하며, 편하게 볼 수 있는 것을 목표로 한다.

또한 저시각 아동이 사물을 보고 이해하려면, 보조기구를 활용하거나 눈을 가까이 가져가서 보기 때문에 시간이 걸린다. 저시각 아동이 일반 초·중학교의 학습에 참가할 때는, 이 '학습 속도'를 따라가는 것이 과제가 된다.

학습활동 중에 저시각관리를 해 나갈 때는 하나 하나의 교재가 확실히 보일 수 있도록 지원해주는 것도 중요하지만, 보는 것 뿐 아니라 수업의 흐름에 뒤떨어지지 않도록 효율적인 학습을 해나가는 요령(know-how)을 몸에 익히는 것이 중요하다.

### 5 일상생활의 곤란함에 대한 대응

취학한 저시각 아동은 취학 전에 비하여 넓은 환경에서 독립적으로 행동해야 하므로, 취학 전까지 있었던 보호자의 도움이 줄어들게 된다. 통학을 비롯하여 일상생활까지 안전을 확보하면서 여러 가지 경험을 쌓아감으로서 사회 속에서 행동해가는 능력을 높혀가게 되는 것이다.

또한 당당하게 교우관계를 확립해 나가고, 친구에게 도움을 요청할 수 있게 되거나, 여러 친구들과 함께 활동하는 기회를 늘려감으로서 행동범위를 넓혀갈 수 있다.

## 3 저시각 아동 관리의 실제

### 1 의학적인 관리

질병의 관리와 함께 굴절이상을 적절하게 교정하는 것이 중요하다. 시각발달의 측면에서 보면, 취학 전에서 학령기까지가 시각의 완성기에 해당된다. 굴절이상을 교정하여 보다 선명한 상이 망막에 결상되면, 저시각 아동의 시각발달을 촉진시키고 그 후의 보조기구 사용도 보다 원활하게 할 수 있다.

유 · 소아의 굴절검사는 반드시 조절마비제를 사용한 타각적인 굴절검사를 실시해야 한다. 자각적인 굴절검사가 가능한 경우는 병행하여 검사한다. 의학적 약시(기능 약시)의 원인이 굴절이상에 있을 때에는 원칙적으로 완전교정을 한다. 특히 굴절이상성 약시의 주요 원인인 원시나 난시는 정확하게 교정할 필요가 있다. 그러나 근시는 근거리를 보는 데에는 별 문제가 없는 굴절상태이며, 굴절이상성 약시로 되는 경우도 적다고 알려져 있으므로 근거리 또는 중간거리에서 보이는 상태를 고려한 굴절교정이 필요하다.

## 2 보조기구의 선택과 지도

보조기구는 저시각 아동의 시각능력 장애 즉, 보는 것의 어려움을 보완하여 이를 경감하고자 하는 것이 목적이기 때문에 어떠한 어려움이 있는지를 구체적으로 정확하게 파악하는 것부터 시작한다. 예를 들어 교과서 읽기의 경우, '교과서의 글을 읽을 수 있나요?'라고 물으면 '읽을 수 있다'라고 대답하는 경우가 많다. 한자 옆에 읽을 수 있게 써 놓은 일본어 필기체를 읽을 수 있는지, 획수가 많은 한자를 식별 할 수 있는지, 수학에서 (+)와 (÷)를 잘못 보는 일은 없는지, 각도기나 자의 눈금을 읽을 수 있는지 등을 구체적으로 확인해가는 과정에서 저시각 아동에게 보이는 상태를 확실히 알 수 있게 된다. 저시각 아동 본인은 자각하지 못하는 수도 있으므로 가족이나 담임교사 등으로부터 저시각 아동의 상태를 묻고 듣는 것도 중요하다.

충분히 묻고 들은 결과, 특별히 불편한 점이 없다면 그 시점에서 보조기구의 사용을 지도할 필요는 없다. 취학 전에서 저학년까지의 저시각 아동인 경우, 최대가시시력이 0.5 정도이고 교과서 등을 읽을 수 있으며 특별히 불편한 점이 없으면 보조기구의 지도를 보류하고 잠시 상태를 지켜보는 것이 좋다. 그러나 이러한 경우에도 보조기구를 사용하였을 때의 보이는 상태를 대략적으로 경험시킨 후 그것의 필요성을 판단하게 하는 것이 중요하다. 저시각 아동이 학습활동에서 보조기구를 능숙하게 사용할 수 있게 하려면 어느 정도의 지도기간이 필요하므로, 가까운 미래에 보조기구가 필요할 것이라고 예측되는 경우에는 약간씩 지도해 나가는 것이 좋을 수도 있다.

### (1) 근용 광학 보조기구부터 시작한다.

어떤 보조기구부터 지도를 시작해야 하는지는 저시각 아동에 따라 다르나, 일반적으로 근용부터 시작하는 경우가 많다. 처음으로 사용하는 근용 광학 보조기구로 사용하기 쉬운 것은 탁상식 확대경이다. 3～4배의 저배율을 사용하여 저시각 아동이 흥미를 느끼게 하는 것부터 시작한다. 지도에 사용하는 자료는 저시각 아동의 시기능을 고려하여 선택해야 하나, 아동이 좋아하는 그림책을 사용하는 것이 좋은 방법이다. 때로는 코미디 게임(comic game)에서 공격하는 장면이 있는 것을 사용하는 경우도 있다. 즉, 본인이 보고 싶어하고 또는 읽고 싶어하는 자료를 이용하여 시작하는 것이 좋다. 볼 대상의 크기는 접근시만으로는 자세한 것을 구별할 수 없지만, 확대경이 있으면 식별할 수 있는 문자나 그림을 선택한다. 처음 1주일 정도는 지도자나 부모가 옆에서 지도하고, 문자나 흥미가 있는 그림의 세세한 부분을 탁상식 확대경으로 확인시키는 것을 반복시킨다. 그 후는 가까운 곳에 탁상식 확대경을 놓아두기만 하고 멀리서 잘 관찰한다. 저시각 아동이 스스로 탁상용 확대경을 갖고 글자나 그림을 보는 행동을 하면 처음의 시도는 달성된 것으로 간주한다.

탁상식 확대경을 편평한 책상에서 사용하면, 머리를 많이 숙여야 하므로 자세가 좋지 않게 되고 손아래 부분이 어두워진다. 이러한 경우, 독서대를 이용하거나 의자의 높이를 조정하면 어느 정도의 개선이 가능하다.

조명에 대한 고려도 필요하다. 얼굴과 책과의 사이에 조명이 들어갈 수 있는 기구를 선택하여, 직접광과 반사광을 고려하여 위치를 정한다. 배율이 높고 시야가 어두워지기 쉬운 경우는 조명이 내장된 확대경의 사용을 시도해 본다.

취학 전에서 저학년까지는 이러한 탁상식 확대경을 중심으로 지도한다. 비교적 시기능이 양호한 저시각 아동은, 근거리를 볼 때 탁상식 확대경만으로 볼 수 있는 경우가 있다.

휴대식 확대경은 저배율에서 고배율까지 종류가 많고 갖고 다니기도 좋으며, 탁상식 확대경의 사용이 적합하지 않은 두꺼운 책에서 접히는 부분의 확대나 익숙해지면 장시간 사용이 가능한 장점이 많은 보조기구이다. 그러나 렌즈의 위치나 보려는 대상과의 거리를 정확하게 유지해야 하는 등의 숙련이 필요하기 때문에 휴대식 확대경을 사용하는 것은 어느 정도의 나이에 도달한 후부터 시작해야 한다.

사용방법을 지도할 때는 우선 렌즈에 앞 · 뒤가 있다면 그것을 표시한다. 저시각 아동이 어느 위치에 확대경을 갖다 놓아야 하는지를 정하고 거기에 맞는 방향에 표시를 하면 알기 쉽다.

시야를 생각하여 눈 앞에 렌즈를 갖다 대는 것을 우선으로 하지만, 조작이 어려운 경우에는 볼 대상에 렌즈를 가까이 대는 방법으로도 사용할 수 있다. 또한 손이 떨리는 경우에는 렌즈를 책 가까이 대고, 손가락으로 책과의 거리를 유지시키면 사용하기 쉽다. 렌즈에 따라서는 사용하는 위치 및 거리가 표시되어 있는 것도 있으므로 그 경우에는 우선 그 지시에 따라 지도한다. 어느 경우든지 모두 저시각 아동의 상태를 관찰하며 부드럽게 지도하는 것이 중요하다.

### (2) 중간거리에서 원거리까지 볼 수 있는 보조기구는 초등학교 고학년이 되면 사용한다.

중간거리에서 원거리를 보기 위한 보조기구로는 단안경 또는 쌍안경이 있으나, 일반적으로 취학 전 대부분의 아동은 조작이 어려워 초등학교의 중 또는 고학년 때부터 사용하게 된다. 그때까지는 칠판의 글자가 보이지 않으면 앞으로 다가가 보도록 지도하거나 시야가 넓고 사용방법도 간단한 오페라 안경을 사용하게 한다.

단안경 사용의 지도는 정확하게 보려는 대상을 향하게 한 후 그 대상에 초점을 맞출 수 있도록 충분히 지도한다. 대상을 파악할 때는 우선 대상의 위치를 확인한 후 단안경을 향하게 하는 것부터 연습한다. 즉, 대상의 위치관계를 충분히 알고 있는 자기 방에서 정해진 위치에 앉게한 후, 달력 등 실내에 있는 몇 개의 대상물의 위치를 단안경으로 확인하는 것부터 시도한다. 그 때 확실하게 위치를 파악한 것인지를 확인하기 위하여 T.V 화면이나 달력의 숫자를 말하게 한다. 교실 칠판에 판서되어 있는 것은 칠판 모서리 등 정해진 위치에서부터 추적하기 시작한다.

보려는 대상에 초점을 맞추는 것도 어려운 일이다. 같은 대상에 대하여 반복하여 초점을 맞추고 단안경의 경통 위치의 재현성을 평가하는 것이 가장 간단한 확인법이다. 지도자가 검안렌즈를 이용하여 자신의 눈을 저시각 아동과 같은 굴절이상 상태로 만들어 저시각 아동이 초점을 맞춘 상태를 확인하거나, 이론적으로 기대할 수 있는 시력이 나오는 지를 확인하는 방법도 있다. 저시각 아동이 스스로 초점을 맞추는 것이 어려울 경우에는, 볼 대상과의 거리를 확인한 후 그 위치에 단안경의 경통을 테이프 등으로 고정시키는 것도 일시적으로 필요하다.

단안경의 배율은 저시각 아동의 시력을 바탕으로 선택하지만, 가장 널리 사용되고 있는 것은 6～8배이고 시력이 좋은 경우는 4배 정도의 것을 사용한다. 10배 이상은 단안경이 무거워지는 점, 초점 심도가 더욱 얇아지며, 시야가 좁아지고, 근소한 손 떨림으로도 시야가 움직이는 등의 이유로 저시각 아동이 사용하기 어려운 경우가 많다. 한편, 4배 미만의 저배율은 보이는 상태가 만족스럽지 못하여 고배율의 것으로 바꾸게 된다. 시력과 더불어 이러한 점들도 고려하여 배율을 선택한다.

### (3) 광학적 보조기구의 선택은 실용성을 중시해야 한다.

광학적 보조기구를 선택할 때에는 실용성을 확인하는 것이 중요하다. 가능하다면 시험용 보조기구를 빌려서 가정이나 학교에서 사용해 보는 것이 바람직하다. 사용에 즈음해서는 2～3개의 보조기구를 빌려서 서로 비교하면서 사용해 보면 평가하기 쉽다.

### (4) 비광학적 보조기구

확대 교재 중에서 널리 사용되고 있는 것은 활자가 큰 확대교과서와 맹학교의 저시각 아동용의 교과서로 1992년부터 제작되어 전국의 맹학교 및 약시학급에서 활용되어 왔다. 현재, 맹학교에서 채택하고 있는 원본 교과서는 국어, 산수, 수학, 사회 및 이과의 확대교과서가 출판되어 있다. 2004년 4월 1일, 일본 문부과학성의 '시각장애가 있는 학생에 대한 확대교과서의 무상 지급에 대하여'에 관한 지침에 따르면, 맹학교나 약시학급의 학생 뿐 아니라, 일반 초등 및 중학교에 재적하고 있는 학생들에게도 필요에 따라 확대교과서를 무상 지급할 수 있다. 또한 이 확대교과서는 맹학교가 채택한 검정교과서이기 때문에 그 외의 교과서를 사용하고 있는 초등 및 중학교에서는 확대 사본을 작성한 것도 그 대상이 된다.

기타의 교재에 대해서도, 각 지역의 봉사단체가 손으로 쓰거나 개인용 컴퓨터로 만든다. 또 Fuji 제록스사에서는 교과서의 확대 칼라 복사본을 저시각 아동에게 제공하고 있으며, 그 외에 봉사단체에서에서도 사전, 한자 연습, 지도 등의 교재가 나와 있다.

교재 작성에는 확대 복사가 편리하다. 확대 복사의 경우, 문자만이 아니라 문자의 간격이 넓어지는 단점도 있으나 행간이나 기입난이 넓어져서 어린 학생들에게는 유용하다. 또한 국립특수교육 종합연구소는 보다 나은 확대 교재를 제작하기 위하여 '확대교과서 제작 매뉴얼'을 발행하였다.

큰 글자의 책은 광학적인 시각 보조기구 없이도 읽을 수 있는 것이 최대의 장점이지만 구입할 수 있는 곳이 한정되어 있고, 종류가 적으며, 부피가 커지고, 비교적 값이 비싸다는 등의 단점도 있으므로 적절하게 확대된 것을 상황에 따라 사용한다.

Typoscope(reading slit)도 간단하며 사용 범위가 넓은 기기로 눈부심이 있어 책의 반사가 방해가 되는 경우나 문장의 줄을 못 찾을 때에 효과적이다. 또한 눈부심이 있는 경우에는 황색의 셀로판지를 보려는 대상 위에 놓아서 눈부심의 감소와 대비감도를 개선시켜 보기 쉽게 할 수 있으나 귀찮아서인지 실제로 셀로판지를 사용하여 보는 경우는 별로 없다.

### (5) 확대독서기

확대독서기는 쉽게 고배율을 얻을 수 있는 기구로 저시각 이동에게 유용한 보조기구이다. 확대독서기는 몇 가지 종류가 있으나 학생들은 설치형으로 'color auto-focus'를 가장 우선적으로 선택한다. 모양이나 그림 전체를 관찰할 수 있는 것이 필요하며, 저배율이 가능한 것이나, 넓은 모니터를 선택하는 경우도 있다. 테이블의 조작이나 필기법 등 조작을 지도한 후에 사용하지만, 지도는 본인에게 부담이 되지 않도록 서두르지 말고 할 수 있는 범위에서 이용하도록 하는 배려가 필요하다.

확대독서기는 칠판도 볼 수 있는 원근 양용형이나 눈부심이 있을 때는 백흑반전을 할 수 있는 것 등 기능이 다양하기 때문에 최근에는 일반학급에도 확대독서기를 도입하는 사례가 증가하고 있다. 그러나 T.V.형에는 상당한 공간이 필요하여 벽 등 설치장소가 고정되므로 그에 따라 저시각 아동의 좌석이나 학급활동이 제한되는 일이 있다. 이와 같이 저시각 아동의 일반학급에서의 학급활동 전체를 생각하면 확대독서기의 일반학급으로의 도입은 반드시 효과적이지 않다는 보고도 있으므로 이러한 점에 유의하여 보조기구를 선택해야 한다.

## 3 심리적 측면의 배려

### (1) 보이는 상태를 이해한다

저시각 아동이 가족이나 학급의 한 구성원으로서 쾌적하게 생활을 하기 위해서는 자신이 이해되고 받아들여지고 있다는 것을 실감하게 하는 것이 중요하며, 이를 위해서는 저시각 아동의 보이는 상태에 대한 이해가 필요하다. 이와 같은 이해로 저시각 아동에 대한 적절한 대응, 지도, 도움 및 정확한 교재의 선택이 가능하게 된다.

저시각 아동의 보이는 상태는 다양하며 조명 등의 조건에 따라 미묘하게 변한다. 학생일 경우에는 이러한 어려움을 비교하여 표현하는 것이 쉬운 일이 아니므로 이것을 이해하기 위해서는 '모의 안경(simulation glasses)'을 이용한 모의 약시체험을 한 후 어떠한 장면에서 무엇이 곤란한지를 구체적으로 확인해 가면 저시각 아동의 보이는 상태가 쉽게 이해될 것이다.

### (2) 보조기구 사용을 강요하지 않는다.

확대경이나 확대 교재 등은 저시각 아동에게 유용한 것이지만 먼저 본인이 심리적으로 받아들이는 것이 중요하다. 학교에서 사용하는 경우에는, 주변의 친구들에게 따돌림 당하지 않을 거라고 안심하지 않으면 사용할 수 없는 경우가 많기 때문에 저시각 아동을 지도할 때에는 본인이 싫어하거나 기구 조작에 불안을 나타내면 강요하지 말고 천천히 적응시켜야 한다.

또한 학급에서는 장애를 이해하는 교사가 동급생에게 저시각 아동의 보이는 상태나 보조기구의 중요성에 대해서 설명해 준다. 이때에는 본인 및 가족의 양해를 얻어 동급생들에게 보조기구를 착용했을 때의 보이는 상태를 체험해 보도록 하는 것도 효과가 있다.

사춘기 때가 되면 보조기구를 다른 사람 앞에서는 사용하지 않으려고 하는 경우가 자주 생기게 된다. 이때에도 강요하지 말고 수용 가능한 대체 방법을 이용하도록 하고 경과를 관찰하면 대부분은 오래 지나지 않아 필요한 때에 보조기구를 다시 사용하게 된다.

### (3) 곤란한 장면에서는 자연스럽게 도움을 준다.

저시각 아동에게 먼 곳에서 눈짓 등으로 지시하면 수행하기 어렵다. 운동회 등에서 다 함께 전체 행동을 해야 할 경우에는 교사가 붙어 있거나 가까운 곳에 친구를 배치하여 지시가 전달되도록 배려한다. 또한 학급회의 활동에도 주의가 필요하다. 특히 외견상 다른 아동과 차이가 없으면 동급생들은 자기와 마찬가지로 보고 있는 것으로 오해하기 때문에 저시각 아동의 반응이 없으면 자신을 무시한다고 생각하여 저시각 아동에게 학대를 할 수도 있으므로 친구 관계나 행동에 주의를 기울여 이와 같은 몰이해에 의한 학대를 초래하지 않도록 해야 한다.

## 4 학습환경의 배려

저시각 아동의 보유시각을 충분히 활용하여 쾌적하게 볼 수 있도록 학습환경을 조성해 주는 것도 아동의 즐거운 학습을 가능하게 한다. 이것을 실현하기 위해서는 저시각 아동의 보이는 상태를 하나하나 구체적으로 확인해 가는 것이 중요하며, 다음 사항에 유의한다.

### (1) 책상과 조명

저시각 아동은 보려는 대상에 접근하여 보거나 탁상식 확대경을 사용할 때 가능하면 정면에서 보기 위해서 엎드리게 된다. 이것은 자세를 나쁘게 하여 피곤의 원인이 될 뿐 아니라 자신의 몸에 의한 그림자를 만들게 되므로 이때에는 독서대가 유용하다.

독서대는 인쇄물을 충분히 펼 수 있는 넓이와 체중을 실어도 비틀어지지 않는 강도가 있어야 한다. 현재 판매되고 있는 것도 있지만 제작도 가능하며 아이디어 상품을 이용할 수도 있다.

또한 책상을 조금 높게 하든지 의자를 낮게 하면 얼굴과 책과의 거리가 짧아져서 자세를 좋게 할 수 있는 방법도 있다. 책상 위에 검정색 또는 어두운 색조의 종이를 깔면 눈부심을 감소시킬 수 있다. 또한 작업에 따라서는 대비감도가 좋은 색을 선택하면 보기 쉬워지고 작업하기도 쉽다.

조명은 사용자의 머리 그림자를 책 위에 만들지 않아야 하고 광원이나 책의 반사광이 눈에 들어가지 않는 것을 선택한다. 선반이 붙은 책상에 조명등이 설치되어 있는 것은 좋지 않으며 어느 정도 구부려도 그림자가 생기지 않도록 조명 방향을 변경할 수 있는 것이 좋다. 눈부심이 있는 경우는 광량을 줄인다.

### (2) 필기 도구

연필은 B 또는 2B 등과 같이 진한 것을 선택한다. 제도 용품을 취급하는 곳에서 쉽게 구할 수 있는 0.7 ~ 0.9 mm 정도의 굵은 샤프 연필을 사용하면 연필과 같이 심의 끝이 닳아 둥글게 되는 것도 방지할 수 있으며, 긴 샤프 심은 교환을 자주 하지 않아도 된다. 또한 샤프 연필의 앞 끝을 황색으로 착색해 놓으면 사용하기 쉽다. 여러 가지를 비교해서 저시각 아동이 사용하기 좋은 것을 선택하도록 한다. 연필로 보기 어려울 때에는 매우 가는 사인펜을 사용한다.

공책은 줄친 선이 보기 쉬운 것을 선택한다. 공책이 지정되어 있거나 적합한 것을 찾을 수 없을 경우에는 볼펜 등으로 선을 덧그으면 보기 쉬워진다. 일반 공책으로 필기가 곤란할 때에는 줄 간격이 넓은 공책이나 저시각 아동용의 칸이 넓은 공책을 준비한다(그림 6-7). 도면 등도 선을 굵게 하면 보기 쉬워지나, 자르는 선을 너무 굵게 하면 치수가 잘못되는 경우도 있으므로 주의한다.

글자가 칸 밖으로 튀어나올 때는 한 칸씩 띄고 쓰게 하면, 글자가 튀어나온 것이 그다지 눈에 띄지 않고 수정하기도 쉽다. 산수의 곱셈에서 단위가 틀렸을 때에는 공책의 선을 세로로 하여 단위를 맞추게 하면 오류를 줄일 수 있다.

또한 읽을 수 있는 글자의 크기에 맞추어 typoscope를 만들면 매우 편리하다. 검은색 종이에 하얀색 필기구를 사용할 수도 있으나, 아직 일반적이지 않고 교재의 구입도 한정되어 있다. 저시각 아동이 보기 쉽다면 가정에서 학습할 때 구입하여 사용할 수 있을 것이다.

[그림 6-7] 굵은 선의 공책(visual ease)

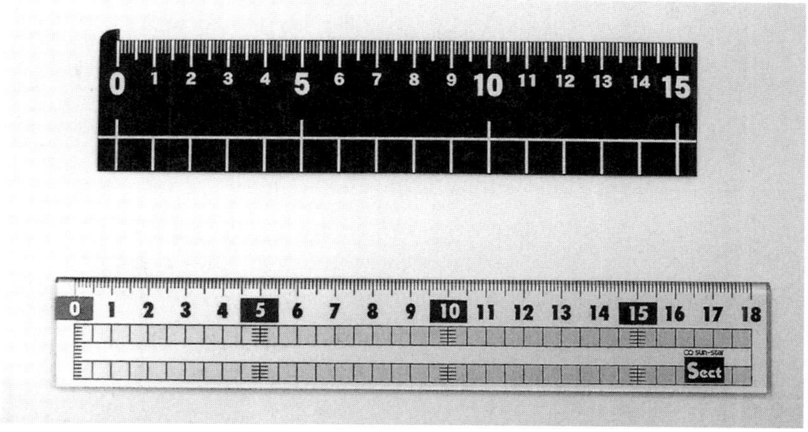


[그림 6-8] 눈금을 보기 쉬운 자

### (3) 문구

자나 각도기는 눈금이나 숫자를 보기 쉬운 것으로 선택한다(그림 6-8). 큰 각도기는 눈금은 보기 쉽지만 실제 도형보다 튀어 나와서 사용하지 못하는 경우가 있으므로 선택할 때에는 주의가 필요하다.

컴퍼스(compass)는 샤프 연필을 사용하여 2B 정도의 심을 넣으면 보기 쉽다. 또한 자의 0 cm인 위치에 작은 구멍을 뚫어 놓으면 컴퍼스를 사용할 때 편리하다. 1 cm 간격으로 간단하게 원을 만들 수 있는 컴퍼스 자가 있으나 익숙해지면 일반 컴퍼스가 더 편리하다. 컴퍼스를 사용할 때에는 두꺼운 종이를 밑에 바치면 중심 바늘이 미끄러지거나 벗어나지 않고 사용할 수 있다.

(4) 교재

판별하기 어려운 색으로 구분되어 있는 경우에는 검정색으로 경계선을 그리면 보기 쉬워진다. 만들기 등을 위한 자르기 선을 너무 굵게 하면 정확하지 않게 되므로 너무 굵어지지 않도록 유의한다. 지도 등은 한 번에 넓은 면적을 보아야 하기 때문에 시거리를 길게 할 필요가 있으며, 문자는 다른 교재 보다 큰 글자로 한다.

(5) 칠판

먼저 저시각 아동이 보기 쉬운 색깔을 확인한 후, 다른 아동들이 눈치채지 않게 저시각 아동이 보기 어려운 색은 사용하지 않도록 한다. 일반적으로 백색과 황색이 보기 쉽고 적색이나 청색은 보기 어렵다.

차광안경을 실내에서 착용할 때, 렌즈에 따라서는 황색도 보기 어려운 경우가 있으므로 사전에 확인해야 한다.

일반적으로 칠판을 보기 쉬운 가장 좋은 좌석의 위치는 제일 앞줄의 중앙이지만 칠판의 반사 등도 고려하여 정한다. 또한 날씨에 따라서도 바뀌므로 저시각 아동의 상태를 관찰하면서 융통성있게 대응해 나갈 필요가 있다.

문자는 크고 굵게 쓰면 저시각 아동이 읽기 쉽고, 말로 설명하면서 쓰면 더 이해하기 쉽다.

(6) 기타

학습과 직접적인 관계는 없으나, 게시물은 저시각 아동 뿐 아니라 다른 아동의 눈높이에 맞춘 낮은 위치가 적당하다. 또한 접근해서 보기 때문에 게시물 앞에 물건을 놓아두지 않도록 한다. 양손으로 작업할 때의 보조기구는 안경식 또는 보는 대상 위에 고정할 수 있는 확대경이 편리하다.

## 5 관계기관과의 연계

저시각 아동이 좋은 환경에서 교육을 받기 위해서는 관계하는 교육, 의료 및 복지의 각 기관이 상호 연계하는 것이 필요하다.

장애자 기본법에는 장애자의 자립 및 사회참여를 추진하기 위하여 2005년도를 목표로 맹, 농, 양호학교에서의 '개별지원계획'이 수립되어 있다. 그러므로 맹, 농, 양호학교에서는 학생 개개인에 대한 개별(교육)지원계획을 작성하여 장애가 있는 학생 개개인에게 일관된 상담 및 지원체제가 정비되도록 의료, 노동 및 복지기관 등이 긴밀한 연계를 도모해 나가야 할 것이다.

이 개별(교육)지원계획의 작성을 기회로 의료기관에서는 안과적 소견에 기초한 시기능평가나 일상생활에서의 주의점 등의 정보 제공을 바르고 알기 쉬운 형태로 가족이나 담임교사에게 전달하고, 학교에서는 보조기구의 사용 상황을 포함한 학교 내에서의 저시각 아동의 상태가 연락되어 필요한 경우에는 관계자가 협의할 수 있는 체계를 구축해 나가는 것이 중요하다.

이러한 연계에서는 상호 이해를 하는 데 정보가 바르게 전달되는 것이 매우 중요하다. 그러므로 본인이나 부모의 허락을 받아 담임교사가 진단 받을 때 동행하고, 관계자가 모두 동석하여 상담하는 것이 효과가 있다.

그림 6-5와 6-6은 맹학교에서의 보조기구 지도에 대한 보고서로 이러한 문서의 이용은 비교적 쉽다. 비밀을 지키는 것을 의무로 하여 상호 정보제공을 교환할 수 있는 성숙한 관계를 구축해 나가는 것이 중요하다. 또한 개인의 정보를 보호하기 위하여 연계를 할 때는 보호자의 사전 양해나 당일 참가 등 도덕적 자세를 갖추어야 하며, 연계에 의하여 서로의 신뢰가 실추되는 일이 없도록 특히 자료의 취급에는 만전을 기할 필요가 있다.

## D 연계의 중계는 안과의사와 학교 양호교사의 역할

안과의사가 학교 보건을 위하여 반드시 하여야 할 것은 질환이나 이상을 발견하는 것 뿐만 아니라, 어린 학생의 눈 건강을 지키기 위하여 '안위 검사', '시력검사 370 방식' 등 시각관리에 주목할 필요가 있으며, 문부과학성은 이제까지는 시기능장애의 정도에 따라 취학을 정하도록 지도해 왔으나, 앞으로는 개개인의 교육적 요구에 대응하는 특별한 지원을 하도록 하는 자세에 대한 지침을 발표하였다. 이에 수반하여 2002년에 학교 교육법 시행령의 일부 개정이 이루어졌다. 그 결과, 일관된 상담지원체제의 정비, 취학기준의 재검토(표 2-3), 취학수속의 재검토(그림 6-9) 등 취학지도위원회는 역할의 충실을 도모하게 되었다. 또한 교육위원회도 전문가의 의견을 듣게 되고, 취학에 대해서는 안과의사 및 학교 양호교사의 조

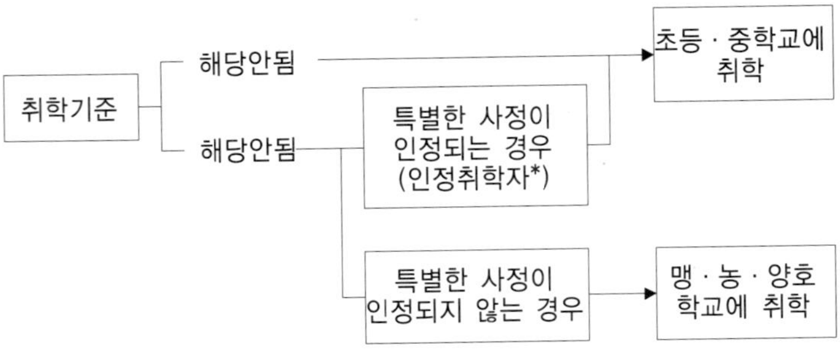


**[그림 6-9] 취학 수속**

언의 중요성이 커졌으며, 취학 후 학교 현장에서의 시환경에 관한 조언도 구할 수 있게 되었다.

여기서는 학교 현장에서 시각장애자에 대한 시각관리를 할때 유의하여야 할 사항을 설명하고자 한다.

## 1 학교 현장에서의 약시는 '의학적 약시'가 아니다.

시각장애자에 대한 교육은 아직도 학교 현장에서는 '약시'라고 일컬어지고 있다. 이 약시는 교육적 또는 사회적 약시(partial sight)이며, 안과에서 말하는 의학적 약시(amblyopia)와는 구별된다. 교육적 약시는 시각에 의하여 일상생활이 부자유스러운 것을 가리키며 저시각에 해당되나, 양호교사 등은 아직 이런 것을 충분히 이해하지 못하고 있다. 그러므로 안과의사 및 학교 양호교사를 비롯한 교육현장에 적극적으로 저시각관리를 알려주는 노력이 필요하다. 사실, 어린이들과 내원한 양호교사나 담임교사는 학생들과 직접 접촉하고 있으므로 질환이나 저시각관리에 대한 이해도는 매우 좋다고 할 수 있다(그림 6-10).

그러나 이제까지 학교에서의 정보제공이 제대로 되지 않았던 것이 사실이므로 교육계, 특히 양호교사의 접근이 열쇄라고 생각된다. 이와 같은 지적은 1960년대부터 이루어지고 있음에도 아직까지 제대로 이루어지고 있지 않는 것은 저시각관리가 제대로 이루어지고 있지 않는 것에 기인한다고 생각되며 반성해야 될 점이다. 맹학교 측에서도 안과의사와의 연계에서 양호교사의 역할의 중요성이 대두되고 있으므로 초등 및 중학교에서는 더욱 더 학교 양호교사의 임무가 중요하게 여겨진다.

**[그림 6-10] 교사의 내원**
(눈부심에 대한 차광안경은 어머니, 담임교사, 및 양호교사가 의논하여 선택한다.)

## 2 취학시 중복장애자를 진단할 때

경험이 있는 안과의사라면, 눈을 진단할 때 시각을 이용하여 일상생활이 가능한 지 여부를 판단할 수 있다. 그러나 시각장애아는 어느 정도 지적, 언어적 또는 운동발달의 지체를 갖고 있어 리허빌리테이션이 중요하다. 시각장애만 있는지 또는 중복장애아인지의 구별은 초기에는 어려우나, 대단히 중요한 일이다. 중복장애가 강하게 의심되는 유아의 경우, 일상생활 습관의 자립을 획립시키는 것이 유아기의 목표이며, 언어, 이동, 식사, 배설, 및 의복의 착탈을 자신이 할 수 있는 것이 일반학교로 입학이 가능한 가를 결정하는 기준이 된다. 시각장애아는 운동부족이 되기 쉽고, 체력이 부족하므로 의식적으로 신체를 움직이도록 지도한다. 생각하는 것이나 눈을 사용하는 것도 체력이 필요하므로 걷는 것부터 시작하면 좋을 것이다. 그리고 수영이나 트램폴린(trampolin) 등도 균형 감각을 키우는데 대단히 좋기 때문에 장려하고 있다.

시각장애를 가진 장애아의 시기능평가에는 Teller Acuity Cards(TAC)를 많이 사용하고 있으나, 이것도 할 수 없는 경우에는 일상생활에서의 상황 관철이 중요하다. 시력검사는 할 수 없으나 보고 있다고 느껴지는 어린이가 많이 있으며, 이러한 경우는 눈으로 '삶의 방법을 배우는 것=교육'을 해야 할 것이다. 이들 대부분은 굴절교정이 이루어져 있지 않고 장애가 있기 때문에, 시각정보를 정확히 입력하는 것이 보다 중요하며 저시각관리의 기본이 된다. 한편, 정보 입력시 청각 우위라 느껴지는 아이들은 시각 활용이 곤란하므로, 다른 감각기를 충분히 활용하여 교육하는 것이 필요하다. 전국의 맹, 농, 양호학교에는 시설, 설비 및 교원의 자질이 갖추어져 있으나, 많은 부모는 자기 지방 학교에서 배우기를 희망하고 있으므로 개개 어린이들 요구에 따르는 유연한 대응을 하기 위해서는 특별한 지원이 필요하게 된다.

## 3 시각 단독장애아의 진로를 상담할 때

일반적으로 일반학교에 입학하기 위해서는 시력이 0.5 이상 필요하다고 일컬어지고 있으나, 문자처리 능력이 어느 정도인가에 의하여 취학하는 학교를 정하게 된다. 교등학교 입시에는 점자 및 활자로 1분간에 100~200 문자 정도의 읽기능력이 필요하다고 알려져 있으므로 이것을 목표로 노력하여야 할 것이다. 그러나 시력이 0.02 미만이 되면 학업이 현저히 곤란 또는 불가능해지므로 촉각이나 청각 등 시각이외의 감각을 이용하고 점자 지도를 할 수 없는 일반학교보다 맹하교가 적합하다고 생각된다.

한편, 저시각 아동의 시력이 0.04 이상인 경우 보조기구를 사용하면 시력을 활용한 학습이 충분히 가능하다. 문부과학성의 새로운 기준에서도 확대경을 사용하여 학업이 가능하면 일반 초등 및 중학교로의 취학이 가능하다. 그리고 최근 확대독서기의 발전에 의하여 0.04 이하라도 시력을 활용한 학습은 환경이 갖추어진 맹학교 뿐 아니라 약시 특수학급이나 통학지도 교실에서도 충분히 가능하다. 많은 저시각 아동은 일반학교에서 배우기를 원하고 있다. 따라서 이들 학생에 대하여 취학 전부터 안과의사나 시기능 훈련사 등이 학교나 학교 양호교사와 긴밀한 연락을 취하여 시각장애아의 이해를 도모하며 확대경, 단안경, 차광안경 등 시각적 보조기구의 사용을 지도해야 한다. 그리고 교실에서의 좌석, 조명, 복도, 계단 등에 대하여 구체적으로 조언하는 것이 필요하다.

## 4 학교 검진에서 시각장애아를 발견할 수 있다.

1961년 Osaka 내의 초등 및 중학교에서 약시 검진을 실시한 결과, 73만명 중 양안의 교정시력이 0.3 미만으로 시각적 지원이 필요한 초등 및 중학교 학생은 445명(0.06%)으로 보고되었으나, 최근에는 이러한 조사가 실시되지 않아 시각장애아의 실태 파악이 불가능하다. 맹학교의 재적 학생은 1970년에는 8,896명이었으나, 의학적 발전에 의하여 2000년에는 3,985명으로 반감되고, 약시학급(통학 지도교실 포함)의 학생은 230명으로 매우 적어졌다. 이와 같은 추세로 시각장애아가 반감했다고 가정하면 1000명 규모의 학교라면 0.3명에 불과하다. 또한 2005년 1월 현재, 문부과학성이 파악하고 있는 점자 사용자를 제외한 약시아동 및 학생(안경으로는 문자나 도형의 인식이 곤란한 자)은 1000명 중 0.16명 이었다. 따라서 일반학교에서 시각장애아 및 저시각 아동을 볼 수 있는 기회가 거의 없으므로 학교생활 현장에서 그들을 발견하는 일은 매우 어려우며, 저출산 및 고령화가 진행되고 있는 최근에는 더욱 더 어려워지고 있다.

그러나 각 초등 및 중학교에서는 시력검사를 실시할 때 그 학교의 시각장애아의 실태를 파악하는 것이 충분히 가능하다. 즉, 학교의 시력검사 370 방식으로 D 판정(시력 0.3 미만)은 교실의 칠판이 맨 앞줄에서도 보이지 않는다는 것을 의미한다. 따라서 D 판정을 받은 아동 및 학생은 수업을 따라가지 못하는 것이 당연하므로, 이를 위해서는 안과검사를 권유하는 등의 사후조치가 중요하다. D 판정의 아동 및 학생의 안과 정밀검사에서 또다시 D 판정을 받는 사람이 어느 정도 있는가를 알게 되면 각 학교에서의 시각장애아의 실태가 파악된다. 물론 이 검진에서 큰 역할을 하는 사람은 안과의사와 양호교사이므로 이들의 연계가 더욱 중요해진다.

## 5 그 후의 저시각관리

입학 후의 시각적 보조기구의 훈련은 주로 약시 특수학급이나 통급 지도교실에서 하게 되며, 안과에서는 장기 방학 때에 훈련이나 시기능의 재평가가 이루어진다. 그러나 지역에 약시학급 등이 없다면 저시각 아동은 할 수 없이 일반학교에 통학하게 되므로 그들은 공부하는 데 많은 애로사항이 따르고 또한 교사들도 힘들어진다. 이러한 경우 안과의사는 양호교

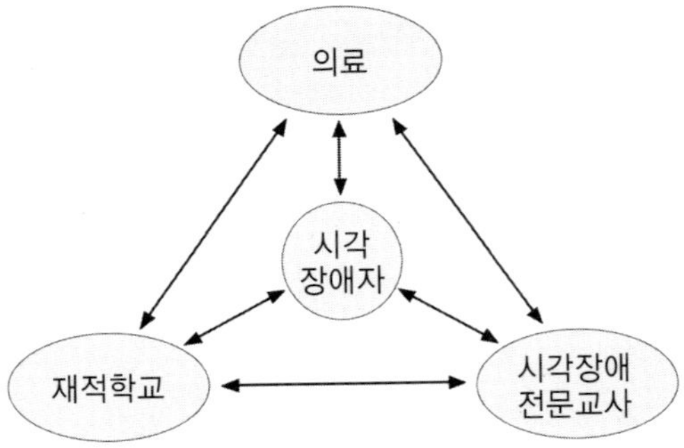


[그림 6-11] 의료와 학교의 연계

사 등과 같이 시각장애아의 시각적 환경을 구체적으로 정리할 필요가 있으며, 맹학교, 약시 특수학급, 통급 지도교실, 교육센터 등의 시각장애 전문교사와 연계하는 것이 중요하다(그림 6-11).

## 6 취학지도위원회

취학지도위원회 위원들은 대부분의 부모가 지역에 있는 학교로의 입학을 원하고 있다는 사실을 충분히 알고 있으므로 어린이에게 가장 적합한 학교에 대하여 항상 고민한다. 주치의의 진단서를 참고하여 자신의 눈으로 어느 정도 보여서 문자를 읽고 있는지와 어느 정도의 시야로 생활하고 있는지를 관찰하고 확인한다. 그리고 어떠한 보조기구를 사용하면 보이는지, 어떠한 지원이 있으면 부모의 희망에 따를 수 있을 것인지를 판단한다. 이와 같은 안과 진찰을 취학상담회의 회의 전에 하고 있으며 부모에게 맹학교, 약시 특수학급이나 특급 지도교실 외에도 입학 예정인 초등 또는 중학교를 견학해 볼 것을 권유하고 있다. 그리고 취학상담회 구성원인 안과, 소아과, 정형외과, 이비인후과, 정산과 등의 의사, 훈련사, 교육 및 복지관계자들은 어린이 한 명씩 만난 후 한자리에 모여서 그 아이에게 적합한 취학에 대하여 진지하게 상의한다.

# E 중학교 및 고등학교의 저시각관리

시각장애아가 통과해야 할 첫 번째 관문은 초등학교 입학이며, 다음은 고교입시로 의무교육과는 달리 그 학생의 능력을 검증받아야 한다. 따라서 시각장애에 대한 배려는 이루어지지만, 건강한 학생과 대등하게 시험을 보지 않으면 안된다.

공립학교의 입학시험은 각 지역의 교육위원회가 관할하며, 전국적으로 일률적인 기준이 있는 것이 아니라 대학입시 센터의 입시 요강을 참고하게 된다. 예를 들면 동경에서는 특별조치라는 제도를 두어 장애가 있는 학생의 입시에서 특별한 조치를 필요로 하는 자는 재학하고 있는 중학교 교장을 경유하여 '학력검사 실시에 필요한 조치 신청서'를 제출하게 되어 있다. 조치 내용은 (1) 검사시간의 배려로, 검사시간의 연장을 최대 1.5배 까지 (2) 검사장의 배려로, 검사를 하는 교실의 위치 및 교실 내의 좌석 위치 (3) 검사방법의 배려로, 문제지의 크기 확대, 점자 번역 등 (4) 그 외의 배려로 보조기구나 기타 기구의 반입 등으로 되어 있다. 신청서의 제출은 12월까지 하면 된다.

이와 같이 장애가 있는 학생에 대한 상당한 이해와 이에 따른 대응이 향상되었으며 중학교 3학년이 되면 담임교사를 통하여 학교장과 상의하면 된다.

최근 기술혁신으로 시력 0.02라도 확대독서기 등의 시각적 보조기구를 사용하면 일반학교에서의 수업이 가능하게 되었으나 각 학생들의 문자처리 능력은 다르다. 일반적으로 교육적인 관점에서 1분간에 100 ~ 200 문자를 읽을 수 있는 능력이 필요하며, 그 정도의 읽기능력이 없으면 생각하는 힘을 키울 수 없으므로 시각 보조기구의 숙련은 필수 조건이다. 그러나 0.02 정도의 시력으로 읽기속도를 더 빠르게 한다는 것은 어려운 일이므로 점자 학습 쪽이 더 효과적일 것이다. 점자의 습득은 단조로운 훈련으로 결코 즐거운 것은 아니며 어린이에게는 더 심하므로 즐겁게 습득할 수 있는 방법으로 훈련해야 한다. 최근, 즐겁게 점자를 배울 수 있는 책도 출시되어 있다.

진학이나 취직에서 중요한 점은 우선, 장애자 자신이 장래에 대한 꿈을 갖고 자신이 되고 싶은 것, 가고 싶은 학교를 말할 수 있는 것이다. 이것 밖에 할 수 없으니 이 학교는 무리이고, 저것도 할 수 없으니 저 학교도 자기에게는 무리라고 생각하면 점점 더 꿈은 작아져서 나중에는 그 꿈을 버리게 되거나 버리지 않을 수 없는 상황이 된다. 그러므로 작은 것부터 하나씩 실현시키면서 자신감을 회복시키는 것이 중요하다. 그러나 점점 더 보이지 않게 되어 가면 그에 따라 자신감도 점점 상실되어갈 것이다.

마지못해 보호자와 함께 병원을 방문한 중학생이 있었다. 그의 나안시력은 0.4였으나 안경이나 콘택트렌즈로 교정한 시력이 0.9로 개선되었다. 그는 자신의 눈은 아직 포기할 단계는 아니라는 확신과 무엇이든지 할 수 있다는 자신감을 갖고 열심히 공부하여 명문 고등학교에 합격했다.

이러한 과정을 통하여 회복된 자신감이 미래를 열어가면서 수많은 장애에 부딪히고 또 그 장애를 수용할 수 있게 된다. 또한 부모도 이러한 자식을 보고 비로소 진심으로 장애를 수용하게 된다. 이와 같이 안과의사나 시기능 훈련사로서 당연한 의료 행위가 그들의 미래를 개척해 나가는 데 매우 중요할 수 있다는 것을 자각해야 한다.

굴절교정은 저시각관리의 가장 기본이라는 것을 항상 마음에 새겨두어야 한다.

취직 문제도 같은 맥락이다. 어떤 일을 하고 싶은지, 어떤 사람이 되고 싶은지를 시각장애아가 당당하게 말할 수 있는 것이 중요하다. 최근의 풍조는 신체가 건강한 정상아들도 어떤 희망을 갖고 있는 어린이가 적어지는 것 같다. 하물며 장애가 있는 어린이는 더 움츠러들기 때문에 안과의사, 시기능 훈련사, 교사 등이 전문가의 입장에서 적절한 조언을 해야 할 필요가 있다.

자립하기 위하여 무엇이 필요한가, 꿈을 실현하기 위해서는 무엇이 필요한가, 어떻게 하면 보이게 되는가, 어떠한 보조기구가 필요한가를 환자와 가족과 함께 생각한 후 검토하는 것이 중요하다. 확대경은 보조기구에 지나지 않지만 저시력자의 미래를 여는 중요한 보물이 될 수도 있다. 무엇보다 중요한 것은 장애자가 그 보물을 사용할 마음가짐을 갖는 것이다.

장애를 가진 자가 용기를 내서 우선 한 발을 내딛는 것으로 모든 것이 시작된다. 그리고 전문가들이 돕고 자원봉사자들이 이것을 보충해 주면 꿈이 실현될 수 있다.

실제의 직업에 대해서는 '성인기의 저시각관리'를 참조한다.

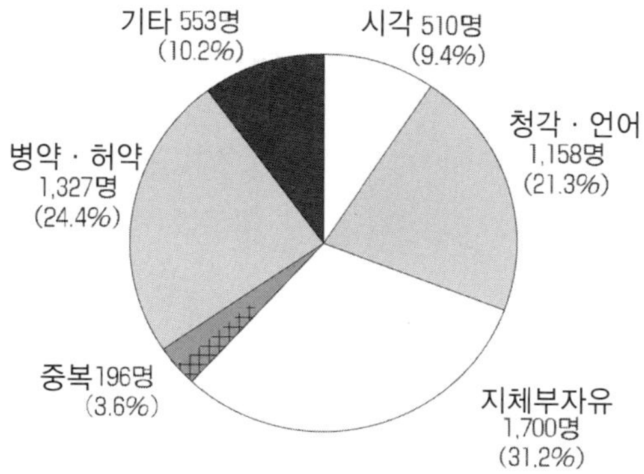


[그림 6-12] 고등교육기관의 장애자 재적 수와 장애내용

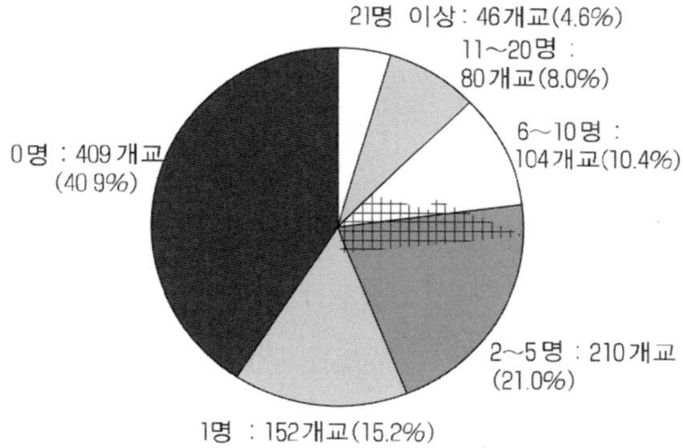


[그림 6-13] 고등교육기관의 장애학생의 재적 상황

## F 고등교육기관(전문대학, 대학, 대학원 등)에서의 저시각관리

최근, 대학 등으로의 진학률은 50% 이상의 높은 수준이다. 일본 학생지원기구에 의하면 2005년 5월 현재 장애가 있는 진학자는 5,444명이며, 저시각자는 시각장애자 510명 중 348명이다(그림 6-12 및 6-13). 시각장애가 있는 학생이 대학 등에 진학하는 경우, 수험 공부, 입시 그리고 입학 후의 지원체제 등이 문제가 되며, 대학원으로의 진학이나 취직에 대한 지원체제도 생각해 보아야 할 필요가 있다. 대학 등으로 진학하는 시기는 자신이 교섭하지 않으면 안되는 일이 늘어가고 있다. 적어도 자신의 보이는 상태, 보기 어려움에 따른 요구를 정확하게 자각하고 기초지식이 없는 사람에게도 알 수 있도록 설명할 수 있는 지식과 기술

을 터득하여 확인이나 교섭을 할 필요가 있다. 또한, 자원봉사자는 당사자인 시각장애가 있는 사람이 자주적으로 활동할 수 있도록 배려할 필요가 있다.

아래에 사례를 들어가며 대학 등에서 어떠한 지원이 필요한지, 어떻게 원조 의뢰를 하면 되는지, 어떠한 원조가 이루어지고 있는지 등에 대하여 소개할 것이다.

## 1 수험준비

본인의 보이는 상태, 학력, 시험의 종류 및 난이도, 회답의 형식, 입시의 형태, 수험 특별조치 등에 따라 시험에 대한 준비 방법이 달라진다. 예를 들면 시신경 위축으로 시력이 0.02인 A는 고등학교 때의 정기시험에서는 1.5배의 시간 연장을 배려 받았는데 반하여, 센터 시험의 연장시간은 1.3배로 짧아서 시간 내에 시험을 끝내기 어려웠고, 짧아진 수험시간으로 수험시간 내내 불안했다고 회고하고 있다. 그러므로 입시에 맞춘 수험준비를 가급적 빨리하여 익숙해 질 필요가 있다고 조언하였다.

대학안내 장애자 판(전국 장애학생 지원센터; http://www.nscsd.jp/), 대학입시센터: http://www.dnc.ac.jp/) 등에서 수험 특별조치 등의 정보를 확인해 놓는 것이 중요하다.

## 1 예비학교

예비학교(재수학원)는 현역이나 불합격자에 관계없이 이용하는 수험생이 적지 않다. 그러나 예비학교에 따라 시각장애가 있는 학생에 대한 지원이 각각 다르므로, 특히 저시각 학생의 경우에는 지원받고 싶은 내용을 구체적으로 의뢰하는 것이 좋을 것으로 생각된다. 백자증으로 시력이 0.1인 B는 예비학교에서 지원을 받을 수 있게 된 경위를 다음과 같이 술회하고 있다.

수업은 칠판 중심이었으므로 단안경을 사용하여 노트 필기를 하는 것이 대단히 힘들었다. 수업 중에 칠판에 판서한 것을 가까스로 노트에 옮겨 적을 수 있었으므로, 강의 내용을 매회 녹음하여 집으로 돌아와서 내용을 반복 재생하여 노트를 검토하고 선생님의 설명을 듣는 방법을 이용하였다.

이 방법은 집에서의 작업이 매우 힘들었다. 녹음된 1회분 90분의 수업을 확인하기 위하여 그 이상의 시간을 투자하여야만 하였다. 눈이 좋은 학생들은 수업시간 내에 선생님의 설명을 들으면서 칠판에 판서된 내용과 같은 노트 필기를 할 수 있으나, 본인은 2배 이상의 시간을 들여 노트 필기를 하면서도 내용이 불충분하였다. 그러던 어느 날, 노트만 빌릴 수 있다면 수업시간에 설명을 듣기만 하면 될 것 같다는 생각이 들었다. 그렇게 하면 노트를 필기하기 위하여 투자했던 시간을 암기나 복습을 위한 시간으로 활용할 수 있을 것 같았다. 그래서 처음으로 예비학교의 선생님을 찾아가 상담을 신청하였다. 그때까지 본인은 자신이 저시각이라는 사실이나 이에 대한 지원이 필요하다는 것을 남과 상의한 적이 없었다. 장애가 있다는 것을 남에게 이야기 한다는 것은 용기가 필요하고, 실제로 지원을 해줄 지 알 수 없었기 때문이었다. 두려움을 느끼며 선생님께 부탁을 드렸더니, 선생님은 기다리고 계셨다는 듯이 함께 걱정해 주시고 흔쾌히 선생님의 노트를 빌려주셨다. 그리고 노트를 받을 때 다음과 같은 약속을 하였다. 다른 학생에게 그 노트를 보이지 말 것과 수업에 반드시 출석하여 노트를 받으러 올 것 등, 본인은 일 년간 그 약속을 충실히 지키면서 예비학교에 출석하였다. 선생님께 이와 같은 부탁을 한 이후부터 그는 적극적으로 지원을 의뢰할 수 있게 되었으며, 그 덕택으로 여러 종류의 다양한 지원을 받게 되었다.

## 3 입시

대학입시는 고등학교 입시보다 훨씬 다양하며, 시험을 위한 특별조치도 대학에 따라 크게 다르다. 대학입시센터 시험의 경우 장애가 있는 지원자에 대하여 심사를 한 후 장애의 종류 및 정도에 따라 특별한 조치를 인정해 준다. 시각장애의 경우, 점자에 의한 교육을 받고 있는 자, 우안의 교정시력이 0.15 이하인 자, 양안시야에 대하여 시기능에 의한 손실률이 90% 이상인 자에는 심사를 한 후 시간 연장(점자는 1.5배, 확대는 1.3배), 별실 수험, 점자 또는 확대문자(확대배율 1.4배, 명조체), 문제 책자, 점자기나 확대경 등(확대독서기 포함)의 지참 사용 등의 특별조치가 허용되고 있다.

그러나 저시각자들은 확대문자로 1.5배의 시간 연장, 명조체를 고딕체로 변경, 문제지를 A3 용지로 가로로 길게 변경(현재는 A4의 세로로 길게된 문제용지를 A3로 확대하고 있음) 등을 요구하고 있다. 이들 요구를 수용하려면 당사자의 주장이 필요하겠지만, 고등학교 학생들이 이러한 목소리를 내기는 어려울 것으로 생각되므로 관계기관의 전문가가 데이터를 수집하여 주장할 필요가 있다.

일부 사립대학의 경우, 확인이 필요하거나 충분한 특별조치를 제공해 주지 않는 곳도 있다. '대학 안내 장애자 편'이나 '전국 장애학생 지원센터'에서 확인하거나 경우에 따라서는 직접 지원학교에 문의하여야 한다.

망막아세포종으로 시력 0.06의 C는 사립대학의 수험에 대비하여 담임교사에 문의를 부탁하였더니, 시각장애자를 받아들인 경험이 없으므로 교수회의를 거쳐 검토해 보겠다는 회답을 받았다. 그 자리에서 '환영한다'는 말을 해주지 않는 현실에 약간 쓸쓸한 기분이 들었다고 술회하고 있다.

## 4 입학 전 준비

입학이 결정된 시점에서, 필요하면 사전에 지원체제에 관하여 상담할 수 있다. 매일 매일의 강의 등에서의 정보 보장, 시험에서의 특별조치, 캠퍼스의 배리어 후리(barrier free)화 등 구체적인 지원내용에 대하여 입학 전에 준비가 되어 있으면 안심할 수 있다. 그러나 지원내용을 정할 때 대학에서 이런 경험이 없으면 어떠한 지원을 요구해야할 지 모르는 경우가 있으므로 장애학생 지원 전문가의 협력을 얻는 것이 좋다고 생각된다. 따라서 장애학생 지원을 위한 창구가 있는지 여부를 확인할 것을 권장한다.

## 5 입학 후의 지원체제

대학이나 학부에 의하여 입학 후에 받을 수 있는 지원내용에는 격차가 크다. 예를 들면 동경대학의 경우, 동대 헌장에 '배리어 후리'를 위한 지원이 명기되어 있어 장애가 있는 학생이나 교직원을 지원하는 조직이 있으며 대학이 공식적으로 지원하고 있다. 또한 NPO나 자원봉사자에 의하여 학생지원을 실시하고 있는 대학도 있다. 그러나 지원체제가 없거나 교직원이 장애에 대하여 적절히 이해해 주려고 하지 않는 대학도 적지 않다.

증식성 제 1차 유리체 잔류로 시력이 0.05인 D는 실습할 곳을 찾아주지 않았기 때문에 자신이 찾을 수밖에 없었다고 경험을 이야기해 주었다. 이러한 경우, 자신이 이해를 구하는 노력을 하는 것이 중요하지만, 아무리해도 해결할 수 없을 때에는 혼자 고민하지 말고 시각장애자 지원종합센터(http://www.siencenter.or.jp/)나 지원체제가 정비된 대학의 전문가 등에 지원을 의뢰하는 것이 좋다. 그리고 YAMATO 복지재단(http://www.yamatofukushizaidan.or.jp/), 대한 부인협회(http://www3.tky.3web.ne.jp/ ~jauw/) 등 장애학생을 대상으로 한 장학금 제도도 갖추어져 있다.

## 6 수업을 받는 연구

대학 등에서의 수업은 고등학교까지와는 달리 강의의 내용도 어려워지고 칠판의 판서나 자료 제시 등도 친절하지 않은 경우가 적지 않다. 수업의 진행속도도 빠르고 레포트도 많이 제출해야 한다. 이러한 상황에 적응해가기 위해서는 여러 가지 연구가 필요하다. 예를 들면 칠판을 디지털 카메라나 디지털 비디오로 촬영하여 노트의 보조로 활용하는 방법이 효과적이다.

백자증으로 시력 0.1의 B는 '나는 입학과 동시에 노트북과 디지털 비디오를 구입하여 수업에 임하였다. 칠판에 판서된 문자나 그림을 비디오로 확대하여 노트에 필기하였으나, 복잡한 그림이나 수식, 그리고 판서가 빠른 선생님의 수업에서는 그와 같은 지원기구를 사용하여도 따라가는 것이 힘겨웠다. 그 때문에 노트를 필기할 때에는 필요에 따라서 디지털 비디오를 사용하고 집으로 돌아온 후 그 화면이나 동영상을 보아가며 노트를 정리하였다. 특히 1～2학년 때에는 전공 필수 수업이 많아 칠판 판서의 빈도가 많았으므로 디지털 비디오 활용이 효과적이었다'라고 이와 같은 방법을 권장하였다.

## 7 대학원으로의 진학이나 취직에 대한 지원

대학원의 입시나 지원체제도 대학이나 전공에 따라 다르다. 법과 대학원의 적성시험에는 수험 특별조치가 있어 센터시험과 마찬가지로 특별조치를 받을 수 있다. 그리고 점자에 의한 시험시간은 2배로 연장되어 있다. 상세한 것은 대학입학센터의 홈페이지에서 확인하면 된다. 장애가 있는 학생의 취직에 대한 지원체제는 충분하지 못한 것이 현실이며 아래에 자세히 설명하였다.

# G 성인기의 저시각관리와 직업·고용·취업의 지원

성인 시각장애자의 리허빌리테이션과 저시각관리는 직업적 자립에 있다고 해도 과언이 아니다. 그런 의미에서 시각장애자의 직업, 고용 및 취업 문제는 중요하며, 의학적인 치료, 복지제도의 활용, 사회복귀를 위한 생활 훈련 등을 전제로 한다.

## 1 중도 시각장애자의 현상과 저시각관리

성인기의 시각장애자에 있어 직업 문제는 피할 수 없는 문제이며, 직업생활의 유지, 지속할 수 있는지 여부, 가족의 생활과도 관계되는 문제인 만큼 특별히 중요하다. 시각장애가 원인으로 일단 퇴직하면 재취업이 용이하지 않으므로 퇴직하지 않고 계속 일하게 하는 것이 중요하다. 이를 위해서는 의료기관, 훈련시설 등과의 연계 하에 재직 중 저시각관리(시각장애 리허빌리테이션)가 반드시 필요하다.

그러나 대부분의 안과 의료현장에서는 이와 같은 고용 및 취직의 문제는 깊이 간섭할 문제가 아니라는 방향으로 기울어져 있고, 당사자 자신들도 의료는 병을 고쳐주는 곳이지 이와 같은 문제를 상담하는 곳이 아니라는 기존 관념을 가지고 있다. 그 결과 일에 대한 고민이나 불안을 호소할 수도 없고 장기간 혼자서 고민을 계속하다가, 본의 아니게 퇴직으로 이어지는 일이 적지 않다.

중도 시각장애자의 경우, 직업에 대한 불안이나 자신감 상실, 장애의 수용문제에서 직업 리허빌리테이션 실시의 타이밍을 놓지는 경우도 있다. 따라서 조기에 관계기관과의 적절한 연계를 꾀하여 일에 대한 의욕을 환기시키고 직업의 유지를 도모할 필요가 있다. 이들의 연계에 있어 의료의 입장에서 어떻게 관계할 것인가?하는 문제에 성인기 저시각관리의 의의가 있다.

구체적으로 시각장애자가 직업을 계속 유지하려면 (1) 업무수행 능력(문자처리 등) (2) 이동 능력(통근 및 이동) (3) 직업환경의 개선(직장의 이해, 인간관계 등)의 3가지가 반드시 필요하지만, 시각장애가 된 환자의 능력에는 한계가 있다. 그 때문에, 재직 중의 시각장애 리허빌리테이션은 특별히 중요하며 조기에 의료기관의 정보 제공 등 적절한 지원이 반드시 필요하다. 또한 가족이나 환자 그리고 지원단체 등과의 연계에 의한 지원도 필요하다. 특히 원래 직장으로의 복귀는 사업주의 불안감이나 부담감을 덜어줄 수 있도록 많은 관계자들의 연계와 노력이 있어야 비로소 실현될 수 있다.

## 2 시각장애자의 직업과 직업훈련

### 1 시각장애자의 직업

시각장애자의 취업상황에 대하여 2001년 6월에 실시된 신체장애아(자)의 실태조사에 의하면, 18세 이상의 시각장애자 수는 약 301,000명으로 이 중 노동연령(18세 이상 65세 미만)에 있는 시각장애자는 약 107,000명(35.5%)이었다. 취업자는 72,000명으로, 이 중 약 24,000명(33.3%)이 소위 이료(3료라고도 하며, 맛사지 지압, 침 및 뜸)에 종사하고 있었고 관공서나 민간기업에 정규직으로 고용되어 있는 시각장애자는 약 12,000명(16.6%)으로 조사되었다. 취업 형태로는 이료종사자의 실태가 반영되어 자영업자의 비율이 높게 나타났다.

'시각장애자에게는 직업 선택의 자유가 없다.'고 하는 배경에는 예로부터 시각장애자에게는 이료가 적합한 직업이라는 유래가 있다. 그러나 최근에는 이료 분야에도 비장애자의 진출이 현저하여 취업의 문이 점점 좁아져 가고 있는 실정이다. 그러나 이료 상황의 변화, 시각장애자 자신의 가치관의 다양화, 시각장애자를 둘러싼 상황의 변화 즉, 시각장애자 자신에 의한 고용 운동, 시각장애자를 위한 직무영역개발, 시각 보조기구의 개발, 직장의 정보장벽 해소(OA화, IT 기술의 발달), 제도적 장벽의 해소(자격 면허제도에서 결격사항의 재검토) 등에 의하여, 시각장애자라 하더라도 이료이외의 여러 가지 직업 및 직종에서 일하는 것이 가능하게 되었다. 예를 들면 컴퓨터 프로그래머, 시스템 엔지니어, 전화교환원, 녹음속기사, 헬스 키퍼(기업내 이료사), 특별 양호 노인홈 등의 기능 훈련지도원, 케어 매니저(개호 지원 전문사), 도서관 사서, 교사, 시설직원, 아티스트, 의원, 변호사, 의사, 기업경영자, 기타 각종 공무원 등 여러 가지가 있다.

이와 같이 기본적으로 시각장애자라 하더라도 대부분의 직업에 종사할 수 있다고 생각하고, 중도 시각장애의 저시각자들도 일정한 배려 하에 일을 계속해 나가게 하여야 할 것이다. 따라서 제제도의 적극적인 활용과 함께 직장을 종합적으로 고려한 직무분석을 통하여, 그 사람의 경험이나 지식을 살릴 수 있는 직무를 발견하려는 관점이 중요하다.

### 2 시각장애자의 직업훈련

시각장애자의 직업교육 및 훈련은 이료 교육과정과 그 이외로 구분할 수 있다. 이료 교육은 국립 신체장애자 리허빌리테이션을 비롯하여 시각장애자 갱생 훈련시설이나 각 지역의 맹학교에서 지도되고 있고, 그 외의 직업훈련은 전국의 7개소에서 정보처리, 전화 교환, 일반 사무에 대하여 실시해 왔으나, IT화의 발달에 수반하여 그 내용에도 변화를 보이고 있다.

아래에 시각장애자의 직업 훈련시설을 열거하였다.

국립 직업 재활 센터(http://www.nvrcd.ac.jp/)

사단법인 일본 Light House(http://www.lighthouse.or.jp/)

사단법인 일본 맹인 직능개발 센터(http://www.os.rim.or.jp/)

Kanakawa 장애자 직업 능력개발 학교(http://www.kanasho.ac.jp/)

재단법인 동경 Shokuno 재단 심신장애자 기능개발 센터(http://www.shokuno-c.or.jp/)

Tsukuba 기술학교(http://www.tsukuba-tech.ac.jp/)

Osaka 부립 맹학교(http://www.osaka-c.ed.jp/mou/)

## 3 취업 지원의 실제 : 사례에서 본 문제점과 과제

**[사례 A] 여러 기관의 연계로 복직을 이룬 사례: 레베르(Leber) 유전성 시신경증.**

남성. 초기 상담할 때의 연령은 40대 초반. 신체장애자 수첩 2급. 전문직 준공무원, 가족은 아내와 2명의 아이.

급격한 시력저하가 찾아와 집 근처의 대학병원 안과에서 진찰을 받아 병명을 통고받았다. 서류 읽기도 불가능하게 되고 회복에 대한 희망도 잃어 어쩔 수 없이 휴직했다. 장래에 대한 예측도 전혀 할 수 없어 불안으로 고민만 하고 있었다. 동 병원 신경내과 의사가 걱정하며, 저시각관리를 하는 병원이 있으니 방문하여 한 번 상의해 보라고 조언을 해준 것이 저시각관리로 이어졌다. 같은 해, 리허빌리테이션 병원 안과에서 다시 실명을 고지 받았으며, 일상생활 지도사로부터도 장래적인 것을 포함하여 고지를 받았다. 특히 일상생활 지도사로부터 '이 이상 볼 가능성이 없다면, 보이지 않아도 할 수 있는 방법을 생각해 보자.'는 말을 들었을 때, 그의 부인은 심한 충격을 받았고, 본인은 '결국 그렇게 되는 것인가'라는 참담한 심정으로 단념하였다고 술회하였다.

그러나 일상생활 지도사가 시력이 회복되지 않아도 마음만 먹으면 일을 계속하는 것은 결코 불가능하지 않으니, 다시 마음가짐을 새롭게 하고 노력하는 수밖에 없다고 격려하면서 같은 체험을 한 사람들의 그룹으로 복직 상담과 지원을 하고 있는 터틀(turtle)회라는 동아리와의 연락을 권유하여 마음을 가다듬고 지푸라기라도 잡는 심정으로 부탁을 하였더니, '언제든지 할 수 있는 일이라면 지원하겠다.'는 회답에 나락에서 한 가닥의 빛을 본 것 같은 생각이 들었다고 한다.

이와 같이 본인의 복직으로의 의지를 확인하고, 터틀회, 다른 관계시설 등과 연계하면서 복직을 향한 저시각관리가 시작되었다. 터틀회에서 발간하는 '중도 실명: 그래도 아침은 온다' 등을 통하여 같은 상황에 처한 사람들의 일을 알게 하고, 전화와 방문을 통하여 의문이나 불안에 대한 답을 하면서 복직에 대한 의사 확인과 격려를 계속하였다.

구체적인 훈련으로 안과에서는 확대독서기 등을 사용하는 문자 처리나 안구운동 훈련 등을 하며, 그 지방의 지역장애자 직업센터에서 기초적인 직업훈련을 받았다. 그리고 지역장애자 직업센터는 그 지방의 장애자 고용 촉진 협회와 연계해서 당국에 복직 실현을 위한 협력지원을 신청하였다. 그러나 이 단계에서는 복직을 거부당하였다. 그래서 당초의 계획에 의하여 새로운 skill-up을 위하여 일본 Light House에서 직업훈련을 받았다.

복직이 되더라도 다시 일시면직(직무수행에 지장이 있거나, 이에 견디지 못하는 것이 명백한 경우 면직시킬 수 있는 행정처분)이라는 두꺼운 장벽이 가로 막고 있었다. 다시, 본인과 가족의 뜻에 따라, 동아리에서 당국에 시각장애자의 복직 및 취업 사례 등의 정보를 제공하면서 복직이 실현될 수 있도록 요청서를 송부하였으며, 동시에, 일본 Light House의 직업훈련 담당자도 훈련의 결과를 바탕으로 직접 복직을 요청하였다.

그러나 복직은 곧 실현되지 않았다. 다음 단계의 대응을 생각하고 있는 중에, 6개월의 휴직기간을 얼마 안 남기고 마침내 복직이 실현되었다. 복직이 결정될 때까지 본인이나 가족은 말할 수 없을 정도의 정신적 스트레스를 받았다. 복직 후는 현장에서의 인간관계도 양호하며 그때까지의 경험과 훈련으로 몸에 벤 연구와 기능을 살려서 순조롭게 일을 계속하고 있다.

**[사례 B] 연계에 의하여 청년의 미래를 연 사례 : 스테로이드성 녹내장**

남성. 초기 상담할 때는 22살(대학 4년생). 신체장애자 수첩 2급.

대학병원의 주치의가 '이 청년은 도대체 앞으로 어떻게 될까?'라고 장래를 걱정하고 인터넷으로 정보를 수집하고 있던 중, 터틀회의 존재를 알게 되었다. 주치의는 자진해서 청년과 동료의사와 함께 '일본 맹인 직능개발 센터'를 견학하였다. 그리고 동아리 회원들과 교류하던 중에 확대독서기, 음성 컴퓨터 등의 보조기구를 활용한다면 문자처리도 가능하게 된다는 것, 기타 취직에 관한 조언 등 필요한 정보를 얻어 장래 목표를 정하고 저시각 훈련을 시작하였다.

처음, 본인은 낙제를 각오하였으나 문자처리가 가능하게 되어 졸업 논문도 통과되었다. 취직활동의 출발은 늦어졌으나 동아리에서 이메일을 통한 장려, 조언 그리고 필요한 정보를 얻었고 또한 새롭게 정보처리에 대하여 독학도 하였으며 공공 직업소개소 등의 지원을 받아 민간기업의 프로그래머로 취직을 하게 되었다. 교수나 주치의는 물론 병동, 외래의 관계를 맺었던 모든 사람으로부터 축복을 받았다. 취직 후에도 공부를 계속하려 정보처리 기술자의 자격을 취득하였고 현재는 그 외의 자격시험에도 도전을 하고 있는 중이다.

## 1 연계의 실제

이상 2가지의 사례를 통하여 (1) 의사에서 의사로의 연계 (2) 의사와 의사이외의 직원과의 연계 (3) 의사, 의사이외의 직원과 지원단체와의 연계(연계의 바퀴) (4) 연계의 바퀴를 중심으로 그 외의 관계시설과의 연계 (5) 의사가 자신이 직접 해당단체를 방문하여 이루는 연계와 같이 여러 가지의 연계의 패턴(pattern)을 볼 수 있다.

특히 사례 A에서는 (1) 다른 진료과 의사간의 연계로, 최초의 대학병원 내과의사가 저시각관리를 하는 안과의사에 연결시켜준 것이 발단이 되었다. 이것이 없었더라면 아마도 그대로 퇴직되었을 것으로 생각된다. 장애를 고지할 때에는 (2) 의사와 일상생활 지도사와의 연계가 있었다. 그리고 (3) 당사자의 지원단체하고도 연계하여 이것이 연계의 바퀴를 이루어 본인과 가족을 지탱하는 토대를 구축하고 있다. 또한 상황에 맞추어 (4) 직업 리허빌리테이션 시설과도 연계가 시도되었다. 한편, 사례 B에서는 환자의 대학 졸업 후의 전망을 예측하기 어려웠던 주치의가 그 해결을 위하여 (5) 자신이 해당단체를 직접 방문하였고 그 결과, 한 청년의 미래를 열어주었다고 할 수 있다.

이와 같이 연계의 패턴은 여러 가지이지만, 당사자를 중심으로 서로가 함께 움직이는 관계가 중요하다. 기본적으로는 조직과 조직의 연계가 바람직하나 현장에서는 상당한 어려움이 많다. 현실적으로는 사람과 사람과의 연계, 말하자면 인맥에 의한 연계가 가장 실천적이라고 할 수 있다.

필요하다면, 노동조합, 변호사, 권리 옹호단체 등과의 연계도 고려하여야 한다. 이 경우는, 계속 고용과 그 후의 정착을 생각하면 '변호사 = 재판'이라는 이미지 때문에 신중하지 않을 수 없다. 그러나 시기를 놓치면 아무 일도 되지 않으므로 직면하고 있는 문제에 초점을 맞추면서 장래를 겨냥하는 대응이 요구되므로 금후 인생의 양식이 되며 후회하지 않도록 하는 것이 필요하다.

## 2 복직 과제와 대응

### (1) 장애의 수용과 주위와의 관계

장애 당사자는 우선 시각장애의 사실을 수용할 수 있는지 여부가 큰 과제가 된다. 이에 대해서는 기본적으로 의사의 처리 방법이 중요하지만, 물론 의사 이외와의 관계도 필요하다. 사례 A에서는 의사와 일상생활 지도사가 각각 고지를 하고 해당 지원단체와도 연계하여 장애의 수용과 리허빌리테이션에 대하여 가족과 함께 동참하였다.

### (2) 당사자를 포함한 지원단체와의 관계

당사자의 지원단체에 의한 상의와 지원 소위 counselling과 coaching을 받아들이는 형태가 많을 것으로 생각되며, 본인에게 있어서는 목표로 하는 사람이 동석하는 것이 이상적이다. 또한 가족에 대한 지원도 중요하며 그것을 위해서는 가족 전체와의 상의도 효과가 있다. 사례 A에서는 당사자와 가족이 같이 노력하였다.

실제 상담 현장에서는 본인과 가족으로부터 이야기를 경청하도록 노력함은 물론, 그 후의 지원에 도움이 되도록 그 사람 전체를 알려고 노력하는데 신경을 써야 한다. 특히 직업의 계속을 위하여 포인트가 되는 사항(예를 들면 상해의 정도와 그의 수용, 직무영역, 경험, 기능, 실적 등과 현재의 업무와 그에 대한 연구, 할 수 있는 것, 할 수 없는 것, 할 수 있을 것 같은 것과 할 수 있을 것 같지 않은 것, 주위로부터 반가워하는 소위 틈새를 메꾸어 주는 것 같은 일의 유무, 주위와의 인간관계 등)에 대하여 가능한 한 구체적으로 현상을 파악한다. 그리고 필요에 따라 정보도 제공하고 그것들을 정리하여 이후의 방향을 확인한다.

### (3) 의사의 역할과 자세

의사에게는 사령탑으로서의 역할이 있다. 그렇다면 더욱 의사의 기본자세로 '보이지 않는다 = 할 수 없다'가 아니라 '보이지 않아도 일을 할 수 있다'라는 인식을 가져야 한다. 이것은 다른 의료 직원과 연계하는 형식, 복직을 위한 진단서의 작성 등 그 이후의 환자로의 대응에 영향을 미치기 때문이다. 시력이 회복되지 않더라도 일을 할 수 있다라고 조언하면 본인도 나름대로 대처할 수 있다.

### (4) 의사이외의 직원 역할

예를 들면 의사에 의한 실명의 고지는 병이나 그 치료방법에 관하여 설명하고 이후 어떻게 변화될 것인가를 설명하는 연장선상에서 이루어져야 할 것이다.

다음 과정인 리허빌리테이션으로 이행하기 위한 지원에 대하여 빠른 시일 내에 적절한 조언과 정보 제공을 하고 정신적 안정과 생활훈련의 측면도 함께 고려하여 의사이외의 의료 사회복지사 등과 팀을 구성하여 실시하는 것이 효과적이다. 사례 A에서는 일상생활 지도사가 그 역할을 수행하였으나, 원래는 시각장애자의 자립을 위하여 사회 자원을 어떻게 활용할 것인가에 대하여는 의료 사회복지사의 역할이 크다.

### (5) 본인의 복직으로의 의지와 자세

본인으로부터는 일을 계속하고 싶다, 직장에 복귀하고 싶다라는 강한 의지가 요구되며 그러한 명백한 의사 표시가 없으면, 주위에서 지원하려고 해도 할 수 없다. 본인의 복직에 대한 결의가 확고해지면, 지원의 방향도 결정된다. 그리고 본인은 생활훈련과 직업훈련으로 들어가 열심히 노력하는 것이 당연하지만, 일에 도움이 되는 지식이나 기능을 내 것으로 만들어서 직장에서 필요한 인재가 되도록 노력하는 자세가 중요하다.

일상생활을 할 수 있을 것, 특히 단독으로 직장에 통근할 수 있는 것이 중요하다. 또한 문자처리나 컴퓨터 능력도 반드시 필요하며, 워드나 엑셀은 최소한 할 수 있어야 한다. 가장 중요한 것은 인간관계이다. 본인은 자칫하면 피해 망상적으로 되거나, 자기 자신으로 벽을 만들기도 한다. 자신이 바뀌면 상대도 바뀐다는 것을 깨닫게 하는 것이 필요하다. 또한 현재의 자신은 과거의 자신이 근간이 된다는 것과 무슨 일에 있어서도 과거에 얽매이지 않는 전향적인 자세가 중요하다.

### (6) 훈련현장의 견학이나 시범

직장 관계자에게 훈련현장을 보여주거나, 훈련성과의 시범을 보여줄 수 있으면 좋을 것이다. 동일한 체험을 한 사람들도 참가시키거나 실제의 직장을 견학하게 하면 시각장애자가 일하는 이미지나 그들에 대한 이해를 보다 깊게 만들 수 있다.

사례 A에서는 훈련 담당자가 실제 직장에 나가서 훈련성과 등에 대하여 설명하고 복직 후의 지원 등의 협력을 제의하였다.

### (7) 복직을 막는 벽

사례 A에서는 일시면직이라는 벽이 앞을 가로 막았다. 왜 이러한 일이 발생하는가 하면 법률이나 규칙 중에는 신분에 관하여 (본인의 의사에 반하는 강임이나 면직의 경우)라고 정해져 있어 때때로 이것이 형편에 따라 적당히 이용되기 때문이다.

예를 들면 국가 공무원법에는 '심신의 고장으로 인해 직무수행에 지장이 있거나 이에 견디지 못하는 경우'라는 것이 있고, 이것이 인사 규정에는 보다 구체적으로 '임명권자가 지명하는 의사 2명에 의하여 장기 요양 또는 휴양을 요하는 질환이 있거나 요양 또는 휴양에 의하여도 치유가 어려운 심신의 고장이 있다고 진단되고 그 질환 또는 고장으로 직무 수행에 지장이 있거나 또는 이를 견디지 못하는 것이 명백한 경우로 한다'라고 정해져 있다.

그러나 이러한 규정이 있어도 국가공무원이나 지방공무원의 이 조문에 따른 해고 사례는 없는 것 같다. 원래 장애자 기본법에서나 장애자 고용촉진법에서도 이와 같은 일시면직 규정을 적용할 생각은 존재하지 않는다.

이에 반하여, 현실에서는 이 조문을 본인이나 가족 앞에서 읽어 주거나 이것이 의원면직 또는 권고사직으로의 유도책으로 이용되거나 하여 당사자에게 큰 정신적 스트레스가 될 수 있다. 일을 계속하려면 이와 같은 중압을 견디고 당국과의 관계가 꼬이지 않게 하면서 전향적으로 전환시키지 않으면 안된다. 이러한 경우, 혼자서 고민하지 말고 노동조합이나 경험이 풍부한 변호사, 터틀회 등에도 상의하여 적절한 대응이 필요하다. 어느 것이든 간에 장애가 이유가 되는 해고는 본래 허용되지 않는다는 것을 마음 속에 깊이 새겨 이것을 의연하게 밀어붙이지 않으면 복직은 있을 수 없다.

참고로, 민간기업의 취업 규칙의 모델인 '취업 규칙모델'이 2003년 11월 개정되어 종업원을 해고시킬 수 있는 경우의 하나에 '정신 또는 신체장애에 대하여는 적정한 고용 관리를 하고 고용의 계속을 배려해도 여전히 그 장애에 의하여 업무를 견딜 수 없다고 인정된 때'라는 항목이 첨가되었다. 즉, 장애가 있으니 곧 해고에 이어지는 것은 적정한 고용관리가 아니라고 개정되었다.

### (8) 복직시기와 준비

복직시기는 본인 사정만으로 정해지는 것이 아니라는 것을 염두에 두어야 한다. 사례 A에서도 반드시 충분한 훈련이 이루어진 것은 아니다. 그러나 복직은 갑자기 실현되고 있다. 때가 오면 언제든지 직장 복귀를 할 수 있도록 자신이 노력함과 동시에 주위 사람도 그러한 준비를 게을리 하지 않도록 유의하여야 한다.

### (9) 진단서의 내용

복직에 대비하여 진단서를 요구하는 것이 일반적이나 진단서 기재 내용에 따라서는 복직을 곤란하게 하는 경우도 있다. '취업의 가능'이라는 내용이 기재되어 있지 않으면 의미가 없다. 또한 휴직에 대비하여 '요양을 요한다.'라는 진단서를 요구받는 경우가 자주 있으나 요양을 어떻게 해석하느냐에 따라 예를 들면 망막색소변성증과 같이 치료에 의해서도 치유가 되지 않는 질환에 대해서는 복직할 때의 일을 염두에 두고 작성할 필요가 있다.

### (10) 퇴직을 선택하는 이유

실명이라는 죽음과도 같은 시련을 앞으로의 인생에서 극복할 수 있다면, 퇴직을 선택하는 길이 결코 마이너스가 되는 것이 아니라는 것을 이 사례이외의 다른 많은 경험으로 알 수 있다.

### (11) 중도 시각장애자와 컴퓨터의 활용

중도 시각장애자에게 있어서, 할 수 없다고 단념하고 있었던 것이 할 수 있게 되는 것은 새로운 의욕과 가능성을 낳는 원동력이 된다. 이러한 의미로 중도 시각장애자에 있어서 컴퓨터의 활용은 대화(communication) 수단의 회복이라는 관점에서 매력적인 사실이다. 또한 최근 일반 취업에는 소홀히 할 수 없는 것이 되어 그런 의미로도 시각장애자에게는 반드시 필요하다.

## 3 시각장애자의 취업지원을 위한 안내서

▶ 공공직업소개소, 지역장애자 직업센터, 지역 고용촉진(개발)협회

공공직업소개소와 지역장애자 직업센터는 직업 리허빌리테이션 기관으로서 서로가 연계하면서 장애자 및 사업주에 대한 구체적인 지원을 하고 있다. 이에 대하여 지역 장애자 고용촉진(개발)협회는 사업주 단체로서 납부금이나 조성금에 관한 업무를 하며, 사

업주에 대한 상담 및 지원도 하고 있다.

▶ 직업 찾기

실업 등을 한 경우는 우선, 근처에 있는 공공직업소개소와 상의한다.

▶ 지역장애자 직업센터는 공공직업소개소와 연계하면서 장애자에 대한 전문적인 직업 평가, 직업 지도외에 사업주에 대한 고용관리 지원사업(전문가가 직장에 직접 나가서 개별 구체적인 상담 지원), 직장적응 지원사업 등의 업무를 하고 있다.

▶ 새로운 기능을 몸에 익혀 취직하고 싶은 경우에는 근처의 공공직업소개소 또는 지역장애자 직업센터에 우선 상의한다.

▶ 장애가 더 중해지거나 어떤 배려를 해야 하는지에 대하여는 지역장애자 직업센터에 상의한다.

▶ 공공직업소개소나 지역장애자 직업센터에는 여러 가지의 자료가 준비되어 있으므로 필요한 것이 있으면 상의한다.

- 공공직업소개소 인터넷 서비스

  http://www.hellowork.go.jp/html/info_2_handcap.html
- 지역 소재의 지역장애자 직업센터

  http://www.jeed.or.jp/jeed/location/loc01.html#03
- 지역장애자 직업센터는 독립행정 법인 고령 및 장애자 고용지원기구로도 검색할 수 있다.

  http://www.jeed.or.jp/

▶ 시각장애자에 도움되는 조성금

시각장애자에 도움이 되는 조성금에는 '중도 장애자 기원 조성금', '장애자 작업시설 설치 조성금', '중도 장애자 통근대책 조성금' 등이 있다. 지원자에게 지불한 임금, 기계 정비에 필요로 했던 비용, 통근용 주택의 임차 등에 필요한 비용 등에 대하여 일정률의 금액이 조성되는 것이다. 어느 것이든 사업주에 대하여 조성되는 것이지만, 구체적인 것은 지역 고용촉진(개발)협회로 문의한다. 각종 조성금 팜플렛에 대하여는 동 협회를 비롯한 공공직업소개소나 지역장애자 직업센터에도 준비되어 있으므로 반드시 1셋트는 준비해 놓으면 좋을 것이다.

- 지역 장애자 고용촉진(개발)협회

  http://www.jeed.or.jp/jeed/location/loc01.html#6

▶ 취업지원기기의 상담과 무상 대여제도

확대독서기나 음성 컴퓨터 등 노동지원 기기에 대한 상의나 무상대여 제도가 있다. 이에 대하여는 독립행정법인 고령 및 장애자 지원기구의 각 지부의 장애자 고용 정보과에 상의한다.

- 지부사무소, 장애자 고용 정보과

  http://www.jeed.or.jp/jeed/location/loc01.html#05

- 취업 지원기기의 페이지 : 고령 및 장애자 고용 지원기구

  http://www.kiki.jeed.or.jp/index.html

▶ 직장 내에서 부당한 취급을 받은 경우에는 노동분쟁 상담기관과 상의한다. 개개의 취업분쟁에 대해서는 (1) 지역 노동국(종합 노동상담 코너) 또는 지역 노동위원회에 알선을 신청하거나 (2) 민사소송을 제기하는 방법이 있으나 단,(1)에는 구속력이 없다. (3) 지방재판소에 노동심판을 신청하는 제도도 있다. 노동심판제도는 신속성과 구속성에 그 특징이 있어, 원칙적으로 조정 또는 노동심판을 하는 것을 해결하며 소송 수속과의 연계도 꾀한다.

- 종합 노동상담 코너

  http://www.mlw.go.jp/general/seido/chiou/kaiketu/soudan.html

▶ 해고에 대하여 알고 있어야 할 것

- 노동기준법(해고)

  제18조 2항 해고는 객관적으로 합리적인 이유가 부족하고 사회 통념상 상당하다고 인정될 수 없는 경우는 그 권리를 남용한 것으로 하여 무효로 한다.

- 해고권 남용법리를 나타낸 최고재판소 판결(1975년 4월 25일, 일본 식염제조사건)

  최고재판소의 판결은 '사용자의 해고권의 행사도 그것이 객관적으로 합리적인 이유가 부족하고, 사회통념상 상당하다고 시인할 수 없는 경우는 권리를 남용한 것으로 하여 무효로 한다.

- 정리해고(인원정리) 4 요건(1979년 10월 29일, 동양산소사건)

  정리해고에는 4 요건이 필요하다. 즉, 기업경영상의 필요성에 의한 해고를 하는 경우 (1) 정리해고의 필요성(인원정리를 하지 않으면, 기업이 도산하는 등 경영 위기에 처해 있는가) (2) 해고 회피 노력(신규채용을 중지하거나 희망 퇴직을 모집하는 등 회사가 경영상 노력을 했는가) (3) 해고 수속의 적정(노동조합이나 노동자에게 충분

히 설명하여 노동자의 납득을 얻는 노력을 했는가) (4) 인선의 적정(누구를 해고하는지의 기준을 명백히 하고, 그 기준이 적정하며 기준의 적용이 올바로 이루어졌는가) 라는 것이며 이 4 요건을 충족하고 있는 않은 경우 그 정리해고는 무효로 하는 것이다.

▶ 사업주의 책무

■ 장애자의 고용촉진 등에 관한 법률(사업주의 책무)

제5조 모든 사업주는 장애자의 고용에 관하여 사회연대의 이념에 기초하여 장애자인 노동자가 동일한 직업인으로서 자립하고져 하는 노력에 대하여 협력하는 책무가 있으며, 그 갖고 있는 능력을 정당하게 평가하여 적당한 고용의 장을 제공함과 아울러 적정한 고용관리를 함으로서 그 고용의 안정을 꾀하는 노력을 하여야 한다.

■ 시각장애자에게 도움을 주는 라디오 방송

NHK 라디오 제 2방송 '시각장애자 여러분께'는 중도 시각장애자에게 유익한 정보원이다. 매주 일요일 아침과 저녁에 방송되고 있으며 NHK의 홈페이지에서도 들을 수 있다.

http://www.nhk.or.jp/fukushi/shikaku/index.html

▶ 중도 시각장애자의 복직을 생각하는 동아리(터틀회)와의 연락

당사자를 포함하는 지원단체로서 중도 시각장애자의 고용, 취직상의 문제에 대하여 상담, 교류 및 정보제공을 하고 있다.

다음에 그 활동의 개요를 소개한다.

## 4 중도 시각장애자의 복직을 생각하는 동아리(터틀회)

중도 시각장애자는 보이지 않기 때문에 여러 가지 문제에 직면한다. 특별히 '일을 한다'라는 것에는 큰 문제가 있어 최근의 엄격한 사회 상황 아래서는 구체적인 원조도 없는 상태로 퇴직으로 몰리는 사람이 적지 않다. 그러나 혼자서 고민하지 말고 서로가 교류하여 지혜와 힘을 내서 서로의 격려 하에 해결할 수 있는 문제도 많이 있다.

이 동아리는 1995년 6월 시각장애자가 안심하고 계속 일할 수 있도록 서로가 교류하고 널리 정보를 교환하며 서로에게 힘을 돋구어 나가는 것을 목표로 하여 결성되었다. 이 동아리

의 활동은 다음과 같다.

## 1 터틀회의 주된 활동

(1) 초기 상담 : 본인의 현상 인식을 정리하고, 이후의 구체적인 대응을 협의하면서 진행시킨다. 초기 상담의 중요성에 비추어 치료 단계의 상담으로 연결될 것을 원하고 있다.

(2) 긴급 대상자의 지원 : 눈이 나빠진 것을 이유로 배치 전환 또는 퇴직 강요를 받거나, 감원의 표적으로 되는 것 등의 긴급 상담에 구체적으로 지원하고 있다.

(3) 교류회 : 정규적으로 강연회나 사례발표회를 개최하여 보행, 컴퓨터, 연금, 직무에 있어서의 요령, 인간관계, 개개인의 사는 방법, 지내는 형태 등을 테마로 교류 및 친목을 도모한다.

(4) 조사 연구 : 연속 교류회에서 발표된 사례를 기초로 인적 및 물적인 직장 환경, 직무 내용, 직무 수행상의 요령 등 구체적인 사례를 축적하고 있다. 또한 회의 결성 10주년을 기하여 취업 설문조사를 실시하여 100명 정도의 회답을 바탕으로 '중도 시각장애자의 취업지원 안내'로 제언을 함과 동시에 그것들의 데이터베이스화에 착수하였다.

(5) 기관지 등의 발행 : 기관지 '터틀'에는 교류회 보고, 간사에 의한 권두 기사, 회원의 기고에 의한 컬럼, 직장 보고 등을 게재하고 있다.

이제까지 '중도 실명 – 그래도 아침은 온다'(1997), '중도 실명 II – 해는 다시 뜬다'(2003)의 2권의 수기집을 발간하였다. 전자는 장애를 받은 초기의 고뇌와 갈등의 형태, 거기서부터 다시 일어서는 과정에 중점을 둔 것이고, 후자는 기업의 본심을 소재로 한 루포타쥬, 본인이나 가족의 수기도 넣어서 시각장애자의 고용에 대한 이해의 계몽 및 계발에 관한 책으로 되어 있다.

(6) 사이버 커뮤니티 : 터틀회의 활동에 대해서는 인터넷 상의 홈페이지로 상세히 소개되고 있다(htt://www.turtle.gr.jp).

【문의 및 연락처】

■ 터틀회 사무국: 사회복지 법인 일본맹인 직능개발 센터 '동경 워크숍' 내

Tel. 03-3351-3208, Fax. 03-3351-3189

E-mail, 편지, 전화 등을 통하여 전국 각지의 상의에 응하고 있다. 특히 당사자가 아직 재직 중인 경우에는 무엇보다도 의료 관계자와의 연계 중요성을 통감하고 있다.

## 참고도서


1) タートルの会編集：中途失明Ⅱ　陽はまた昇る，大活字，東京，2003.
2) タートルの会編集：中途失明　それでも朝はくる，まほろば，東京，1997.
3) 中村紀久雄：職場に光をかかげて　失明した労働者が職場に戻る日，新日本出版社，1981.
4) 上田　敏：リハビリテーション　新しい生き方を創る医学．講談社．東京．1996.
5) 上田　敏：リハビリテーションを考える．青木書店．東京．1983.
6) 山田幸男：糖尿病チーム医療の実際　患者さんと共に歩む，メディカ出版，東京，2003.
7) 河野友信・若倉雅登編，中途視覚障害者のストレスと心理臨床，銀海舎，東京，2003.
8) 厚生労働省労働基準局監督課編著：改訂版 2004　就業規則作成の方法と実務，社団法人全国労働基準関係団体連合会，2004.
9) 独立行政法人高齢・障害者雇用支援機構：平成 16 年度障害者雇用職場改善好事例［視覚障害者］入賞事例集，東京，2005.


# H 고령자의 저시각관리

사람은 누구나 나이가 들게 되면 건강한 사람도 표 6-2와 같이 나이에 의한 변화를 피할 수 없고 시기능도 저하되므로 많은 고령자에게 저시각관리가 필요하게 된다. 또한 백내장, 당뇨망막병증, 녹내장이나 황반 변성 등은 고령자에게 많고, 시각장애자의 60%가 65세 이상이므로 저시각관리는 개호 분야에서 그 비중이 커져가는 경향을 볼 수 있다.

[표 6-2] 연령의 증가에 의한 눈의 변화

| | |
|---|---|
| 각막 | 투명성은 유지되지만 각막 내피세포의 탈락 때문에 방수가 각막으로 유입되어 각막은 다소 두꺼워지고 빛은 산란된다. |
| 수정체 | 황색으로 변하고 혼탁되어 탄력성이 줄어들기 때문에 굴절력의 변화, 조절장애(노안)나 백내장이 생긴다. |
| 동공 | 축동되고, 눈 안으로 들어가는 광량은 감소한다. |
| 유리체 | 비문증이 생긴다. |
| 망막 | 신경세포는 감소하고 혈관도 전신 혈관에 수반하여 변한다. |

# 1 고령자의 시각적 특징과 대책

## 1 시력은 저하되고 특히 움직이는 것이 보기 어렵다

안질환이 없어도 시력은 45 ~ 50세부터 낮아지기 시작하여 75세를 넘으면 급격히 저하된다. 그러나 80세라도 1.0 이상의 시력이 있는 사람도 있으므로 개인차가 많다. 또한 동체시력도 저하되는데 속도가 증가할수록 시력은 더 낮아지는 경향이 있다.

이들 시력저하의 원인은 광학적 요인(노인성 축동과 수정체의 투과율에 의한 망막조도의 저하), 망막에서 중추까지 기능저하 등을 들 수 있다. 교정시력이 0.1 미만이면 일상생활 특히 단독 보행이나 활자 읽기가 매우 곤란하다는 것이 1997년의 북 규슈 시내 19개 병원 안과의 시각장애자 실태조사로 확인되었다.

굴절상태는 나이와 함께 변화한다. 즉, 영유아는 일반적으로 원시가 많으나 성장과 함께 근시화가 되어가고 고령자가 되면 수정체의 경화, 모양체근이나 모양체소대의 변화에 의하여 원시가 증가되므로 이때 적절한 안경이 필요하게 된다. 특히 시각장애가 있는 경우에는 굴절상태가 교정된 깨끗한 상을 휴대식 확대경, 확대독서기나 단안경(망원경) 등으로 크게 하지 않으면 아무런 의미가 없다. 흐려진 망막상을 확대하면 흐림을 더 크게 하는 것에 지나지 않는다.

## 2 문자가 작게 보인다.

노안은 모양체나 수정체의 나이 증가에 따른 조절기능의 저하를 피할 수 없다. 20세에서는 10 cm 거리(조절력 10D)까지 가깝게 하여 볼 수 있으나 50세가 되면 작업거리를 50 cm (조절력 2D)까지 멀리하지 않으면 똑똑히 보이지 않게 된다. 상의 배율은 (상의 크기) ÷ (물체의 크기)이며 (렌즈에서 상까지의 거리) ÷ (렌즈에서 물체까지의 거리)라고도 표현할 수 있다. 따라서 50세인 사람이 보는 문자의 크기는 20세의 1/5 크기로 축소되어 보이므로 보기가 어렵고 피곤하기 쉬워서 안정피로의 원인이 된다. 이것은 작업거리에 맞는 안경을 착용하면 해결되며 어떤 이유에서인지 안과를 방문하지 않고 있는 고령자가 많은 것이 현실이다.

## 3 연한 색을 사용한 것은 보기 어렵다.

고령자는 축동과 수정체의 영향으로 고주파와 중간 주파수 영역에서의 대비감도 저하로 인하여 대비 감도가 좋은 것은 보기 쉬우나 그렇지 않은 것은 보기 어렵게 된다. 예를 들면 시력이 좋음에도 불구하고 책을 보기 어려운 것은 고주파 영역의 저하 때문이므로 밝은 조명을 사용하면 보기 쉬워진다. 또한 중간 주파수 영역의 저하는 보행(도로 표식이나 계단)이나 동작에 지장을 초래한다. 이에 대한 대책으로는, 명도 대비(흑백 반전), 채도 대비(선명함), 색상 대비(보색)의 순으로 개선한다. 백내장이나 안저 질환에서는 흰 종이 위에 검정색 글자보다는 검은색 종이에 흰색의 글자(흑백 반전)가 더 보기 쉽다. 유사 혼탁 실험에서 0.2 이하가 되면 contrast polarity effect(흑백 반전 효과)가 나타나서 시력이 나빠질 정도로 그 효과가 증가됨을 확인하였고 마찬가지로 고령자에게서도 흑백 반전 효과가 인지되었다. 확대독서기는 문자나 사진 등을 확대할 수 있을 뿐 아니라 흑백 반전도 가능하므로 문자를 보기 쉽게 한다.

## 4 연령에 따라 시야는 좁아진다.

시야는 10 ~ 30세가 가장 넓고 40세 이후는 중심부근으로부터 감도 저하가 일어나 60세를 넘으면 감도 저하가 주변으로도 확대되어 전체적으로 감도가 저하된다. 이러한 변화는 안검, 축동, 백내장, 망막 신경세포 수의 감소나 중추까지의 모든 것의 기능저하 때문인 것으로 알려져 있다. 녹내장이나 망막색소변성증환자는 구심성 시야협착이 진행되어 중심시야가 10°(40 cm 거리에서 7 cm 원) 이내가 되면 보행이나 독서를 할 수 없다. 중심암점은 황반변성, 당뇨망막병증, 시신경위축으로 발생되며 이때에는 비교적 보행은 가능하지만 읽고 쓰기는 불가능하다. 미국과 유럽에서의 가장 큰 실명 원인은 황반변성으로 읽고 쓰기가 큰 문제가 된다. 이러한 경우에는 중심외주시 훈련이 필요하게 되나 고령자에게 이 훈련은 매우 어렵다. 시야장애자에 대한 훈련은 활용할 수 있는 본인의 보유시야를 자각하는 것부터 시작한다. 이때 주변시야의 유무가 일상생활을 할 수 있는지의 관건이 된다. 중심시야가 10° 정도로 협착되어 있어도 아래쪽이나 귀쪽의 시야가 있으면 보행은 가능하다.

## 5 눈부심을 강하게 느낀다.

수정체에 혼탁이 생기면 빛은 수정체를 통과할 때 흩어지게 되어 내부에서 산란된다. 이 산란광이 망막의 결상 부위에 덮어 씌워지므로 대비감도가 저하되어 보이지 않게 되고(불능 glare) 볼 때 불쾌감을 느끼게 한다(불쾌 glare). 이들 현상을 총칭하여 눈부심(glare)이라고 한다. 이 눈부심의 발생은 백내장이 진행되는 고령자일수록 많고, 20세에 비하여 70세의 고령자는 2배, 80세는 3배의 눈부심을 느끼게 된다고 알려져 있다. 수정체의 각막표면과 안저에서도 눈부심이 발생하므로 망막색소 변성증, 당뇨황반병증, 노인황반변성 등에서는 망막에서의 산란이 부가되어 특히 눈부셔 한다. 이와 같이 눈부심은 고령자에게 매우 큰 지장을 초래한다. 따라서 고령자가 야간에 운전할 때 전조등(head light) 불빛은 큰 지장을 주므로 이러한 눈부심을 감소시키는 차광안경이 필요하다. 차광안경은 자외선을 포함하여 단파장광선(청색계 : 500 nm 이하)을 제거하고 암순응을 좋게하는 것으로 알려져 망막색소 변성증에 효과적이며, 황색계는 눈부심 방지뿐 아니라 대비감도도 좋게하여 보기 쉽게 한다. 컴퓨터, T.V 등의 화면을 볼 때에도 차광안경을 사용하면 작업능률을 올릴 수 있다.

## 6 백내장의 진행, 백내장 수술 후의 색각 변화

망막에는 2개의 광수용체 즉, 밝은 곳에서 작용하는 추체와 어두운 곳에서 작용하는 간체가 있다. 추체는 시력과 색각, 간체는 광각을 담당한다. 색각의 연령에 따른 변화는 수정체의 착색, 축동, 황반 색소의 변화와 추체를 비롯한 시로 상에 있는 세포의 변화가 원인이지만 그 중 수정체의 영향이 가장 큰 것으로 알려져 있다. 수정체 핵이 황색화하면 청색이 선택적으로 흡수되기 때문에 청색은 어둡게 느껴지고 녹색과의 구별이 어려워진다. 여기에 축동이 가해지면 수정체의 필터(filter) 효과가 증가하여 푸른 하늘도 검은 색을 띄게 된다. 이와 같이 보이는 상태에 익숙해진 고령자가 백내장 수술을 하면, 푸른기를 띈 흰색으로 보여 이 때문에 눈부심을 호소하게 된다. 이러한 경우에도 차광안경(CCP 400)이 크게 도움이 된다.

## 7 어두우면 보이지 않게 된다.

밝기에 따라 시력이 변하는 것은 이미 잘 알려져 있다. 같은 사람이라 하더라고 밝은 장소에서는 시력이 좋아지고 어두운 곳에서는 나빠진다. 예를 들면 야간의 가로등에서는 시력 0.6이던 것이, 밝은 실외에서는 1.7 정도까지도 올라간다고 한다.

또한 신문 활자를 볼 때 60대는 20대의 약 3배의 조도가 필요하며, 작은 문자일수록 더욱

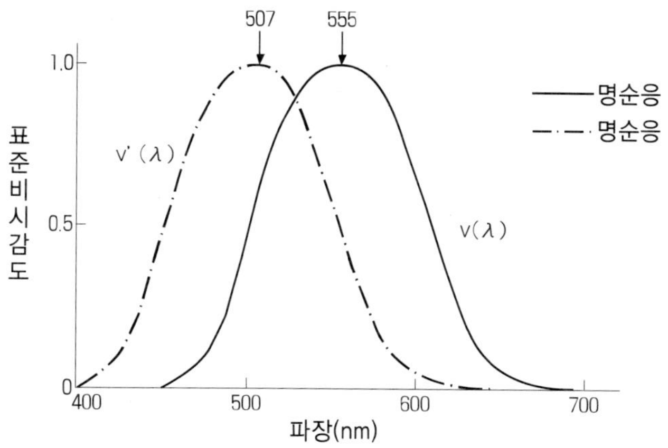


**[그림 6-14] 암순응 및 명순응 시의 비시감도 곡선**

높은 조도가 필요하다. 시력이 나쁜 고령자는 밝은 환경이 필요하게 된다. 확대경을 사용하는 경우에도 조명이 부착되어 있는 것이 보기 쉽다는 것을 알 수 있다.

이와 같이, 실내나 손아래를 밝게 하는 것이 원칙이지만 고령자의 경우에 과도하게 광량을 늘리면 눈부심 때문에 도리어 보기 어렵게 되는 경우도 있으므로 주의가 필요하다. 사람의 그림자, 특히 자신의 그림자로 손 아래가 어두워질 수도 있으므로 조명의 위치나 식탁에서의 좌석 위치를 고려할 필요가 있다.

밝은 실외에서 갑자기 어두운 실내로 들어가면 잘 보이지 않다가 약간 시간이 지나면 주위가 점점 보이게 되는 것 같이 어두움에 익숙해지는 것을 암순응이라 한다. 어두운 곳에서 작용하는 망막 시세포인 간체는 적색보다 청색에 대한 감도가 좋으므로 야간 운전에서 파란 색계의 옷을 입고 있으면 잘 보이나 빨간색 계의 옷은 보기 어렵게 된다(그림 6-14). 연령이 증가할수록 이 간체 기능도 저하되어 80세인 사람의 감도는 20세의 1/32로 감소된다. 즉, 80세의 사람은 32배의 밝기가 필요하게 되므로 조명은 매우 중요하다.

## 8 요약

노화에 의한 시기능 저하는 복잡하게 얽혀서 일상생활에 영향을 준다. 예를 들면 시력 및 대비감도의 저하나 시야협착이 있는 데 눈부심까지 있게 되면 보행이 매우 어려워진다. 특히 차가 왕래하는 횡단보도를 건널 때 양호한 동체시력도 요구되며 주의나 판단이 필요하지만 주의력, 판단력, 신체적 민첩성 등은 연령의 증가와 함께 감소되는 것이 자연의 섭리이

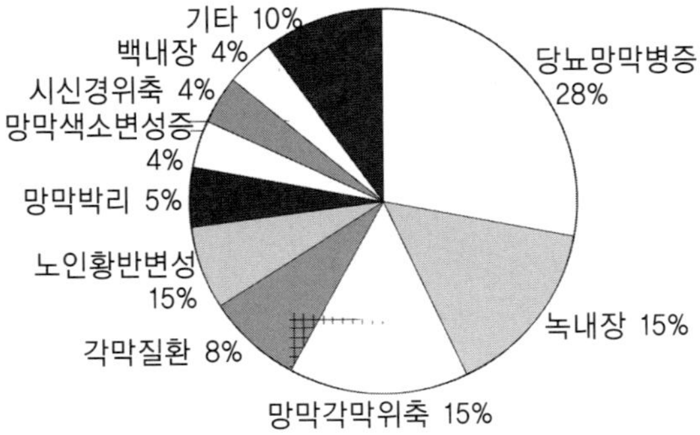


**[그림 6-15] 고령 시각장애자의 원인 안질환**

다. 따라서 고령자를 배려한 시적 환경을 만들어 주면 저시각관리에 크게 도움이 될 것으로 확신한다.

## 2 고령 시각장애자의 실태

이미 보고된 바와 같이, 북규슈 시내 19개 병원 안과를 1997년 2월의 1개월간 방문한 22,117명 중 602명이 최량시력 0.3 미만 또는 신체장애자 수첩소지자로 나타났다. 그 중에서 설문조사에 응한 463명 가운데 284명(61%)이 65세 이상의 고령자였다. 65세 이상 시각장애자의 원인 질환은, 당뇨망막병증 28%, 녹내장 15%, 망 · 맥락막 위축 15%, 각막질환 8%, 노인황반변성 7%, 망막박리 5%, 망막색소변성증 4%, 시신경위축 4%, 백내장 4% 순으로 나타났다(그림 6-15). 녹내장, 망 · 맥락막 위축, 각막 질환, 노인황반변성이나 백내장 등 연령의 증가와 관계있는 질환이 65세 이상에서 많이 보였다. 65세 이상의 전신 합병증은 76%로 발생 빈도가 높았으며 특히 당뇨병, 고혈압이나 심장질환의 발생 빈도가 높게 나타났다.

일상생활의 지장 정도를 매우 부자유, 부자유, 때때로 부자유, 부자유 없음의 4단계로 나누어 보면, 18 ~ 64세와 65세 이상에서는 유의한 차이가 보이지 않았다. 각각의 항목에 대하여 지장을 느끼고 있는 비율(매우 부자유와 부자유로 답한 사람)은 다른 연령층들 사이에 큰 차이는 없었으나 이동이나 정보에서 많은 문제가 발생하였다. 최량시력 0.1 이상인 비율은 18세 미만에서는 45%, 18 ~ 64세에서는 48%, 65세 이상은 50%로 각 연령층 사이에서 차이가 보이지 않았다. 한편, 훈련 경험자는 18세 미만이 95%, 18 ~ 64세가 10%, 65세 이

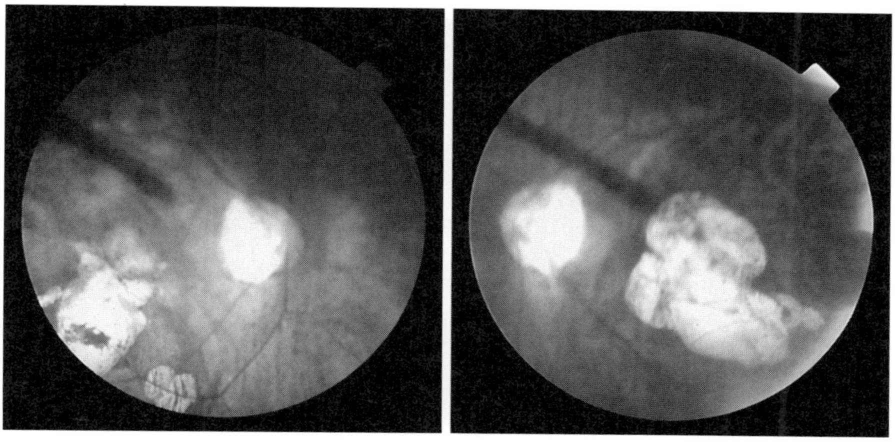

[그림 6-16] 망막맥락막 위축과 주시점

상은 5%로 연령이 높을수록 감소하였으며, 훈련 희망자도 각각 95%, 54%, 36%로 마찬가지의 경향을 보였고, 65세 이상에서는 다른 연령대에 비하여 유의하게 감소하였다($p < 0.01$).

## 3 고령 시각장애자 저시각관리의 과제

고령 시각장애자에 대한 리허빌리테이션 및 저시각관리의 필요성이 중요한 과제임에도 불구하고 잘 되지 않는 원인은 어디에 있을까? 물론, 고령자들은 전신 합병증이 많고 체력적으로도 훈련할 자신이 없는 것이 하나의 원인이 된다. 그러나 보유 시기능을 활용하고자 하는 의욕이나 동기가 부족한 것에 최대의 문제가 있다고 생각된다. 이 문제를 생각해 보자.

**[사례 1] 보살펴 줄 상대가 없어진 80세 초반의 여성, 망막맥락막 위축**

A씨는 어릴때부터 고도근시로 안경을 사용하고 있었다. 10년 전 양안에 백내장 수술을 받았으나, 최근 잘 보이지 않아 진찰을 받았다. 시력은 우안 0.02(0.03), 좌안 0.03(0.04)이며, 양안에는 큰 망막맥락막 위축이 있었다(그림 6-16).

▶ 저시각관리 :

양안의 중심암점 때문에 문자처리가 곤란한 것으로 생각하여 확대독서기로 보였으나 문자를 볼 생각이 없는 것 같았다. 3명의 아들이 있었으나, 의지하던 3 아들을 모두 먼저 보내고 마음이 약해져 있었으며 손녀를 돌보고 있었다. 그러나 손녀마저 멀리 있는 대학에 입학하였기 때문에 주간에는 혼자만 있게 되어 가족이 걱정하여 노인시설에 입소시켰다. 집에서는 좋아하는 바느질이나 식사 준비가 사는 보람이었으나 노인시설에서는 바늘을 갖는 것이 금지되고 식사도 자신이 만드는 것이 허용되지 않았다. 그 때문에 A씨는 무엇을 위하여 눈을 사용해야 할 지 몰라 '본다'는 것에 대한 의욕이 없어진 것 같았다. 그녀가 '본다'는 즐거움을 다시 느끼도록 하기 위하여 확대독서기의 도입, 중심외주시 훈련, 안구운동 훈련 등을 그 시설의 협력을 얻어 시작하였으나, 훈련이 괴롭고, 눈이 피로해진다는 등의 이유로 단념해 버리고 '이제 그만, 보지 못해도 괜찮다'라며 보는 것을 체념해 버렸다.

▶ 코멘트 :

이 예에서는 자신이나 손녀의 성장에 따라 사는 보람이었던 '사람의 돌봄'을 할 수 없게 되었다. 또한 노인시설에 입소하였기 때문에 좋아하던 바느질이나 식사 준비도 하지 못하게 되었다. 바느질이나 식사 준비는 위험한 일은 아니지만 노인 보호시설 등 공동생활에는 금지되어 있는 곳이 많다. 시각장애자라도 안전하게 바느질을 할 수 있는 방법이 있다. 이런 안전한 방법을 가르켜 주는 것이 오히려 자립을 촉진하는 것이다. 원래 노인보건시설은 자립을 목표로 하고 있으므로 무엇이든 위험하다고 생각하기 보다는 개개인의 능력에 따라 대응을 달리해야 할 것이다. 동거자의 바느질 등을 그녀의 일로 해주면 그녀에게 보람을 느끼는 일이 될 것이다. 저시각관리의 의의도 여기에 있으므로 그 시설에 요청해 보았으나 유감스럽게도 시설의 규칙을 바꿀 수는 없었다.

**[사례 2] 카메라에 집착감을 보이는 80세 후반 남성, 노인황반변성**

B씨는 6년 전, 양안에 중심암점이 생겨 노인황반변성으로 광응고 레이저 치료를 받았다. 그 후 백내장이 진행되어 2000년 IOL 삽입술이 시행되었으나 우안 시력 0.4, 좌안 시력 0.03까지 밖에 회복되지 못하였다. 우안의 황반변성은 망막하 출혈이 반복되어 0.1로 저하되었으며 이로 인하여 일상생활에 지장을 초래하여 저시각관리를 받기 위하여 진찰을 받았다.

▶ 초진시의 소견

우안 시력 0.05(0.08), 좌안 시력 0.02(0.04), 좌안 외사시, 양안의 노인황반변성이 시력장애의 원인이었다(그림 6-17). 양안의 시야검사에서 커다란 중심암점이 있어 읽고 쓰기에 지장이 있었다.

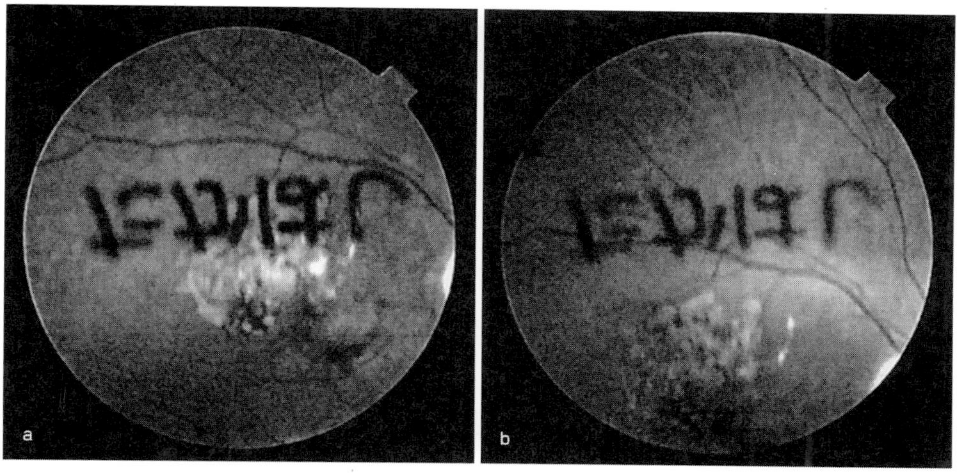

[그림 6-17] 훈련전,후의 주시점

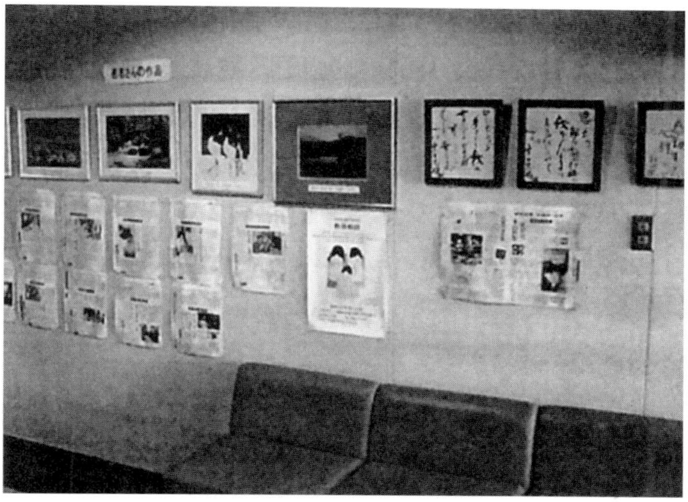

[그림 6-18] 시각장애자의 사진촬영

▶ 저시각관리 :

어느 곳에서 보면 제일 보기쉬운 가를 자각시키기 위하여 2001년 1월에 5일간 입원시켜 훈련시켰다. B씨는 사진촬영이 취미여서 본다는 것에 대한 집념을 보여 중심외주시 훈련 및 안구운동 훈련에 적극적으로 참여하였다. 그리고 확대독서기의 사용을 위하여 신체장애자 수첩을 신청하였다. 그 후 같은 해 2월, 4월, 6월에도 단기로 입원하여 훈련을 반복하였다. 그가 단안 리플렉스(reflex) 카메라를 선호하였기 때문에 선택한 확대독서기는 수동식이었다. 그리고 자기의 시기능을 자각할 수 있게 되어 확대독서기의 조작도 할 수 있게 되고 10월의 3일간 입원으로 훈련을 끝냈다. 수개월 후의 어느 날 취미인 사진촬영을 재개하여 자신이 촬영한 사진을 보내왔다(그림 6-18).

▶ **코멘트** :

이 예에서는 취미인 사진이 효과를 보였다. 사진을 찍고 싶고, 핀트를 맞추고 싶다는 바람이 자기의 시기능을 자각할 수 있게 하였다고 생각된다. 보는 것에 대한 동기와 집착심의 강도에 따라 훈련을 할 수 있는지 여부가 정해진다.

TV를 보는 정도로 만족하고, 문자를 보고자 하는 강한 욕망이 없거나 곧 체념해 버리는 고령자 또는 단독보행이 가능해도 가족이 곧바로 휠체어로 이동시켜 주는 것을 반기는 고령자에게는 '보는 것'이 가능해지지 않는다. 즉, 시각장애자 자신이 자기의 능력을 최대한 활용하지 않거나, 가족이 최대한으로 활용시키려고 하지 않으면 할 수 있는 것도 할 수 없게 된다. 고령자에게 많은 노인황반변성, 망막맥락막 위축 등에서는 중심암점을 나타내므로 문자처리 등의 근업이 곤란하다. 이들 경우에 자세히 눈을 사용할 필요가 있어 보유 시기능을 활용할 때는 나름대로의 기술 습득이 필요하고 습득하기 위해서는 시간이 소요된다. 저시각 훈련은 단조롭고 반복이 많아 건강한 젊은 사람에게도 어려운 훈련이므로 고령자에게는 더욱 괴로울 것이다. 노력하지 않거나 땀을 흘리지 않으면 할 수 없는 훈련을 시켜야 하며 그렇지 않으면 능력이 향상되지 않는다. 그러나 그 훈련과정은 반드시 달성할 수 있는 것이어야 한다. 그렇지 않으면 훈련으로 좌절감만 남게 되어 저시각관리의 계속이 곤란하게 된다. 달성감이야 말로 중요하며 자신의 삶의 힘이 될 것이다. 훈련의 계속에는 사례에서도 명백하였듯이 '삶의 보람', '달성된 보람'이나 '취미' 등이 없으면 어려우므로 이것들을 환자나 시각장애자와 함께 찾는 것이 저시각관리의 첫걸음이다. 따라서 이것을 찾으려는 노력을 곧 단념해버리는 고령자에게는 어려우며 그런 이유로 고령 시각장애자의 저시각관리는 어렵다고 생각된다.

## 4 노인보건시설이나 노인홈의 저시각관리

노인보건시설이나 노인홈에서는 저시각관리를 포함한 안과진료가 불충분하다. 이들 시설에서는 아직까지 백내장이 주된 시력장애의 원인 질환이다. 일본에서 시각장애자의 원인 질환으로 백내장의 감소는 일본 안과 수준의 향상과 더불어 급속하게 발전하고 있으나, 안과 진찰의 기회가 적은 노인보건시설이나 노인홈 등에서는 이 백내장 문제를 재확인할 필요가 있다.

W.H.O는 'Vision 2020'의 캠페인을 전개하여 primary health care(PHC)나 primary eye care(PEC)에서의 파트너 쉽(partner-ship)의 중요성을 강력히 호소하고 있다. 모든 노인시설에서 안과 검진을 행하는 것은 시간적 · 경제적으로 불가능하다. 입소자의 증상 호소에 충분히 귀를 기울이는 동시에 직원의 주의깊은 관찰은 안질환의 조기 발견으로 이어지고 필요한 안과 진료나 저시각관리가 가능해 진다. 이것이 PHC나 PEC를 생각하는 방법이다. 이를 위해서는 고령자가 표출하는 말도 되지 않는 호소를 깊이 느끼는 것이 중요하다. 이러한 감성을 항상 기르고 활용하는 것이 노인을 돌보는 종사자 모두에게 요구되는 덕목이다.

## 5 간호사가 본 고령 저시각자의 특징

고령자의 특징은 전신적 합병증이 많고 단독보행이 가능해도 체력에 자신이 없다거나, TV를 볼 정도의 시력만 있으면 괜찮다는 식으로 훈련에 소극적이며, 보유 시기능을 활용하고자 하는 동기가 부족하다는 점이다. 그러나 고령자의 특징으로 반드시 유의하여야 할 것은 이들의 외로움이다. 이들의 외로움에 주목하여 관심을 주면 훈련을 받아들이는 경우도 있다.

[사례 1]

웃는 얼굴을 보고 싶다고 생각하는 마음이 환자의 마음을 움직인 경우. 80세 후반의 여성, 암의 전이로 암성 복수를 나타냈다. 50세 후반에 당뇨병 진단을 받고 70세 때 유방암 적출술을 받았다.

D씨에게는 복수와 호흡곤란 증세가 있어 내과 병동의 독실에 입원하였으며 산소호흡기를 단 상태로 침대에 누워있었다. 시력 측정은 하지 않았으며, '누군가 있다는 것은 알겠으나, 얼굴은 선명하게 보이지 않는다'고 하였다. 간호사는 입원실을 방문할 때 마다 자기 이름을 얘기해 주었으며, 방에서 나올 때에도 다음에는 언제 올 것인지를 알려주었다. 독실에 입원

하고 있었으므로 말할 상대가 없어 외로워 보이는 표정이 마음에 걸린 간호사는 병동 내의 휠체어로 산보시킬 것을 계획하고 제안하였더니, 산소호흡기를 단 상태로 산보할 수 있느냐고 의아해 하였다. 15분 정도의 짧은 시간이었지만, 산보를 하고 나니 웃는 얼굴을 볼 수 있었다. 그녀의 취미는 뜨개질이었으나, 70세 정도부터 시력의 저하가 시작되어 하지 않고 있다고 하였다. 병상에서의 무료함을 없애고 환자의 웃는 얼굴을 보고 싶어 손끝을 이용하여 누워서도 할 수 있다고 생각되는 종이접기를 권하였다. '오랫동안 하지 않았는데 할 수 있을지 몰라'하고 웃는 얼굴을 보이며 검정색을 띤 것이 보기 쉽다고 흑색과 청색의 종이를 골라 종이접기를 시작하였다. 접기 시작하더니, '꽤 기억이 남아있네'하고 간호사에게 가르쳐 주기도 하면서 계속하여 재미있는 듯이 접고 있었다.

고령자와 어울릴 때 중요한 것은,

- 자신이 필요하다는 것이 기쁘다.
- 혼자보다는 여럿이 있는 것이 좋다.
- 고립시키지 않는다.
- 말상대가 된다(듣는 쪽).

또한 시각장애가 있는 외에 전신의 상태가 나빠 독실에 누워있는 때가 많으면 아무래도 마음이 우울해지기 쉽다. 하루에 짧은 시간이라도 활기차게 지낼 수 있도록 돕는 것을 염두에 두어야 한다.

**[사례 2] 인간다운 생활을 할 수 있도록 목표를 공유한다.**

E씨의 현재 가지고 있는 능력을 최대한 발휘시키기 위해서는 '걸을 수 있게 되는 것'이라 생각되어 훈련이 시작되었다. 그러나 지친다, 잘 보이지 않으니 귀찮다, 오늘은 날씨가 추우니까 등의 이유를 들어 훈련으로서의 운동을 하려고 하지 않았다. 간호사는 면회할 때의 상황을 관찰한 후 E씨가 손자를 매우 좋아해서 손자와 함께 걷는 것이 즐거움이라는 정보를 알아내었다. 따라서 그 손자와 함께 보낼 수 있는 시간을 가질 수 있도록 목표를 세워 E씨와 함께 공유하고 노력한 결과 '하고 있는 활동'이 늘었다.

간호는 자립을 목표로 하지만 이것을 갑자기 고령환자에 적용시키면 환자는 마음을 닫아버려 야간에 불편을 호소하거나 활기를 잃어버리는 신체적인 문제가 발생한다. 그러므로 그 사람의 입원 전의 생활이나 가치관을 바탕으로,

- 훈련하는 쪽에서 이끌 것이 아니라, 즉, E씨 쪽에서 훈련을 받는다는 수동적인 입장이

아닌, 훈련을 하는 사람과 함께 참가하는 형식으로 동일한 목표를 공유할 것.

- 어디까지나 환자의 생활에 간호가 있다는 것.

이상을 고려하여 환자가 지금까지 어떻게 살아 왔는지, 그 사람의 가치관을 조기에 알아내어 활기차게 되는 그 무엇을 함께 찾는다는 식의 상호 작용이 필요하다.

# 제7장 대표적인 질환과 대응

## A 당뇨망막병증

당뇨병은 포도당을 태울 때 필요한 인슐린이 전신에서 작용하기 어렵게 되거나, 인슐린 양이 부족하게 되었을 때 혈액 중의 포도당이 많아지는(혈당치가 높아지는) 상태를 말한다. 생활습관과 관계없이 발생하는 유전성 소인이 큰 제 1형 당뇨병(인슐린 의존성 당뇨병)과 생활습관이 크게 관여하는 제 2형 당뇨병(비인슐린 의존성 당뇨병)이 있으며, 일본에서는 후자인 제 2형 당뇨병이 대부분이다.

2002년도 당뇨병 실태조사에 의하면, 당뇨병이 강하게 의심되는 사람은 740만 명, 그 가능성을 부정할 수 없는 사람을 합치면 실제로 1,620만 명으로 추정되며, 최근 5년간에만 250만명이 증가되었다. 그러나 의료기관에서 진료를 받고 있는 사람은 430만 명에 불과하다. 즉, 당뇨병을 알고는 있으나 치료하지 않고 방치하고 있는 사람이 많으며, 생활습관을 검토하면 치료 할 수 있음에도 불구하고 그 시기를 놓쳐버려 중증으로 진행되는 경우가 많다는 것을 의미한다.

고혈당이 오랫동안 계속되면 전신의 혈관 벽에 부담이 생긴다. 즉, 당뇨병은 혈관병이라고 할 수 있다. 따라서 당뇨병 신부전증, 당뇨망막병증, 백내장, 당뇨병 신경증, 뇌졸증, 심근경색 등 당뇨병 합병증이 많이 발생되며 경우에 따라서는 사망의 원인이 되기도 한다.

이들 합병증의 하나인 당뇨망막병증은 일본에서 실명 원인의 제 1위로 알려져 왔으나, 최근의 의료 발전에 의하여 신체장애자 수첩교부자 수에서는 제 2위로 떨어지고 실명은 점차 감소되고 있다고 한다(그림 1-1 및 1-2).

발병 초기에는 시력저하, 암점 등의 자각증상이 적기 때문에 본인이 자각했을 때는 이미 상당히 진행된 상태이다. 이러한 현상이 생기는 원인은 눈의 망막 구조에서 쉽게 이해할 수 있다. 시력에 가장 많이 관계하는 망막 황반부의 중심와에는 혈관이 없기 때문에 혈관병인 당뇨병 초기에는 이 부위에 병변이 생기지 않는다. 중심와 근처에 큰 출혈이 없으면 시력저하가 생기지 않으며 자각증상도 나타나기 어렵다. 당뇨망막병증이 잘 생기는 부위는 혈관이 풍부한 다른 부위이다.

당뇨망막병증은 크게 비증식성 망막증, 전 증식성 망막증, 증식성 망막증의 3단계로 나눈다(그림 7-1). 비증식성 망막증의 치료는 내과적 치료가 주가 되고, 그외는 안과 치료가 이루어진다. 당뇨망막병증은 혈당치가 영향을 미친다. 매일 매일의 혈당치는 말 할 것도 없고 오랜 기간의 상태를 시사하는 HbA1C가 중요하다. 10년 이상의 당뇨 병력에서 HbA1C가 7% 이상이면 증식성 망막증으로 될 가능성이 대단히 높아진다. 당뇨가 (+)라면 HbA1C는 8% 이상으로 알려져 있다. 망막증의 증상이 악화되는 것을 방지하려면 오랜 기간 동안의 혈당치의 안정이 중요하다. 또한 혈당치의 조절은 서서히 하는 것이 중요하며 급격한 혈당치의 조절이나 저혈당 발작 등과 같은 혈당치의 변동은 망막증을 악화시킨다. 예를 들면 당뇨병 환자의 백내장 수술에서는 우선 혈당치를 200 mg/dl 이하로 하는 것을 목표로 하여 수 개월 동안 HbA1C를 7% 이하가 되도록 하나, 증식성 망막증에서 광응고 치료와 같은 긴급한 상황일 때에는 그렇지 않다. 안과의사가 당뇨망막병증의 치료를 시작하는 시기는 형광안저 검사로 결정해야 되지만 일반적으로는 전 증식성 망막증을 시사하는 연성백반이 나타나면 광응고 레이저 치료를 시작한다(그림 7-2).

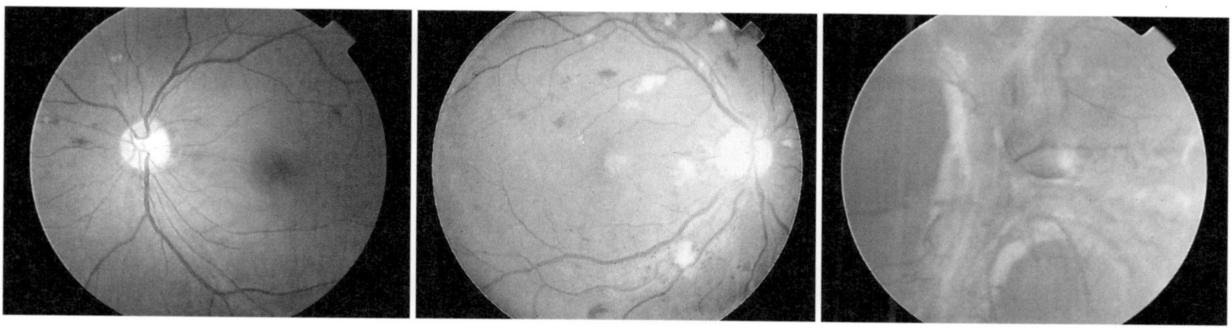

[그림 7-1] 당뇨망막병증

▶ 저시각관리

1) 마음의 관리

'적절한 내과적 조절과 안과적 치료가 행해지면 실명을 막을 수 있다'는 사실이 환자에게 충분히 전달되어야 한다. '당신의 병은 당뇨망막병증이니, 치료합시다'라고만 말하면 환자는 실명 선고를 받았다고 잘못 생각할 수 있다. 현대 의료에서는 인폼드 컨센트(informed consent)가 중요하므로, 환자에게 그것을 알릴 때에도 장래에 희망이 있다는 것을 함께 말해주는 것을 잊어서는 안된다. '내과와 안과가 협력하여 당신의 병을 잘 치료한다면, 실명은 막을 수 있다. 그렇게 하기 위해서는 당신의 용기가 필요하다'라는 말과 함께 '지금 가지고 있는 시기능을 최대한으로 활용하면 충분히 일상생활이 가능하게 되는 방법. 즉, 저시각관리가 있다'는 것을 이야기해 주어야 한다. 지금까지는 안과 의료는 치료만을 우선으로 하고 이러한 관리에 대해서는 전혀 설명을 하지 않았다. 최근에는 이와 같은 환자의 심리를 이해한 후에 대응해야 한다고 생각하는 안과의사가 늘어나고 있으며, 내과의사나 당뇨병 요양지도사(CDE)와도 협력해야 한다. 이와 같이 21세기는 '치료와 관리'의 시대라고 말할 수 있다.

2) 당뇨병 건강수첩이나 당뇨병 안수첩 등을 활용하여 환자의 관리나 생활지도를 한다.

3) 피부 지각이 저하되고 손가락 끝의 감각이 둔해져서 점자 사용이 곤란한 경우도 있다.

4) 당뇨병 조절을 위한 내복약이나 본인 혼자서 주사(인슐린) 놓는 방법에 대한 지도가 필요하다.

5) 환자의 호소에 대한 대응

- 눈부시다 : 차광안경, 칼라 콘택트렌즈, 조명, 색 셀로판이나 대비감도 등
- 어두움 : 조명, 조명이 부착된 확대경 등
- 보이지 않음 (근거리) :
  - ◦ 대면법에 의한 시야의 의식화(중심외주시 훈련, 안구운동 훈련).
  - ◦ 보려고 하는 대상이 다가오면 망막상이 확대되어 시야에서 벗어나는 것을 이해시켜야 한다.
  - ◦ 저배율 확대경, 마이너스(−) 렌즈, 역단안경, typoscope 등

  (원거리) :
  - ◦ 대면법에 의한 시야의 의식화(중심외주시 훈련, 안구운동 훈련)
  - ◦ 단안경, 약시안경, 확대독서기 등

물건을 찾을 수 없다 : ◦ 대면법에 의한 시야의 의식화(중심외주시 훈련, 안구운동 훈련)
◦ Typoscope, 마이너스 렌즈, 역단안경 등

## B 녹내장

녹내장은 40세 이상 성인의 5.8% 이상으로 고령자일수록 그 빈도가 증가하여 최근 일본 신체장애수첩 신규교부자 수에서 제 1위를 차지하고 있다. 녹내장은 고안압 때문에 각막부종이 생겨 외부에서 볼 때 동공이 청녹색으로 보이며 검은 색을 띠는 상태가 되는 것에서 유래된 것으로 실제로 녹색은 아니다.

고안압에 의한 시신경장애(시력저하나 시야장애)나 만성으로 진행하는 시신경증을 녹내장으로 정의하고 있으며, 최근에는 후자 쪽에 더 무게를 둔다. 녹내장에는 안압이 높은 녹내장과 안압이 정상인 녹내장(정상안압 녹내장)이 있다. 안압이 높은 녹내장은 시력저하나 안통의 자각증상이 강하고 눈의 충혈, 두통 및 구토 등을 수반하는 폐쇄우각 녹내장과 이러한 자각증상이 적은 개방우각 녹내장으로 나눌 수 있다. 현재 문제가 되는 것은 고령자에게 많이 발생하는 원발 개방우각 녹내장과 정상안압 녹내장이다.

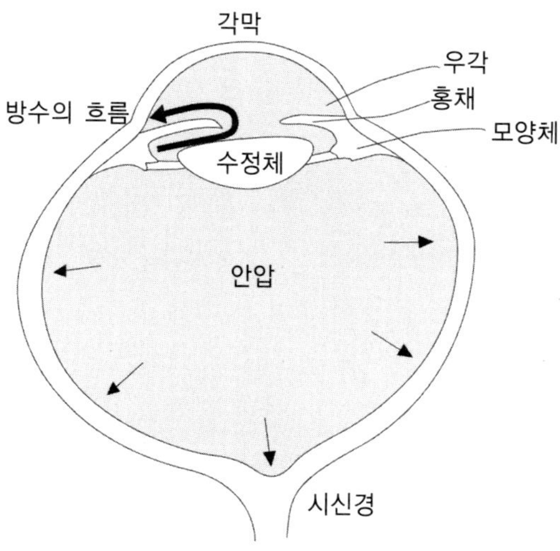


[그림 7-2] 시신경장애의 발생기전

안압은 눈 안의 방수라는 순환액이 모양체에서 끊임없이 생산되어 동공을 통해 우각에서 눈 밖으로 빠져 나가면서 일정하게 유지되어야 한다(그림 7-2). 방수는 혈관이 없는 수정체나 각막의 영양 공급으로 투명성 유지, 10 ~ 20 mmHg의 안압으로 안구의 모양 유지, 그리고 안조직에 혈액이 정체되지 않고 퍼져 나가게 하는 작용을 한다.

방수의 배출구인 우각이 어떠한 원인으로 그 기능을 할 수 없어지게 되면 안내압이 상승하여 시신경을 압박하게 된다. 우각이 홍채에 의해 막히고 눈 안에 방수가 비정상적으로 고여서 안압이 올라가는 상태를 폐쇄우각 녹내장이라 한다.

폐쇄우각 녹내장은 동공이 커지는 것이 원인이 되어 우각이 폐쇄되므로 어두운 곳 특히 야간에 발병되는 예가 많고, 각종 치료약이나 검사 및 수술을 위하여 투약하는 약에 의해서도 발생될 수 있다. 그러나 최근에는 레이저 홍채절개술에 의하여 대부분의 경우는 입원하지 않고 치료가 가능하다. 잊지 말아야 할 것은 발작을 일으킨 쪽이 아닌 다른 쪽 눈에도 예방적인 레이저 치료가 필요하다는 것이다. 치료하지 않으면 예후가 매우 나쁜 경우가 자주 발생한다.

한편, 개방우각 녹내장은 홍채와 관계없이 우각부의 배출기능 저하로 인하여 안압이 높아진다. 앞에서 설명한 바와 같이, 개방우각 녹내장의 초기에는 자각증상이 적기 때문에 본인이 자각하여 안과 진료를 받는 경우는 드물기 때문에 성인병 검진이나 건강진단 시의 안과 검진이 매우 중요하다.

'40세가 되면 안압을 측정하자!'라는 표어가 있을 정도로 과거의 안과 검진에서는 안압측정만 했으나, 안압이 정상인 녹내장도 있으므로 반드시 안저검사도 해야 한다.

정상안압 녹내장은 30년 전에는 많지 않았으나, 식생활 등의 서구화 때문인지 동맥경화, 당뇨병, 고지혈증, 심장질환, 뇌경색 등 전신적인 순환장애의 증가와 함께 점점 증가하고 있다. 폐쇄우각 녹내장은 수술요법이 치료 원칙이지만 개방우각 녹내장은 약물요법이 원칙이다.

최근 분자생물학의 발달에 따라 녹내장의 원인이 유전자 이상이란 사실을 알게 되었지만 그 치료 목적은 어디까지나 현상 유지이다. 한번 장애를 받은 눈의 세포(신경세포)는 현대의학으로는 재생할 수 없다. 녹내장이 불치병이라는 것이 지나치게 강조되고 있는 점도 있으나, 조기 발견하여 조기 치료하는 것이 중요한 것은 말할 필요도 없다.

녹내장이 오래 되면 환자의 나이 증가에 따르는 변화도 더해져서 상당히 진행되어 시력이

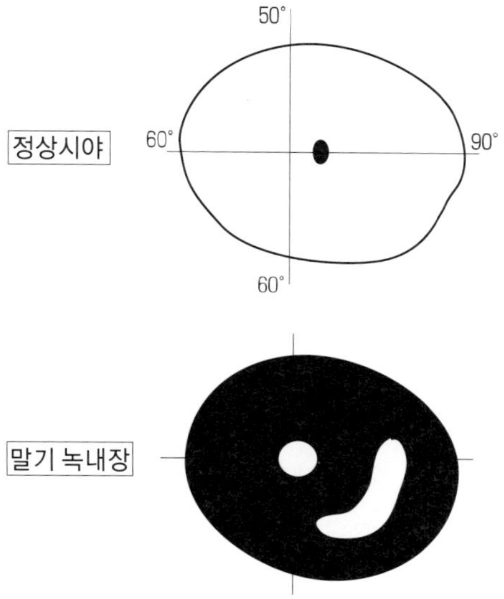


**[그림 7-3] 말기 녹내장의 시야**

저하되고 시야협착(그림 7-3)도 악화된다. 특히 시력이 0.1 이하로 되거나 시야가 반경 10° 이내의 구심성 협착이 되면, 일상생활이 곤란하게 되므로 환자들은 매우 힘들어한다. 그러나 적절한 치료를 하면서 일상생활에서의 적응에 대한 연구를 하면 충분히 즐거운 생활을 보낼 수 있다. 여기에 관리의 중요성이 있다. 녹내장 환자에게 눈을 사용하는 방법, 보행하는 방법, 도움을 청하는 방법 등을 조언해 준다.

이와 같이 성인에서 고령자까지 발생하는 녹내장 이외에, 소눈(우안)으로 불리는 안구가 커지는 선천성 녹내장도 있다. 선천성 녹내장의 발병 시기는 출생 직후부터이기 때문에 시기능 치료 후의 경과가 좋지 않아 시력이 0.1 정도만 되어도 성공적이라고 알려져 있다. 안압 조절로 좋아진 단안성인 경우에도 한 쪽 눈이 크게 되고 고도 근시가 되어 굴절부등 약시가 될 가능성이 커지며, 양안성인 경우는 일상생활에 지장이 생기는 경우도 있으므로 적극적으로 저시각관리를 해야 한다.

▶ 저시각관리

1) 마음의 관리

녹내장은 진행성 질환이며 실명의 불안에 대한 마음의 관리를 항상 염두에 두고 대응하는 것이 매우 중요하다. 녹내장 치료는 안압을 낮추는 것을 주된 목적으로 해 왔기 때문에 환자는 안압의 수치에 매우 민감하므로 매일 매일의 수치 변화에 따라 매우 예민하여(녹내장 기질) 우울증 상태에 빠지는 경우도 있으며, 그러는 동안 시기능은 자꾸 저하되어 간다. 특히 중기에는 진행이 빠르므로 주의해야 한다. 안압이 잘 조절되고 있다 하더라도 나이에 따른 시신경장애나 백내장이 부가된다면 급속도로 시력이나 시야는 악화된다. 지금까지의 장애를 수용할 수 있게 되는 동안에도 보이는 상태가 더욱 악화되면, 환자는 악화된 장애를 수용할 수 없게 된다. 이것이 천천히 진행되어 장애를 수용할 수 있는 시간적 여유가 있는 망막색소변성증과 다른 점이다. 그 결과, 망막색소변성증 환자 중에서는 저시각관리를 강하게 희망하는 사람이 많은 반면에 녹내장 환자는 저시각관리에 동참하려고 하지 않고 경우에 따라서는 거부를 하기 때문에 안과의사도 관리에 관한 이야기 하는 것을 주저하게 되기도 한다. 저시각관리에서는 이와 같은 환자의 심리를 이해하는 것이 우선 필요하다. 3시간 기다려 3분 진료라는 단시간의 진료 체계에서는 안과의사에 의한 저시각관리는 매우 어려운 현실이지만 환자의 기다리는 시간을 활용하는 것도 한 방법이다.

2) 점안약, 내복약 등 치료의 계속이 중요하다

녹내장은 치료의 계속이 중요하며, 저시각관리는 녹내장의 치료가 불필요하게 되어 하는 것이 아니라는 것을 충분히 이해시키는 것이 중요하다. 따라서 약물 투여를 본인 스스로 하는 것이 곤란하다고 하면 그 방법을 지도한다. 최근 점안약 뚜껑에 표시가 되는 것을 붙이기도 하고 뚜껑을 볼록하게 하기도 한다(그림 3-12).

3) 환자의 호소에 대한 대응

- 눈부시다 : 차광안경, 칼라 콘택트렌즈, 조명, 색 셀로판이나 대비감도 등
- 어두움 : 조명, 조명이 부착된 확대경 등
- 두통 : 자세의 개선, 독서대 사용, 적절한 시거리 유지, 조명에 대한 연구.
- 선명하게 보이지 않음 : 시야의 부분 결손으로 인하여 전체의 일부가 빠진 것 같이 보이므로, 비교적 연결되어 보이는 시야를 의식화시킨다(안구운동 훈련).
  ◦ typoscope, 칼라 자 등 사용.
- 시야가 좁다 : 구심성 협착에는 안구운동 훈련을 적극적으로 하며, 시력이 양호한 경우에는 (−)렌즈를 병용한다.
- 중앙이 안보인다 : 중심외주시 훈련이나 안구운동 훈련을 하여 본인의 시야를 활용해서 보는 것에 대한 기쁨을 재확인할 수 있도록 지도한다.

# C 망막색소변성증

'어두워지면 안 보인다'거나, '밤에는 걸을 수 없다' 등은 야맹의 증상이며, 야맹은 진행성과 비진행성으로 분류할 수 있다. 진행성 야맹에서 망막색소변성증이라는 병명을 들어본 적이 있을 것이다. 빛을 느끼는 시세포에는 추체와 간체가 있고 추체는 시력이나 색을, 간체는 광각(명암)을 관장하고 있으며 약 700만 개의 추체는 망막의 중심와에, 1억2천만 개의 간체는 망막의 중간부터 주변부에 걸쳐 많이 분포되어 있다. 망막색소변성증은 시세포 중에서 먼저 간체가 손상되고 서서히 추체도 손상되어 시야협착의 진행으로 시력이 저하하는 주변형(그림 7-4)과 발병 초기부터 시력저하가 심한 중심형이 있다. 안저에 색소반이 출현하므로 이러한 병명이 붙여졌다(그림 7-5).

망막색소변성증은, 지역 특수성은 없고 인구 4,000명에 한 명(전국적으로 약 3만 명)정도로 추정된다. 돌연변이에 의한 단독형이 가장 많고, 상염색체 열성유전형, 상염색체 우성유전형, X 염색체 반성형, 2 유전자 이상형을 나타내는 것도 있다.

젊을 때 발병한 예에서는 중심형이며, 열성유전 형식이 많다. 시력저하의 원인은 병소가 황반 특히 중심와에 있거나 백내장이 일찍 발생하기 때문이다. 망막색소변성증의 치료에는

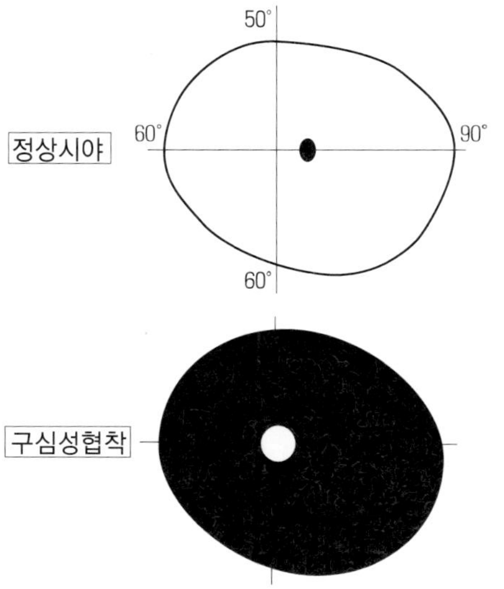


[그림 7-4] 구심성 시야협착

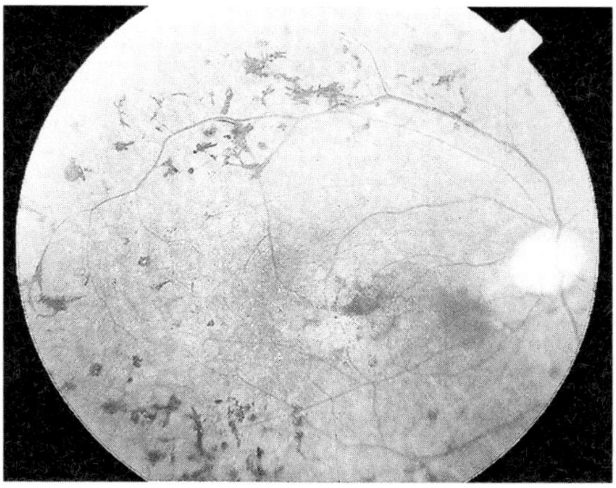

[그림 7-5] 망막색소변성증

각종 약물치료가 시도되고 있으나 특효약은 발견되어 있지 않다.

또한 최근 망막이식이나 유전자의 연구도 진행되고 있으므로 원인 유전자의 해명이 진척되면 유전자 치료도 가능할 수 있겠지만 현재로는 치료 방법이 없다.

망막색소변성증은 실명한다고 알려져 있으나 실제로 60세 이상이라도 시력이 0.2 이상인 경우가 50% 이상이며 발병 40년 정도까지는 약 60%가 0.2 이상의 시력을 유지할 수 있다. 40년 이상이 되면 노인성 변화도 가해져서 60% 정도가 0.1 이하로 되지만 노력을 하면 자활할 수 있는 시력은 유지할 수 있다. 일반적으로 시력이 0.5 이상 있으면 일상생활에 큰 지장이 없으며, 학교나 직장에서 특별한 배려가 필요하지 않다. 그러나 0.1 미만이라면 문제가 나타난다. 0.04 이하이면 점자 학습이 필요하다고 알려져 왔으나 최근에는 확대독서기가 널리 사용되고 있어 0.02 정도의 시력이라면 충분히 문자를 읽을 수 있다.

보조기구로는 확대경이나 단안경이 일반적이지만 학교나 직장에서는 확대독서기나 확대기능을 가진 컴퓨터를 사용하고 있는 사람들이 많아지고 있다.

망막색소변성증의 시야장애는 앞에서 설명한 바와 같이 중심형과 주변형이 있다. 일반적으로 중심형은 젊은 사람에게 많고 시각장애를 주로 호소하고 주변형은 비교적 나이가 많아지면서 발병하며 야맹이 주소인 경우가 많고, 윤상암점에서 서서히 악화되어 구심성협착 반경 10°이내(40 cm에서 반경 7 cm의 원)가 되면 일상생활이 매우 어렵게 된다. 이와 같은 시야협착은 녹내장 말기 환자에게서도 나타나서 걷는 것, 책을 읽는 것, 편지를 쓰는 것 등이 곤란하게 된다. 그러나 안구운동 훈련을 시행해 본 결과, 눈의 사용 방법을 원활하게 할 수 있게 되면 걷는 것뿐 아니라 책 읽는 것이 가능해져서 일상생활이 편해졌다는 환자들도 있었다.

그리고, 다른 안질환과 마찬가지로 눈부심(photophobia)을 호소하는데 특히 망막색소변성증 환자에서 그 빈도가 높다. 이러한 경우 눈부심과 관계되는 500 nm 부근의 파장이나 망막에 해가 되는 자외선(UV-B)을 차단하는 특수안경인 차광안경을 처방한다.

일반 선글라스는 모든 파장을 차단하기 때문에 광량이 감소되어 어두워져 보기 어려워지게 된다. 황색계의 차광안경을 사용하면 대비감도가 좋아져서 잘 보이게 되어 시력이 향상되고, 시야가 넓어지므로 책 읽기가 쉽고 편하게 걸을 수 있다.

차광안경은 백내장 환자나 백내장 수술 후의 사람에게도 유용하다. 또한 건강한 사람도 차광안경을 사용하면 부드럽게 보이고 편해져서 쾌적하게 컴퓨터 작업을 할 수 있다.

▶ 저시각관리

1) 마음의 관리

망막색소변성증은 저시각 클리닉에서 가장 많이 볼 수 있는 질환이다. 당뇨망막병증이나 녹내장과는 달리 환자 자신이 저시각관리를 요구한다. 중요한 것은 환자 스스로 자활할 수 있도록 그들과 같은 눈높이에서 도와준다. 즉, 시각적 보조기구를 사용할 마음이 되도록 마음의 치료를 하는 것이다.

2) 마음의 관리를 할 때는 유전에 관한 지식이 필요하다(제 2장 D. 유전의 기초지식과 카운슬링 참조)

3) 환자의 호소에 대한 대응

- 눈부시다 : 차광안경, 칼라 콘택트렌즈, 조명, 색 셀로판이나 대비감도 등
- 어두움 : 조명, 조명이 부착된 확대경, 야간 보행용 강한 조명 등
- 보이지 않음 (근거리) : ◦ 대면법에 의한 시야의 의식화(중심외주시 훈련, 안구운동 훈련).
  ◦ 보려고 하는 대상이 다가오면 망막상이 확대되어 시야에서 벗어나는 것을 이해해야 한다.
  ◦ 저배율 확대경, 마이너스(−) 렌즈, 역단안경, typoscope 등
  (원거리) : ◦ 대면법에 의한 시야의 의식화(중심외주시 훈련, 안구운동 훈련)
  ◦ 단안경, 약시안경, 확대독서기 등
  물건을 찾을 수 없다 : ◦ 대면법에 의한 시야의 의식화(중심외주시 훈련, 안구운동 훈련)
  (시야가 좁다) : ◦ Typoscope, 마이너스 렌즈, reading bar, 역단안경 등

## D 망막맥락막 위축

병적 근시는 중·고교생의 실명 원인으로 상위를 차지하는 안질환이다. 안저 후극부에 생기는 근시에 의한 망막맥락막 위축이 주 원인이며, 나이의 증가와 함께 위축은 악화된다.

1987년 후생성의 망막맥락막 위축증 연구팀은 안축의 길이가 정상안의 정규분포에서 표준편차의 3배 이상 긴 것을 병적근시로 정의하였다. 이것을 굴절력으로 환산하면, 5세 이하에서는 −4.00D 이상, 6 ~ 8세에서는 −6.00D 이상, 9세 이상에서는 −8.00D 이상으로 각각의 교정시력 0.4 이하, 0.6 이하, 0.6 이하를 병적근시로 진단한다. 병적근시의 빈도는 인구의 약 1 ~ 2%, 근시 전체의 6 ~ 18% 정도이다. 고도근시의 초기 안저 병변은 표문상 안저(안축의 길이가 길어짐으로 인하여 망막 색소상피가 얇아져서 맥락막 혈관이 투명하게 보이는 상태)인데, 이 시기에는 시기능 이상은 호소하지 않지만 안축이 더 길어지고 나이에 따른 변화가 더해지면 후극부에 근시성 망막맥락막 위축이 생기게 된다.

후생성 연구팀은 ① 미만성 위축 병변(diffuse atrophy, D) ② 반상 위축 병변(patchy atophy, P) ③ 황반부 출혈(hemorrhage, H)의 3가지를 병적근시의 병변으로 대별하고 있다(표 7-1).

표 7-1에서 표문상 안저와 D1 이상의 비율은 40 ~ 50세는 30.2% : 69.8%, 50 ~ 60세는 24.6% : 75.4%, 60 ~ 70세는 23.4% : 76.6%, 70세 이상에서는 10.0% : 90.0%임을 알 수 있다. 이와 같이 병적근시는 연령과 더불어 증가한다. 40 ~ 50세 이상에서 교정시력이 좋은 사례는 감소하고 근시성 망막맥락막 위축에 근거를 둔 시력저하, 중심암점, 변시증 등을 호소하며 문자처리가 큰 문제로 대두된다.

■ 굴절이상에서 사용하는 '고도' 또는 '강도'는 일반적으로 ±6.00D 이상을 의미한다.

▶ 저시각관리

1) 마음의 관리

시각장애자는 휴대식 확대경이나 단안경을 실제로 사용하지 않으면 아무것도 할 수 없다. 그러나 고령자는, 가족이나 주변인의 도움으로 이러한 보조기구를 사용하지 않아도 일상생

**[표 7-1] 근시성 안저 병변의 분류**

| | |
|---|---|
| ① 미만성 위축 병변(D) | |
| a. 점상·선상 병변(D1) | b. 면상 병변(D2) |
| ② 반상 위축 병변(P) | |
| a. 반점상 병변(P1) | b. 반상 병변(P2) |
| ③ 황반부 출혈(H) | |
| a. 혈관신생형 황반부 출혈(HN)<br>(활동기 HN1, 반흔기 HN2) | b. 단순형 황반부 출혈(HS)<br>(활동기 HS1, 반흔기 HS2) |

활을 영위할 수 있으므로 시각장애자 자신이 확대경을 사용하고자 하는 마음이 들게하는 것이 중요하므로 그렇게 되도록 지도 훈련을 해야 한다. 이를 위해서는, 우선 장애자가 어떻게 보고 있는지를 이해하고 말로 설명해 줄 수 있는 것이 중요하다. 그것이 가능하다면 시각장애자로부터 신뢰를 얻을 수 있다.

2) 환자의 호소에 대한 대응

- 보이지 않음 (근거리) :
  - ◦ 근용안경 장치가 원칙이지만, 많은 경우 그것을 사용하지 않고 가까이 해서 본다(제 3장 보조기구의 선택에 의한 QOL과 시기능의 향상 참조).
  - ◦ 대면법에 의한 시야의 의식화(중심외주시 훈련은 나이가 많을수록 어렵고 인내가 필요한 훈련이다. 보이는 곳과 보이지 않는 곳이 인접해 있기 때문에 보이지 않는 곳이 마음에 걸린다. 끈기있게 실행한다).
  - ◦ 안구운동 훈련을 함으로서 다시 책 읽기 등이 쉬워진다.
  - ◦ 확대경의 선택과 그 사용방법을 천천히 습득시킨다. 특히 고령자에게는 초점거리를 알려주는 것이 중요하다. '확대경을 책에 가까이 한 후 천천히 들어 올려 초점이 맞는 지점이 초점거리이다. 잘 모르겠으면 다시 한 번 책에 확대경을 놓는 것부터 해 보라'고 이야기 해준다. 고령자에게는 눈을 움직이지 않고 받침대를 움직이는 확대독서기가 더 사용하기 쉽다.
  - ◦ Typoscope 등
- (원거리) :
  - ◦ 교정안경을 착용하며 필요하면 단안경을 사용한다.
  - ◦ 대면법에 의한 시야의 의식화(중심외주시 훈련)
  - ◦ 안구운동 훈련을 함으로 더욱 단안경 조작이 쉬워진다.

## E 망막박리

고도근시에서 잊어서는 안되는 질환에 망막박리가 있다. '실 같은 것이 날아다닌다', '검은 것이 보인다', '동그란 것이 보인다'고 하다가, '곧 없어지고, 푸른 하늘을 보면 무엇인가 떠

다니는 것이 보인다' 등을 호소하는 사람들이 있다. 시력이 정상이고 시야도 정상이라면 안과의사는 우선 후부 유리체박리를 염두에 둔다.

유리체는 수정체 뒤에 있고 겔(gel) 상태로 주머니(막)에 들어있다(그림 7-6). 원래, 유리체막은 망막의 시신경 유두부, 황반부와 주변부의 세 부위에 유착하고 있다. 나이와 더불어 유리체가 액화되는데 근시가 있으면 더 빨리 유리체 액화가 진행되어 유리체막이 망막으로부터 떨어져(후부 유리체박리) 떨어진 유리체막의 그림자가 망막에 비치기 때문에 비문증이 생기게 되므로 대부분의 경우는 병적이지 않다.

그러나 비문증 중에는 망막박리나 안저 출혈과 같은 무서운 안질환에 동반되는 경우도 있다. 먼저 후부 유리체박리가 일어나고 그 때 유착부의 망막이 떨어져서 망막에 구멍(열공)이 생기게 되고 그곳에 액화된 유리체액이 신경망막과 색소상피 세포층 사이로 흘러 들어가게 된다. 이 상태를 망막박리라 한다(그림 7-7). 이 열공성 망막박리의 연령 분포는 20대와 50대에 많이 발생하며 백내장 수술을 한 사람에게서도 많이 발생한다. 비문증이 심해지거나 눈을 감고 있어도 빛이 보이면 주의해야 한다.

또한 적색의 비문증은 유리체 출혈의 가능성이 크다. 후부 유리체박리가 생길 때 망막과 그 혈관이 손상되면 유리체 출혈이 발생한 망막박리를 생각할 수 있다. 시야장애가 망막 중심부까지 일어난다면 그것은 망막박리가 황반부까지 가까이 왔음을 의미한다. 황반부(중심와)가 한번 박리되면 수술이 성공한다 하여도 시력 회복은 곤란하다. 그러므로 가급적 빨리 안과 진료를 받아야 한다.

당뇨망막병증, 노인황반변성, 망막 중심정맥 폐쇄증(그림 7-8) 등에서도 적색 비문증이

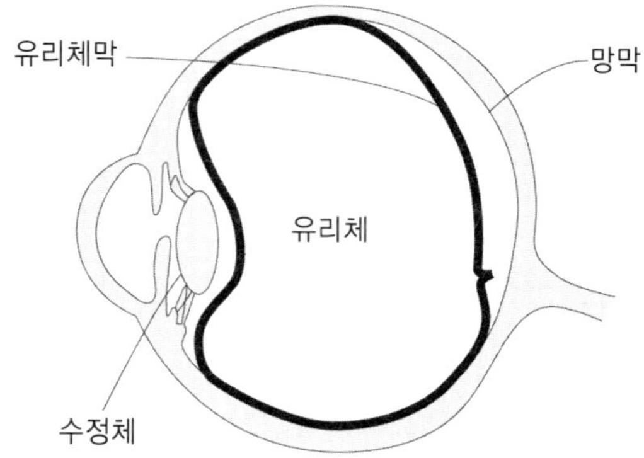


[그림 7-6] 후부 유리체박리

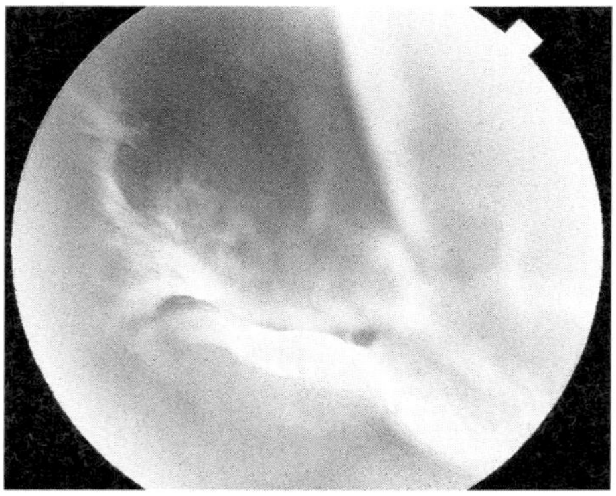

[그림 7-7] 망막박리

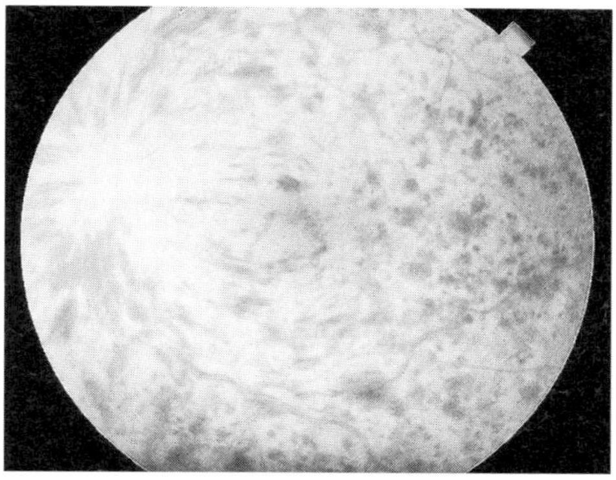

[그림 7-8] 망막 중심정맥 폐쇄증

생기지만, 이와 같은 경우에는 출혈이 많고 시력이 극단적으로 저하된다.

출혈 후 잠시 동안은 내복약 등으로 경과를 관찰하지만, 최근 안과 수술의 발전으로 유리체 출혈이나 혼탁을 제거할 수 있게 되었다. 후부 유리체박리, 망막 박리, 노인황반변성 등의 안과적인 경과 관찰도 중요하지만, 당뇨망막병증이나 고혈압의 합병증인 망막 중심정맥 폐쇄증 등은 내과적 관리가 중요하다.

병을 싫어하거나 무서워하지 말고, 병과 길게 사귀는 마음으로 생활하여야 한다. 마음의 관리를 포함한 관리의 중요성이 여기에 있다.

▶ 저시각관리

망막박리가 조기에 발견되어 적절한 수술을 받으면 그 치료율이 90% 이상이므로 이 질환은 조기 발견해서 조기에 수술하는 것이 치료의 대원칙이다. 그러나 아쉽게도 시력 불량으로 진행된 예도 있고 두 눈 모두 망막박리가 되어 고도 시각장애나 실명으로 진행된 경우도 있다. 이와 같이 양안에 문제가 생긴 사람에게 우선 마음의 관리를 중심으로 저시각관리를 시작해야 한다. '신문은 읽을 수 있습니까?' '눈이 부시지는 않습니까?' 등 일상생활에서의 구체적인 질문을 하는 것이 중요하다.

'무엇인가 곤란한 일은 없습니까?'라고 물으면 대부분은 '없다'라고 냉담하게 답을 한다. 말을 걸때 부드럽고 친절한 마음 씀씀이가 중요하다. 몇 번씩이나 수술을 받은 사람은 백내장으로 수정체가 적출되어 있는 경우가 많아서 눈부심이 매우 심하므로 차광안경이 효과적이며 이것으로 부드럽고 편하게 볼 수 있다.

# F 백내장

백내장의 70% 이상이 노인성 백내장이며, 그 밖에 선천성 백내장, 합병성 백내장, 약물성 백내장(특히 스테로이드 백내장), 외상성 백내장, 후발성 백내장, 당뇨병성 백내장 등이 있다. 가장 많은 노인성 백내장은 뚜렷한 원인없이 나이의 증가에 따라 후천성 수정체 혼탁이 생긴다. 50세가 넘으면 50 ~ 60%가 백내장이며, 60대는 70%, 70대는 80%, 80대는 90% 이상 발생한다고 알려져 있다. 또한 소아의 시각장애에서 문제가 되는 선천성 백내장은 풍진 증후군, Lowe 증후군, Down 증후군 등 지적장애에서 발생하는 눈 합병증으로 볼 수 있는 것도 있다. 선천백내장에서 소안구, 내사시, 안구진탕, 또는 산동 불량이 있으면 시력 치료 후 경과가 좋지 않은 경우가 많다. 특히 편안성인 경우에는 형태각 차단 약시를 유발하므로 가급적 빨리 수술해야 한다. 그러나 일상시를 중요하게 생각하는 저시각의 입장에서 보면 오히려 양안성의 시각관리가 문제라고 생각한다.

수정체는 낭, 피질 및 핵으로 구성되고, 수정체낭은 전낭(상피세포)과 후낭(기저막)으로 나누어진다(그림 7-9). 피질은 나이가 들어도 끊임없이 수정체 섬유가 공급되지만, 수정체 핵은 나이가 듦에 따라 크고 딱딱해져 탄력성을 잃게 된다. 망막에 초점을 맞추는 조절은

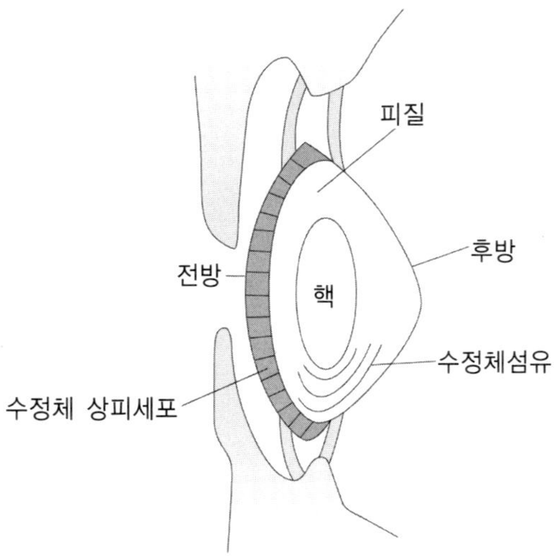


[그림 7-9] 수정체의 해부

수정체가 전 · 후로 팽융하는 탄력성에 의해 일어나는 생리현상으로 이 조절력은 나이가 듦에 따라 감소한다. 이것을 노시 즉 노안이라 한다.

수정체핵의 경화가 더욱 진행된 핵백내장은 노인성 백내장에서 자주 볼 수 있다. 또 많이 나타나는 노인성 백내장의 형태인 후낭 혼탁은 수정체 상피세포가 수정체 섬유의 형성을 중단하고 증식하여 후낭 아래 붙어있게 되어 혼탁한 막이 형성되어 생긴다. 이와 같은 백내장의 발생 기전에 대해서는 현재 상세하게 알려져 있지는 않으나, 가까운 장래에 밝혀질 것이다.

따라서 백내장의 약물치료는 근본적으로 현대의학으로는 곤란하고, 다만 외과적 치료가 시행되고 있다. 옛날에는 수정체를 유리체 안으로 낙하시키는 수술이 행해져 왔으나, 최근에는 수정체를 눈 안에서 적출하는 수술이 시술되고 있으며, 1980년 이전에는 수정체를 수정체낭까지 적출하는 전적출술이 많이 시행되었고 수술 후의 교정법으로는 안경이 유일한 수단이었다. 단안의 백내장 수술 후, 좌 · 우 교정렌즈의 굴절력 차이가 너무 커서 좌 · 우 망막상의 크기가 달라지므로(부등상시) 착용하기 힘든 문제점은 콘택트렌즈의 발달에 의해 해결되었으나 고령자의 콘택트렌즈 취급에는 어려움이 있다. 연속착용 콘택트렌즈가 개발되었으나 누워있는 고령자의 경우 오랫동안 착용하는 경우에는 각막 감염증이 많이 발생하였었다.

한편, 안광학적으로는 안경보다 콘택트렌즈, 콘택트렌즈 보다는 인공수정체(intraocular lens, I.O.L)가 더 우수하고 인공수정체 개발의 발전으로 재질도 최근 수년간 비약적으로 발달하게 되었다. 수정체 적출법도 수정체 낭외 적출술에서 초음파 수정체유화술로 기술 혁신이 이루어져 수술 부위도 약 3 mm 정도로 작고 감염의 위험도 적어지고 무봉합 수술도 가능하고 난시의 발생도 적어졌다. 그러나 수정체의 적출과 함께 수정체의 조절기능이 없어졌으므로 백내장 수술 후는 누구든지 기능적 시각장애자가 된다. 선천 백내장 수술 후에는 가능한 한 빨리 안경이나 콘택트렌즈를 사용하여 약시 발생을 예방하여야 하며, 2세 이상인 경우에는 백내장을 제거하고 동시에 인공수정체를 삽입하거나 2차적인 삽입술을 시행한다. 학령기가 되면 콘택트렌즈보다 안경 착용이 더 많은데 보려는 거리에 따라 안경이 여러 개 필요하게 된다. 그러나 어린이에게는 적절한 안경의 교환 착용이 곤란하므로 원거리와 근거리를 적당히 볼 수 있는 하나의 안경으로 하는 경우가 많다. 이때 주의해야 할 것은 안구는 성장과 함께 커지고 굴절력이 변하므로 오래된 안경은 맞지 않는다는 것이다. 즉, 안경 굴절력은 바뀌어야 한다는 것을 염두에 두어야 한다. 선천백내장 말기 합병증에는 녹내장과 망막박리가 있으므로 정기적인 안과 진료가 필요하다.

현재 광학적으로 가장 좋은 인공수정체 굴절력은 고령자의 경우 대부분은 1 m 앞의 T.V나 손자의 얼굴 등에 초점을 맞추어 계산으로 결정한다. 이와 같은 경우에는 원거리나 근거리 모두 초점이 맞지 않는다. 취학 및 근로 연령층은 5 m 앞에 초점을 맞추므로 근용안경이 필요하고 경우에 따라서는 중간거리용 안경도 사용해야 한다. 이와 같이 인공수정체의 굴절력은 각자의 일상생활(life style)에 맞추어 결정한다. 현재의 백내장 수술은 안전하여 당일 퇴원 수술도 가능하므로 본인의 일상생활에서 불편함을 느끼면 시력에 관계없이 수술하면 되는 시대가 되었다. 최근에는 다초점인공수정체의 삽입도 가능하게 되었다.

그러나 당뇨망막병증이나 노인황반변성 등의 안질환 때문에 수술 후 시력 회복이 곤란한 경우나 고령으로 전신적으로 수술 할 수 없는 사람도 있다. 이러한 경우가 저시각관리의 대상이 되며 노력하면 많은 분야에서 일상생활이 가능하게 된다.

▶ 저시각관리

1) 백내장 수술 후에는 노인성이건 선천성 백내장이건 간에 굴절교정을 하는 것이 당연하다. 원거리나 근거리의 시력이 0.5가 되지 않으면 확대경이나 단안경이 필요하다(상세한 것은 '학령기의 저시각관리' 또는 '고령자의 저시각관리'를 참조한다.).

2) 환자의 호소에 대한 대응

- 눈부심 : 차광안경, 칼라 콘택트렌즈, 조명, 색 셀로판, 대비감도
- 문자를 읽지 못한다 : ◦ 백흑 반전(contrast polarity effect, 검정색 종이와 흰색 굵은 윤곽선), 조명이 부착된 고배율 확대경, 약시안경, 확대독서기

## G 베체트 병(Behcet's disease)

베체트 병은 구강 점막의 아프터성 궤양, 피부 증상(결절성 홍반, 피하의 혈전성 정맥염, 모낭성 피진, 좌창성 피진), 외음부 궤양, 안증상(전방 축농성 홍채 · 모양체염, 망막포도막염)의 4가지가 주증상인 재발성 만성질환으로서 발현율은 각각 99%, 90%, 78%, 63% 순이다. 부증상으로는 관절염, 부고환염, 소화기 병변, 혈관계 병변, 중추신경 병변이 나타날 수 있다.

위의 네 가지 주증상의 발현에 따라 다음과 같이 분류한다.

① 완전형

② 불완전형

a. 3개 주증상 또는 2개의 주증상과 2개의 부증상

b. 정형적 안증상과 1개의 주증상 또는 2개의 부증상

③ 특수병형 : 궤양성 병변의 장관형, 혈관형 또는 신경형 베체트병 등.

그리고 피부의 침반응 양성, 백혈구 증가, 염증 반응 양성이나 인체 주요 조직 적합 유전자 항원(HLA-B51)의 양성 소견 등을 참고로 한다.

전방 축농성 홍채 · 모양체염이나 망막 · 포도막염이 심하게 재발되는 과정에서 녹내장이나 백내장이 발병되고 그 치료 후의 경과는 좋지 않다.

원인 불명이지만 질환 감수성 유전자로는 HLA-B51이나 구강내 상재균인 Streptococcus sanguis와의 관련이 시사되고 있다.

▶ 저시각관리

1) 실명의 불안이 있으므로 마음의 관리가 매우 중요하다. 중년에 많이 발병하여 일의 계속 등 취업 문제가 크므로 빠른 시간 내에 저시각관리를 시작하고 의료 사회복지사(medical social worker)와 연결시킬 필요가 있다.
2) 포도막염이 오래 계속되면 백내장이나 녹내장으로 진행되어 시각장애가 심해진다. 이러한 예에서는 일상생활 훈련, 의사전달 훈련(컴퓨터, 점자), 보행훈련 등이 필요하다.

## H 노인황반변성 (age-related macular degeneration, senile macular degeneration)

황반은 망막의 중심에 있고 시력에 가장 많이 관계하는 부위이다. 황반의 노화 때문에 이상한 혈관이 생기거나 위축되어 망막을 손상시키는 질환이 노인황반변성이다(그림 7-10).

50대 이후에 발병하기 쉽고 시야의 중심이 흐리거나(중심암점 : 그림 7-11) 변시증(metamorphopsia) 등을 호소한다. 초기에는 한쪽 눈에 나타나고 그 정도도 가벼워서 나이 탓으

로 돌리기 때문에 간과되는 경우가 많다. 더 진행되면 고도로 시력이 저하되어 일상생활이 곤란해진다.

이 질환이 일어나는 순서는, 나이의 증가에 의한 망막 색소상피의 작용이 저하되어 노폐물이 침착되고 그 노폐물에 자극되어 맥락막에 신생혈관이 생긴다. 이 신생혈관은 터지기 쉽고 혈액이나 수분이 새어나와 망막이 부종상태로 되고 황반의 기능은 저하된다(그림 7-12)

미국 및 유럽에서는 실명 원인 제 1위이고, 최근 역학조사에서 50세 이상 주민의 13.6%에 초기 병변이, 0.87%에 노인황반변성이 나타나 나이 증가와 함께 병에 걸리는 비율이 유의하게 증가한다. 이것을 2001년 50세 이상에 대하여 환산하면, 초기 병변은 648만명, 노인황반변성 환자는 43만명에 이를 것으로 추정된다. 남성에게 많고 흡연자는 발병의 위험성이 높아진다.

최근 개발된 Scanning Laser Ophthalmoscope 등의 인도시아닌 형광안저촬영(indocyanine green angiography) 검사는 신생혈관을 찾는데 매우 유용하다. 이 신생혈관은 종

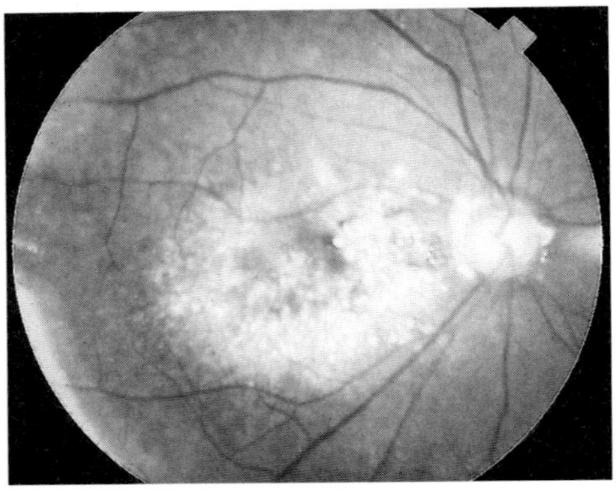

[그림 7-10] 노인황반변성

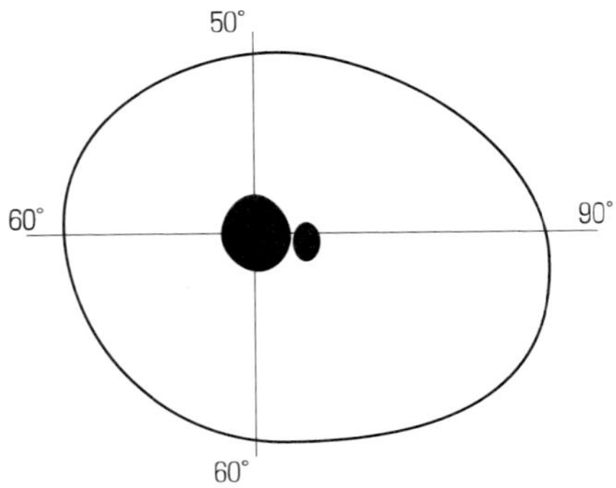


[그림 7-11] 중심암점

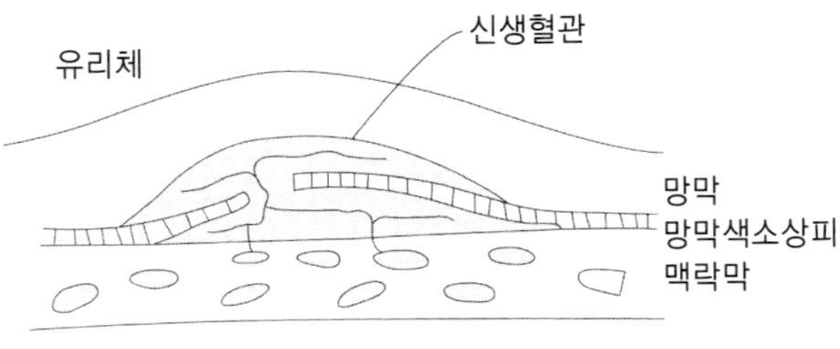


[그림 7-12] 신생혈관의 발생 기전

래의 레이저 광선으로 파괴될 수 있으나, 주위 조직에 대한 손상이 크고, 그 적용은 신생혈관이 황반의 중심부가 아닌 경우에 한정되었었다. 그러나 최근 개발된 광선역학 요법(PDT)은 신생혈관이 황반 중심부에 있는 경우에도 가능하다. 이 치료방법은 광감수성 물질을 정맥에 투여하고 병에 색소가 집적한 때에 출력이 약한 레이저를 조사하여 활성 산소를 발생시켜 병소를 파괴하는 치료법이다. 레이저에 의한 병소 주위의 파괴가 특히 적은 것이 특징이며 시력저하를 제어한다.

그 외에 직접 혈관막을 외과적으로 제거하거나 유리체 중에 약물을 주입하거나 또는 방사선 요법도 시도하고 있다. 이와 같이 노인황반변성에 대한 치료법이 최근 2～3년 사이에 크게 바뀌었다.

예방법에 관해서는 항산화물질(비타민 C, 비타민 E 및 beta-carotene) 이나 아연(Zn)이 좋다고 알려져 있으나 그 섭취로 폐암이나 전립선암의 발병률이 높아진다는 보고도 있다. 또한 자외선(UV-B)이 나쁜 영향을 미치므로 선글라스를 착용해야 한다.

중심암점이나 변시증의 증상이 나타나면 곧 안과에서 치료를 받는 것이 중요하다. 일반적으로 실명(손가락 개수를 모르는 상태 포함)하는 경우는 드물며 신체장애자 수첩에도 해당되지 않는 사람이 많이 있으나 일상생활에는 매우 어려움을 겪고 있다. 즉, 책이나 신문을 읽지 못한다던가, 일에 지장이 생기는 경우가 많다.

▶ 저시각관리

1) 중심암점 때문에 보행 등의 일상생활은 겨우 할 수는 있으나 문자처리에 큰 문제가 있다.

2) 환자의 호소에 대한 대응

• 보고 싶은 것이 안보인다 : ◦ 대면법에 의한 암점의 의식화(중심외주시 훈련, 상용 시야 부분의 의식화)(그림 2-19, 4-1 및 4-2)
◦ 암점에 대해서는 상 · 하 · 좌 · 우 중에서 어느 쪽이 더 보기 쉬운가를 확인한다.
◦ 각종 확대경(고배율), 확대독서기, typoscope

• 문자를 읽지 못함 : ◦ 대면법에 의한 시야의 의식화(중심외주시 훈련, 안구운동 훈련)
◦ 암점에 대해서는 상 · 하 · 좌 · 우 중에서 어느 쪽이 더 보기 쉬운가를 확인한다.
◦ 가로쓰기(왼쪽에서 오른쪽 방향으로 읽음)를 할 수 있으면 암점의

오른쪽이나 아래쪽을 사용하는 것이고, 세로쓰기(오른쪽에서 왼쪽 방향으로 읽음)를 할 수 있으면 암점의 왼쪽을 사용하는 것이다.

◦ 조명, 조명이 부착된 확대경

- 책의 줄을 건너 띄어서 읽음 : ◦ 대면법에 의한 시야의 의식화(중심외주시 훈련, 안구운동 훈련)
  ◦ Typoscope, 칼라 자 등 사용
- 보이지 않음(원거리) : ◦ 대면법에 의한 시야의 의식화(중심외주시 훈련, 안구운동 훈련)
  ◦ 단안경 훈련

# I 황반 이상증

소아에서 볼 수 있는 황반 이상증은 추체 이상증, Stargardt- 황색반 안저군, 노른자 모양 황반 이상증 등이다. 이상증(dystrophy)이란 용어는 진행의 의미가 포함된다. 예를 들면 추체 이상증은 진행하여 악화되지만, 같은 추체의 병인 전색맹은 진행하여 악화되지 않는다.

## 1 추체 이상증(cone dystrophy)

진행성의 고도 추체 기능장애를 발생시키는 것으로 나중에 간체의 기능이상을 수반하는 경우에는 추체-간체 이상증이라 한다. 유소아 때부터 시력저하가 출현하여 진행되면 0.1 ~ 0.05 정도가 되며, 눈부심이나 색각이상을 수반한다. 전형적인 예에서는 표적황반병증(bull's eye macular lesion)을 나타내나, 특이한 것이 아닌 위축 병변이나 안저에는 거의 변화가 없는 것도 있어 약시와의 구별이 중요하다. 진단에는 망막전위도(ERG)가 중요하며, 추체 이상증에서는 추체 ERG(명순응 상태에서 행하는 추체기능 검사)와 flicker ERG(점멸상태에서 행하는 추체기능 검사)의 파형은 소실되지만 간체 ERG(암순응 상태에서 행하는 간체기능 검사)에서는 파형이 유지된다(제 2장 눈의 전기생리검사 참조). 이들 ERG 패턴은 전색맹이나 청추체 제 1색형 색각에서도 볼 수 있다. 그러나 이 증세는 어디까지나 진행형이며, 상염색체 우성유전이 많은 것으로 알려져 있다. 한편, 정지성인 전색맹은 상염색체 열성이며, 청추제 제 1색형 색각은 X 염색체 유전이다. 이와 같이 ERG 소견에서는 구별할 수 없으나, 경과 관찰과 유전 형식에서 질환을 유추할 수 있다. 그러나 이들에 대한 어떠한 치료방법도 없으므로 저시각관리의 대상이 된다.

## 2 Stargardt-노란점 안저군(fundus flavimaculatus)

황반부의 시세포와 망막 색소상피의 위축 병소와 그 주위의 망막 색소상피세포의 미만성 리포푸신(lipofuscin)의 축적으로 상염색체 열성유전 질환이지만 우성유전도 보고되고 있다. 유년기에 발생하는 약년형은 서서히 악화되어 시력 0.1 정도가 된다. 진행성으로 황반부 위축이 출현하는 40세를 넘으면 시력은 안전지수(finger count)까지 저하된다. 색각이상도 수반되며 초기의 ERG와 EOG는 정상이나 광범위하게 병소가 진행되면 ERG와 EOG 검사에서 이상을 나타낸다. 치료법은 없고 저시각관리가 중요하다.

## 3 노른자모양 황반 이상증 (vitelliform macular dystrophy)

광범위한 망막 색소상피의 위축으로 상염색체 우성유전 질환이다. 변시증이나 작은 중심암점을 자각한다. 시력은 다양하게 나타나며 한쪽 눈은 평생 동안 0.5 이상을 유지하는 경우가 많다. EOG 검사에서 L/D 비의 저하가 특징적 소견이며 치료법은 없고 진행 중에 맥락막 신생혈관을 합병하는 경우가 있다. 신생혈관이 중심와로부터 벗어나 있으면 레이저 광선으로 파괴할 수 있으나 대부분의 경우 중심와 부근에 신생혈관이 생기고 자연 퇴화하기도 하므로 경과를 관찰한다. 일생동안 한쪽 눈은 독서가 가능하나 급격한 시력저하나 증상이 악화되면 빨리 병원을 방문하도록 평소에 알려 놓는 것이 중요하다. 또한 EOG 검사로 이 질환의 유무를 판정할 수가 있으므로 안저 병변이 없는 가족에게도 검사를 실시한다.

▶ 저시각관리

1) 노인황반변성과는 달리 선청성 또는 어릴 때 발병하므로 일상생활에는 문제가 없으나 문자 처리에 문제가 생긴다. 확대경이나 단안경은 학교에서도 필수품이므로 맹학교, 약시 학급이나 일반 교실 담당교사와도 긴밀한 연락을 하도록 한다.

2) 환자의 호소에 대한 대응

- 눈부시다 : 추체 이상증에서는 눈부심이 강하여 눈도 뜰 수 없는 경우가 있다. 그러므로 2005년 4월부터 차광안경은 보장구로 인정되었다. 그러나 유소년기에는 괴롭힘의 대상이 되는 경우가 있으므로 모자나 선바이저 등으로 대신하기도 하고, 후에 칼라 콘택트렌즈의 착용도 고려한다.
- 보고 싶은 것을 보지 못한다 : ◦ 암점의 의식화(암점에 대해서는 상 · 하 · 좌 · 우 중에서 어느 쪽이 더 보기 쉬운가를 확인한다.)
  ◦ 중심외주시 훈련을 하는 것으로 항상 사용하고 있는 시야의 부분을 의식화한다.
  ◦ 각종 확대경(고배율), 확대독서기, typoscope, reading bar
- 문자를 읽지 못함 : ◦ 시야의 의식화(중심외주시 훈련, 안구운동 훈련)
  ◦ 암점에 대해서는 상 · 하 · 좌 · 우 중에서 어느 쪽이 더 보기 쉬운가를 확인한다.
  ◦ 가로쓰기(왼쪽에서 오른쪽으로 읽음) : 가능하면 암점의 왼쪽을 사용한다.
  ◦ 세로쓰기(오른쪽에서 왼쪽으로 읽음) : 가능하면 암점의 오른쪽을 사용한다.
- 책의 줄을 건너 띄어서 읽음 : 대면법에 의한 시야의 의식화(중심외주시 훈련, 안구운동 훈련)
  ◦ Typoscope, reading bar, 칼라 자 등 사용
- 보이지 않음(원거리) : ◦ 대면법에 의한 시야의 의식화(중심외주시 훈련, 안구 운동 훈련)
  ◦ 단안경 훈련

# J 전색맹(간체 제 1색형 색각)

상염색체 열성유전으로 그 빈도는 0.003%로 극히 드물며, 간체 기능은 정상이나 추체 기능이 불완전한 상태이다. 추체 이상증과 유사한 상태를 보이나, 정지성 질환으로 진행성인 추체 이상증과는 다르다. 추체 기능의 정도에 따라 완전형과 불완전형으로 구별되며, 안저에는 특징적인 이상 소견이 발견되지 않고 중심와나 황반 반사가 약한 정도이다. 또한 원시를 수반하는 경우가 많아 원시성 약시로 오해하는 경우가 있다. 시력은 완전형은 0.1 이하가 대부분이고, 불완전형은 0.3 ~ 0.7 정도로 눈부심, 눈떨림, 주맹 등의 증상이 보인다. 색각검사에서는 불규칙한 이상 패턴을 나타낸다.

추체계와 간체계를 분리한 ERG 검사가 중요하며, 간체 ERG는 정상이나 추체 ERG는 완전형에서는 거의 소실되고, 불완전형에서는 약간 남아있다. 이 소견은 추체 이상증에서도 마찬가지이다.

▶ 저시각관리

1) 마음의 관리

맹학교에서는 비교적 빈도가 높은 질환이다. 이 질환은 정지형으로 진행성인 추체 이상증과는 구별되며 대응 및 지원방법이 다르다. 이 질환에 걸린 어린이는 선천성이므로 한 번 획득한 생활의 기술로 한 평생 지낼 수 있으나, 추체 이상증에서는 시력저하, 시야 이상이나 야맹이 진행하므로 이에 대응하는 지원이 필요하기 때문이다. 가장 중요한 것은 보이지 않게 되는 불안 등에 대한 마음의 관리이다.

2) 환자의 호소에 대한 대응

필요하다면 원시 교정안경을 착용한다. 눈부심이나 읽고 쓰기에 관해서는 황반 이상증에서 설명한 바와 같다.

## K 백색증

백색증은 유전성 아미노산 대사 이상에 의한 눈과 피부의 멜라닌(melanin) 색소 형성 부전 증후군으로 안피부 백색증과 안백색증으로 분류한다. 황반 저형성이나 눈떨림(nystagmus) 때문에 시력은 0.2 이하이며 눈부심이 강하고, 시교차에서 반분교차가 아닌 모든 섬유가 교차한다. 즉, 오른쪽 눈의 신경섬유는 좌반구로, 왼쪽 눈의 섬유는 우반구에 투영하는 시로 이상으로 고도 근시, 고도 원시, 난시, 사시 등이 나타난다.

안피부 백색증은 tyrosinase 음성( I A형)과 tyrosinase 양성(Ⅱ형)이 가장 많고 모두 상염색체 열성유전 질환이다. I A형은 전형적인 백색증으로 강한 눈부심과 진자성 눈떨림을 나타내며, 색소결핍 소견이 가장 강하고 개선되지 않는다. 또 Ⅱ형은 tyrosinase 양성이나 불활성이다. 나이의 증가와 더불어 색소가 침착되므로 저색소의 정도는 가벼워진다. Chediak-Higashi 증후군이나 Hermansky-Pudlak 증후군은 생명 예후가 나쁘며 특히 Chediak-Higashi 증후군은 조기에 사망으로 이르는 경우도 있다.

한편, 안백색증의 대부분은 I 형(Nettleship-Fall형)으로 눈에서의 소견은 안피부 백색증과 마찬가지이다. 유전 형식은 X 염색체 반성유전 질환이며 보인자의 시력은 정상이나 홍채는 약한 정도의 저색소이고 안저에도 군데군데 약한 정도의 저색소가 보인다.

▶ 저시각관리

1) 굴절교정을 하고 확대경이나 단안경을 필요에 의하여 처방한다.
2) 눈부심에 대해서는 차광안경이 효과적이며, 시각장애자용 보장구로 인정되고 있으나 연령이나 외관상의 문제가 발생할 수 있다. 홍채가 부착된 콘택트렌즈나 칼라 콘택트렌즈의 착용을 시도하기도 하나, 보기 어렵기 때문에 콘택트렌즈 취급이 어려운 경우도 있다. 이러한 경우, 챙이 넓은 모자를 쓸 것을 권유한다.
3) 피부암의 예방을 위하여 자외선 차단이 중요하다.

## L 선천 무홍채증(aniridia)

출생 후 홍채의 발육이 매우 나빠 홍채는 우각에 흔적만 보이는 것이다. 동공이 새까맣고 최대의 산동을 한 것처럼 보인다. 일반적으로 눈부심, 눈떨림, 약시, 황반저형성, 녹내장, 백내장 등을 수반하는 경우가 많다. 눈의 생성 시기에 출현하는 PAX6, PAX2, PAX3, HESX 등의 유전자 변이가 보고되고 있다.

▶ 저시각관리

1) 굴절교정을 하며 확대경이나 단안경을 필요에 따라 처방한다.
2) 눈부심에 대한 대응 : 보장구로 차광안경의 신청이 가능하며 사용을 시도해 보지만, 연령이나 외관상의 문제로 곤란한 경우가 많다. 이러한 경우 홍채가 부착된 콘택트렌즈, 칼라 콘택트렌즈, 챙이 넓은 모자를 착용할 것을 권장한다.
3) 질환자의 20%에서 신장의 Wilms 종양 합병, 중추신경계, 골격근의 이상이 나타난다.

## M 미숙아 망막증 (retinopathy of prematruity, retrolental fibroplasia, ROP)

미숙아 망막증은 조산으로 망막혈관이 충분하게 발육되지 못한 상태로 태어나기 때문에 망막혈관이 없는 망막이 저산소 상태가 되어, 신생 혈관을 촉진하는 성장 인자가 그 망막혈관 말초부에 작용하여 증식성 변화를 일으켜 견인성 망막박리를 일으키는 질환이다. 최근 의료의 발달에 의해 저체중아라도 생존이 가능하지만 임신 32주 이하 1,000 g 이하의 초저체중아는 호흡장애 때문에 고농도 산소를 공급하는 경우가 많아서 뇌성마비와 미숙아 망막증의 발병이 문제가 된다.

▶ 저시각관리

1) 타각적 굴절검사 :
   활동기가 지나 반흔기에 이른 환자에 대응하는 검사이다(표 7-2, & 7-3). 시력 예후가 나쁜 경우는 반흔 2기부터로 알려져 있다(그림 7-13). 저시각관리의 첫걸음은 굴절교정이라는 것을 여러 번 강조해왔음에도 불구하고 대다수 미숙아의 경우 타각적 굴절 검사가 이루어지지 않고 있다.

미숙아 망막증 발병 예에서 3세 이전부터 고도 근시 등의 굴절이상아가 50% 정도 있는 것이 판명되었다. 그러나 안경을 착용하고 있는 어린이는 매우 적다. 시각적 발달에서 가장 중요한 3개월 ~ 3세 시기에 선명한 빛이 투영되지 않아 그 후의 시각발달에 매우 나쁜 영향을 미치고 있다.

2) 영유아의 경우에는 요육하는 중의 관리가 중요하므로 제 6장의 영유아의 저시각관리를 참조한다. 특히 중증 장애아나 중복 장애아의 경우에는 맹학교의 조기교육 상담(0 ~ 3세 까지의 시각장애아의 육아상담)과 연계되어야 한다.
3) 초등학교 입학 전까지는 확대경이나 단안경을 사용할 수 있도록 노력한다.
4) 입학 이전에 약시학급, 일반교실이나 맹학교의 시각장애 전문교사와 연계되도록 한다.

**[표 7-2] 미숙아 망막증의 반흔기 분류**

| | |
|---|---|
| 반흔기 | 1도 : 안저 후극에는 변화가 없고 주변부에 경도의 반흔이 있음. 시력 양호. |
| | 2도 : 안저 후극부에 견인성 변화(견인 유두, 황반 외방 편위나 색소침작)와 주변부의 선명한 반흔, 백색 증식 조직 등이 있음, 시력은 양호한 것부터 불량한 것까지 다양함. |
| | 3도 : 유두 주변으로 강한 주름을 형성함(겸상 박리). |
| | 4도 : 부분적 망막박리 |
| | 5도 : 망막전박리나 백색동공 |

**[표 7-3] 반흔기의 감별 진단**

① 가족성 삼출성 유리체 망막증 : 가족성, 미숙아는 아님, 양안성
② 색소 실조증
③ 망막아 세포종 : 미숙아가 아님, 편안성도 있음
④ 증식성 제 1차 유리체 잔류 : 미숙아가 아님, 편안성과 양안성, 소안구
⑤ 기타 : 백색 동공을 유발하는 질환

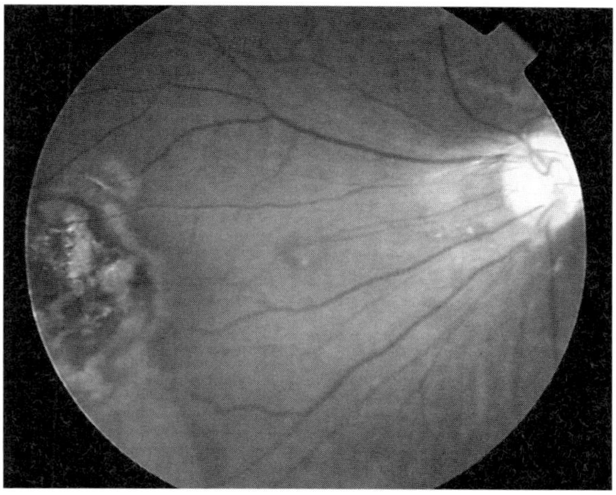

[그림 7-13] 미숙아 망막증(반흔기)

## N 시신경 위축

시신경 위축은 질환명이 아니라 시신경 질환의 최종단계에서 시신경의 창백한 상태를 나타내는 소견을 의미한다. 따라서 시력은 광각이 없는 것에서부터 1.2 정도까지 다양하다. 특히 뇌성마비 등 지적장애아(자)에서는 시신경이 창백한 사람이 많아 안이하게 시신경 위축이라는 진단이 내려지는 경향이 있으나, 그들이 일상생활을 영유하는 데는 하등의 지장이 없는 경우도 있으므로 어떤 시기능장애가 있어야 비로소 시신경 위축으로 진단해야 할 것으로 생각된다. 즉, 상세한 안과검사(시력검사, 시야검사, 색각검사, 시유발전위(VEP)검사 등)가 어려울 때에는 진단에 신중을 기하여야 한다.

시신경 위축의 '위축'이나 망막색소 변성증에서의 '변성'이라는 용어는 환자나 가족에게 주는 이미지가 강하여 병명을 듣기만 해도 충격을 받을 수 있으므로, 병명을 알려줄 때에는 그들의 심리적 배려를 충분히 하여야 할 것이다. 참고로 영문 용어에는 시신경 위축을 신경염(optics neuritis), 망막색소 변성증을 retinitis pigmentosa라 하여 염증(-itis)이라는 의미가 내포되어 있어 환자나 그 가족은 치료할 수 있는 것으로 이해하고 자연스럽게 병명을 받아들이는 경향이 있으나, '위축'이나 '변성'은 낫지 않는다는 뉘앙스가 있으므로 이러한 의미의 차이를 충분히 이해하고 대응하여야 한다.

시신경 위축은 원래의 질환과 시신경 유두의 소견에서 (1) 단성 위축(안구 뒤의 시신경염, 유전성 시신경증, 시신경 외상, 외측슬상체로부터 하위의 두개내 시로 장애) (2) 염성 위축(시신경염, 다발성 경화증 등의 탈수성 질환에 의한 시신경염, 울혈 유두) (3) 망막성 위축(망막중심동맥 폐쇄증, 망막염) (4) 녹내장성 위축으로 구분된다. 저시각관리에서 문제가 되는 유전성 시신경 유착에는 (1) 상염색체 열성 시신경 위축 (2) 상염색체 우성 시신경 위축 (3) 레버 유전성 시신경증(레베르 병) 등이 있다.

레베르 병(Lebers disease)은 비교적 젊은 남성에 많고, 양안에 급격한 시력저하가 일어나 점차 시신경이 위축되어 가는 질환으로 치료가 어렵다고 알려져 있다. 이 질환은 1988년 Wallace 등에 의하여 미토콘드리아 DNA의 돌연변이가 원인으로 밝혀졌다. 미토콘드리아는 세포의 에너지원이 되는 소기관이며 근육이나 뇌에 풍부하다. 따라서 이들로부터도 이상이 나타나는 경우도 있으며 Kearns-Sayre 증후군(망막색소 변성증, 외안근 마비, 심실블록)은 유명하다. 레베르 병의 원인 치료로는 유전자 치료를 생각할 수 있으나, 아직 실현이 어려우므로 에너지를 공급하기 위한 대사를 활성화시키는 코엔자임 Q10이나 비타민 C, 비타민 B2등이 투여되고 있다. 그러나 그것들로부터의 극적인 효과는 없으며, 알코올, 담배, 외상이나 다른 시신경염이 발병의 위험인자이므로 이런 것들을 중지 또는 제거하는 것이 중요하다. 시력은 발병 직후에는 0.1～0.2로 급격히 저하되며, 그 후에도 1～2년간은 서서히 저하하는 경우가 많다. 그리고 그 후는 다소 회복되는 경우도 있으나, 정상인과 거의 같은 일상생활을 영위할 수 있는 사람은 10% 이하에 불과하다.

미토콘드리아 DNA는 난자로부터만 이어받는 모계 유전이므로 모친은 때때로 죄책감에 힘들어 한다. 이러한 경우, 환자 본인에게는 물론 모친에 대해서도 적극적으로 심리 상담을 할 필요가 있다. 유전자 검사에 의하여 치료 후에도 예측이 가능하므로 유전자 검사는 진단상 유익하지만 가족이 생명보험에 가입할 경우에 통고 문제 등으로 심한 불이익을 입을 수 있다. 이와 같이 유전자 검사를 하는 경우 의료 측은 그 후에 환자나 가족들이 입을 가능성까지 충분히 배려하여야 한다. 단지 유전 상담만이 아니고 마음의 관리나 지원을 하는 유전 상담 및 저시각관리를 하여야 할 것이다(유전 상담에 관해서는 다른 교재를 참고하기 바란다).

▶ 저시각관리

1) 저시각관리의 소개는 확정 진단이나 유전자 검사를 한 안과 주치의가 하면 원활하게 이루어진다.

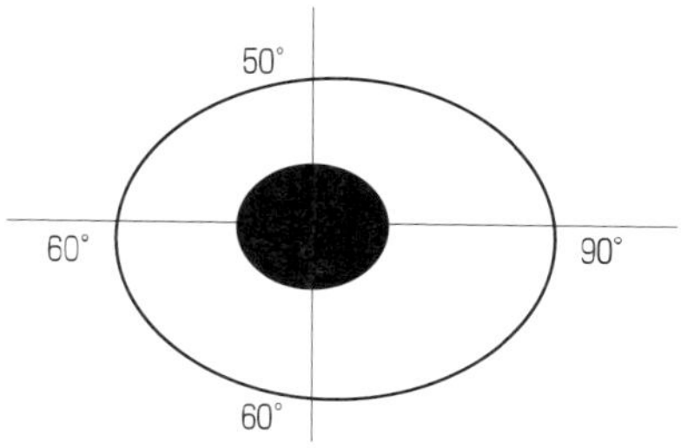


[그림 7-14] 중심암점

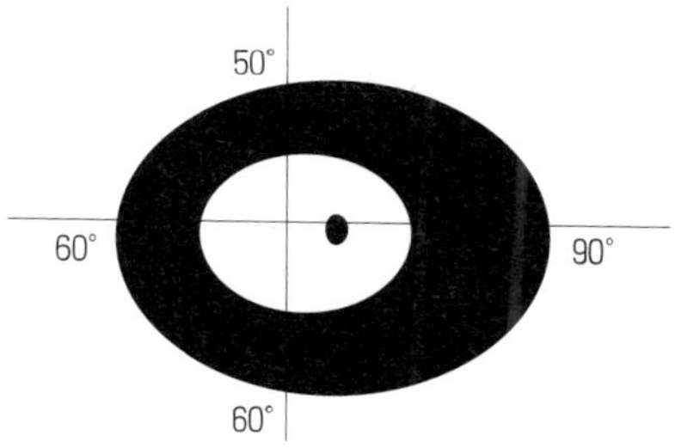


[그림 7-15] 시야협착

2) 구체적인 저시각관리는 원인 질환에 따라 다르므로 각각의 질환을 참고한다.
3) 시야이상도 원인 질환에 따라 다르나 레베르 병에서는 중심암점 때문에 문자 처리에 큰 문제가 발생한다(그림 7-14). 또한 암점의 종류(절대암점 또는 비교암점) 및 크기에 따라서 보이는 상태가 달라지므로 이에 대한 훈련이 달라진다. 호소에 대한 대응은 중심외주시가 확립되어 능숙하게 눈을 사용할 수 있으면 개선되므로 노인황반변성 등을 참고한다.
4) 시야협착의 경우, 주변시야로부터의 정보가 적어지므로 보행 등 일상생활에서 주의가 필요하다. 특히 협착이 반경 10° 이내가 되면, 문자 처리에도 매우 큰 지장이 생긴다(그림 7-15).

# O 기타

## 1 무안구 · 소안구

무안구는 임상적으로 안와 내에 안구가 보이지 않는 상태를 의미한다. 선천적인 무안구의 경우 빠른 시기에 의안을 장착하여 안와의 발달에 도움이 되도록 해야 한다. 양안 모두 무안구이면 시각으로부터의 정보를 획득할 수 없으므로 시각적 모방은 곤란하며, 이 때문에 지적 및 운동면에서도 뒤떨어지게 된다. 그러므로 청각, 촉각 등 다른 감각을 사용하여 발달을 촉진해 가는 리허빌리테이션이 중요하며 빠른 시기에 적극적으로 리허빌리테이션이나 교육관계자 등이 관계를 가질 필요가 있다.

한편, 소안구는 안구가 보통 크기 보다 작은 상태를 총칭하며 조직의 발생이나 발육 이상으로부터 발생한다. 또한 소안구는 백내장, 홍채결손, 증식성 제 1차 유리체 잔류 등 선천성 이상에 합병되는 경우가 많아 그 원인을 검색할 필요가 있다. 극도로 작으면 의안 장착의 대상이 되지만 보이는지 보이지 않는지 명확하지 않은 영유아의 경우 의안은 가족으로부터의 저항감이 강할 수 있으므로 투명 의안을 고려한다. 고도 원시가 많으며 폐쇄녹내장이 되기 쉬우므로 정기적인 안과 검진이 필요하다.

▶ 저시각관리

1) 리허빌리테이션이 중요하며 요육으로 신속하게 연계되어야 한다.
2) 안와골의 발달을 촉진시키기 위하여 조기에 의안을 고려한다.
3) 소안구의 경우, 안경이 유용할 수 있다.

## 2 수정체 위치이상

선천성 위치이상을 수정체 편위(ectopia lentis), 후천성 이상을 수정체 탈구(luxatio lentis, lens subluxation)라고 하여 구별하고 있다. 수정체가 원래의 위치보다 동공령에 있을 때는 아탈구(subluxation), 동공령보다 완전히 편위되어 있는 경우를 탈구라 한다.

원인에 따라 유전성, 외상성, 특발성의 3가지로 구분한다. 유전성의 Marfan 증후군, Weil-Marcesani 증후군, 호모시스틴뇨증 등이 잘 알려져 있으며, 중배엽 발육이상으로 진(Zinn)씨대에 발육부전이 원인이다(표 7-4). 수정체 편위가 경도이면 증상은 없으나 전방

**[표 7-4] 유전성 수정체 편위의 감별**

| 질환 | Marfan 증후군 | Weil-Marchesani 증후군 | 호모시스틴뇨증 |
|---|---|---|---|
| 유전 | 상염색체 우성 | 상염색체 우성 및 열성 | 상염색체 열성 |
| 지적장애 | 없음 | 없음 | 있음 |
| 수정체 편위 | 60~80% 상방·상외방 진행은 드믈다. | 때때로(소구상 수정체) | 90%<br>하방 진행성 |
| 골격(체형) | 긴손가락, 척추측만증 | 짧은 손가락, 키가 작은 체구 | 긴손가락, 골다공증 |
| 심혈관계 | 대동맥판폐쇄부전<br>해리성 대동맥류 | 없음 | 동정맥 혈전증 |
| 소변 | 하이드로 키시프로린 | 정상 | 호모시스틴 |

편위의 진행에 수반하여 근시가 강해지고 수정체 경사에 의한 난시가 발생하며, 그 이외에 단안성 복시 등을 볼 수 있다.

수술 대상은 (1) 전방내 (아)탈구 (2) 성숙 또는 과숙 백내장 (3) 고도의 시력 장애 (4) 수정체 편위가 심해지는 경우에는 수정체를 완전 적출한다. 그러나 유리체로 완전 탈구되면 녹내장, 안내염, 망막 부종 등이 있는 경우 이외에는 적극적인 수술 대상이 되지 않는다. 수술 후에 망막 박리 등 합병증을 일으키는 일도 있다.

▶ 저시각관리

1) 굴절교정을 우선 시도하며 소아의 경우는 약시를 예방한다.

2) 눈부심에 대하여 차광안경을 고려한다.

## 3 VDT 증후군(테크노 스트레스 안증), 조절 장애(외상성 두경부 증후군 : Muchiuchi증 포함)

V.D.T(Visual or Video Display Terminals) 작업에 의한 안정피로, 안증상, 경견완 증후군, 정신신경증을 나타내는 증후군이다. 이 경우 조명 및 채광이 특히 중요하므로 실내는 가급적 명암의 대조가 심하지 않고 눈부심이 생기지 않도록 주의하고, 화면은 500 lux 이하, 서류 및 키보드는 300 ~ 1,000 lux로 한다. 눈부심을 배려한 작업환경을 만드는 것이 중요하다. 또한 작업시간을 한 시간을 넘지 않도록 하고 10 ~ 15분의 휴식을 취하고 자세에도 주의해야 한다.

V.D.T. 작업 전용의 근근안경에 차광안경(CCP-400-AC)을 사용하면 효과적이며, 차광안경은 Muchiuchi증 등에 의한 조절장애자에게도 효과적이다.

## 4 갑자기 단안이 된 사람의 관리

선천이상으로 단안이 된 사람은 세밀한 손작업이나 보행 등도 문제없이 할 수 있으나, 교통사고 등에 의하여 갑자기 단안이 된 사람은 비록 그 눈의 시력이 양호하다고 해도 입체시를 할 수 없다. 또한 바늘에 실을 꿰거나 부엌칼을 사용할 수 없어 요리를 할 수 없고 보행도 특히 계단의 오르내림이 어려워진다. 이러한 경우 인간의 능력은 대단하여 시간이 좀 지나면 자연히 할 수 있게 되지만 장애의 초기에는 환자가 많이 당황하게 된다. 그러므로 일상생활이나 직장에서의 작업 공정을 검토하여 어려움이 발생된 상황을 훈련한다. 예를 들면 실꿰기, 구슬꿰기, 트럼프 놀이 등을 하는 것이 크게 도움이 된다.

또한 단안 백내장 수술 후 양안시를 할 수 없는 경우에 이와 같은 훈련을 하면 좋다.

# 제8장 시각장애가 있는 중복장애자에 대한 대응

## A 시각장애가 있는 지적장애아(자)

제6장의 영유아의 저시각관리에서 설명하였듯이 18세 미만의 시각장애아의 70%는 지적장애를 갖는 중복장애아이고 시각장애만의 단독장애는 30%에 불과하다. 중요한 것은 시각장애 때문에 지적장애가 생겼는지, 지적장애가 시각장애를 병발한 것인지 구별하는 것이다.

영유아의 눈이 잘 보이지 않으면 어머니의 걸어가는 모습이 보이지 않기 때문에 어떻게 흉내 내어야 일어설 수 있는지를 알 수 없고, 어머니의 입 모양이 보이지 않아 어떻게 하면 말을 할 수 있는지도 알 수 없게 되어 신체 운동 발달이나 정신 발달에 지연이 생긴다. 시각적 모방이 얼마나 중요한가는 여기에서도 알 수 있다.

따라서 시각장애를 갖고 있는 영유아가 대화, 이동, 의복의 입고 벗음, 식사, 배설 등을 스스로 해결할 수 있는지 주의깊게 관찰하는 것은 매우 중요하다. 그러나 유소아기는 시각단독장애자인지 중복장애자인지의 구별이 쉽지 않으므로 영유아의 가능성을 믿고 치료 요육하는 것이 필요하다. 의사 이외에 보모, 간호사, 이학 요법사, 작업 치료사, 언어 청각사, 임상 심리사, 교사 등과의 연계가 그 아이의 장래를 결정하는 수단이 된다.

다음에 설명할 고령 지적장애자의 저시각관리도 기본적으로는 영유아의 저시각관리와 마찬가지이므로 제 6장을 참고하기 바란다.

# 1 고령 지적장애자의 문제점

고령자의 안과 의료나 저시각관리의 중요성이 부각됨에 따라 개인 방문 간호 분야에서 큰 과제로 떠오르게 되었으며 알츠하이머(Alzheimer) 병을 위시한 노인성 치매도 문제이다.

다음은 노인 보건시설에 입소한 시각장애자의 실태조사 결과이다.

큐슈, 야나기카와 리허빌리테이션병원 병설 노인 보건시설에 장기 입소하고 있는 노인을 대상으로 2000년 7월부터 10월까지 65세 ~ 99세인 83명(남성 18명, 여성 65명)의 안과 건강검진을 실시하였다.

문진을 통하여 안과적 증상이나 전신 합병증외에 안과 진찰 상항이나 A.D.L, 치매 상황 등을 듣고, 안과검사(시력, 안위, 안구운동, 동공, 안압, 세극등 현미경, 안저 검사 등)를 실시했다.

검진 결과, 아무 이상이 없는 사람은 한 명 뿐이고, 나머지 82명(99%)에서 이상을 발견하였다. 이 중 69명(83%)은 백내장이 있고 14명(17%)은 백내장 수술 대상이 되는 사람들이었다. 또한 이미 백내장 수술을 받은 사람이 9명(11%), 망막 출혈 5명(6%, 당뇨병은 없고 원인 조사 중), 녹내장 3명(4%), 노인황반변성 3명(4%), 포도막염 1명, 개산마비 1명, 사상각막염 1명으로 나타났다. 83명 중 현재 안과 진료를 받고 있는 사람은 8명(10%)에 불과하며 대부분의 사람들이 안과 진료를 받고 있지 않았다.

치매를 갖고 있는 사람은 59명(71%)으로 나타났으며 자발적 호소가 적어 안과 진료에 시간이 걸렸다. 이 때문인지 다른 시설에서도 일손 문제나 개호 보험금 지불 문제 등으로 적극적인 안과 치료가 이루어지고 있지 않는 것이 현실이다. 따라서 어떠한 경우에 적극적으로 안과 진료를 받는가를 검토하기 위해서 입소자의 호소와 시설 직원의 이상 소견 파악을 별도로 문진하였다.

그림 8-1과 같이 증상의 호소와 이상 소견이 없었던 34명(41%)과 증상의 호소는 없고 이상 소견만을 인정한 10명(12%) 중에서 년 1회 검진하는 사람은 각각 53%, 50% 정도로 나타났다. 반면에 증상의 호소는 있으나 직원이 이상을 인정하지 않는 사람이 26명 (31%), 증상의 호소가 있고 직원도 이상을 인정한 사람은 13명(16%)이며, 각각 35%, 31%만 년 1회의 검진을 하는 것으로 나타나 각각 65%, 69%가 계속적인 안과 진료를 요하는 사람들이었다. 비록 치매를 앓고 있는 사람들의 호소라 할지라도 진지하게 받아들이고 직원이 이상 소견을

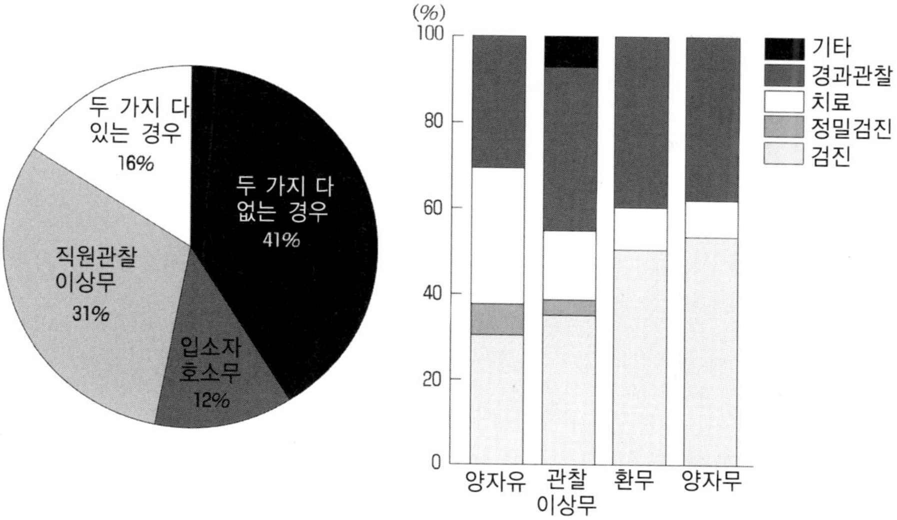


**[그림 8-1] 증상의 호소 및 소견의 파악과 검진 결과**

정확하게 파악할 수 있으면 조기에 안질환을 발견할 가능성이 있음을 알 수 있다.

이와 같이, 노인 보건시설이나 노인 홈의 저시각관리를 포함한 안과 의료는 불충분하다. 이들 시설에서는 아직 백내장을 주된 시력장애의 원인 질환으로 인식하고 있으므로 안과 의료의 혜택을 주어야 할 것이다. 최근 시력장애자의 원인 질환으로 백내장의 감소는 안과 수준의 향상과 더불어 급속히 이루어지고 있으나 안과 진료의 기회가 적은 노인 보호시설이나 노인 홈 등에서는 아직도 백내장이 문제가 되는 것을 재인식해야 할 것으로 생각된다. 그렇게 하기 위해서는 장애자가 표현하는 호소를 함께 느낄 수 있는 감성을 갖는 것이 중요하고, 수술 대상은 정상인과 동일하게 생각하여 일상생활에 지장이 있으면 백내장 수술을 하도록 노력할 필요가 있다. 지적장애자의 경우 대부분은 교정안경을 사용하지 못하지만 처음부터 불가능하다고 포기할 것이 아니라 굴절교정의 시도는 해 보아야 할 것이다.

이상과 같이 영유아를 비롯한 지적장애자에 대한 안과 의료의 확립과 추진이 시급한 상항이나 이것을 책임지는 병원이나 시설이 적고 저시각관리를 하고 있는 곳은 매우 드물다.

## B 시각장애가 있는 지체부자유아(자)

지체부자유자의 저시각관리에서 우선 문제가 되는 것은 안경의 착용이다. 혼자서 안경을 착용하거나 벗을 수가 없으므로 시각장애가 없는 중 · 고령의 지체부자유자는 가급적 하나의 안경으로 해결하는 것이 중요하다. 원 · 근 양용 안경 특히 누진다초점 렌즈가 좋으나 정상인도 40세가 넘으면 빠른 시기에 이 안경을 사용하기 시작하지 않으면 적응하기 어려우므로 사용 불가능한 경우에는 이중초점렌즈 안경을 사용한다. 물론, 백내장 수술 후라도 원용 콘택트렌즈를 사용할 경우에는 근용안경이 필요하다.

또한 콘택트렌즈를 사용하지 않을 때에는 원용 및 근용의 두 개의 안경이 필요하지만 바꾸어 사용하는 것이 귀찮기 때문에 선천 백내장 수술 후에는 대개의 경우 근거리와 원거리가 적당히 보이는 안경(콘택트렌즈) 하나로 해결하는 경우가 많다. 두 개의 안경을 바꾸어 사용하는 것은 정상인에게도 귀찮은 일일 수 있는데 지체부자유자에게는 더 큰일이다. 이와 같이 교정을 하면 시력이 나오는 사람이라고 하더라도 많은 문제를 안고 있다. 하물며 확대경이나 단안경 등의 광학적 보조기구가 필요한 지체부자유에 저시각인 사람은 그 사용이 어렵다. 그러므로 가까운 것을 볼 때에는 시트(sheet)식 확대경이 이상적이나 저배율 밖에 없

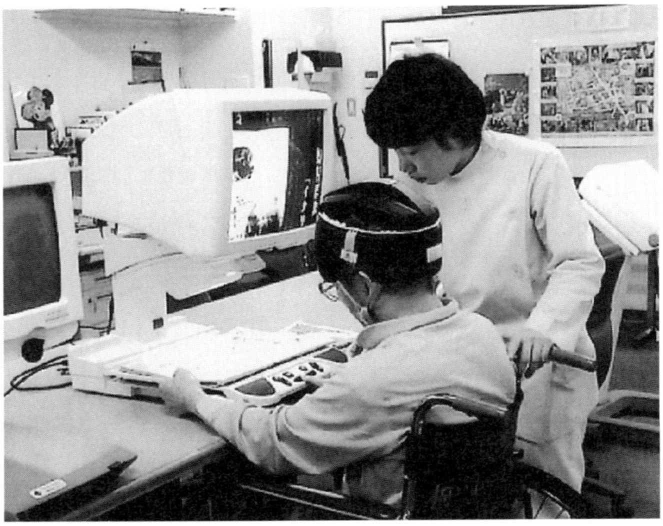

[그림 8-2] 확대독서기의 사용 훈련

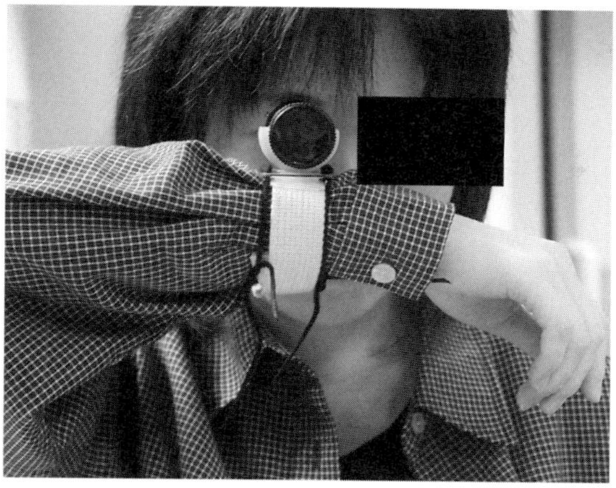

[그림 8-3] 단안경의 연구

으므로, 고배율이 필요하면 놓고 사용하는 형식의 확대경을 권하고는 있으나 이것도 확대경을 움직일 필요가 있으므로 매우 어렵다. 이런 점에서는 확대독서기가 편리하지만 고배율이 될수록 조작이 복잡해진다. 지체부자유자에 있어서는 가능하면 단순한 동작으로 끝내는 것이 중요하다.

뇌간 경색 후유증(체간 실조 truncal ataxia, 사지 운동 실조 limb ataxia, 구음 장애, 양안 동안신경마비, 양안 백내장 등) 때문에 확대경을 고정할 수 없는 사례에서는 가까이에서 조작이 가능한 확대독서기를 사용하여 작업 치료사와 공동 훈련으로 독서가 가능하게 된 예도 있다(그림 8-2). 뇌성마비와 왼쪽 편마비가 있는 사람에게도 확대독서기의 사용을 권하고 사용 훈련을 하고 있다.

또한 원거리용 보조기구는 더 사용하기 어렵다. 원용 고정식의 약시안경은 무겁고 사용하기 힘들기 때문에 팔에 고정시킬 수 있는 단안경을 시험적으로 만들어 사용 훈련을 하고 있다(그림 8-3).

## C 맹농자의 저시각관리

시각과 청각의 중복장애를 맹농이라 하고 그 장애 정도에 따라 ① 전맹농 ② 약시농 ③ 전맹 난청 ④ 약시 난청의 4가지로 대별되고, 장애받은 시기와 순서에 따라서 조기와 중도

[표 8-1] 맹농의 장애 정도 분류

| | 전맹(전혀 안보임) | 약시(약간보임) |
|---|---|---|
| 농(전혀 안들림) | 전맹농 | 약시농 |
| 난청(조금은 들림) | 전맹 난청 | 약시 난청 |

[표 8-2] 맹농의 발생 시기, 순서별 분류

| | 조기 시각장애 | 중도 시각장애 |
|---|---|---|
| 조기 청각장애 | 조기 시각장애, 조기 청각장애 | 중도 시각장애, 조기 청각장애 |
| 중도 청각장애 | 조기 시각장애, 중도 청각장애 | 중도 시각장애, 중도 청각장애 |

장애로 구분한다(표 8-1 및 2). 이들 맹농자는 중복장애 때문에 대사소통이 매우 어렵고 일상생활에서도 극도의 지장이 생기는 경우가 많다. 맹농자의 수는 정확하게는 파악되어 있지 않았으나 미국에서는 10,000명, 스웨덴은 1,200명으로 시각장애자와 청각장애자를 합한 수 전체의 12%에 해당하며 그 중 50%는 저시각자와 난청자이다.

전국 맹농자 협회에 의하면 일본의 맹농자 수는 2001년 3월 말 현재 13,000명으로 추정하고 있으나 실제로 협회에 등록되어 있는 맹농자 수는 680명에 불과하다. 이것은 현행 신체장애자 수첩제도가 시각장애나 청각장애와 같은 단독장애를 중심으로 되어 있고 중복장애에 대해서는 이해가 부족하기 때문에 그 실태 파악이 곤란하기 때문이다.

또한 단독장애에 다른 장애가 가해져 중복장애가 생긴 경우에, 다시 한 번 장애를 인정받더라도 별 이점이 없다는 잘못된 생각을 하고 있는 사람이 많으며, 실제로 세금 등의 공적 서비스는 어떠한 장애든지 동일한 서비스를 받고 있다. 그러나 시각장애자용의 보조기구나 일상생활 용품의 지급은 시각장애의 인정이 조건이며 보청기 등도 청각장애의 인정이 없으면 지급되지 않는다. 이와 같이 간단한 제도의 인식조차 부족한 것이 현실이다. 특히 1, 2급과 같은 중도 장애자에서는 이 제도를 오해하고 있는 사람이 많기 때문에 다른 장애가 가해져도 신체장애자 수첩을 재교부 받는 사람이 적으며 일상생활에서 많은 어려움을 겪고 있다.

맹농자의 경우 일상생활 용품의 지급에는 '시각장애 및 청각장애의 중도 장애자(원칙적으로 시각장애 2급 이상, 그리고 청각장애 2급 이상)의 신체장애자로 필요하다고 인정되는 자'에 대하여 점자 디스플레이(그림 4-10)를 지급을 받을 수 있게 되어 있다. 또한 특별 장애자 수당금은 양안 시력 0.04 이하로 양쪽 귀의 청력이 100 db 이상인 경우에만 지급된다.

아쉽게도 시야장애 2급은 지급대상이 되지 않는다.

1997년에 실시한 북큐슈 시내 19개 병원 안과에서의 시각장애 실태조사에서도 11명(2%)이 눈과 귀가 불편하다고 호소하였으며 그 중 7명(64%)이 70세 이상의 고령자였다. 중도 실명자가 대부분이었으며 86%가 일상생활에서 불편감을 느끼고 있어 고령화가 급속히 진행되는 일본에서는 장래 큰 문제가 된다는 것을 지적했다.

맹농자에 관한 보고는 의료분야의 이비인후과 영역에서 체외형 인공 후두나 인공 내이에 관한 보고가 있으나, 안과영역에서는 거의 보고된 바가 거의 없다. 한편 교육분야에서는 주로 아셔만(Asherman)증후군에 대하여 많은 보고가 있고 복지 분야에서도 때때로 보고되고 있는 정도이다. 이들 보고에서는 어두운 곳에서 회중전등의 사용법이나 조명법을 연구하거나, 눈부심에 대해서는 차광안경을 사용할 것을 권하고 있고, 수화나 구화에서는 높은 대비감도의 복장이나 립스틱 등에 대해서 배려하는 것이 거론되고 있다. 특히 의사소통 장애에서 생기는 문제가 중요하여 시각장애 담당자와 청각장애 담당자가 유기적으로 연계해 갈 필요가 있음을 제안하고 있다.

맹농자의 의사소통 수단은 15개 정도 있다고 알려져 있으나 일반적으로 사용되고 있는 것은 손가락 문자(finger spelling), 수화(sign language), 손바닥에 손으로 쓴 문자(print on palm), 점자(braille : 손가락 점자 포함) 등이 있다. 어느 방법을 사용하는 가는 발생 시기나 순서에 따라 다르고 또 장애의 정도에 따라서 달라진다. 그러나 어느 경우라도 의사소통이 문제가 되고, 진료나 훈련 중에도 의사소통이 잘 이루어지지 않거나 일상생활에서 타인과의 교류가 소원해져 성격이 비뚤어지기 쉬운 특징을 가지고 있다. 따라서 자기의 시각 특히 시야에 대하여 다른 사람과 비교하는 경우가 거의 없기 때문에 자신의 시야가 다른 모든 사람과 같은 정도라고 잘못 인식하고 있는 경우가 많다.

시야협착이 반경 10° 이내가 되면, 일상생활에서나 의사소통에 장애가 발생하지만 환자 자신은 문제가 없다고 굳게 믿고 있는 경우가 많다.

저시각관리 초기에는 이와 같은 오해가 있는 것조차 파악하지 못하여, 요구의 파악과 관리 목적에 대한 이해 부족으로 두 배 이상의 노력을 해도 관리 자체가 불충분하게 되는 경우가 있었다. 따라서 최근에는 컴퓨터를 사용한 의사소통을 하고 있다(그림 8-4). 화면을 백흑반전시켜 약 40 point의 백색 문자를 사용한다. 수화 등보다 더 빠르고 정확하게 전달되며 그것을 인쇄하면 환자나 훈련사의 기록으로 보관할 수 있으므로 매우 유용하다. 그러나 이러한 방법으로 저시각관리에 대한 신뢰를 얻는데 시간이 필요하고, 이 방법도 사용하

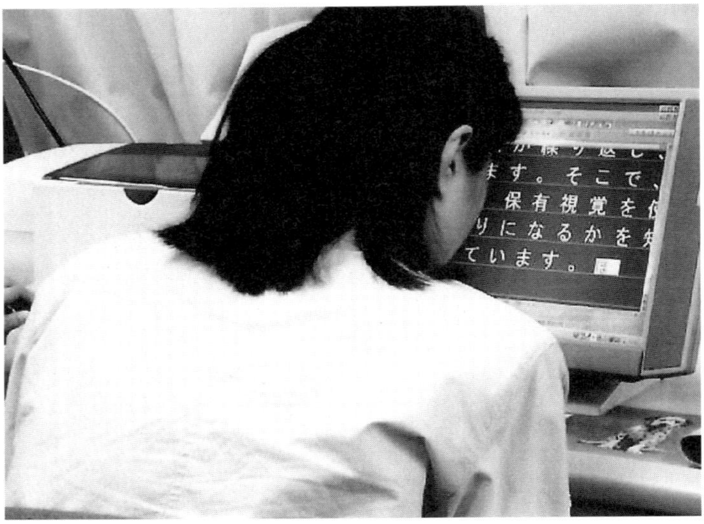


[그림 8-4] 컴퓨터에 의한 의사소통

지 못하면 어쩌나 하는 불안은 시각장애자보다 맹농자가 더 강하므로 시각이 더 나빠지더라도 사용할 수 있는 점자 등을 자연스럽게 알려주는 것이 중요하다.

보행훈련에서도 청각장애 때문에 정보를 거의 얻을 수 없다. 예를 들면 차 소리가 들리지 않으므로 보다 안전한 방법이 요구되며 현재의 시각장애보다 악화될 것을 예상하여 지도한다. 즉, 현재의 상태보다 시각정보량이 적어진 상황에서도 대응할 수 있도록 백색 지팡이에 의한 도로변의 턱이나 점자 블록 등의 촉·시각을 철저하게 훈련시키고, 야간보행 때에는 회중전등 반사광의 이용법을 충분히 지도한다.

대부분은 유소아 때부터 보호자에 대한 의존도가 높고 과보호되어 특히 어머니와의 연결은 매우 강하나, 다른 형제와는 반드시 친밀한 것은 아니기 때문에 타인이 그 관계 속으로 들어가는 것을 거부하는 경우도 있다. 그러므로 저시각 클리닉의 진료를 받는 것이 자발적이지 못하고 수동적인 경우가 많다. 예를 들면 지원단체나 학교(농학교)로부터의 소개나 다른 이유로 안과에서 진찰을 받은 후 저시각관리의 대상이 되기도 한다. 따라서 그들의 가정환경을 이해하여야만 정말로 도움이 되는 관리는 할 수 있으므로 때로는 어머니와 대립하는 자세도 필요하다. 아이가 자립하고자 노력하고 있는 모습을 보면 가족에 대한 일시적인 결례는 허용될 수 있을 것으로 생각한다.

안과의사 및 훈련사들은 정열을 갖고 진심으로 장래의 자립을 지향하여 관리하고 있는가를 끊임없이 시험받고 있다. 신뢰를 얻으려면 시간이 걸리지만 한번 신뢰를 받으면 가속도

[그림 8-5] 보행 훈련(수화 통역자와 함께)

적으로 관리를 할 수 있다(그림 8-5). 이와 같이 시간을 들여 의사소통을 시도하는 것이 매우 중요하며 맹농자에 대한 저시각관리 성공 여부의 열쇄가 된다. 그리고 이것이 본인이나 가족을 위한 마음의 관리가 되어 효과적인 보행이나 일생생활 훈련으로 이어져 나갈 것을 확신한다.

맹농자 특히 청각장애자가 시각장애까지 갖는다는 것은 수화 등의 의사소통 수단이 단절된 것을 의미한다. 따라서 병명이나 실명을 알려 줄 때에는 충분한 배려가 필요하다. 안과에서는 청각장애자에게 망막색소변성이 발생하는 사례를 자주 만나지만, 그들의 고뇌는 짐작할 수도 없고 그들이 우울상태로 빠져드는 것을 쉽게 추측할 수 있다. 그러므로 건강한 눈을 가진 사람들은 맹농의 체험을 통하여 의사소통 장애가 어떠한 것인지를 알아둘 필요가 있다.

## D 뇌경색 · 종양 환자(반맹 및 반측 공간무시)의 저시각관리

반맹, 특히 좌측 동명성 반맹은 시교차 이후의 시로장애로 생기며 책읽기, 보행, 식사 등의 일상생활에 지장을 받는다. 원인은 뇌경색, 뇌종양 등으로 이학요법사, 작업치료사 등에 의한 리허빌리테이션이 이루어지고 있으며 안과 의료가 이 영역의 리허빌리테이션에 관여하는 경우는 거의 없다. 필자 등은 '보유시야의 자각'에 기초한 안구운동 훈련을 반맹이나 반측 공간무시 환자에 대해서도 시행하여 효과를 보았던 경우가 있다. 좌측 동명성 반맹에서는 문장 줄의 시작이나 문장의 첫머리를 알지 못하여 읽을 수는 있지만 문맥이 통하지 않는 경우가 많다. 또한 보행 중 왼쪽에 있는 것에 자주 부딪치는데 이 때에는 우선 보유시야를 자각하는 것부터 훈련을 시작한다. 왼쪽 시야가 보이지 않는 것을 인식하여 눈을 왼쪽으로 움직이는 습관을 키우는 훈련이다. 이 훈련 방법의 상세한 설명은 「제4장 시야 확대를 위한 안구운동 훈련」을 참조한다.

예를 들면 후두엽 신경 교종술 후의 좌측 동명성 반맹 환자의 보유시야 자극을 촉진시킨 후, 안구운동 훈련이나 읽기 훈련을 시행한 결과 읽기 속도는 유의한 수준으로 빨라지고, 안구운동 소프트웨어나 Argue test(sport vision에서 사용하는 눈과 손의 동시 반응 기능 검사)에서도 개선을 보여 일상 업무에 복귀할 수 있었다. 또한 좌 반측 공간무시를 동반하는 좌측 동명성 반맹 환자에게도 같은 훈련 외에도 일상생활에서의 눈 움직이는 방법을 적극적으로 훈련한 결과, 읽기는 물론이고 보행 등의 일상생활을 거의 지장없이 할 수 있게 되었다. 근방시에서는 눈의 움직임이 크고 원방시에서는 눈의 움직임이 작은 것을 이해시키는 것이 성공의 열쇄이다.

이러한 고차 뇌기능 장애의 사례에서, 어느 정도 앞에서 설명한 이학요법, 작업요법, 언어 청각요법 등의 리허빌리테이션이 끝난 경우에는 적극적으로 일상생활에 복귀한다. 특히 맹학교 등의 규칙바른 생활이나 반복학습이 효과적이었던 사례도 있다. 일본의 고도 뇌기능 장애의 리허빌리테이션은 이제 막 시작되었을 뿐이다. 리허빌리테이션 직원 등과 협력하면 좀 더 효과적인 저시각관리가 될 것이라는 생각에서 방법을 모색하고 있다.

# 제9장 간호 · 개호에서 필요한 지원에 대한 연구

## A 저시각관리에서의 간호의 역할

시각장애가 있다는 것은 빛을 잃은 것 뿐 아니라 지금까지 쌓아 올린 경험, 직업, 즐거움, 장래에 대한 보장 등 자신 속에 쌓아올린 큰 부분이 무너져 내리는 것을 의미한다. 환자는 물론이고 주위의 사람들까지 이제부터 할 수 없게 된 일을 생각하게 된다. 그것이 사회적인 역할이나 가족의 중심적인 역할을 책임지고 있다면 문제는 심각하다. 그리고 정도의 차이는 있지만, 불안한 생활을 강요할 뿐 아니라 새로운 생활 = 사는 방법을 재구축할 필요성에 쫓기게 된다.

시각장애자에게 일어나기 쉬운 문제로 다음을 들 수 있다.

① 위험물을 알지 못하므로 발생하는 사고
② 일상생활의 불편함에서 오는 생활의 불활성화
③ 정보의 획득과 활용의 곤란
④ 이동 곤란
⑤ 가정이나 사회에서의 역할 수행 곤란
⑥ 경제 능력이 불안정
⑦ 대인관계가 원만하지 못함
⑧ 사회적 혜택의 기회가 제한 당함
⑨ 성장 발달 지연의 위험성

⑩ 불안, 공포감, 고독감, 절망감 등의 심적 고통

⑪ 가족에 대한 죄책감

⑫ 다른 사람에게 강하게 의존

이들 문제들은 몇 가지가 복잡하게 얽혀 나타난다.

저시각관리는 물론이고, 건강이라는 것은 '가질 수 있는 힘을 충분히 활용할 수 있는 상태'이며 간호라는 것은 '모든 장면에서 환자가 가질 수 있는 힘에 작용하여 그 힘을 이끌어 내고 강하게 만들어 나가는 것'이다. 다시 말하면, '사람들이 건강한 생활을 영위하여 사람답게 사는 것을 지원하는 것'이다.

이것을 기초로 하여, 저시각관리에 있어서 간호의 역할은 시각장애에 따르는 불안이나 고통을 이해하고 환자가 새로운 생활을 받아들여 자신에게 적합한 생활을 연구할 수 있고 사람답게 빛내며 살아가는 것을 지원하는 것이다. 따라서 외래나 입원을 불문하고 환자나 그 가족들과 만날 기회가 많고 관계를 갖기 쉬운 입장에 있는 간호사 및 개호자는 병환의 경과, 현재 시기능의 정도, 장애에 대한 반응 등에 더하여 가족의 생각 등을 파악하여 환자가 장애를 갖고 있으면서도 자신의 생활에 잘 적응할 수 있도록 지원을 하여야 한다. 다시 말하면, 그 사람이 시각장애를 갖고 있어도 갖고 있는 힘을 충분히 발휘할 수 있고, 삶의 질의 향상을 위하여 자신다운 생활을 할 수 있도록 지원할 역할을 책임지고 있는 것이다.

## B 시각장애자에 대한 지원의 기본

### 1 장애실태 파악

간호의 실천은 간호자의 관찰 능력과 정보수집 능력에 좌우된다고 하여도 과언이 아니다. 특히 저시각자의 보이는 상태는 외관상으로 구별할 수 없으므로, 대상을 어떻게 잡느냐가 간호의 질에 영향을 미치게 된다.

## 1 질환 및 장애의 경과 파악

장애가 사고 등에 의하여 돌연 발생한 것인지 또는 질환의 진행과 더불어 서서히 나타난 것인지에 따라 장애의 수용 및 대응하는 자세가 달라진다. 구체적으로 말하면, 사고의 책임이 자신에 의한 것인지 다른 사람에 의한 것인지에 의해서도 수용하는 태도에 차이가 있다. 질환에 의한 경우라도 급격히 시력을 잃은 사람, 질환의 진행과 더불어 서서히 저하해가는 사람과 같이 다양해서 그 일이 시각만이 아니고 그 사람의 생활이나 사는 방법, 가치관에까지 영향을 미친다. 따라서 장애가 된 원인 및 경과는 간호를 전개할 때 중요한 정보가 된다.

## 2 시기능의 정도 파악

검사결과의 수치가 같다 하더라도 보이는 상태는 사람마다 다르다. 그러므로 말로는 잘 표현하지 못하는 환자라 하더라도 평소의 행동, 예를 들면 '손으로 더듬어서 컵을 찾았다', '방의 입구 근처까지는 보이는 것 같다', '이 정도 거리이면 알 수 있을 것 같다' 등 실제 시기능의 관찰이 중요하다.

또한 훈련실에서 할 수 있는 활동을 매일 매일의 생활 행동에서 시키거나, '하고 있는 활동(실제 병동에서 생활하고 있는 행동)'을 늘리거나 하려면 '할 수 있는 활동'과 '하고 있는 활동'에 어긋남이 없는지를 관찰 · 평가할 필요가 있다. 훈련실에서는 저렇게 열심히 '할 수 있는' 데 병실에서는 '왜 하고 있지 않나' 든가, 또는 그 반대를 평가한다.

간호의 역할은 그 정보를 의사나 다른 직종의 사람에게 제공하여 '할 수 있는 활동'과 '하고 있는 활동'을 늘리는 데 일익을 담당하는 것이다.

## 3 장애에 대한 반응의 파악

환자는 어떤 사실을 좋은 쪽으로 받아들이는 사람 또는 나쁜 쪽으로 받아들이는 사람 등 다양하다. 앞으로 저시각관리를 진행시키는 데 있어 장애를 어떻게 수용하여 어떻게 생각하는가를 확인하는 것이 중요하다. 그러나 실제 의사에게는 그것을 파악할 시간적인 여유가 없다. 그러므로 이것도 간호사의 역할이다.

### ▶ 사망선고와 같은 정도의 충격을 받는 사람

시각은 다른 감각으로부터의 정보를 통일하여 인식하는 역할을 하고 있기 때문에 시각을 갑자기 잃어버리면 정보가 분산되어 심리적으로 불안정하게 된다고 알려져 있다. 또한 시각의 상실은 죽음을 의미하는 것으로 본인의 의식 유무에 관계없이 지금까지의 생활에서 획득한 자기의 상에 대한 타격일 뿐 아니라 인간의 존재 그 자체에 대한 타격이 된다. 서서히 실명의 위기상태에 있는 사람은, 문자의 읽고 쓰기나 보행은 어떻게 할까, 직업은 어떻게 될까? 등 앞날이 불안해져서 '차라리 죽어버리고 싶다'라고 한 번은 즉음을 의식한다고 한다.

죽음을 생각하는 동기에 대하여 가장 많은 것은 '직업이나 생활이 곤란하게 되었을 때'이며, 다음으로는 '질환이 진행할 때', '장애가 나타날 때', '보이지 않게 되었을 때'의 순으로 된다. 따라서 현재가 어느 단계인지를 평가해야 한다.

### ▶ 장애자라는 말에 저항이 있는 사람

연금을 받을 수 있는 데 그 수속을 하지 않는 것은 '장애자'라는 말을 받아들이지 못하기 때문이라고 말하는 사람들이 있다. 또한 자기 아이가 괴롭힘을 당하지나 않을까?하여 흰 지팡이를 사용하여 걷는 것을 몇 년간이나 주저하는 사람도 있고, 자기 눈의 상태를 가족이나 동료들에게도 말하지 못하고 혼자서 견디는 사람도 있다.

신체장애자 수첩의 교부를 받는 것에 강한 저항이 있는 사람도 적지 않다.

### ▶ 괴로움을 받아들여 주었으면 하는 사람

의사로부터 실명이나 시력저하가 선고된 경우 '이제 살 수 있는 힘도 없다'거나 '이제 더 이상은 견디기 어렵다'는 사람이 있다. 그러나 이 말은 단순히 절망을 의미하는 것이 아니고, 실제로는 어찌할 바를 몰라 '좀 더 이야기를 들어 주었으면, 이 괴로운 마음을 알아주었으면'하고 생각하는 마음의 표현으로 받아들여진다.

간호사는 생활의 지원를 통하여 여러 측면(하루의 생활 태도, 환자 상호간의 대화, 가족과의 대화 등)에서 환자의 표정이나 태도(손으로 책상 모서리나 양복 자락을 만지거나 머리를 만지거나, 시선이 분명치 않거나, 침착하지 못하거나 등)를 관찰하고 지금 어느 시기에 있는지를 평가하여 실천으로 연결지을 필요가 있다. 평소 환자의 상태를 잘 알고 있는 간호사만이 알 수 있는 반응이다.

## 2 마음 속까지 이야기 할 수 있는 환경 제공

생활의 재구축을 지향하는 요소는 '사람과의 어울림을 즐길 수 있느냐' 또는 '가족의 역할 · 거리, 생활의 보장, 직장에서의 인간관계' 등에 좌우된다.

간호사 및 개호자는 질환과 관계되어 있는 것이 아니고 병을 앓고 있는 사람 즉, 사람을 대하고 있다는 것을 항상 마음에 새겨두어야 한다. 그러므로 불안이나 고통을 이해하도록 노력하며 안전과 안락을 생각하고 '할 수 있는 행동'과 '하고 있는 행동'을 눈여겨 본 위에 일상생활을 위한 도움을 준다. 어떤 환자를 병동 간호사, 외래 간호사, 사회복지사, 내과의사 등이 연계하여 담당하였으나 형편없는 생활이 계속되었다. 사례 검토를 하는 중에, 이 환자의 생활 실태를 알고 난 뒤에 그의 생활이나 살림살이와 연결하지 않았다는 반성의 소리가 들려왔다.

또한 간호를 필요로 하는 요구나 문제가 되는 상황이 있더라도, 본래 그 사람 자신이 그 요구를 충족시키고 해결하는 또는 해결하고자 하는 힘이 있는 법이다. 거기에 더하여 그 힘을 이끌어 내는 지원, 또는 관계가짐이 요구된다.

그러므로 의식적으로 마음속을 이야기 할 수 있는 환경 및 시간을 만들어 상담이나 코칭 기술을 구사하여 마음속을 이끌어 내도록 하여야 한다. 그러나 환자가 억지로 이야기 해 볼까?하는 기분이 들더라도 '간호사가 바쁜 것 같아 말을 건네기가 어렵다'는 것이 현실이다. 따라서 간호 및 개호자는 계획을 세울 때 미리 그 시간을 만들어서 환자의 이야기를 경청하는 자세를 갖도록해야 하며, 잠깐 옆에 앉아 같은 눈높이로 이야기 할 수 있는 환경을 반드시 만들어야 한다. 그렇게 하기 위해서는 우선 상담실을 만들어야 하고, 거기서는 항상 '환자의 생활 속에 간호가 있다'는 것을 잊어서는 안된다.

[사 례]

독실에 입원 중인 환자의 손가락 밑이 더러워져 있는 것을 발견한 간호사는 그 환자가 잘 보지 못하는 것 같아 '손 끝이 더러워졌네요. 씻어 드릴까요' 하고 손씻기를 권하였다. 손을 씻은 후, 이제까지는 자신이 혼자 해왔음에도 '손톱을 깎아 달라'고 손을 내밀었다. 간호사는 '자립에 방해가 되지 않을까?'라고 생각을 했지만, 거절할 수가 없어 손톱을 깎아주었다. 그 후 그 환자는 '혼자 지내니 쓸쓸하다'는 등 마음속을 터서 이야기 하게 되었다. 즉, 이

'손톱을 깎아 달라'는 손톱을 깎는 것이 목적이 아니고 '당신이라면 내 마음속을 터 놓을 수 있다'는 생각의 표현이라고 받아 들일 수 있다.

이 사례로부터 알 수 있듯이, 환자의 말에 얽매이지 말고 환자의 진실한 요구가 무엇인가를 추구하는 자세가 필요하다.

간호라는 것은, 그 사람의 '마음을 움직이게 하는' 활동이다. 이야기를 듣는다는 것은 이야기를 기다리기만 해서 되는 것이 아니고 '이야기를 해 볼까'라는 생각이 들게하는 환경(물적 및 인적)을 만드는 것이다.

## 3 동일한 병을 앓는 사람과의 만남 제공

동일한 병을 앓는 사람에게 '언제든지 상의하라'라는 말을 듣거나 이야기를 들어주는 곳이 있으면, 어떠한 약 보다도 기분이 편해질 것이다. 또한 저시각자의 교류회는 사기가 떨어진 심리상태를 개선하면 생활의 질을 높일 수 있다고 보고하고 있다.

동일한 병을 앓는 환자들끼리의 동아리나 관계기관, 단체 등과의 연계는 간호자로서 할 수 없는 면의 follow-up을 기대할 수 있다. 특히 시각장애자에 대해서는 관계자의 역할 분담과 연계가 장애의 수용이나 자립에 관계하는 것이라 할 수 있다.

## 4 변화가 있는 생활 제공

간호라는 것은 사람이 원래 갖고 있는 힘을 이끌어 내어 그 사람답게 사는 것을 지원하는 것이다. 그 사람이 원래 갖고 있는 힘을 이끌어 내려면 환경을 바꾸어 보는 것도 효과가 있다. '변화는 회복의 수단이다'라고 하듯이 변화가 있는 생활의 중요성이 지적되고 있다.

'변화가 환자의 생명에 활력, 기쁨, 즐거움도 준다'라는 생각으로 생활에 변화를 주는 것이 회복과정을 돕는 요인이 된다는 사고에 주목해야 한다. 그러나 시각에 장애가 있는 경우는 스스로 변화를 만드는 것이 어렵다.

따라서 간호 및 개호자가 '환자의 생활에 변화를 만든다는 것', '환자의 레크리에이션 활동을 돕는 것'이 그들의 업무에 속한다는 것을 의식해야 한다. 변화는 크지 않아도 된다. 예를 들면 '꽃으로 장식한다', '외부의 경치를 이야기 한다' 등 작은 것이라도 좋다. 변화가 있는 생활을 의식하여 제공하는 것 그것이 모든 간호의 기본이며, 저시각관리의 첫 걸음이라 할 수 있다.

### 5 보건 의료 복지팀과의 연계 및 조정

치료적 환경을 정돈할 때는 의료관계자가 일치 단결하여 같은 방향을 향하여 나가는 것이 중요하다. 그를 위해서는 간호 및 개호자가 가지고 있는 정보를 제공하고 팀 전체가 원만하게 기능할 수 있도록 연계 및 정적 역할을 책임져야 할 것이다.

- 할 수 있는 활동(훈련 및 평가시의 능력)(이학요법사, 작업치료사, 언어청각사)을 알고
- 하고 있는 활동(실생활에 있어서의 실행 상황)(간호 및 개호)을 살린다.

이들의 활동이 연계에 의하여 장래의 실생활에서 '하는 활동'의 내용을 제공하는 것도 중요한 간호의 역할이다.

## C 병원 외래에 있어서의 과제와 지원

환자가 외래 간호사에게 요구하고 있는 것은, '안심할 수 있도록 해 달라', '공감해 주었으면…', '말을 걸어 주었으면…', '요양 의욕을 높혀 주었으면…', '지식이나 기술 등을 제공해 주었으면…' 등이며 저시각자에 대해서도 마찬가지라 할 수 있다.

즉, 저시각관리는 특별한 관리가 아니라는 것이다.

### 1 대합실의 환경 및 대합실에서의 지원

#### 1 문자 인식의 불편함에 대한 지원

시각장애자가 불편을 느끼고 있는 것은, 가장 많은 것이 병원 진찰이나 검사를 위한 서류의 기재이다. 다음으로 많은 것은 약이나 계산의 번호 표시, 진료과의 장소 표시, 목적지로

의 이동, 처방전의 번호 표시, 창구로의 이동 등이다.

다음에 구체적인 내용을 열거하면,

- 접수표나 문진표 등 스스로 기입해야 할 서류는 문자가 작고 기입란도 작아 기재할 수가 없다.
- 컴퓨터식 접수기의 화면 표시는 액정으로 되어 있으므로 표시가 보이지 않는다.
- 병원에서 진료할 과명, 장소 표시나 안내 표시가 보이지 않으므로 목적지로의 이동이 불편하다.
- 게시물의 내용을 알 수 없어 예약 진료일을 잘못아는 등 정보 입수가 불편하다.
- 계산이나 약타는 순서의 전광판 번호는 표시 위치도 높고 문자가 작기 때문에 보기 어렵다.

저시각자는 특히 문자 인식에 불편을 느끼고 있는 것을 알 수 있다. 따라서 인적 서비스(대독, 대필, 안내 유도 등)나 환경(음성 어나운스, 밝은 조명 등)의 정비 등, 문자 처리의 불편함을 경감시키는 도움이 필요하다.

또한 주의사항 등의 게시물에 관해서는 '게시하였으니 읽었겠지'라고 생각하지 말고 구두로 전달하도록 하는 것이 중요하다.

## 2 긴장한 환자를 부드럽게 풀어주는 도움

외래를 방문하는 사람의 대부분은 어떠한 검사를 하는지 또는 어떠한 처치가 이루어지는지에 대하여 기대와 불안이 뒤섞인 상태가 된다. 그 때문에 환자가 병원에 들어온 시점부터 지금 처해 있는 상황까지를 파악하여 잔득 긴장한 환자를 부드럽게 풀어주는 것이 중요하다.

가급적 빨리 말을 걸어줄 것, 가능하면 어깨에 손을 얹어 환자를 안심시키도록 할 것, 스킨십(skinship)에 신경을 쓸 것, 또한 고지를 할 때에는 반드시 간호사가 동석하도록 하여 앞으로의 follow-up에 대처한다.

불안한 마음을 안정시킬 수 있는 환경 만들기에는 음악을 이용하는 것도 좋은 방법이다.

## 3 안전한 환경의 보장

중심에는 시야가 있으나 주위가 보이지 않는 시야장애 환자는 문자는 읽을 수 있어도 물체에 부딪치거나 물건을 찾지 못하거나 하는 문제가 있다. 그러므로 간호사는 자기 눈을 가리고 환자가 다니는 길이 안전한 지를 점검하여 환경을 정돈해 주는 방법으로 도움을 주는 것을 생각해 보는 것이 중요하다.

어느 정도 볼 수 있는 사람이라도 약을 점안하거나, 연고를 바른 후에는 상당히 보기 힘들어져 위험하다. 또한 고령자는 낮은 계단에서도 넘어진다. 의자나 물건의 배치에도 세심하게 신경을 써야 할 필요가 있다. 무엇을 좀 물어보고자 해도 '간호사가 어디에 있는지 모른다', '간호사를 찾았으나 바쁜 것 같다' 등과 같이 말을 걸고 싶어도 걸 수 없을 때가 있다. 그러므로 간호사 쪽에서 말을 먼저 걸어주는 방법이 좋다.

## 2 검사, 처치, 진찰할 때의 도움 = 의사와 환자와의 윤활유

일반적으로 검사나 처치는 기계적으로 되기 쉽다. 보기 어려운 또는 어렵게 된 자신을 의식하여 괴로워하는 환자의 마음을 알아차려 먼저 말을 건네주면 환자의 괴로움이 경감될 것이다.

처음으로 받는 검사나 처치에 대해서는 불안이 심해지거나 비용에 대한 걱정으로 안정을 찾지 못할 수 있으므로 어느 정도의 비용이 드는지에 대하여도 친절하게 설명해 주는 것이 좋다.

검사를 위하여 사용하는 점안약에 의해서 일시적으로 보기 어려워지거나, 다시 보이게 될 때까지 시간이 걸리는 경우가 있다. 원래대로 보이는 상태가 될 때까지 시간이 오래 걸려도 괜찮은지에 대하여 잘 확인하고 의사와 상의하면서 진행시키는 것이 중요하다.

또한 환자는 가족과 함께 병원에 오는 일이 많으므로 가족을 어느 정도 기다리게 할지에 대하여도 걱정한다. 검사의 내용은 물론, 어느 정도의 시간이 걸리는 지에 대하여도 의사의 확인을 받아 설명하도록 한다.

일반적으로 안과의 검사실이나 처치실은 어둡고 좁아서 눈이 좋은 사람들도 이동할 때 곤란하다. 의자까지 또는 측정하는 위치까지 유도할 때에는 '이쪽으로 또는 저쪽으로'라고 말로만 하지 말고 함께 동행하며 어깨에 손을 얹든가 하여 안심하도록 한다.

진찰이 자연스럽게 잘 이루어지도록 도와주는 것이 간호사의 역할이다. 진단에 대하여 납득하지 못하는 사람이나 몇 번 진찰을 받아도 언제나 검사뿐이어서 그 때문에 증상이 자꾸 악화되어 간다고 호소하는 사람, '병의 진행이 빨라지는 것은 검사 때마다 강한 빛을 비추니까…'라고 증상의 진행이 빨라진 것이 검사나 처치의 탓이라고 여기고 있는 사람도 있다.

세 사람의 의사의 의견을 듣고서야 간신히 이해하는 사람도 있다. 한 번 설명하였으니 이해하였을 거라고 생각하지 말고, 환자 한 사람 한 사람의 마음을 얻어 의사와 환자 및 그 가족의 윤활유가 되어 '의사의 설명이 이해될 수 있도록' 돕는 것이 간호의 역할이다.

**[사 례] 진찰받는 것이 즐거운 부부**

'선생님을 만나는 것이 즐겁다', '선생님의 인품이 좋다'는 부부는 의사가 '걱정하고 있었는데…'라는 말에 따뜻함을 느낀다고 하였다. 어느 날 다음 진료일을 예약하게 되었을 때 '다음 달, 병원에서 일 년에 2번하는 콘서트가 있는데, 그 날에 맞추어 예약을 할까요?'라는 말을 들었다고 한다. 그 자상한 마음 씀씀이에 부부는 감동하였다. 이런 것이야 말로 그 사람에게 따뜻함을 느끼게 하는 마음의 관리 그 자체라고 할 수 있다. 환자를 안심시켜 주고, 지지해주고, 격려해주고, 생각해주어 그 사람의 마음속에 파고드는 관리 즉, 저시각관리는 특별한 것이 아니다. '간호의 마음을 갖고 있는 사람', '그 사람의 생활을 생각해 주는 사람'이면 결코 어려운 것이 아니라고 생각된다.

## 3 면담실이나 상담실의 제공

대합실 한 쪽에 작은 공간이라도 면담실이나 상담실을 설치하도록 한다. 여러 가지를 상의하고 싶었는데, 뒤에 많은 환자들이 기다리고 있어서 이야기를 할 수 없었다거나, 대합실에서 기다리고 있을 때 의사와 환자와의 대화가 들려서 다른 사람이 듣는 것이 싫어서 이야기를 못하겠다고도 한다. 차분히 이야기를 들어 주었으면 하고 생각하는 사람에게는 면담실이나 상담실을 제공하는 등의 배려가 필요하다.

자신의 마음을 숨김없이 나타내며 울 수 있는 곳이 필요하다. 그 곳은 의료인과의 대화나 상담 뿐 아니라 환자 및 그 가족이 교류하는 곳으로 '만남의 광장'과 같은 생각으로 이용할 수 있으면 정보교환의 장소가 된다. 그리고 언제나 누구든지 쉽게 볼 수 있는 책, 팜플렛, 교류회 개최의 자료 등을 놓아두어 기다리는 시간에 이용할 수 있게 한다.

## 4 진찰 후의 지원

진찰이 끝나면, 귀가하기 전에 현 시점에서 환자의 속마음을 차분하게 듣는 시간을 갖도록 한다. 간호사 쪽에서 먼저 '무엇인가 말하고 싶은 것이 없나요?' 또는 '마음에 걸리는 것은 없나요?' 라고 말을 걸어 준다. 일반적으로 환자들은 간호사가 먼저 말을 걸어주길 기다리고 있으며, 그 때 어깨에 손을 얹어주면 신뢰관계가 형성될 수 있다.

진찰 후에는 '표정이 밝아져서 돌아가는 사람'과 '표정이 어두워져서 돌아가는 사람'으로 크게 구분된다. '진찰을 받을 때 나를 기다리고 있는 것은 의사의 상투적인 위안의 말, 병명의 통고 그리고 낙담이었다. 약 처방도 없었고, 한 달 후 재진료 예약을 한 뒤 돌려보내졌다. 그러나 내일부터 다시 직장 일이 기다리고 있다. 현재 눈의 상태로 직장에 출근한다는 것이 괴롭고 불안하다.'라고 고민하면서 돌아가는 환자도 있다. 또는 '회복되지 않는다고 들었으나, 약을 투여해 주었으니 계속 치료하면 낫겠지…'라고 희망을 안고 돌아가는 사람도 있다. '좀 상의하고 싶었는데…', '이렇게 많은 검사를 받았는데…', '이렇게 많이 청구되었는데…' 등은 환자들이 자주하는 생각이다. 진찰 = 진단이 되는 일이 없도록 그 후의 관리를 중요하게 생각해야 한다. 외래 간호사에게 요구되는 것은 환자나 그 가족의 표정을 읽을 수 있는 힘 또는 그들이 보내는 싸인(sign)을 눈치 채는 힘이라고 할 수 있다.

'여기로 와서 좋았다'라는 생각을 갖게 하는 것은 간호사의 도움에 좌우된다고 하여도 과언이 아니다. 환자와 가족이 병원을 나갈 때까지 '안심 그리고 또 안심'을 시켜주어야 한다. 그리고, 비용에 관해서는 환자 쪽에서는 여간해서는 질문이 나오기 어렵다. 질환에 따라서는 특정 질환 치료 연구의 대상이 되거나 의료비 지원 대상이 되는 것도 있다. 여러 가지 서비스를 제공하기 위한 사례 연구를 소개하거나 불안이나 간단한 질문에도 답을 해주는 동아리를 소개하는 등 안심하고 행동할 수 있도록 도와줄 필요가 있다.

# D 병동에 있어서의 과제와 지원

## 1 입원 중 일어날 수 있는 문제

시각장애자에 있어 입원생활 중에서 가장 영향을 미치는 것은 식사, 배설, 운동, 청결, 의사의 전달이라 할 수 있다. '식사 메뉴를 잘 알 수 없다', '가는 방향을 알 수 없다', '화장실에 갔으나 본인의 입원실로 되돌아 올 수가 없었다' 등 불평하는 소리들이 있다. 그러나 한 마디로 시각장애자라 하더라도 상당히 보이는 사람, 시야는 좁지만 부분적으로는 선명하게 보이는 사람 등 보이는 상태가 여러 가지이다. 간혹, 화장실이나 세면실에 가까운 방 또는 출입구에 가까운 침대를 배려 받았다고 해도 시각장애가 있다면 소리에 민감해지기 때문에 '소리가 거슬려 잠을 잘 수 없었다' 등을 호소하는 사람도 있다. 다른 환자들과의 논쟁도 의외로 많이 발생한다. 그 내용은,

- 바닥에 물건을 떨어뜨린다.
- 사물함이나 옆 침대에 부딪힌다.
- 복도에서 다른 환자와 부딪힌다.
- 라디오나 시계 소리를 싫어한다.
- 화장실이나 세면실을 더럽게 사용한다.

병실에 있는 수납장이 좁아서, 환자는 자신의 물건이 어디에 있는지 찾기 힘들다. 또한 간호 처치가 우선 순위가 되어 환자로부터의 싸인을 알아차리지 못하거나 환자가 원하는 것을 나중으로 미루기 쉽다. 환자의 싸인을 알아차릴 수 있도록 마음에 새겨두어야 할 것이다.

## 2 생활 환경의 조정 - 안심 · 안전한 생활의 보장

시각장애자의 침대 위치를 정할 때 고려할 것은 하루에 여러 번 사용하는 화장실이나 세면실을 안전하게 그리고 안심하며 갈 수 있어야 한다. 그리고 밤에 출입이 자유로워야 한다.

따라서 입원할 때 한 사람 한 사람의 보이는 상태나 생각하는 방법을 들을 필요가 있다. 방이나 침대를 정할 때에는 환자와 잘 의논해 보는 것이 중요하다. 의논을 하는 것은 단순히 침대를 정하는 것 뿐만 아니라 어떤 도움을 원하고 있는지를 알게 된다. 눈부심이 없으면 복도쪽 컴컴한 곳보다 밝은 쪽이 좋을 수 있다.

- 침대의 높이, 수납장의 위치 등을 환자와 잘 의논하여 정한다.
- 사용 빈도에 따른 물품의 배치나 수납을 고려하여 정리를 돕는다.
- 난간의 정비와 복도에 놓아 둔 물품을 가급적 적게 한다.
- 수납장에 물품을 놓을 때에는 상자 등을 이용하여 그 속에 넣는다.
- 이제까지 어떤 생각이나 노력을 했는지를 물어본다.

환자의 뜻에 따르지 못하는 경우는 그것에 대하여 이해를 받고 환자가 납득한 후에 입원생활이 이루어지도록 해야 한다.

시각장애의 정도에 따라 희미한 그림자가 보여서 누군가가 방에 들어오는 것을 느꼈어도 누가 들어 왔는지 몰라 말을 하지 못하고 가만히 있는 일이 있다. 그러므로 입원실을 방문할 때에는 '간호사 OOO입니다'라고 말을 건넨 후 용건을 이야기 하도록 한다. 그리고 가능하면 '오늘은 날씨가 좋아 하늘이 아주 맑다'라든가, 꽃이 예쁘게 피어있는 상황 등 외부의 상태를 화제로 이야기를 건넨다. 현실 감각을 일깨워주는 사람들의 이야기는 고마운 것이다.

방에서 나올 때는 미리 환자에게 알려준다. 그렇지 않으면 아직 간호사가 있는 것으로 알고 열심히 이야기 하는 일도 있으므로 환자가 실망하는 원인이 될 수 있다.

## 3 생활의 리듬을 정돈한다.

환자가 입원하기 전의 직장 업무나 생활 행동 등을 파악하여 개개인이 갖고 있는 능력을 입원생활에서도 활용할 수 있도록 한다. 옷 입고·벗기, 세면, 배설, 식사 등 생활 리듬이 정돈되면 수면 확보 및 시간 감각이 키워져 그 사람의 생활 습관에 가까워질 수 있다. 그것으로 자립을 촉진할 수 있다.

## 4 같은 입원실에 있는 사람 - 다른 환자들로부터의 이해를 얻을 수 있도록 배려

같은 입원실 사람들과의 싸움은 환자를 고립시키는 원인이 된다. 입원할 때의 오리엔테이션은 그 환자만을 위한 문제가 아니고 같은 입원실을 사용하는 사람들로부터 이해를 얻을 수 있도록 배려하는 것이 중요하다.

같은 입원실 사람에게 소개할 때에는 가능하면, 환자 한 사람 한 사람과 악수를 시키며 소개해 주면 도움이 된다. '옆 침대에 있는 사람은 어제 입원한 OOO씨이며, 맞은 편 침대에는 P씨이다' 등 상상하기 쉽도록 가르쳐 준다.

## 5 퇴원 후의 생활을 재구축하기 위한 지원

환자나 그 가족들과 함께 퇴원 후의 생활에 대한 계획을 세워, 무엇을, 어디까지, 어떻게 하여야 할 것인가를 다 함께 생각한다. 동일한 병을 앓고 있는 사람들에게 소개시켜 주는 것도 효과가 있다.

보지 못하는 친구들과 함께 있으면 그렇지 않으나, 보이는 사람들과 함께 있으면 '고독'을 느낀다고 한다. 고독이라는 것은 소외당하고 있다는 감정일 수 있다. 동일한 병을 앓고 있는 사람과 이야기하거나 체험담을 들으면 병을 수용하는 것의 중요성을 알게 되고, 자신보다 더 나쁜 상태에 있는 사람이 열심히 생활하고 있는 것을 알게 되면 마음이 편안해진다고 한다. 또한 시각장애가 있는 사람들과 만나 이야기를 하는 것만으로도 감격하여 왜 혼자서 고민하고 있었는지 지금까지의 자신을 뒤돌아 볼 수 있게 된다.

집에 있는 것이 싫어서 여기 저기 돌아다니면서 여러 사람과 만나는 것이 자신을 지탱할 수 있는 버팀목이 된다고 하는 사람, 흰지팡이를 들고 다니는 것에 거부감이 있는 사람이 친구가 사용하는 것을 보고 자연히 받아들일 수 있게 된 사람, 같은 고민과 즐거움을 가진 사람들끼리 이야기 하는 것만으로도 고독감이나 공포감에서 평온해 진다는 사람들도 있다. 입원 중에 동일한 병을 앓고 있는 사람들을 만나볼 기회를 주는 것도 간호사의 큰 역할이다.

퇴원 후에도 도움이 될 만한 정보를 녹음한 카셋트를 선물하면 좋아할 것이다. 간호사의 조언으로 환자와 그 가족간의 거리를 좁힐 수 있다.

## 6 레크리에이션 활동의 지원

보유하고 있는 기능을 활용할 수 있도록 하루를 지내는데 변화를 주는 연구가 필요하다. 잠깐 동안 글씨를 쓰거나 청소 등의 활동을 포함하면 좋을 것이다. 일부 사람들은 이와 같이 손끝으로 하는 작업이 어느 정도 도움이 될 수 있는지 또는 글씨 쓰기를 하면 독특한 조급증이 심해져 오히려 병자에게 고통을 준다'라고도 하나, 이것을 성취하게 되면 무엇보다 큰 도움이 될 수 있을 것으로 생각된다.

또한 아름다운 경치를 보이는 것, 환자의 변화에 마음을 써가면서 여러 종류의 꽃이나 예쁘고 깜찍한 물건들을 보여주면, 이러한 배려에 의하여 환자는 안정을 얻을 수 있을 것이다. 그리고 햇빛이 들어오는 것만으로도 편안함을 느낄 수 있다. 이 점을 고려하여 될 수 있는 한, 환자를 밖으로 데리고 나와서 꽃, 풀 등을 만지게 하거나, 새들의 울음소리를 듣게 하여 자연의 따뜻함과 부드러움을 느끼게 해준다. '잘 보지 못하니…', '위험하니까…', '잘 유도할 수 없으니까…' 등의 이유로 꺼려할 수 있으나, 환자는 '마음의 눈'으로 충분히 볼 수 있다고 하면서 즐거워 할 것이다.

이러한 산책은 보행 훈련의 의미가 아니라 차분히 환자와 만나는 좋은 기회가 되기도 한다. 이 때 고민하고 있는 마음의 속내를 알려줄 수도 있다. 함께 동행할 때는 계단은 위험하니까, 또는 시간이 걸리니까 등의 이유로 엘리베이터 타기를 권하기 전에 본인에게 먼저 확인한다. 퇴원해서 직장에 복귀하여 출·퇴근을 할 때 다리나 허리가 쇠약해질 수 있기 때문이다.

# E 가족의 지원

장래의 생활이나 직장 때문에 고민하는 것은 장애자 본인만은 아니다. 가족의 누군가가 병에 걸렸다는 것은 본인만 고뇌를 짊어지는 것이 아니라 주위의 가족들에게도 심리적인 고통을 안겨주어 일상적인 생활의 기반을 흔들어 놓을 수 있다.

시각장애자의 경우 장애의 정도가 외견상으로는 알기 어려우므로 함께 생활하고 있는 가족들조차 어느 정도 보이는지 이해하기 어려운 상태에 있다. 그 때문에, 가족들은 어떻게 대처해야 할지를 고민하거나 심리적으로 불안정하게 되어 결과적으로 장애자 본인에게 영향을 미치게 된다.

간호사는 가족까지도 간호해야 하는 요구를 받기 때문에 가족을 생각하며 반응을 파악할 필요가 있다.

## 1 가족이 안고 있는 문제

환자와 가족의 생각은 반드시 일치한다고 할 수 없다. 환자 본인이 받아들여도 가족들이 받아들이지 못하는 경우가 있다. 간호사는 시각장애자가 입원할 때 '가족들이 장애자를 보호하고 있다', '가족들이 해 주어야…', '가족들은 알고 있다'라고 생각하기 쉬우나, 환자는 가족들에게 현재의 상황을 별로 이야기하지 않는 것 같다. 오히려 가족이기 때문에 더 이야기 할 수 없는 경우도 있다. 그러므로 가족들은 '어는 정도 보이고 있는지 어떻게 보이는지 알 수 없고 또한 그것을 물어볼 수도 없다.', '어떻게 해야 할지 몰라 무엇이든 해 준다', '진료일이 될 때까지 걱정이 되어 안정이 되지 않는다', '앞으로의 일을 어떻게 해야 할지 모르겠다', '가족으로서 할 수 있는 일이 무엇일까', '직장에서 어떻게 일을 하고 있을까? 궁금하지만, 본인에게 물어 볼 수 없다', '직장내에서의 인간관계가 걱정된다' 등 고민을 안고 걱정과 불안, 초조함으로 떨고 있다고 할 수 있다.

## 2 가족의 싸인을 알아차리는 것으로부터 저시각관리가 시작된다.

가족은 앞에서 설명한 문제를 안고 어떻게 해야 하는지를 모르는 상태에 있다고 할 수 있다.
간호사나 의사에 대한 가족의 소리를 살펴보면(표 9-1 및 9-2),
다음의 5가지 항목으로 종합할 수 있다.

1) 본인의 생각뿐 아니라 가족의 생각도 잘 들어주기 바란다.
2) 정리 정돈된 명확한 설명 및 대응을 해 주기 바란다.
3) 차분하게 이야기할 분위기가 필요하다.
4) 가족에게 따뜻한 말을 해주기를 바란다.
5) 제도, 보조기구, 환자회에 관한 일 등 각종 정보를 알려주기를 바란다.

[표 9-1] 간호사에 대한 가족의 소리

1) 3 곳의 개원의를 방문하였으나 간호사가 말을 걸어오거나 도움을 받은 적이 없다.
2) 여러 곳의 개원의를 방문하였으나 사회적 자원이나 저시각에 대해서는 전혀 정보를 주지 않았고 대합실에 게시해 놓지도 않았다.
3) 환자의 삶의 질을 높일 수 있는 사회적 자원, 저시각관리에 대한 지식이나 관심을 가져 달라.
4) 동일한 병을 앓고 있는 환자나 그들의 모임에 대한 정보를 알려 달라.
5) 병에 대한 더 많은 이해를 가져달라.
6) 가족도 불안하므로 가족으로서 무엇을 할 수 있는지를 알려주기 바람.
7) 어느 병원에 가도 다 같다고 하여 그 이상의 상의를 할 수 없었다.
8) 진료실에 들어갈 때 의자 등이 놓여 있으므로 손을 빌려주면 도움이 된다.

[표 9-2] 의사에 대한 가족의 소리

1) 병의 진행이 정지될 수 있으면 무엇이든 해달라.
2) 희망을 가질 수 있는 말을 들려 달라.
3) 남편은 발병되고 30년 가까이 되나 완전히 시력이 없어지는지 아직 명확하게 말해주지 않으므로 앞으로 어떻게 될지 불안하다.
4) 환자의 호소를 잘 들어달라. 호소가 많은 남편에 대하여 귀찮은 듯이 대응하고 있었다.
5) 하얗고 무엇인지 희미한 것이 있다고 말하는 남편의 호소를 정신적인 것이라고 단정해 버리는 안과의사로부터는 도움을 받을 수 없다고 생각하였다.
6) 자기의 힘으로 책임질 수 없으면, 어디로 가서 상의해야 되는지를 시사해 주었으면 한다.
7) '더 이상 치료할 것이 없으니 직장을 쉴 필요도 없고 안정할 필요도 없다', '병의 증상이 다 나았다. 그러나 나았다고 해서 보인다는 것은 아니다.', '서서히 퍼질지 모르나 아무래도 낫지는 않을 것이다.'라는 말이라도 해주었으면 한다.
8) 초등학생때부터 약시로 병원에 다니고 있는 딸은 전문대학교 2학년이 되었을 때 '50세 경에 실명한다'라는 말을 듣고 충격을 받아 자퇴하였다. 진로를 생각하기 전에 말해 주었으면 좋았을텐데…장래가 걱정이 된다.
9) 발병 시에 상세한 병상을 알려 주었으면 한다. 미리 알았다면 진로도 생각할 수가 있었을텐데…
10) 나을 가망이 없는 단계에서 앞으로 어떻게 될지, 어디에서 정보를 얻을 수 있는지 알려 주었으면 한다.
11) 환자 및 가족 모임의 존재, 보조기구 등의 정보를 알려 주었으면 한다.
12) 남편의 진료 때 함께 있었다. 우리가 원하는 것은 그것이 아닌데..라고 생각하였지만 아무 말도 할 수 없었고 말할 분위기가 아니었다.
13) '제일 괴로운 것은 본인이니까…'라는 말을 들었을 때, 당연히 그러하다는 것은 알고 있었으나 열심히 노력하고 있는 가족도 심적 고통과 불안으로 가득차 있는데… 슬펐다.

이것들은 진찰할 때 간호사가 옆에 있어 가족이 내는 싸인을 알아차리면 거의 모두 해결할 수 있을 것으로 생각된다.

또한 의사를 향한 불만(표 9-2)도 의사가 직접 문제를 해결하려고 하지 않아도 간호사의 도움으로 해결할 수 있는 것이 거의 전부이다. 우선은 다음에 열거한 사항부터 시작해 보자.

- 가족의 목소리에 귀를 기울인다.
- 가족이 무엇을 고민하고 괴로워하는 지를 안다(부모와 자식, 부부, 형제간에서의 고민, 직장 또는 경제 면의 고민 등)

'자신에게 향한 간호사의 웃는 얼굴'과 '자신에게 건넨 간호사의 따뜻한 말'은 마음의 치유로 이어진다. 가족들도 당신이 말을 걸어주기를 기다리고 있다.

## 3 가족이 원하는 지원

가족도 그 사람답게 살고 가족이 '가질 수 있는 힘'을 발휘할 수 있도록, 간호사는 가족의 마음이나 생활을 지원하는 것이 필요하며, 그러기 위해서는 다음 사항들이 중요하다.

### 1 사회자원의 정보와 교류의 장을 제공한다.

가족의 소리를 보면, 간호사에게 원하는 것(표 9-1)은 부드러움만이 아니다. 가족의 불안 및 생각을 짐작한 후 해결할 수 있는 방향을 알려주는 것, 행동할 수 있는 형태로 알려주는 것이 필요하다.

구체적으로는

#### (1) 타직종으로의 소개, 환자 모임, 가족 모임 등을 소개한다.

환자 모임이나 가족 모임에 대해서 가족들은 다음과 같이 기대하고 있다.

- 병원이나 개업의에게 환자 단체의 존재를 알려준다.
- 직장 일, 일상생활의 일 등은 모두가 함께 생각하며 무엇이든 상의할 수 있는 모임이기를 바란다.
- 모임에 가서 이야기를 하면 침착해지고 용기를 받아 온다.
- 본인들 뿐 아니라 가족의 생각을 이야기할 수 있는 장소가 필요하다.

따라서 간호사는 가족의 생각을 받아들여 모임과의 연락 및 조정을 해준다.

### (2) 생각을 이야기하는 장을 제공한다.

할 수 있으면, 정기적으로 학습회를 열어 동일한 장애가 있는 환자의 가족이 어떠한 노력을 하며 고통을 이겨내고 있는지에 대한 각자의 생각을 듣거나 이야기 할 수 있어 마음을 의지할 곳, 평온을 구하는 장소를 제공할 필요가 있다.

### (3) 사회자원의 정보를 제공한다.

제공하는 내용은 다음과 같다.

- 장애자 본인에게 이루어지는 리허빌리테이션 내용에 대하여
- 유도하는 방법, 대화하는 방법, 식사방법, 생활용품이나 생활면에서의 방법에 대하여
- 대면 낭독, 테이프 도서, 무료 전화번호 안내, 의료비 지원 등 각종 서비스에 대하여(생활 편리에 관한 장에서 25 항목의 서비스 내용이 기재되어 있음)
- 환자 모임, 가족 모임, 기타 모임이나 전시회의 소개 등.

또한 확대독서기, 녹음기의 활용, 음성 시계, 체중계, 체온계 등의 사용하는 것을 보이거나, 만지게 하므로, 지금 당장은 필요하지 않아도 필요할 때 언제나 이용할 수 있도록 한다.

- 활용할 수 있는 복지제도에 대하여 설명해 주는 것이 좋다.

## 2 환자와 가족 그리고 의사와의 윤활유가 된다.

의사에 대한 가족의 생각은 간호사가 중재하면 문제해결로 이어지거나 문제가 심각해지지 않게 되는 경우가 대부분이다(표 9-2). 또한 환자나 그 가족의 생각을 알아내어 전하면서 조정해 나가는 것도 '케어'이다. 따라서 간호사 쪽에서 '병 이외의 일도 좋으니 무엇이든 이야기하고 싶은 것은 말을 하라'고 진찰 후에라도 말을 걸어본다. 즉, 가족으로부터 말을 걸기 쉬운 환경을 만들도록 신경을 쓰는 것이다. 이야기를 잘하는 것보다 오히려 듣기를 잘하도록 배려한다.

## 3 가족에 대한 훈련을 계획하고 실시한다.

장애자 본인에게는 시설에 다니든지 또는 입소하든지 하여 리허빌리테이션 프로그램이 계획되고 실시되지만, 장애자 본인을 가장 가까이에서 돌보아야 하는 가족에 대해서는 그렇지 않은 것이 현실이다.

신부인 토마스 J, 캐롤은 '가족에 대한 지원'에서 '실명자의 가족도 가혹한 충격으로 고통받고, 많은 것을 잃었다는 사실에 주목하여야 한다'고 가족에 대한 도움의 필요성을 강조하였다. 그리고 '가족에 대한 훈련은 반드시 이루어져야 한다. 가족들에게 앞으로 어떻게 하여야 하는가를 가르치는 것도 가정으로 복귀시키기 위하여 필요한 일'이라며 가족에 대한 훈련의 필요성을 지적하였다.

아내의 한 마디로 가슴 속의 고통이 가벼워진 사람이나 사진 촬영이 취미가 되어 아내의 설명에 따라 피사체에 셔터를 누르며, 촬영 후에도 아내의 도움으로 좋은 사진을 선별해서 개인전을 개최하는 사람도 있다. 역시 거기에는 가족의 지원이 있어 비로소 생생하게 빛을 발할 것으로 생각한다.

무슨 일이 있어도 가족은 환자의 가장 훌륭한 후원자가 되어야 한다. 가족의 마음이 안정되면 환자 본인이 구원을 받는 것과 같다. 그러므로 '가족이 장애를 수용하고, 안심하고 장애자와 마주할 수 있도록' 가족의 리허빌리테이션 프로그램이 필요하다. 가족들에게 모의체험을 계획해 보는 것도 장애자에 대한 이해로 이어지는 방법이다.

## F 간호사가 겪은 사례

반드시 실명 고지가 이루어져야만 저시각관리가 시작되는 것은 아니다. 다음의 사례는 실명 고지가 이루어 졌을 때의 간호사의 대응을 소개한 것이다.

### 1 혼자 살다 실명고지를 받은 O씨와의 관계

O씨는 50대 후반의 여성, 이혼 후 딸과 둘이서 지냈으나 딸이 가출하여 행방불명이 된 뒤 혼자 살며 음식점 등을 전전하다 빌딩 청소를 하고 있었다. 6형제의 3째 딸로 자랐고 자신을 귀여워해주었던 오빠 2명은 모두 암으로 사망, 언니 2명은 살아 있으나 관계가 소원하게 지내고 있었으며 남동생이 있었다.

O씨가 시력 저하를 자각한 것은 입원 2개월 전이었다. 양 귀쪽 시야가 보이지 않게 되어 자전거나 사람이 갑자기 자기 앞에 나타나는 느낌이 들었다고 한다. '눈이 나빠졌나 보다'라

고 생각하였으며 양 귀쪽 부위에 시야협착을 자각하였으나 방치하고 있던 중, 아는 사람의 권유로 억지로 진찰을 받게 되었다. 진찰 시 입원할 것을 권유받았으나 경제적인 이유로 거절하였다.

## 1 입원할 때의 관련

그 후, 재진 일에 진찰을 받지 않았기 때문에 담당의사가 전화를 걸어 겨우 남동생에 이끌려 병원에 와서 입원을 하였다. 입원할 때의 시력은 양안 모두 0.01이였고, 초진 때보다 더 악화되어 있었다.

간호사는 '입원할 수 있어 잘 되었다. 불안 했었지요'라고 말을 걸어 '입원 중의 생활이나 이제부터의 일도 간호사와 함께 생각해 보자'라고 격려해 주었다.

입원 초기에는 더욱 시력이 저하되었기 때문에 식사나 약 먹는 것조차 다시 배워야 했으나 차분히 설명을 해 주어 조금씩 자신이 할 수 있는 일이 늘어갔다.

## 2 실명고지 전의 관계

검사 및 치료 결과, 원인은 원래 녹내장이었으나 방치했기 때문에 점차로 절대 녹내장으로 진행된 것으로 의심하였다. 의사가 시력회복에 대한 희망이 없다고 진단했기 때문에, 간호사는 우선 남동생과 면담하였다. 그리고 본인에게 설명을 어떻게 하는 것이 좋은지에 대한 의견을 물었다. 남동생은 자기가 환자의 생활을 돌보는 것은 불가능하다며 본인에게 정확하게 설명해 달라고 부탁하였다. 간호사도 환자의 장래를 생각하면 의지할 사람이 없는 이상, 본인이 현실을 받아들일 수 있도록 지원하는 것이 가장 필요하다고 생각하였다.

담당의사와 상의하여 환자에게 실명고지를 언제, 어떻게 할 것인가를 결정하였다. 그리고 고지 장소에 간호사도 동석하여 고지 후의 정신적 케어를 할 수 있도록 해달라고 부탁하였다. 시력장애를 자각한 지 불과 2～3 개월에서 장애를 수용할 수가 있는지 여부와 환자가 어떠한 반응을 나타낼지가 걱정이었다. 그러나 결코 고독감을 주지 않겠다는 간호의 자세로 경청하고 말을 해왔기 때문에 신뢰관계가 형성되었다.

## 3 실명의 고지

고지하는 날, 진찰실에서 담당의사, 환자 그리고 간호사가 동석하였다. 담당의사는 친철

하게 경과와 검사결과를 설명하고 '이제부터 더 회복되어 자전거를 타거나 하기는 어렵다'라고 말하였다. 그리고 신체장애자 수첩의 신청에 대하여 설명하였다. 마지막으로 담당의사는 'O씨, 무엇이든 질문은 없습니까? 이제부터의 일은 나와 간호사와 잘 상의해서 헤쳐나가자' 라고 하였다. O씨는 '선생님, 일부러 저에게 전화까지 해주시어 기뻤다. 그리고 이 병원에 입원할 수 있어 좋았다. 고마웠다'라고 진심으로 머리를 숙였다.

고지 후, 간호사는 지역의 복지과에 상의할 것과 생활보호를 신청할 것을 제안하였다. 남동생도 동의하였으므로 지역의 사회복지사와 연락을 취하였다. 생활보호 신청과 신체장애자 수첩의 수속을 남동생이 해주었다. 또한 당장 퇴원을 하면 혼자 집에서 생활하는 것이 곤란할 것이라 판단되어 집으로 돌아가지 않고 생활 훈련시설로 들어가는 편을 택하였다. 지역 사회복지사의 협력으로 입소할 수 있는 훈련소의 수배, 그리고 훈련 후에는 생활보호 규정에 의한 아파트 임대 등에 대한 설명을 듣고 O씨는 안심하고 시설에 입소할 수 있었다.

### 4 환자와의 신뢰관계가 환자의 장애수용을 가능하게 하였다.

고지 장면에는 의사와 환자의 신뢰관계 하에 환자를 부양하는 가족과 그것을 지원하는 간호사가 입회하는 것이 환자의 수용 과정에 크게 영향을 미칠 것으로 생각한다. 실명고지는 환자의 일생을 단번에 바꾸는 것이므로 장소, 시간, 의료자의 자세, 세밀한 배려 등이 중요하다. 병실로 돌아가서 환자는 '자기가 생각한 것과 선생님이 말씀하신 것이 일치하더라'라고 하였다. 환자가 조금이라도 현실을 받아들일 수 있도록 의사, 간호사, 기타 협력 의료직원이 연계해서 '케어'하는 것이 중요하다는 것을 배울 수 있는 사례였다.

## 2 당뇨망막병증 H씨의 사례

H씨는 30대 후반의 독신 남성, 식품회사 경리 담당, 3형제 중 차남이고 양친과 함께 세 사람이 살고 있었다. 20대부터 회사의 건강진단에서 당뇨를 진단받고 방치했었으나 마침내 안저 출혈로 입원하였다. 식 당뇨망막증으로 진단되어 수술을 권유받고 당뇨병 치료와 교육을 위하여 처음으로 입원하였다.

안과의 간호사가 수술의 승낙 여부를 질문하였더니 '방법이 없네요. 자신이 잘못했으니까…'라고 대답하였다. 입원한 후부터 H씨는 인슐린을 주사하기로 하였다. 수술 후에는 잠시 더 보기 어려워진다는 것을 설명하고 인슐린 주사를 놓는 방법을 연습시켰다. 말이 없는 H씨와 대화를 잘하기 위하여 간호사는 매일 의식적으로 H씨와 이야기하는 시간을 만들었다. 당뇨병과 눈과의 관계를 이야기하고, 더 이상 진행되지 않도록 하려면 혈당을 확실히 조절할 수밖에 다른 방법이 없다는 것을 설명하였다.

처음 오른쪽 눈의 유리체 수술을 하고, 반년 후에 왼쪽 눈에 같은 수술을 하였다. 수술 후 시력은 우안 0.05, 좌안 0.07까지 회복하였다. H씨의 일은 컴퓨터로 작은 숫자를 보기 때문에 시기능 훈련사로부터 확대경을 소개받기도 하고 확대독서기에 대해서도 사용방법에 대한 설명을 받았다. 그리고 보조기구를 사기 위하여도 신체장애자 수첩의 신청을 하는 것이 좋을 것이라고 설명하고 3급을 신청하였다. 사회복지사와의 면담을 신청하여 사회자원의 활용에 대한 설명도 들었다. 또한 말이 없는 H씨이므로 곤란한 일이 있으면 언제든지 간호사와 상의해도 좋다는 것을 반복하여 전하였다. 그리고 아침은 빠르고 저녁은 늦은 생활환경 속에서 지속적으로 인슐린을 하루에 4회 주사한다는 것은 무리가 있을 것이라 생각되어 외래 간호사에게 간호를 직접 의뢰하였다.

H씨의 눈은 망막증이 상당히 진행되어 있었으나 근무를 계속하며 열심히 생활하고 있었다. 외래진찰 일에는 병동에 들러 자신의 상황을 이야기해 주었다. H씨에 따르면, 간호사의 조언을 잘 따르는 것 같이 느껴졌으나 검사 데이터로는 악화되었으며 신장기능이 저하되어 폐에 물이 차고 하지에는 부종이 보이게 되었다. 직장에서 무리를 하고 있는 것으로 생각되어 휴가를 내도록 충고하였으나 '나에게서 일을 빼면 아무것도 남는 것이 없으니 할 수 있는 데까지 하고 싶다'고 귀담아 들으려 하지 않았다. 외래간호사 및 내과의사와 상의하면서 지켜봤으나 그대로 방치한다면 머지않아 투석을 해야 하는 상황까지 가지 않을까 걱정되었다. 그래도 H씨는 회사에 출근하고 귀가 길에는 술을 마시는 일이 종종 있었다고 나중에 듣게 되었다.

어느 날, 응급실에 H씨가 실려와 인공호흡기를 달게 되었다. 간호사는 눈을 지키기 위하여 여러 가지 노력을 하며 각막이 마르지 않도록 돌보아 주었다. 한 달 후에 기적적으로 생명은 건졌으나 기억이 희미해지고 정상적인 의식 상태로 회복될 때까지 반년 이상 걸렸다. 또한 오른쪽 다리 바깥쪽, 등부분과 머리 부분에 욕창이 생겨 성형외과에서 수술을 할 정도로 상처가 악화되었다. 그 때문에 비골신경(peroneal nerve) 마비에 의하여 제 1관절이 움직이지 않았으며, 한쪽 눈만 약간 글자가 보일 정도의 시력이 남게 되었다.

H씨는 '일을 뺏으면 아무것도 남지 않는다'고 무리한 생활을 계속하였고, 결과적으로 이

와 같은 생활태도를 계속하게 한 것에 대하여 간호사의 접근방법이 틀리지 않았나를 고민했던 사례였다.

## 3 실명의 불안을 강하게 호소한 F씨

F씨는 30대 후반의 남성, 형제 2사람, 식품관계 회사에 근무하고 있었으나 시력장애 때문에 퇴직하였으며, 결혼해서 입원 중에 첫째가 태어났다.

F씨는 2개월 전부터 갑자기 왼쪽 눈이 보이지 않게 되어 시신경염의 진단으로 다른 병원에서 입원 치료를 받았다. 스테로이드 충격요법으로 일시적으로 시력이 회복되었으나 2주 후 재발하였고 다른 눈에도 동일한 증상이 나타나 다시 진찰을 받기 위하여 내원하였다. 환자는 스테로이드가 줄면 보이지 않기 때문에 빨리 충격요법을 해달라고 호소하였다. 그러나 다른 병원에서 이미 상당량의 스테로이드가 투여되었기 때문에 휴지 기간을 두지 않으면 스테로이드의 재투여는 할 수 없는 상태였다. F씨는 점점 더 시력이 저하되어 간다고 호소하고 실명에 대한 불안으로 거의 공황상태가 되었다. 간호사는 자신이 현재 할 수 있는 일은 그의 호소를 경청하는 것과 경과를 지켜보고 되도록 본인이 원하는 대로 해주는 것이라 생각하였으며, 그가 호소하는 실명에 대한 불안과 치료 재개로의 조급함에 공감할 수 있도록 노력하였다.

그 후, 간신히 환자가 기다리던 스테로이드 충격요법을 실시하였으나 시력은 회복되지 않았고 입원 당시보다 더 악화되었다. 환자는 자기 자식의 얼굴도 볼 수 없게 될까봐 매우 두려워하였다.

한편, 부모도 매우 불안해하였기 때문에 간호사는 면회할 때 지난 일 주일간의 환자상태를 전하는 등 대화를 시도하였다. 부모는 자신들은 아무것도 해줄 수 없으니, 의사나 간호사에게 의존할 뿐이라고 하였다.

모든 치료가 끝났을 때 담당의사로부터 '할 수 있는 것은 다 조치하였으나 효과가 보이지 않는다. 이대로 계속 입원하고 있어도 방법이 없으니 퇴원하여 상태를 보자. 이제부터는 집으로 돌아가 인간이 갖고 있는 자연 치유력을 기다리며 통원치료를 하도록 하자'고 권유하였다.

그는 '자신의 꿈은 가게를 갖고 바텐데가 되는 것이다'라고 간호사에게 말하고 이제부터는 무엇을 하여 생계를 유지해야 할지 모른다며 울었다. 그가 안정되는 것을 기다려 중도에서 시력을 잃은 사람이 어떤 방법으로 사회에 복귀하고 있는 지와 사회복지제도와 신체장애자 수첩에 대한 정보를 주었다. 그리고 그에게 어떤 일이 있어도 길은 열릴 것이니, 꿈은 단념하지 말라고 격려하였다. 본인과 부모가 희망하였으므로 신체장애자 수첩과 사회복지사와의 면담을 신청하였다.

그는 치료 효과가 없다는 것에 절망하였으나, '어떻게든 보고 싶다. 단념하고 싶지 않다.'고 말하였다. 그리고 입원환자로부터 소개받은 침치료를 받고 싶다고 간호사와 상의하였다. 의사에게 보고하여 허가를 받고 환자에게 전하였더니 퇴원하여 침치료에 대한 기대를 걸었다.

1년 정도 지난 어느 날, 장애연금에 대한 상의를 하게 되었다. 비정규직 이력이 길었던 그는 보험기간이 1개월 모자라 장애연금을 받을 수 없다고 고민하고 있었다. '몇 번이나 확인해 보았으나 불가능하였다. 그는 이제부터 사회복귀를 하기 위하여 필요했는데…'라고 안타까워 하였다.

장애연금을 잘 알고 있는 사람과 연락하여 상의하였더니, 부모에게 장애가 생긴 경우, 아동 부양수당이 나오게 되어 있으나 아직 수속을 하지 않았음을 알게되었다. 곧 바로 수속을 밟은 F씨는 조금이라도 도움이 된다고 크게 기뻐하였다. 그리고 '왜 이러한 것을 자신이 살고 있는 지역의 사회복지과에서는 좀 더 빨리 알려주지 않았을까'하고 화를 내었다.

이 사례에서는 그 후 일시적으로 아이의 얼굴을 약간 인지할 수 있는 정도로 회복되었으나, 다른 신경학적 증상이 발생하여 다발성 경화증으로 이행되었다. 이러한 경과를 보아도 환자의 입장에서는 국가의 복지제도에 의한 지원이 중요하며 지역의 사회복지과가 좀 더 가족처럼 친절해져야 한다고 생각한다.

이 사례에서는 가족이 있는 남성이 자신뿐 아니라 가족의 생계를 책임지고 있기 때문에 고뇌는 더 크다고 생각된다. 그러나 울고만 있을 수 없다는 현실이 그를 강하게 만들었고, 장애수용에 도움이 되었다고 생각된다. 사회복지제도의 문제도 '간호사니까 모르는 것이 당연하다'는 자세로는 환자에게 지원을 할 수 없다고 생각된다.

# 부 록

## 1 약시렌즈의 광학적 기초 지식

### 1 약시렌즈 배율(광학기기 배율)

휴대식 확대경, 단안경 등 약시렌즈의 배율은 그 렌즈를 통하여 볼 때와 렌즈없이 직접 볼 때의 시각의 비로 나타낸다. 즉, 배율은 렌즈를 통하여 볼 때의 시각이 몇 배가 되는가를 의미하며, 일반적으로 렌즈의 굴절력으로부터 계산한다.

한편, 확대율, 확대능이라는 용어는 망막상의 확대를 의미하며, 물체와 망막상과의 비이다. 동일한 약시렌즈를 사용하였어도 사용하는 위치나 굴절이상에 따라 확대율이 달라진다.

### 2 휴대식 확대경의 배율

(1) 명시거리와 기준확대율

일반적으로 명시거리는 25 cm이다. 그 거리에 물체를 놓았을 때의 망막상의 크기를 기준으로 하고, 물체를 확대경인 볼록렌즈의 초점에 놓았을 때의 망막상의 크기와의 비를 기준확대율이라 한다.

이 경우의 배율은 다음 공식으로 얻어진다.

$$m = \frac{D}{4}$$ (단, m은 배율, D는 렌즈의 굴절력이다.)

공식에서 볼록렌즈 굴절력을 4로 나누는 것은 명시거리와의 비교를 의미한다. 25 cm는 4D가 되며, 이것과 확대경 굴절력을 비교해서 배율로 한다.

망막상의 크기는 시각에 비례하나 그 시각은 시거리에 반비례한다. 예를 들면 시거리가 2배가 되면 시각은 1/2이 되어 배율은 0.5가 되고, 역으로, 시거리가 1/2이 되면 시각은 2배가 되어 배율은 2가 된다.

조절휴지상태에서 정시안의 원점은 무한대에 있다. 다시 말하면, 평행광선이 눈에 입사하였을 때 망막에 핀트가 맞는 상태이다.

한편, 볼록렌즈에서는 초점으로부터 나온 광선은 렌즈를 통과한 후 평행광선이 된다. 대상을 렌즈의 초점 위치에 놓고 볼록렌즈를 통하여 물체를 보았을 때 조절휴지상태에 있는 정시안이라면 망막에 결상한다. 즉, 핀트가 맞는 상이 얻어진다. 이것을 이용하면 조절휴지상태로 짧은 시거리에서 물체를 보는 것과 같은 효과가 생기므로 결과적으로 확대상이 얻어진다.

예를 들면 +20D의 볼록렌즈를 사용하였다면, 이 렌즈의 초점거리는 5 cm이다. 렌즈의 전방 5 cm 위치에 물체를 놓고 렌즈를 통하여 보았을 때 조절휴지상태에 있는 정시안이라면 핀트가 맞는 상이 생긴다. 이 상은 시거리 5 cm에서 보았을 때의 상과 같은 시각이 된다. 기준이 되는 25 cm와 비교하면 거리가 1/5이 되므로 시각은 5배가 되어 배율은 5가 된다. 즉, 위 식으로 계산한 결과와 일치한다.

그리고 눈과 렌즈 사이는 평행광선이 되며 그 거리와는 관계없이 배율은 5가 된다. 단, 렌즈를 통하여 볼 수 있는 시야의 넓이는 렌즈가 눈으로부터 떨어질수록 좁아진다.

### (2) 미교정 굴절이상이 있는 경우의 배율

미교정 굴절이상이 있는 경우는 눈 앞에 확대경을 놓는 것을 전제로 배율을 계산한다. 배율은 다음 식으로 얻어진다.

$$\mathrm{m} = \frac{\text{대상을 보는 데 필요한 시력}}{\text{교정시력}} + \frac{\text{굴절이상}(D)}{4}$$

m은 배율, D는 근시는 (−), 원시는 (+)로 나타낸다.

[예제] 교정시력 0.1로 −8.00D 근시가 교정되지 않은 경우, 필요한 시력을 0.5라고 하면 휴대식 확대경의 배율은 몇 배가 필요할까?

$$m = \frac{0.5}{0.1} + \frac{-8}{4} = 3$$ 이 된다.

근시안은 정시안에 비하여 상대적으로 굴절력이 강한 눈이다. 정시안에 볼록렌즈를 가입한 눈이라고 할 수 있다. −8.00D의 근시는 8.00D 만큼 굴절력을 약하게 하면 정시안과 같은 굴절력이 된다는 의미이다. 이 예에서는 시력으로부터 계산하여 5배의 확대가 필요하며, 그것을 굴절력으로 바꾸면 +20.00D가 된다. 그러나 미교정 상태는 정시안에 +8.00D를 가입한 상태이므로 나머지 +12.00D 분을 추가하면 합이 +20.00D가 된다. 추가분 +12.00D를 배율로 표현하면 3배가 된다.

이 예는 시거리로도 설명이 가능하다. −8.00D 근시의 원점은 눈 앞 12.5 cm이다. 원점이라는 것은 조절을 하지 않고 선명하게 볼 수 있는 점이다. 이 근시안의 눈 앞에 +12.00D를 놓으면 눈 앞 12.5 cm에 있던 원점이 5 cm까지 가까워진다. +8.00D에 +12.00D가 더해져 +20.00D가 되었을 때의 초점거리이다.

이 경우, 확대경을 눈 앞에 놓는다는 것으로 눈과 렌즈간의 정점간 거리는 무시한다.

### (3) 기타 배율

명시거리는 일반적으로 사용되는 기준이지만, 40 cm를 기준으로 배율을 계산하는 경우도 있다. 또한 대상을 초점거리 내에 놓고 렌즈를 눈에 매우 가까이 대고 보는 것을 전제로 하는 경우도 있다. 동일한 렌즈라 하더라도 배율 표시가 바뀌게 되는 경우도 있으므로 주의가 필요하다.

## 3 단안경의 광학

### (1) 종류와 배율

단안경에는 케플러형과 갈릴레이형의 2종류가 있다. 전자는 대물렌즈로 만들어진 실상을 접안렌즈(+렌즈)로 확대해서 보는 구조이며, 후자는 접안렌즈가 (−)렌즈로 되어 있다. 두 형의 비교는 표 1과 같다. 단안경을 통하여 볼 때의 대상의 시각과 단안경없이 볼 때의 시각의 비가 배율이지만, 접안렌즈와 대물렌즈의 디옵터(D) 비로 계산할 수 있다.

### (2) 굴절이상과 보이는 상태

미교정의 굴절이상이 있는 경우에는 상의 확대율에 관계하며 그 효과는 갈릴레이형과 케

[표 1] 갈릴레이 형과 케플러 형의 비교

| 종별 | 대물렌즈 | 접안렌즈 | 장점 | 단점 |
|---|---|---|---|---|
| 갈릴레이 형 | (+)렌즈 | (−)렌즈 | 소형으로 가볍다 | 배율이 낮고 시야가 좁다 |
| 케플러 형 | (+)렌즈 | (+)렌즈 | 고배율 넓은 시야로 밝다 | 크고 무겁다 |

[표 2] 갈릴레이 형과 케플러 형의 확대율 비교

| 종별 | 고도 근시 | 고도 원시 |
|---|---|---|
| 갈릴레이 형 | 확대율 저하 | 확대율 증가 |
| 케플러 형 | 확대율 증가 | 확대율 저하 |

플러형이 역으로 나타난다(표 2). 이것은 접안렌즈의 굴절력이 일부 굴절이상 교정에 사용되는 결과, 대물렌즈와 접안렌즈의 디옵터 비가 변화하기 때문이라고 생각하면 이해하기 쉽다.

### (3) 단안경의 밝기

케플러형의 단안경을 밝은 쪽으로 향하게 하여 접안렌즈의 바로 뒤에 트레이싱 페이퍼 등 반투명한 스크린을 놓으면 원형의 상이 얻어진다. 이것은 대물렌즈 실상이며 그 원형의 상이 사출동이 된다. 단안경으로 입사한 빛은 모두 여기를 통과하여 눈으로 들어간다. 그러므로 이 면적이 클수록 눈으로 들어가는 빛이 많아져 상이 밝아진다. 사출동의 직경을 제곱한 값은 밝기에 비례한다.

사출동이 클수록 상이 밝아지지만, 실제로는 동공을 통과할 수 있는 빛만이 눈으로 들어가기 때문에 동공경보다 큰 사출동은 광속의 일부가 유효하지 않다. 또한 사출동을 크게 하기 위하여 대물렌즈의 구경을 크게 할 필요가 있으므로 단안경의 크기도 크게 되어 사용하기 어렵다.

### (4) 단안경의 시야

사출동을 동공면에 일치시키면 단안경의 시야가 가장 넓어진다. 케플러형 단안경에서는 눈에 대는 고무로 조정한다. 갈릴레이형 단안경에서는 이 점이 단안경 내에 만들어지기 때문에 동공면과 일치시키는 것이 불가능하고 시야가 좁아진다. 접안렌즈에 눈을 가까이 하는 것으로 보충이 된다.

그리고 단안경 시야의 넓이를 결정하는 것은 케플러형에서는 대물렌즈의 유효경이 아니라 시야렌즈이며, 갈릴레이형에서는 대물렌즈의 유효경과 광학계의 길이가 영향을 미친다.

### (5) 단안경의 표시

단안경에는 배율과 구경이 표시되어 있다. 배율이 8배, 대물렌즈의 유효 구경이 20 mm의 경우, 8×20이라 표시하고 8배 20으로 읽는다. 이 경우 사출동의 구경은 2.5 mm이고 빛의 밝기는 6.25이다. 배율이 8이고 대물렌즈의 유효 구경이 30 mm라면 8×30이라 표시하고 8배 30으로 읽는다. 이 경우 사출동의 구경은 3.75 mm이며 빛의 밝기는 14가 된다.

### (6) 단안경에 근용 캡을 부착하였을 때의 배율

단안경 앞에 근용 캡을 부착하면 단안경을 근용으로 사용할 수 있다. 초점이 맞는 거리는 캡렌즈의 초점거리이며 배율은 (단안경의 배율)×(근용렌즈 굴절력/4)가 된다.

# 참고문헌

제1장 |


1) 障害者福祉研究会（編）：わが国の身体障害児・者の現状．平成 13 年身体障害児・者実態調査結果報告．中央法規，東京，2003.
2) 日本盲人福祉委員会：視覚障害者（児）の現状　実態調査結果から．日本の視覚障害者 2004 年版：1-9，東京，2005.
3) 伊藤　忠，田村正人，中沢　満：視覚障害をきたす原因疾患の推移．臨眼：56：1713-1718, 2002.
4) 髙橋　広：北九州市内 19 病院眼科における視覚障害者の実態調査）第 1 報 視覚障害者と日常生活訓練．臨眼 52：1055-1058，1998.
5) 髙橋　広：北九州市内 19 病院眼科における視覚障害者の実態調査）第 2 報 視覚障害者と日常生活状況．眼紀 50：425-426，1999.
6) 髙橋　広：北九州市内 19 病院眼科における視覚障害者の実態調査）第 3 報 視覚障害者の視機能と日常生活状況．臨眼 53：653-657，1999.
7) 髙橋　広：高齢者におけるロービジョンケアー高齢視覚障害者の実態と訓練器としての眼底カメラの可能性．眼紀 51：1110-1114，2000.
8) 髙橋　広：高齢者のロービジョンケア　病院眼科と老人保健施設での実態．眼科ケア 3：196-202，2001.
9) 髙橋　広，花井良江，土井涼子，岩本寛子，山田信也：柳川リハビリテーション病院におけるロービジョンケア　第 8 報 緑内障患者に対するロービジョンケア．あたらしい眼科 19：673-678，2002.
10) 平塚義宗，小野浩一，金井　淳：世界の失明はどうなっているのか．日眼会誌 105：369-373，2001.
11) Murray CJL, Lopez AD：The global burden of diseases. Harvard University Press. USA，1996.
12) 種田芳朗：ロービジョンネットワークの構築についてのお願い．日本の眼科 73；1361-1368, 2002（随時追加されており，日本の眼科 74：405, 2003，75：509，1011，1317，1439，2004 や日本眼科医会のホームページを参照）.
13) 世界保健機関・障害者福祉研究会（編）：ICF 国際生活機能分類，国際障害分類改定版．中央法規，東京，2002.
14) 上田　敏：科学としてのリハビリテーション医学．pp37-96, 医学書院，2001
15) 山田信也，髙橋　広：産業医科大学病院眼科におけるロービジョンケア　第 2 報 職業的ロービジョンケア．眼紀 50：476-480，1999.
16) 髙橋　広：視覚障害者のリハビリテーション　ロービジョンケアにおいて作業療法に期待するもの．作業療法 22：528-536，2003.
17) 髙橋　広，松野　豊：柳川リハビリテーション病院におけるロービジョンケア．第 5 報 病院リハビリテーションにおけるロービジョンケアの必要性．OT ジャーナル 37：1223-1230, 2003.
18) 髙橋　広：私のロービジョンケア 11 ロービジョンケアの担い手　看護職の役割．臨眼 58：274-278，2004.
19) 髙橋　広：私のロービジョンケア 10 ロービジョンケアおけるリハビリテーションスタッフの役割．臨眼 58：142-149，2004.
20) 上田　敏：国際生活機能分類（ICF）とリハビリテーション医学の課題．リハ医学 40：737-743，2003.
21) 髙橋　広：私のロービジョンケア 12 障害学　盲ろう体験のすすめ．臨眼 58：432-435, 2004.

22) 髙橋　広：ロービジョン者の「できる活動」「している活動」とは，そして「する活動」へ展開するためには．眼科ケア 7：222-229，2005.
23) 工藤良子：視覚障害者の Quality of life（QOL）の向上を目ざして　看護職が果たす役割．眼紀 53：517-521，2002.
24) 髙島明美：地域 CDE における糖尿病患者のロービジョンケアの実際ー北九州 CDE（福岡県・佐賀県認定北九州地区糖尿病療育指導士）の会の事例より．看護技術 48：1587-1591，2002.
25) 日野原万紀，井原恵津子，清野健太郎，磯　さやか：ナースのためのコーチング活用術，医学書院，東京，2003.
26) 髙橋　広，山田信也：柳川リハビリテーション病院におけるロービジョンケア　第 10 報　ロービジョンケアにおける眼科主治医の役割ーレーベル遺伝性視神経症の場合．臨眼 59：1281-1286，2005.
27) 鎌田　實：がんばらないで．200-207，集英社，東京，2000.
28) 髙橋　広：私のロービジョンケア 1「医の心」から展開したロービジョンケア．臨眼 57：666-670，2003.

## 제2장 |

1) 吉田晃敏：黄斑疾患に対する新しい検査法ー診断と治療への応用．日眼会誌 104：899-942，2000.
2) 日野原重明：日野原重明著作・講演集 1，医学医療の方向転換ー私の提唱，pp3-28，医学書院，1991.
3) 髙橋　広，花井良江：医学的評価の臨床．あたらしい眼科 18：141-147，2001.
4) 唐木　剛：重度視覚障害者の残存視機能（眼科 Mook 39 労働眼科），pp173-179，金原出版，1989.
5) 鈴鴨よしみ：QOL の評価と測定ー視覚関連 QOL 尺度 NEIVFQ-25（The 25-Item National Eye Institute Visnal Function Qnestionnaire），日本の眼科 76：1393-1398，2005.
6) 湖崎　克：ロービジョンの眼鏡矯正（弱視レンズは含まず）視覚の科学 24：76-90，2003.
7) 鈴村昭弘：高速道路と目，pp 72-90，日本眼衛生協会，1982.
8) 川端秀仁：ロービジョン補助具と視野との関係．眼科診療プラクティス 61：40-41，2000.
9) 髙橋　広，山田信也：周辺視野の活用．Frontiens in Glaucoma 4：92-98，2003.
10) Nilsson UL, Frennesson C, Nilsson SEG：Location and stability of a newly established eccentric retinal locus suitable for reading, achieved through training of patients with a dense central scotoma. Optometry and Vision Science 75：873-878, 1998.
11) Duret F, Issenhuth M, Safran AB：Combined use of several preferred retinal loci in patients with macular disorders when reading single words. Vision Res 39：873-879, 1999.
12) 髙橋　広：高齢者におけるロービジョンケアー高齢視覚障害者の実態と訓練器としての眼底カメラの可能性．眼紀 51：1110-1114，2000.
13) 石子智士：SLO を用いたリーディング検査．日本の眼科 75：1119-1122，2004.
14) 所　敬：明るさと視力（夜間視力・グレア視力）．眼科診療プラクティス 57：63，2000.
15) Committee on Colorimetry of the Optical Society of America：The science of color, pp 101-105, Thomas Y. Crowell Co, New York, 1975.
16) 太田安雄，清水金郎：色覚と色覚異常，pp 55-59，金原出版，1999.
17) 川上元郎，小松原　仁：10 度視野による XYZ とは，新版色の常識　第 2 版，pp 141-158，日本規格協会，1999.
18) 深見喜一郎：色覚異常．色育に対する誤解をなくすために．改訂第 3 版．金原出版．東京，1995.

19) 増田寛次郎. 深見喜一郎（編）眼科オピニオン色覚異常. 中山書店. 東京. 1998.
20) 岡島　修. 中村かおる：色覚異常者と社会環境. 眼科 41：873-879. 1998.
21) 北原健二：色覚異常の遺伝と対応. 日本の眼科 74：1129-1132. 2003.
22) 中村かおる, 岡島　修：学校での色覚監査に関する保護者へのアンケート調査. 日本の眼科 75：443-446. 2004.
23) 岡島　修, 中村かおる：色覚異常者の色誤認と職業適性. 臨眼 51：7-12. 1997.
24) 近藤峰生：黄斑ジストロフィの診断. あたらしい眼科 22：573-580. 2005.
25) 川瀬芳克：ERG 検査と VEP 検査をより正確に行うための留意点. 日本視能訓練士協会誌 32：79-86. 2003.
26) 中野泰志：ロービジョン・ケアにおける教育・福祉的観点からの視機能評価の実際ー視力, 視野, まぶしさの機能的な評価の必要性. 日本視能訓練士協会誌. 25. pp. 49-57. 1997.
27) Mehr. E. and Shindell. S.: Advances in Low Vision and Blind Rehabilitation. Advances in Clinical Rehabilitation. 3. pp. 121-147. 1990.
28) 大倉滋之：大河原潔, 香川邦夫, 瀬尾政雄, 鈴木篤, 千田耕基編. 視力の弱い子どもの理解と支援. 教育出版. pp. 177-185. 1999.
29) 中野泰志：ロービジョン用静的文字処理有効視野評価システムの試作. 国立特殊教育総合研究所研究紀要. 第 24 巻. pp. 59-71. 1997.
30) Nowakowski. R. W.: Primary Low Vision Care. Appleton & Lange. 1994.
31) Legge. G. E., Ross. J. A., Luebker. A., LaMay. J. M.: Psychophysics of Reading. VIII. The Minnesota Low Vision Reading Test. Optometry and Vision Science. 66 (12). pp. 842-853. 1998.
32) 小田浩一, Mansfied. J. S., Legge. G. E.：ロービジョンエイドを処方するための新しい読書検査表 MNREAD-J. 第 7 回視覚障害リハビリテーション研究発表大会論文集. 157-160. 1998.
33) 中野泰志：大河原潔, 香川邦夫, 瀬尾政雄, 鈴木篤, 千田耕基編. 視力の弱い子どもの理解と支援. 教育出版. pp. 60-70. 1999.

## 제3장 |

1) 湖崎　克：新標準近見視力表. 半田屋. 東京. 2002.
2) 永井春彦：視力からみたロービジョン補助具の選び方. 眼科診療プラクティス 61. ロービジョンへの対応（丸尾敏夫編集）. 34-37. 2000.

## 제4장 |

1) ジョゼフ・ラザーロ（安村通晃監訳）：アダプティブテクノロジーーコンピュータによる障害者支援技術. 慶應義塾大学出版会. 2002.
2) 北山恵美子著：見えにくい人の初めてのパソコンー買い方・使い方入門. 大活字. 2001.
3) 小松聰子・増山由紀子・池田久仁子編：見えにくい子どものための情報ハンドブック. 大活字. 2000.

## 제6장 |


1) 障害者福祉研究会（編）：わが国の身体障害者・児の現状　平成 13 年度身体障害児実態調査結果報告．中央法規，1993.
2) 髙橋　広：北九州市内 19 病院眼科における視覚障害者の実態調査．第 2 報 視覚障害者の日常生活状況．眼紀 50：425-429，1999
3) 髙橋　広：視覚障害をもつこどもへの対応．眼科ケア 3：448-452，2001
4) 髙橋　広，田原昭彦，山田信也：産業医科大学病院眼科におけるロービジョンケア．第 3 報 小児のロービジョンケア．眼臨 94：62-67，2000
5) 髙橋　広：小児のリハビリテーション．日本の眼科 71：811-814，2000
6) 高松鶴吉：療育とはなにか，ぶどう社，1990
7) 髙橋　広，周　正喜，里村典子，他：障害児・者の屈折異常者の頻度．臨眼 54：1099-1104，2000
8) 原田晴代，久保真奈子，奈良浩子，髙橋　広：心身障害児の眼鏡装用状態について一保護者に対するアンケート調査より．眼臨 90：853-856，1996
9) 川瀬芳克：眼科外来におけるロービジョンサービス．日本視能訓練士協会誌 25：69-74，1997.
10) 神田孝子，山口直子，川瀬芳克：保育園における 3，4 歳児の視力検査．眼臨 87：58-65，1993.
11) 大川原　潔，他：視力の弱い子どもの理解と支援，教育出版，1999
12) 川瀬芳克：学童のロービジョンケア．眼紀 51：1102-1105，2000
13) 髙橋　広：私のロービジョンケア 8　就学における眼科医療の役割．臨眼 57：1778-1785，2003.
14) 髙橋　広：私のロービジョンケア 9　ロービジョンケアと学校医．臨眼 58：32-38，2004.
15) 髙橋　広：視覚障害児へのかかわり一眼科．シンポジウム特別支援教育に対する学校医のかかわり．日本医師会雑誌 132：504-508，2004.
16) 髙橋　広：学校現場におけるロービジョンケア．日本の眼科 76：259-260，2005.
17) 髙橋　広：私のロービジョンケア 7．職場復帰を果たした視覚障害者．臨眼 57：1668-1673，2003.
18) 髙橋　広，山田信也：柳川リハビリテーション病院におけるロービジョンケア．第 10 報．ロービジョンケアにおける眼科主治医の役割．レーベル遺伝性視神経症の場合．臨眼 59：1281-1286，2005.
19) 髙橋　広：高齢者のロービジョンケア．加齢と眼，全身病と眼．毎日ライフ 12：59-61，1999
20) 市川　宏：老化と眼の機能．臨眼 35：9-261981
21) Burg A：Visual acuity as measured by dynamic and static test．J Applied Psychol 50：460-466，1966
22) 髙橋　広：北九州市内 19 病院眼科における視覚障害者の実態調査　第 1 報 視覚障害者と日常生活訓練．臨眼 52：1055-1058，1998
23) 髙橋　広：北九州市内 19 病院眼科における視覚障害者の実態調査　第 3 報 視覚障害者の視機能と日常生活状況．臨眼 53：653-657，1999
24) 魚里　博：眼機能の加齢変化一屈折系．石橋達郎(編)：新図説臨床眼科講座，第 6 巻，加齢と眼，pp 22-23，メジカルビュー社，1999
25) Owsley C，Sekular R，Siemsen D：Contrast sensitivity throughout adulthood．Vision Res 23，689-699，1983
26) 井上久美，塩治　愛，周　正喜，他：拡大読書器による視力とコントラストポラリティ効果の関係．眼紀 50：285-288，1999
27) 塩治　愛，井上久美，周　正喜，他：白内障におけるコントラストポラリティ効果．眼紀 50：651-654，1999
28) 鈴村弘隆：眼機能の加齢変化一視野．石橋達郎(編)：新図説臨床眼科講座，第 6 巻，加齢と眼，pp 24-25，メジカルビュー社，1999
29) 池田光雄，池田幾子：目の老いを考える，pp 151-195，平凡社，1995

30) 市川一夫：眼機能の加齢変化ー色覚．石橋達郎(編)：新図説臨床眼科講座，第6巻，加齢と眼，pp 26-27，メジカルビュー社，1999
31) 中村龍興：高齢者のための照明．彰国社サイエンス　あかりと照明の科学，pp 66-67，彰国社，1988
32) 髙橋　広：私のロービジョンケア5　高齢視覚障害者の心を理解しよう．臨眼 57：1434-1438，2003.
33) 髙橋　広：高齢者のロービジョンケア．高齢視覚障害者の実態と訓練器としての眼底カメラの可能性．眼紀 51：1110-1114，2000
34) 髙橋　広：高齢者のロービジョンケア．病院眼科と老人保健施設での実態．眼科ケア 3：196-202，2001

## 제7장 |

1) 早川むつ子，藤木慶子，松村美代，他：原発性定型網膜色素変性の遺伝的異質性と予後に関する 18 施設調査．臨眼 46：1025-1029，1992.
2) 所　敬，丸尾敏夫，金井　淳，他：病的近視診断の手引き．厚生省特定疾患網膜脈絡膜萎縮症調査研究班報告書，pp 1-14，1987.
3) 大野京子：病的近視．石橋達朗(編)：新図説臨床眼科講座，第6巻，加齢と眼，pp 180-185，メジカルビュー社，1999.
4) 髙橋　広，周　正喜，里村　典，他：障害児・者の屈折異常者の頻度，臨眼 54：1099-1104，2000.
5) 髙橋　広，山田信也：柳川リハビリテーション病院におけるロービジョンケア，第10報　ロービジョンケアにおける眼科主治医の役割．ーレーベル遺伝性視神経症の場合．臨眼 59：1281-1286，2005.

## 제8장 |

1) 矢部健三，福島　智：東京盲ろう者友の会の歩み(3)．視覚障害リハビリテーション協会紀要 3：45-50，1996.
2) 福島　智：盲ろう者とノーマライゼーション，明石書店，1997.
3) Boennberg J，Borg E：A review and evaluation of research on the deaf-blind from perceptual，communicative，social and rehabilitative perspectives. Scand Audiol 30：67-77，2001.
4) 全国盲ろう者協会：平成 16 年度事業報告の概要．協会だより，全国盲ろう者協会 15：16-17，2005.
5) 髙橋　広：北九州市内 19 病院眼科における視覚障害者の実態調査．第2報　視覚障害者の日常生活状況．眼紀 50：425-429，1999.
6) 新井千賀子，中澤恵江，富田和夫，他：自覚的応答が困難な重複障害者の遮光眼鏡の選定．日本視能訓練士協会誌 28：263-266，2000.
7) 髙橋　広，花井良江，土井涼子，高椋志保，堀田和世，岩屋憲子，山田信也：柳川リハビリテーション病院におけるロービジョンケア第6報ー盲ろう者に対するロービジョンケア．眼紀 53：553-557，2002.
8) 髙橋　広：私のロービジョンケア3　病名・失明の告知　臨眼 57：1182-1185，2003.
9) Stenstrom I：Educational programming for the Usher's syndrome child from a swedish ophthalmologist's point of view. 盲ろう教育研究紀要 3：1-7，1995.

10) Fillman RD, Leguire LE, Sheridan M : Considerations for serving adolescents with Usher's syndrome. 盲ろう教育研究紀要 3 : 8-12, 1995.
11) 水谷みどり, 宮下幸江, 水谷厚彦, 他 : 視覚と聴覚に進行性の障害がある児童の見え方ときこえ方を考慮した環境整備の取り組み. 盲ろう教育研究紀要 3 : 18-27, 1995.
12) 三輪レイ子, 村上琢磨 : 眼と耳の感覚障害者への援助ー両障害がともに重度である事例. 東京都心身障害者福祉センター研究報告書 28 : 1-7, 1998.
13) 三輪レイ子, 渋谷敦子 : 眼と耳の感覚障害者への援助(2)ー眼が重度で耳が中程度の事例. 東京都心身障害者福祉センター研究報告書 29 : 1-6, 1999.
14) 髙橋　広 : 私のロービジョンケア 12　障害学ー盲ろう体験のすすめー臨眼 58 : 432-435, 2004.

## 제9장 |

1) 金井一薫 : ナイチンゲール看護論・入門, 現代社, 103-111, 1993.
2) フローレンス・ナイチンゲール著, 湯槇ます監修, 薄井担子訳 : ナイチンゲール著作集 第二巻, 現代社, p. 128, 2000.
3) 上田　敏 : リハビリテーションを考える. 青木書店, 244-247, 2000.
4) 上田　敏 : 国際生活機能分類（ICF）とリハビリテーション医学の課題, リハ医学 40 : 737-743, 2003.
5) 髙橋　広 : ロービジョン者の「できる活動」「している活動」とは, そして「する活動」へ展開するには, 眼科ケア 7 : 222-229, 2005.
6) トーマス・J・キャロル, 樋口正純訳 : 失明, 日本盲人福祉委員会, p. 21, 1977.
7) タートルの会編集 : 中途失明～それでも朝はくる～, まほろば, 13-22, 1997.
8) 山田幸男 : 糖尿病チーム医療の実際ー患者さんと共に歩む, 糖尿病ケア p. 162, 2003.
9) アーネスティン・ウイーデンバック著, 外口玉子・池田明子訳 : 臨床看護の本質, 患者援助の技術, 現代社, 15-26, 2005.
10) 守本典子 : ロービジョン者の生活の質の向上に交流会が果たす役割の検討, 眼紀 53, 575-580, 2002.
11) フローレンス・ナイチンゲール著, 湯槇ます・薄井坦子・小玉香津子他訳 : 改訂第 6 版, 看護覚え書, 現代社, 104-111, 2000.
12) 弱視者不便さ調査報告書〈見えにくいことによる不便さとは〉, (財) 共用品推進機構　視覚情報障害版, 2000.
13) ヴァージニア・ヘンダーソン著, 湯槇ます・小玉香津子訳 : 看護の基本となるもの, 日本看護協会出版会, 67-69, 1999.
14) 前掲書 11) 104-111
15) 前掲書 6) 123-127, 208-211.
16) 工藤良子 : ロービジョンケアの第一歩はサインを受けとめることから～家族もあなたの声掛けを待っています～, 眼科ケア 7 : 236-240, 2005.
17) 中途視覚障害者の復職を考える会編集 : 支える家族たち, 途中失明 II ～陽はまた昇る～, 大活字, 136-149, 2003.
18) 弱視者問題研究会・日本網膜色素変性症協会・中途視覚障害者の復職を考える会編集 : ロービジョンのための生活便利張ー見えにくい・見えなくなってきた人へー, 大活字, 36-61, 2002.
19) 前掲書 6) 143-144

# 찾아보기

ㅋ



ㅌ



ㅍ



ㅎ



기타

# Low vision의 실제

2010년 7월 20일 초판발행

편　자 : 高橋 広
역　자 : 이혜정 · 엄정희
감　수 : 신 경 환
발행인 : 윤 진 영
발행소 : 도서출판 대학서림

110-530
서울특별시 종로구 혜화동 78-2
전화 (02) 745-1220, 763-1220
팩스 (02) 744-1210
등록 1965. 1. 20
번호 1-88



가격 : 25,000원

ISBN 978-89-8016-820-0 93510

http://www.daihaks.com